精密量測檢驗(含實習及儀器校正)

林詩瑀、陳志堅　編著 / 施議訓　校閱

全華圖書股份有限公司

序言

由於科技的進步，機械產業已朝向附加價值高、精度高的精密機械工業發展，加上精密量測儀器的不斷創新，使得製造高品質、高精度產品更加容易達成。因此精密量測在產業升級的過程中，扮演著舉足輕重的角色，所以建立正確量測觀念，以及具備正確使用量具的知識及技術的提昇更顯重要。

作者體認正確量測觀念及量具使用知識之養成應於學校即開始進行，因此就幾年來任教「精密量測檢驗(含實習及儀器校正)」之教學心得，善加整理分類，並經修正始編成。

本書適合科大、技術學院機械工程系、自動控制系、工業工程與管理科系等，亦可做爲工程人員、品管檢驗人員精密量測之參考。全書(含實習及儀器校正)共分十章，包含概論、精度觀念、長度、角度與錐度、輪廓、表面織構、螺紋及齒輪、光學量測、眞圓度量測及座標測量機等單元，並增加一些歷屆試題供讀者練習。

本書承蒙台灣三豐儀器股份有限公司授權使用相關資料及圖片等，使儀器的解說有相關的圖片輔助；以及承蒙智泰科技公司等同意該公司所代理之儀器的相關資料，在此一併致謝。作者才疏學淺，內容難免有疏誤之處，深盼讀者及先進惠賜指教。

林詩瑀　謹序於台北

編輯部序

「系統編輯」是我們的編輯方針，我們所提供給您的，絕不只是一本書，而是關於這門學問的所有知識，它們由淺入深，循序漸進。

本書作者將多年任教「精密量測檢驗(含實習及儀器校正)」的教學心得，善加整理。內文以最簡單明瞭之詞及圖表來編寫，提供量測的概念，且加入新的測量儀器，以區隔市場上現有的教科書。每章後附上習題，讓學生驗收學習成果。適合科大、技術學院機械工程系、自動控制系、工業工程與管理系之學生及業界從業人員參考使用。

同時，爲了使您能有系統且循序漸進研習相關方面的叢書，我們以流程圖方式，列出各有關圖書的閱讀順序，以減少您研習此門學問的摸索時間，並能對這門學問有完整的知識。若您在這方面有任何問題，歡迎來函聯繫，我們將竭誠爲您服務。

相關叢書介紹

書號：0408305
書名：自動化概論
編著：陳重銘
16K/232 頁/350 元

書號：0572006
書名：CNC 綜合切削中心機程式設計與應用(第七版)
編著：沈金旺
20K/456 頁/520 元

書號：03731
書名：超精密加工技術
日譯：高道鋼
20K/224 頁/250 元

書號：0571275
書名：可靠度工程概論(第六版)(精裝本)
編著：楊善國
20K/352 頁/400 元

書號：0320903
書名：CNC 綜合切削中心機程式設計(第四版)
編著：傅能展
16K/368 頁/400 元

書號：0541005
書名：數控工具機(第六版)
編著：陳進郎
16K/520 頁/560 元

書號：0245508
書名：CNC 車床程式設計實務與檢定(第九版)
編著：梁順國
16K/464 頁/500 元

◎上列書價若有變動，請以最新定價為準。

流程圖

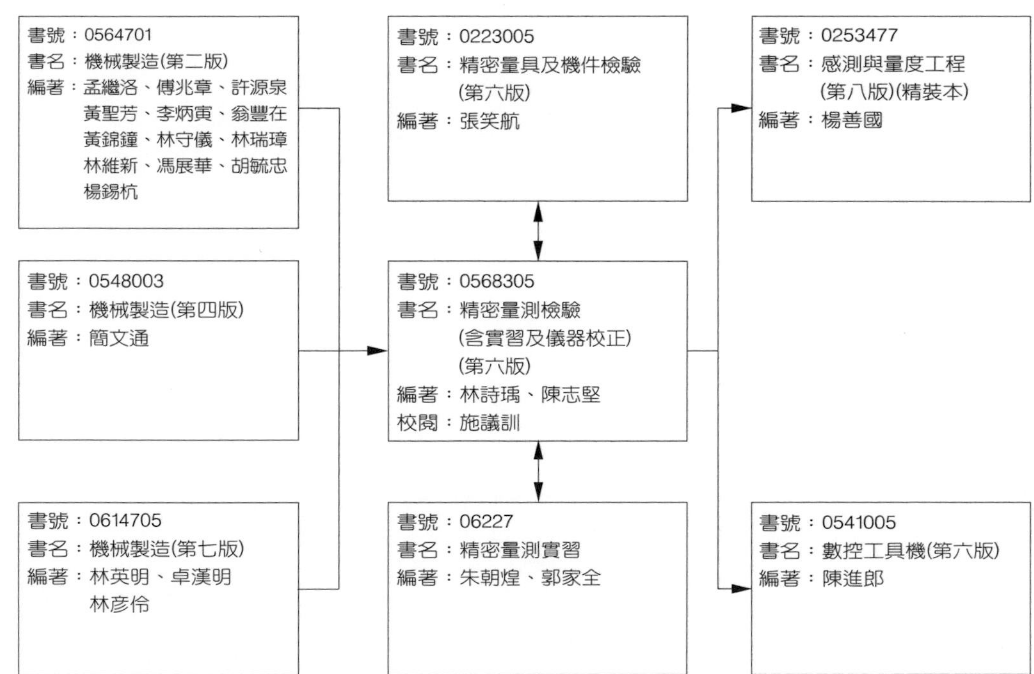

目錄

CONTENTS

4 章　角度與錐度

5 章　輪　廓

6 章　表面織構

7 章　螺紋與齒輪

附錄

Chapter 1 概　論

1-1 機件標準化對大量生產的重要性

從福特汽車開啓大量生產先例後，許多的製造商也紛紛嘗到了大量生產的益處，例如：零件標準化、成本降低、生產線效率提昇、分工製造、機件互換性等等，而其中**機件互換**性對大量生產之重要更是值得注意。

一件工業產品往往由許多物件組成，而每一個物件又由許多零件組成，複雜的產品甚至可展開成五至六層的結構，而對汽車產業動輒上千種零件的裝配工業，要達到大量生產及機件的互換更是佔著舉足輕重的角色。在允許的公差範圍內即可進行組裝，而不致因尺寸之差異而影響產品之功能；不僅如此，機件互換性高對零件採購、修理及裝配都能提高效率且易於執行。

然而，要達到機件互換，機件的檢驗標準與檢驗程序都必須有嚴謹的規範，藉著精密量測的方式，做好製程管制的工作，使機件具有互換性，而能進行大量生產，進而降低成本、提高效率。

1-2 精密量具之範疇

精密量具依量測對象及功能大致可分爲五大類：

一、長度量測

1. 一次元

游標卡尺、分厘卡、高度規、精密塊規、光學平鏡、指示量表、測長儀、光學尺、電子測微器、氣壓測微器(非接觸式)及雷射掃描儀(非接觸式)等。

2. 二次元

光學投影機及工具顯微鏡等。

3. 三次元

座標測量機。

二、角度與錐度量測

1. 一次元

組合角尺、角度塊規、萬能量角器、角尺、正弦桿、角度量規、直角規；小角度：自動視準儀、雷射準直儀、雷射干涉儀及水平儀；錐度量規等。

2. 二次元

光學投影機及工具顯微鏡等。

3. 三次元

座標測量機。

三、水平檢測

1. 氣泡水平儀及電子水平儀。
2. 光學平鏡。
3. 平台。

四、表面輪廓與表面粗糙度量測

1. 輪廓測量儀。
2. 眞圓度測量機。
3. 凸輪形狀測量儀。
4. 表面粗度儀。
5. 光學投影機及工具顯微鏡。
6. 座標測量機。

五、螺紋及齒輪量測

1. 螺紋分厘卡。
2. 螺紋三線規。
3. 齒厚游標卡尺、圓盤分厘卡及齒輪分厘卡。
4. 齒形測量機。
5. 齒輪動態檢測機。
6. 光學投影機及工具顯微鏡。
7. 座標測量機。

1-3 精密量具對機械加工之重要性

機械加工簡單的說就是使用**材料**當**Input**，透過**工具**來加工，產生**成品**或**半成品**，當然這中間需要**量具**來確保加工結果合於精度要求，如圖 1-3.1 所示。

量具對機械加工的重要性，可從兩方面來看：一方面是加工後成品的品質控制，透過量具的精確量測，可以區分合格品或不合格品，確保成品品質合於要求，並可從不合格品分析中，找出原因，往製程中去修正加工工具及材料，提高產品之精度；另一方面是維持加工工具的精度，因爲長時間的機械加工，會損耗工具，甚至失去原有精度，而影響加工後成品之精度，所以透過精密量具定期對加工工具之校正、調整，是確保產品精度的重要步驟。

總之，如果將機械加工比喻成軍人打靶，那麼**子彈**就是**材料**，**槍枝**與**人**就是**工具**，而量具就是校正槍枝準度的儀器，要打得準需要從結果來不斷調整槍枝及射擊技巧，才能命中靶心，由此可見，**量具**在機械加工中有多重要。

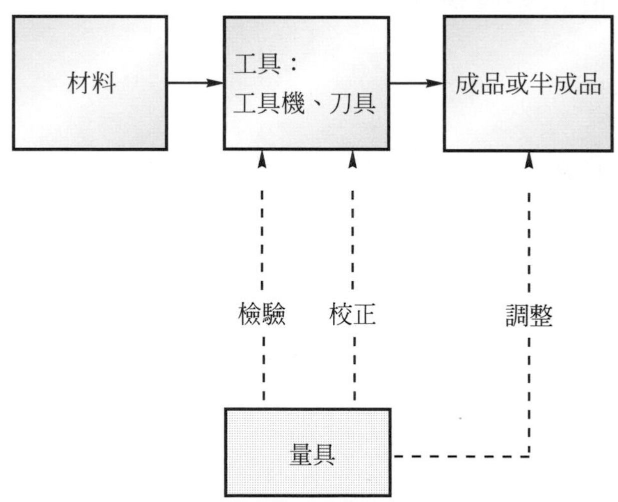

圖 1-3.1　機械加工要素

1-4 精密量具室之基本條件

度量衡之基本量的物理性質常隨周遭環境的改變而變化，如：長度、壓力、質量等，均與量測環境因素之溫度、濕度、塵埃、振動、噪音及磁場等息息相關；爲了維持精密量具的量測精度，所以需控制精密量具室之環境因素於一範圍內。一般學校的精密量測實習室(Metrology Laboratory)之基本條件大致如下：

1. **溫度**

   保持 20℃(68°F)左右。

2. **濕度**

   相對濕度保持 50％左右。

3. **塵埃**

   需有濾塵機等。

4. **磁場**

   需裝防止電磁干擾設備。

5. **振動**

   設置防震台，且量測室位置最好於地面一樓。

6. **噪音**

   維持 50 分貝(dB)以下。

7. **照明**

   維持 500 流明(Lx)以上。

8. **氣壓**

   維持 1 大氣壓。

由於需滿足上列條件，因此對進入此量測實習室之所有人員的最基本要求便是：換穿實習室內的鞋子、戴手套、保持安靜並維護整潔等。

目前國內長度量測實驗室環境之等級可分爲特優級(E 級，Excellent)、優級(G 級，Good)及標準級(S 級，Standard)等三種，如表 1-4.1 所示。

表 1-4.1　長度量測環境之要求

分級	E		G	S
分類 / 環境因素	AA	A	B	C
溫度	20±0.2℃	20±0.5℃	20±1℃	20±3℃
溫度變化率	0.3℃/hr	0.5℃/hr	1.5℃/hr	
濕度	35～45 % R.H.	40～50 % R.H.	40～60 % R.H.	35～65 % R.H.
塵埃	0.5μm 以上 1×10^6顆粒／ft^3 (電氣集塵器)		利用濾塵機	
氣壓	760mmHg			
振動	速度 2×10^{-3}cm/sec 且在 5μm 振幅以內	設置防震台		
電磁場	防止電磁波干擾，≦100μV			
電源條件	電壓在±1 %以內，諧波失真率±0.5 %以內			
接地	系統接地電阻≦5Ω，設備接地電阻≦2Ω			
照明	精密測讀 1000Lx 以上，一般測讀 500Lx 以上			
噪音	50dB 以下			

1-5 量具之使用與保養

機件量測中，欲獲得理想的精確度，除了控制量測環境之因素外，對量具本身的使用與保養上必需小心注意。因使用不當，必產生量測誤差；保養不周，則損其精度，更影響產品品質。所以，一般量具的使用與保養應注意下列事項：

一、使用前之準備

1. 先清除工件量測面之毛邊、油污或渣屑等。
2. 用清潔軟布或無塵紙將量具擦拭乾淨。

3. 檢查量具量測面有無銹蝕、磨損或刮傷等。
4. 需有定期儀器檢驗記錄簿，必須依規定作校正。
5. 將待使用之量具及儀器整齊排列於適當地方，不可重疊放置。
6. 易損之量具，應以軟絨布或軟擦拭紙鋪於工作台上，來保護量具(如：光學平鏡等)。
7. 開始量測前，確認量具均已歸零。

二、使用時應注意事項

1. 量測時，量具與工件接觸應適當，不可偏斜，且避免用手觸及量測面。
2. 量測力應適當，過大的量測壓力會產生量測誤差，易傷及量具。
3. 工件之夾持方式要適當，以免量測不準確。
4. 不可測量轉動中的工件，以免發生危險。
5. 切勿將量具強行推入工件中或夾於虎鉗上使用。
6. 不可任意敲擊、亂丟或亂放量具。
7. 特殊量具之使用，應遵照一定之方法及步驟。

三、使用後之保養

1. 量具使用後，應擦拭清潔。
2. 將清潔後的量具塗上防銹油，存放於櫃內。
3. 應定期檢查儲存量具之性能是否正常，並作成保養記錄。
4. 量具應定期實施檢驗，校驗尺寸是否合格，以作爲繼續使用或淘汰的依據，並作成校驗保養的記錄。
5. 量具之拆卸、調整、修改及裝配等，應由專門管理人員實施，不可擅自施行。

1-6 量規儀器校正之重要性

機械加工一般來說就是使用材料透過工具機及刀具來加工，產生成品或半成品，當然這中間需要量具，來確保加工結果達到精度要求，如下圖 1-6.1 所示。

量規儀器對機械加工的重要性，可由兩方面來看，一方面是加工後成品的品質管控，透過量具的精密量測，可以區分合格品或不合格品，確保成品品質合於要求，並可從不合格品分析中，找出原因，在製程中調整工具機及刀具，使產品之精度提高；另一方面是透過量規儀器定期之校正調整，是確保產品精度的重要步驟。

總之，量規儀器校正確實，加工結果即可達到精度要求，不合格品減少，產品良率提升，由此可見，量規儀器校正在機械加工中有多重要。

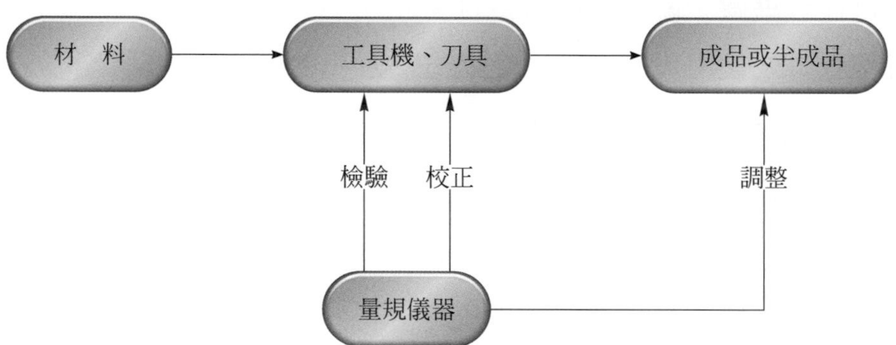

圖 1-6.1　量規儀器校正流程

練習題

一、選擇題

( )1. 下列量測儀器中，何者最適用於三維(3D) 曲面之量測？ (A)三次元座標量測儀 (B)眞圓度量測儀 (C)表面粗度儀 (D)測長儀 (98年二技)

( )2. 下列何者不具有相同的量測項目？ (A)萬能量角器(Universal Bevel Protractor) (B)自動視準儀(Autocollimator) (C)正弦桿(Sine Bar) (D)測長儀(Universal Measuring Apparatus)。 (96年二技)

( )3. 下列何種量測儀器無法作二次元量測？ (A)座標測量機 (B)分厘卡 (C)工具顯微鏡 (D)光學投影機。 (93年二技)

( )4. 小明買了一支極微細的針筆，他想要量測該針筆所畫線的粗細，使用下列哪一種工具量測最準確？ (A)游標卡尺 (B)組合角尺 (C)測微器 (D)工具顯微鏡。 (93年二技)

( )5. 下列敘述何者正確？ (A)CMM爲三次元測定儀 (B)投影機爲一次元量測儀 (C)以壓縮空氣清理分厘卡是正確的工作方法 (D)分厘卡不用時應使主軸與砧座接觸再放進盒內。

( )6. 下列那一種量具屬於非接觸式量測？ (A)電子測微器 (B)氣壓式測微器 (C)游標卡尺 (D)直尺。

( )7. 對工件能從事非接觸性測量的量具是 (A)游標高度規 (B)電子比較儀 (C)光學投影機 (D)槓桿式量表。

( )8. 一般精密量具室之標準環境溫度爲 (A)100°F (B)68°F (C)20°F (D)0°F。

( )9. 三次元輪廓之量測宜選用 (A)CMM (B)樣板 (C)投影機 (D)工具顯微鏡。

( )10. 下列何者爲二次元量測之量具？ (A)量表 (B)座標測量機 (C)分厘卡 (D)工具顯微鏡。

Chapter 2 精度觀念

2-1 單　位

國際標準組織(International Organization for Standardization，簡稱ISO)採用**公制單位**作爲單位標準，即目前於國際間所推行的度量衡標準—國際單位制(SI)；中華民國國家標準(CNS)亦爲公制。公制單位或國際單位制(SI)包含基本單位、補充單位、導出單位及十進位的倍數與約數單位。如表2-1.1及表2-1.2所示。

一、長度單位

1. 公制

(1) 1892年物理學家Albert A. Michelson使用光波干涉計，將鎘(Cd)的紅色光譜波長測出，定義1公尺長度爲：

1公尺＝鎘紅色光波×1553164.13

其中鎘紅色光波長＝0.64384696 μm。

(2) 1960年國際度量衡會議採用氪(Kr 86)的橙色光在眞空中的波長。定義1公尺長度爲：

1公尺＝氪橙色光波×1650763.73

其中Kr86光波波長＝0.60578021 μm。

(3) 1983國際度量衡大會決議將光速在眞空中定義爲一常數，而1公尺是光在299792458分之1秒內於眞空中所走過的距離，即：

$$1\text{公尺}=\text{光速(眞空中)}\times\frac{1}{299792458}\text{秒}$$

註 1. ISO、CNS及JIS均採用公制。

2. 機械製造以公厘(mm)為基本單位，精密量測之精度達0.01mm，於一般機械工廠俗稱**一條**；精度達0.001mm，為1μm。

表 2-1.1　公制基本單位

名稱	單位	符號
長度	公尺(meter)	m
質量	公斤(kilogram)	kg
時間	秒(second)	s
電流	安培(Ampere)	A
溫度	凱(Kelvin)	K
物量	莫耳(mole)	mol
亮度	燭光(candela)	cd

表 2-1.2　公制倍數與約數單位

倍、約數	名稱	符號	英文字首
10^{12}	兆	T	tera-
10^{9}	十億	G	giga-
10^{6}	百萬	M	mega-
10^{3}	仟	k	kilo-
10^{-2}	厘	c	centi-
10^{-3}	毫	m	milli-
10^{-6}	微	μ	micro-
10^{-9}	奈米	n	nano-
10^{-12}	微微	p	pico-

2. 英制

目前國際上所使用之英制長度是以氪(Kr86)的橙色光波爲標準，定義 1 吋長度爲：

1 吋＝氪橙色光波長×42016.807

其中 Kr86 光波波長＝ 0.0000238 in。

註　美國及加拿大均採用英制。

二、角度單位

角度是無因次的導出量，角度的單位可以分為六十進制、百進位制、弧度制及密位制四種，各種角度單位的換算，如表 2-1.3 所示。

表 2-1.3　角度單位的換算

	1 度(°)	1 新度(g)	1 弧度(rad)	1 密位(mil)
度(°)	1	0.9	57.29572	0.05625
新度(g)	1.11111	1	63.66191	0.0625
1 弧度(rad)	0.01745	0.01571	1	0.00098
1 密位(mil)	17.77777	16	1018.5905	1

註：$90° = \frac{\pi}{2}$ rad = 100 新度

1. 角度制

角度制採用六十進位制度，將圓分成 360 等分，每一等分為 1 度(即 1°)；每度再分成 60 等分，每一等分為 1 分(即 1')；每分再分成 60 等分，每一等分為 1 秒(即 1")。

2. 弧度制

如圖 2-1.1 所示，圓弧所對應之角度(θ)為弧長(s)與該圓半徑(r)的比值稱之，即弧度(θ)＝弧長(s)／半徑(r)。

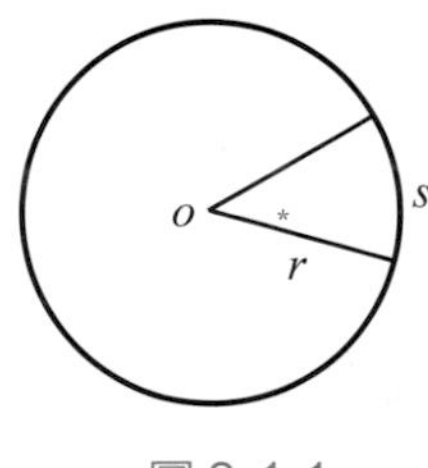

圖 2-1.1

3. 新度制

新度制採用百進位制度，將圓分成 400 等分，每一等分為 1 新度(即 1g)；每新度再分成 100 等分，每 1 等分為 1 新分(即 1c)；每新分再分成 100 等分，每一等分為 1 新秒(即 1cc)。

4. **密位制**

密位制是將一個圓周分成6400等分，其每一等分的基本單位為1密位(mil)，主要應用於軍事觀測儀器。

2-2 公差與配合

一、公差

工件所允許的最大尺寸與最小尺寸之差值；公差的種類分為尺寸公差及幾何公差兩種，一般所稱的公差是指尺寸公差。

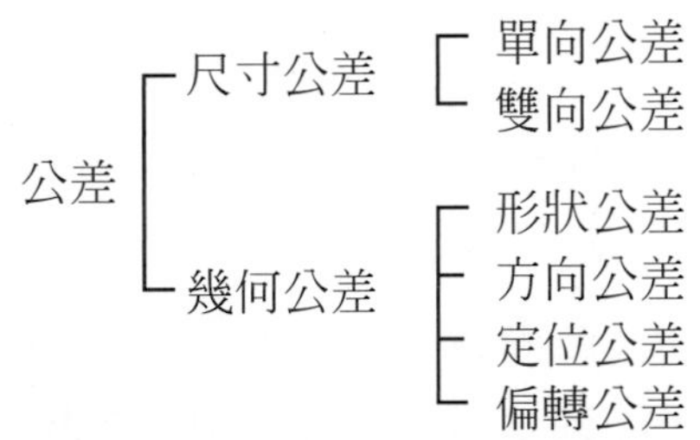

1. **公差相關術語(如圖 2-2.1)**
   (1) 基本尺寸：設計或製造時所用的尺寸，又稱為**公稱尺寸**。
   (2) 實際尺寸：實際測量工件所得的尺寸。
   (3) 極限尺寸：工件所允許之最大尺寸與最小尺寸；其實際尺寸必需在此二極限尺寸之間。其中最大尺寸稱為最大極限尺寸或上限，最小尺寸稱為最小極限尺寸或下限。
   (4) 偏差：極限尺寸與基本尺寸之差；上偏差為最大(極限)尺寸與基本尺寸之差，下偏差為最小(極限)尺寸與基本尺寸之差。
   (5) 公差：工件所允許一定範圍之差，即最大尺寸與最小尺寸之差值；公差是絕對值。
   (6) 單向公差：又稱同側公差，以基本尺寸為準，只容許單一方向的差異；即上下兩偏差為同符號者。

(7) 雙向公差：又稱爲雙側公差，最大(極限)尺寸大於基本尺寸，且最小(極限)尺寸小於基本公差；即上下兩偏差爲不同符號者。

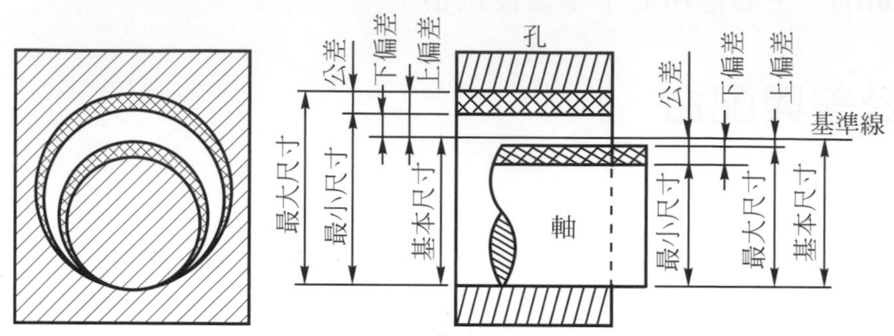

圖 2-2.1 軸孔公差

2. 公差等級

爲達到產品的互換性，所以要有統一的標準公差可依循。國際標準組織(ISO)將公差的等級分成20級，從IT01、IT0、IT1～IT18；而中華民國國家標準(CNS)公差等級分成20級，從IT01、IT0、IT1～IT18。**若基本尺寸相同，則級數越大表示工件精度越低**。如表2-2.1所示，工件基本尺寸在500mm以內者，公差可分爲20級；工件基本尺寸在500mm至3150mm之間者，公差分成11級，從IT6～IT16。

一般而言，基本工差適用範圍如下：

IT01～IT4 ：適用於樣規的製造公差。

IT5 ～IT10：適用於一般配合機件的製造公差。

IT11～IT16：適用於非配合機件的製造公差。

（IT5～IT16）公差單位 $i = 0.45\sqrt[3]{D} + 0.001D$

IT17～IT18：適用於鍛造或鑄造件的製造公差。

3. 公差符號與位置

國際標準**公差符號**是**英文字母**與**數字**的組合；以英文字母代表公差位置，以數字代表公差等級。英文字母大寫代表孔或外件，小寫代表軸或內件。

公差位置又稱**公差區域**或**公差帶**，孔與軸各有二十八個公差位置，係將二十六個英文字母除去I、L、O、Q及W五個字母，另增CD、EF、FG、Js、ZA、ZB及ZC七個組合字母。如圖2-2.2所示。

表 2-2.1　標準公差

基本尺寸 mm ＼ 等級	IT01	IT0	IT1	IT2	IT3	IT4	IT5	IT6	IT7	IT8	IT9	IT10	IT11	IT12	IT13	IT14	IT15	IT16	IT17	IT18
≤3	0.3	0.5	0.8	1.2	2	3	4	6	10	14	25	40	60	100	140	250	400	600	1000	1400
3< ≤6	0.4	0.6	1	1.5	2.5	4	5	8	12	18	30	48	75	120	180	300	480	750	1200	1800
6< ≤10	0.4	0.6	1	1.5	2.5	4	6	9	15	22	36	58	90	150	220	360	580	900	1500	2200
10< ≤18	0.5	0.8	1.2	2	3	5	8	11	18	27	43	70	110	180	270	430	700	1100	1800	2700
18< ≤30	0.6	1	1.5	2.5	4	6	9	13	21	33	52	84	130	210	330	520	840	1300	2100	3300
30< ≤50	0.6	1	1.5	2.5	4	7	11	16	25	39	62	100	160	250	390	620	1000	1600	2500	3900
50< ≤80	0.8	1.2	2	3	5	8	13	19	30	46	74	120	190	300	460	740	1200	1900	3000	4600
80< ≤120	1	1.5	2.5	4	6	10	15	22	35	54	87	140	220	350	540	870	1400	2200	3500	5400
120< ≤180	1.2	2	3.5	5	8	12	18	25	40	63	100	160	250	400	630	1000	1600	2500	4000	6300
180< ≤250	2	3	4.5	7	10	14	20	29	46	72	115	185	290	460	720	1150	1850	2900	4600	7200
250< ≤315	2.5	4	6	8	12	16	23	32	52	81	130	210	320	520	810	1300	2100	3200	5200	8100
315< ≤400	3	5	7	9	13	18	25	36	57	89	140	230	360	570	890	1400	2300	3600	5700	8900
400< ≤500	4	6	8	10	15	20	27	40	63	97	155	250	400	630	970	1550	2500	4000	6300	9700
500< ≤630								44	70	110	175	280	440	700	1100	1750	2800	4400		
630< ≤800								50	80	125	200	320	500	800	1250	2000	3200	5000		
800< ≤1000								56	90	140	230	360	560	900	1400	2300	3600	5600		
1000< ≤1250								66	105	165	260	420	660	1050	1650	2600	4200	6600		
1250< ≤1600								78	125	195	310	500	780	1250	1950	3100	5000	7800		
1600< ≤2000								92	150	230	370	600	920	1500	2300	3700	6000	9200		
2000< ≤2500								110	175	280	440	700	1100	1750	2800	4400	7000	11000		
2500< ≤3150								135	210	330	540	860	1350	2100	3300	5400	8600	13500		

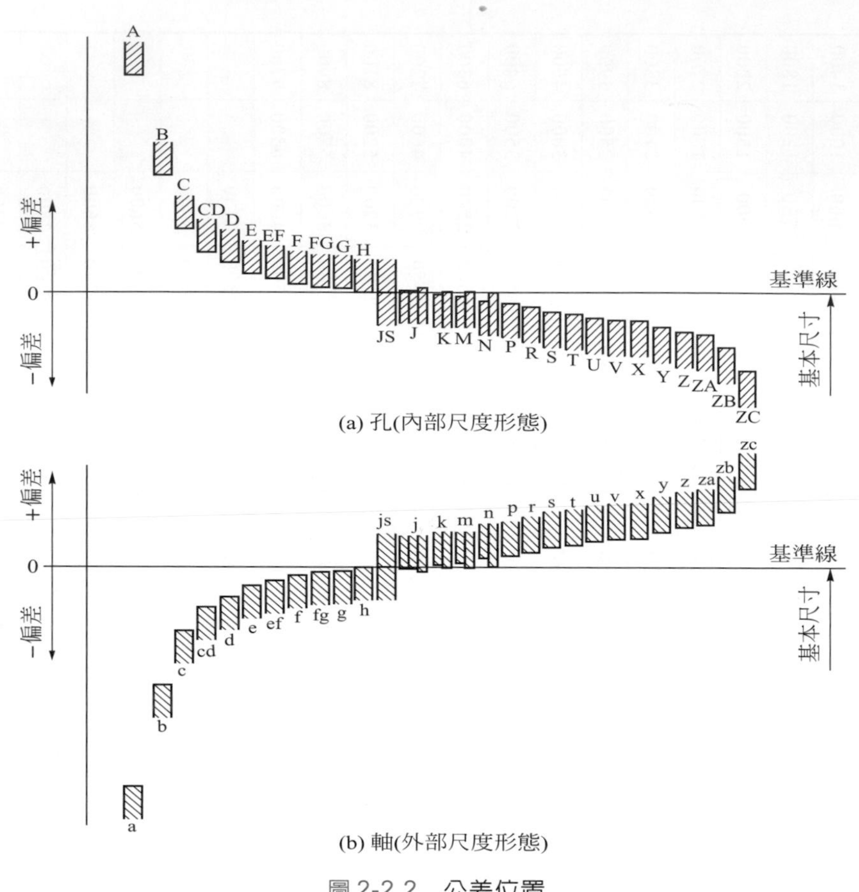

圖 2-2.2　公差位置

4. 幾何公差

幾何公差以單一形態及相關形態分為形狀公差、方向公差、定位公差及偏轉公差四種，如表 2-2.2 所示。

註 量測真直度的光學儀器，有：雷射準直儀、雷射干涉儀、雷射都卜勒位移器及自動視準儀等。另外，刀邊直規亦可。

二、配合

兩個工件裝配後，所產生的尺寸之差異關係稱為**配合**。

1. 配合相關術語

(1) 餘隙(Clearance)：孔之尺寸大於軸之尺寸時，兩配合件尺寸之差，其值為正值。最大餘隙是指孔之最大(極限)尺寸與軸之最小(極限)尺寸之

差；最小餘隙則是孔之最小(極限)尺寸與軸之最大(極限)尺寸之差。

表 2-2.2　幾何公差

形態	公差類別	公差性質	符號
單一形態	形狀公差	真直度	—
		真平度(平面度)	⏥
		真圓度	○
		圓柱度	⌭
單一或相關形態		曲線輪廓度	⌒
		曲面輪廓度	⌓
相關形態	方向公差	平行度	//
		垂直度	⊥
		傾斜度	∠
	定位公差	位置度	⌖
		同心度	◎
		對稱度	⌯
	偏轉公差	圓偏轉度	↗
		總偏轉度	⌰

⑵　干涉(Interference)：孔之尺寸小於軸之尺寸時，兩配合件尺寸之差，其值為負值。最大干涉是指孔之最小(極限)尺寸與軸之最大(極限)尺寸之差；最小干涉則是孔之最大(極限)尺寸與軸之最小(極限)尺寸之差。

⑶　裕度(Allowance)：兩配合件在公差範圍內之最小尺寸差稱之。

2. 配合種類

工件配合的鬆緊程度可分為三種，如圖 2-2.3 所示。

(1) 鬆配合：孔的最小尺寸比軸的最大尺寸大，孔軸配合後有餘隙存在，兩配合件可活動或轉動；又稱爲**餘隙配合**或**游動配合**或**自由配合**。

(2) 緊配合：孔的最大尺寸比軸的最大尺寸小，工件配合時要藉加熱或加壓始能裝配，兩配合件不能互相運動；又稱爲**干涉配合**。

(3) 靜配合：其緊度位於前兩者之間，軸之最大尺寸有可能比孔之最小尺寸小或大或相等；又稱爲**精密配合**或**過度配合**或**中間配合**。

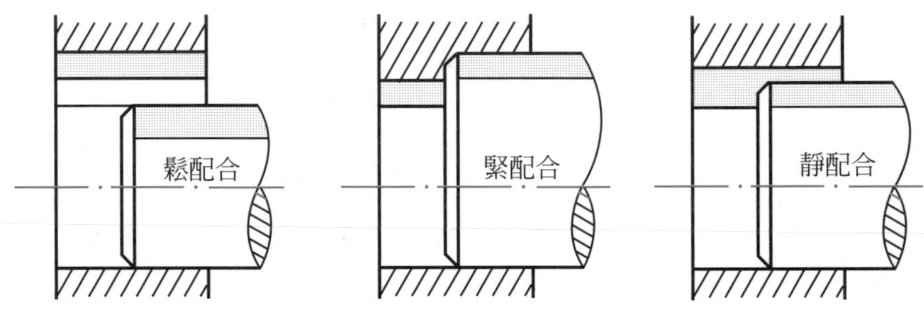

圖 2-2.3　配合的種類

3. 配合制度

軸孔配合時，爲達到所需配合的目的，必先決定孔(或軸)的尺寸，再調整軸(或孔)的尺寸，如此便有兩種方式，分別爲基孔制與基軸制，將分述如下：

(1) 基孔制：將孔公差固定，以孔之最小極限尺寸(或下限)爲基本尺寸，定孔公差位置於 H，然後再調整軸的公差，達成所需之配合。

(2) 基軸制：將軸公差固定，以軸之最大極限尺寸(或上限)爲基本尺寸，定軸公差位置於 h，然後再調整孔的公差，達成所需之配合。

註 1. 一般而言，孔的加工及檢驗較軸困難，所以常採用基孔制。

2. 選用基孔制與基軸制之比較，如表 2-2.3 所示：

表 2-2.3

	基孔制(H)	基軸制(h)
配合種類	緊配合	鬆配合
成品種類	多	少
產品數量	少	多
精度要求	高	低

3. 常用配合方式，如表 2-2.4、表 2-2.5 及表 2-2.6 所示。

表 2-2.4　CNS 配合種類

配合種類	配合座別		基軸制 h	基孔制 H	配合情況
鬆配合	轉合座		孔 ABCDEFG	軸 abcdefg	可推動
靜配合	靜合座	滑合座	孔 H	軸 h	可推動(加潤滑劑)
		推合座	孔 J	軸 j	用手或鎚分合
		輕迫合座	孔 K	軸 k	用鎚分合，無需大力
		迫合座	孔 MN	軸 mn	用鎚分合，需稍大力
緊配合	壓合座		孔 PRSTUVXYZ	軸 prstuvxyz	需加壓或加熱裝配，不易分開

註：有幾個特例，分別爲 H6n6 及 N6h5 是緊配合；P7h7 及 H8p8 是靜配合。

表 2-2.5　常用之 ISO 基孔制配合

基準孔	軸之種類與等級																
	鬆配合						靜配合				緊配合						
	b	c	d	e	f	g	h	js	k	m	n	p	r	s	t	u	x
H5						4	4	4	4	4							
H6						5	5	5	5	5							
					6	6	6	6	6	6	6						
				(6)	6	6	6	6	6	6	6	6	6	6	6	6	
				7	7	7	7	7	(7)	(7)	(7)	(7)	(7)	(7)	(7)	(7)	(7)
H8				6	7		7										
				8	8		8										
			9	9													
H9			8	8			8										
		9	9	9			9										
H10	9	9	9	9													

註：表中附有括弧者儘可能不使用。

表 2-2.6　常用之 ISO 基軸制配合

基準軸	孔之種類與等級																
	鬆配合						靜配合				緊配合						
	B	C	D	E	F	G	H	JS	K	M	N	P	R	S	T	U	X
h4							5	5	5	5							
h5							6	6	6	6	6	6					
h6					6	6	6	6	6	6	6	6					
				(7)	7	7	7	7	7	7	7	7	(7)	7	7	7	7
h7				7	7	(7)	7	(7)	(7)	(7)	(7)	(7)	(7)	(7)			
					8		8										
h8			8	8	8		8										
			9	9			9										
h9			8	8			8										
		9	9	9			9										
h10	10	10	10														

註：表中附有括弧者儘可能不使用。

三、公差配合件標註法

公差配合件標註法，一般先標註孔與軸的基本 尺寸，再標註孔之公差位置及等級，最後標註軸之公差位置與等級。下列舉幾個實例說明：

1. ϕ45H8g7 或ϕ45H8/g7 或$\phi 45\,\frac{H8}{g7}$，此三種寫法均表示

   本配合件採基孔制(H)；基本尺寸為 45mm，孔公差位置 H，孔公差級數 8，軸公差位置 g，軸公差級數 7。查表 2-2.1、表 2-2.4 及附錄，得知為鬆配合。

   其中孔 $\phi 45^{+0.039}_{+0.000}$，軸 $\phi 45^{-0.009}_{-0.034}$。

2. ϕ65F8h6 或ϕ65F8/h6 或$\phi 65\,\frac{F8}{h6}$ 均表示

   本配合件採基軸制(h)；基本尺寸為 65mm，孔之公差位置 F、級數 8，軸公差位置 h、軸公差級數 6。查表 2-2.1、表 2-2.4 及附錄，得知為鬆配合。

   其中孔 $\phi 65^{+0.076}_{+0.030}$，軸 $\phi 65^{+0.000}_{-0.019}$。

實習 2-2　雷射直線度檢測

實習目的

雷射具有高方向性和高亮度性，其光束能傳送到足夠遠之目標，且是幾乎不擴散的平行光。雷射直線度檢測是利用上述之優點，來進行精密準直線檢測。

實習設備

1. 雷射。
2. 四象限光電感測器。
3. 微處理器。
4. 滑動平台。
5. 調整台(微調機構)。
6. 電腦及周邊設備。
7. 直線度校驗軟體。

實習原理

如實習 2-2.1 所示，利用雷射光束，並配合四象限光電二極體(此四象限由四個相同的光電二極體所組成)，將四象限分別裝在同一塊矽基板上，且互相絕緣，當雷射照射其中心時，四個二極體所得到的輸出電流是相同的；若光束偏位，則光感不均而產生不同之電流，不均之電流則可量測目標物之偏位情形。

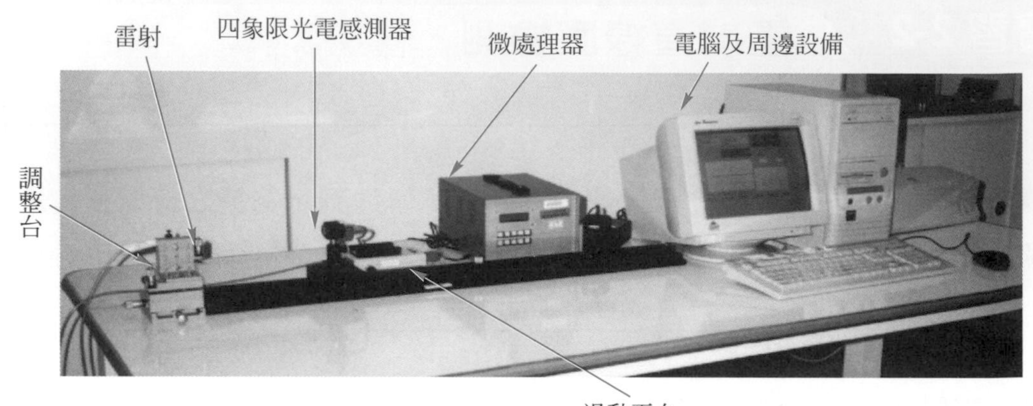

實習 2-2.1　直線度檢測設備之外觀

實習步驟

1. 打開所有電源開關(含雷射、微處理器、電腦及印表機等)。
2. 將雷射架於調整台(微調機構)上，四象限架於滑動平台上。
3. 在電腦螢幕上選直線度校驗軟體進入主畫面，如實習 2-2.2 所示。

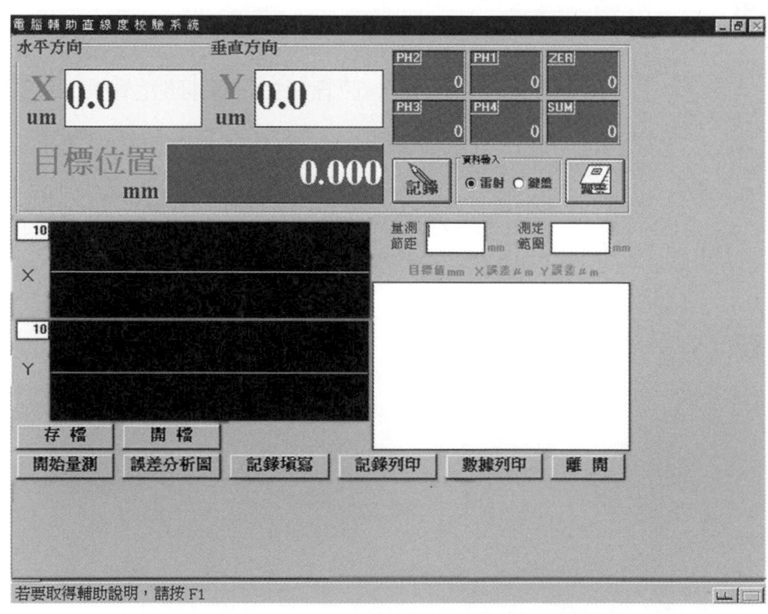

實習 2-2.2　直線度校驗系統主畫面

4. 在微處理器的視窗上會顯示"On Laser Diode… Press any key…"，則按微處理器上鍵盤的“Trans”鍵之後，若視窗顯示"Transfering Data to Computer"，則表示資料已傳入電腦內。
5. 再將雷射光點對準四象限中心作校準(注意雷射光束切勿打入眼睛內)，校準到電腦的 PH1、PH2、PH3、PH4(如實習 2-2.3 所示)都有資料；量測誤差量需在 100 μm 以下。

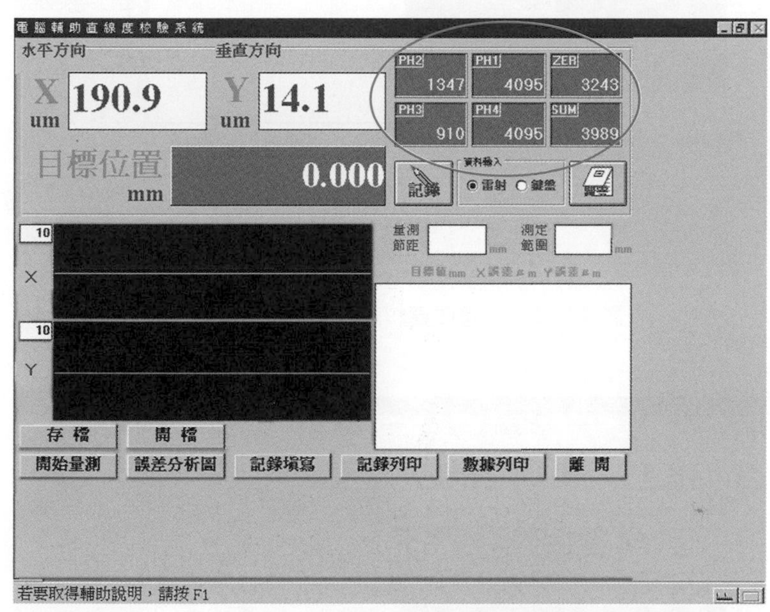

實習 2-2.3　資料傳入電腦畫面

6. 接著，於實習 2-2.3 中的右上方選擇資料輸入方式：雷射或鍵盤，並設定量測節距及測定範圍。(如實習 2-2.4 所示，量測節距 100，測定範圍 1000)
7. 於實習 2-2.4 中的左下角，按“開始量測”鍵，進行量測。依照目標位置的指示，移動接收器(四象限光電感測器)的位置等雷射穩定後，按下“記錄”鍵，記錄 X、Y 數據(如實習 2-2.5 所示)。注意：須做完前進量測，再做後退量測，如實習 2-2.6 所示。

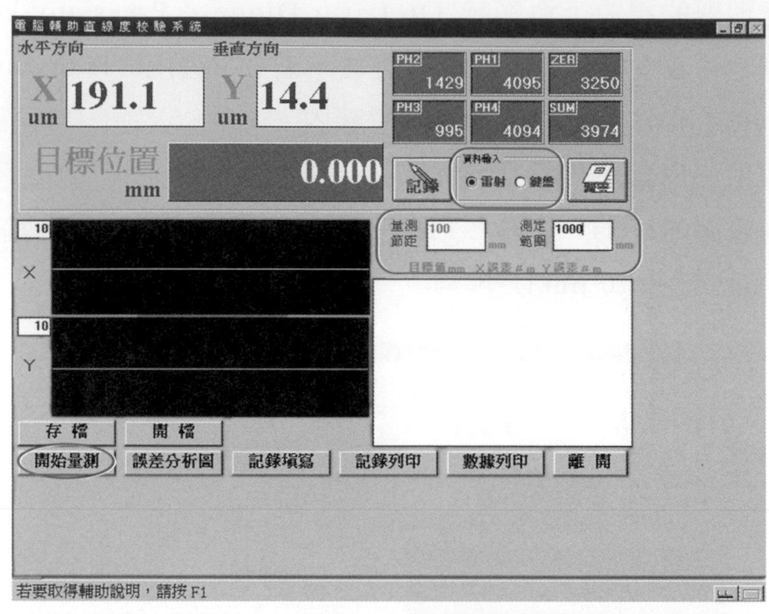

實習 2-2.4　選擇資料輸入方式及設定參數

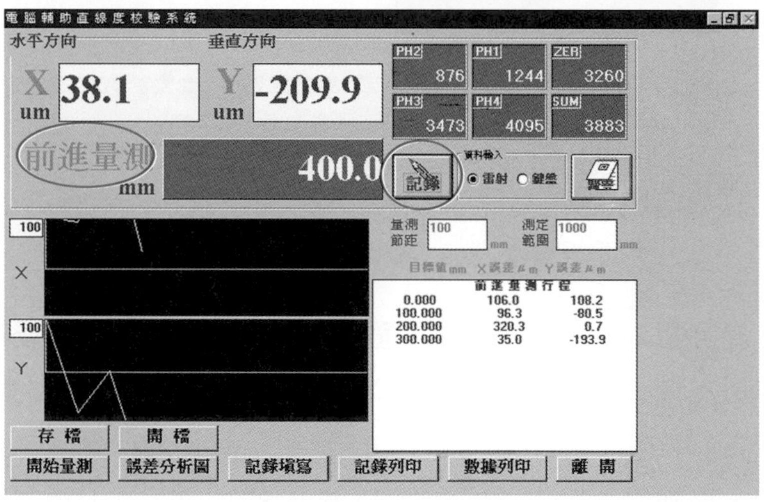

實習 2-2.5　前進量測過程

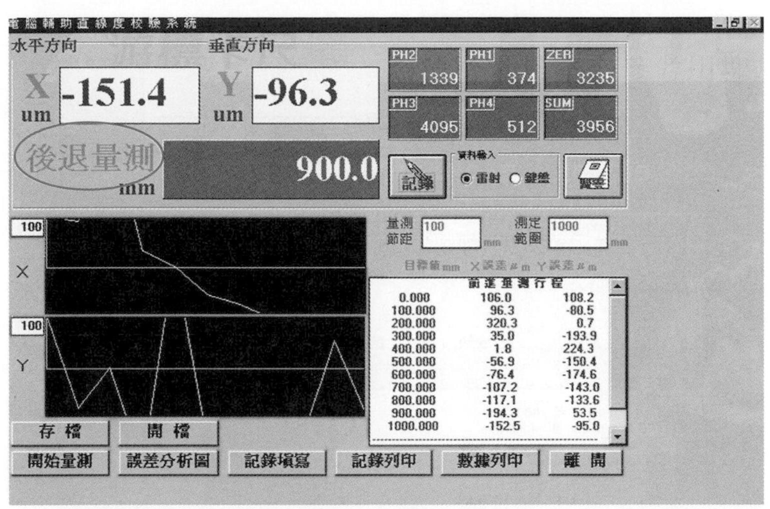

實習 2-2.6　後退量測

8. 完成上述量測步驟後，即出現實習 2-2.7，先按“確定”，再按左下方的“誤差分析圖”鍵，可得水平及垂直方向的原始誤差或最小平方誤差之圖形，如實習 2-2.8 所示，且可計算全範圍精度及往復測定誤差。

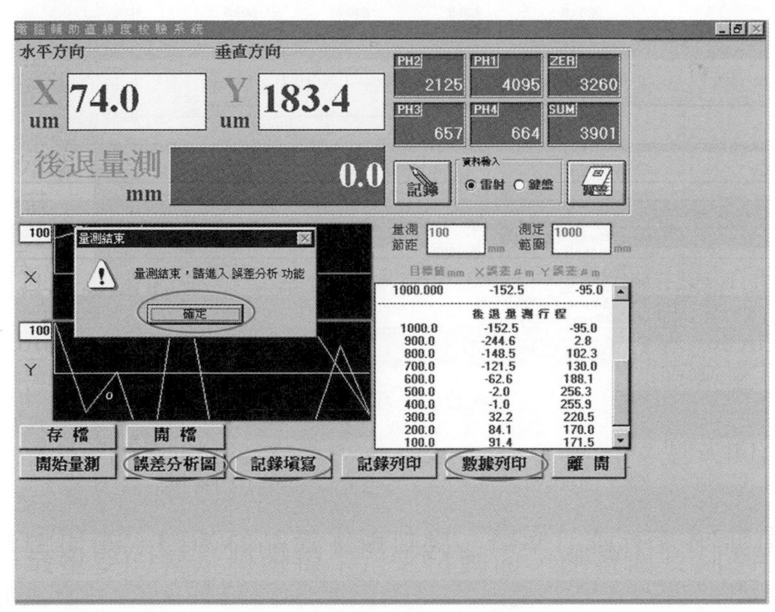

實習 2-2.7　量測完畢

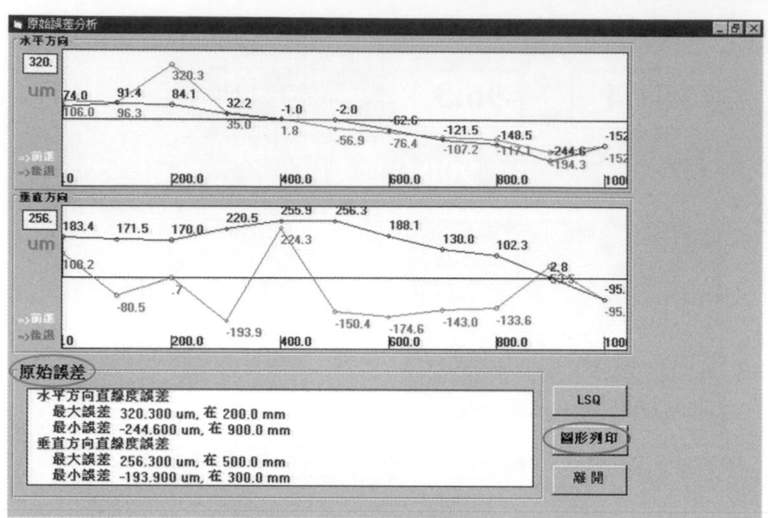

(a) 原始誤差分析

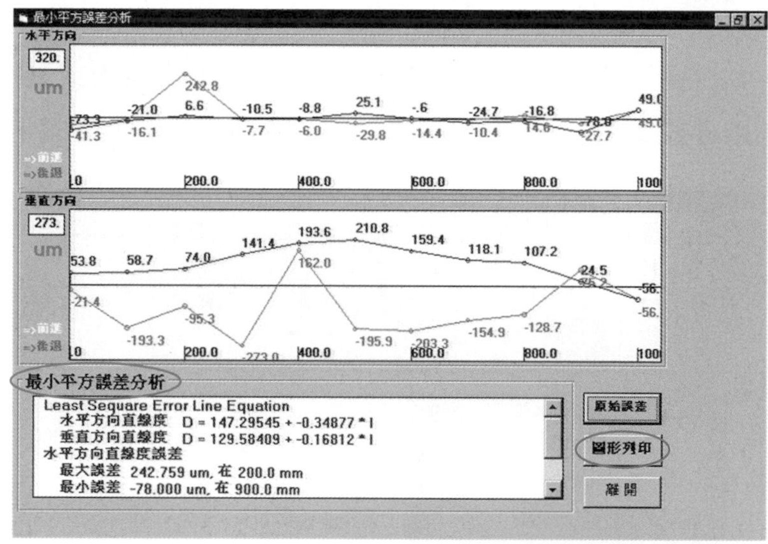

(b) 最小平方誤差分析

實習 2-2.8 誤差結果分析圖(實習結果)

9. 於實習 2-2.8 中，按“離開”鍵回到實習 2-2.7 中，再按“記錄填寫”鍵，會出現如實習 2-2.9 之畫面，然後依照設備校驗記錄，填入名稱即完成。

10. 同樣地，於實習 2-2.7 中按“存檔”鍵，會出現如實習 2-2.10 之畫面；先鍵入檔名後，再按“確定”鍵，則回到實習 2-2.2。

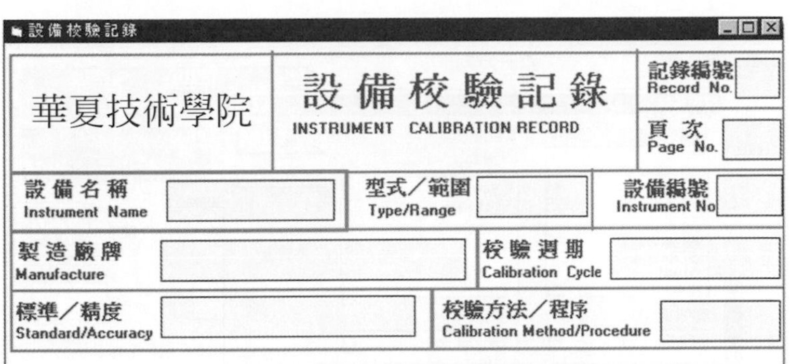

設備校驗記錄

華夏技術學院	設備校驗記錄 INSTRUMENT CALIBRATION RECORD	記錄編號 Record No.
		頁次 Page No.

設備名稱 Instrument Name		型式/範圍 Type/Range		設備編號 Instrument No	
製造廠牌 Manufacture		校驗週期 Calibration Cycle			
標準/精度 Standard/Accuracy		校驗方法/程序 Calibration Method/Procedure			

實習 2-2.9　設備校驗記錄(實習結果)

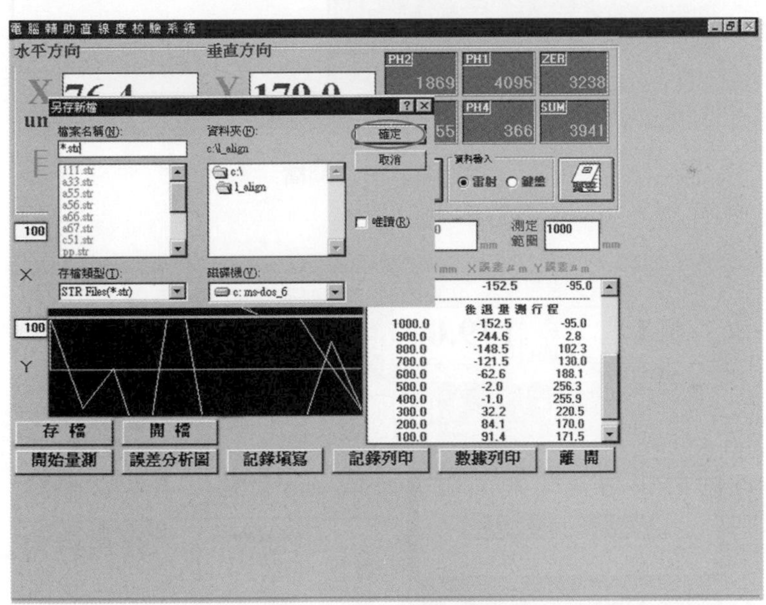

實習 2-2.10　存檔

11. 若於實習 2-2.2 中，按“開檔”鍵，得實習 2-2.11，呼叫舊有之檔案；若鍵入上一步驟所存檔之檔名，再按“確定”鍵，則出現實習 2-2.7。
12. 分別於實習 2-2.7 中及 2-2.8 中，選擇“數據列印”或“圖形列印”鍵，列印所需之資料。
13. 最後，按“離開”鍵，如實習 2-2.12 所示，則結束作業。
14. 量測完成後，須關閉所有電源。

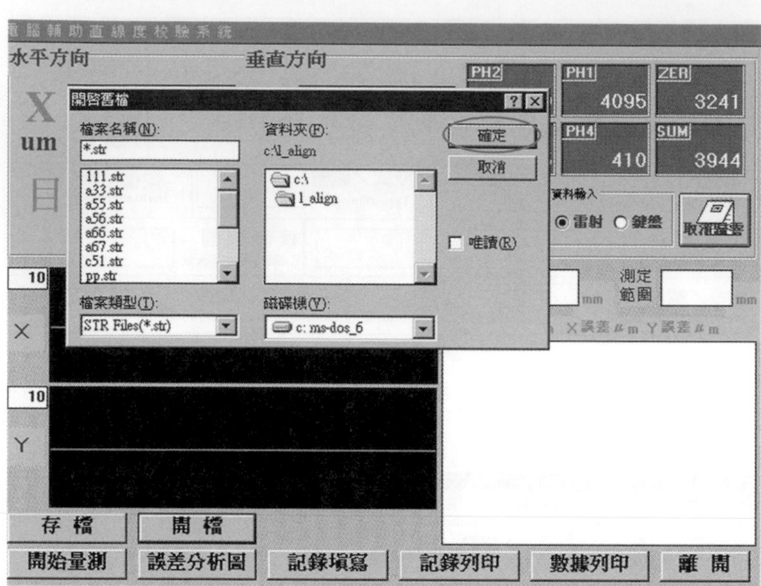

實習 2-2.11　開檔

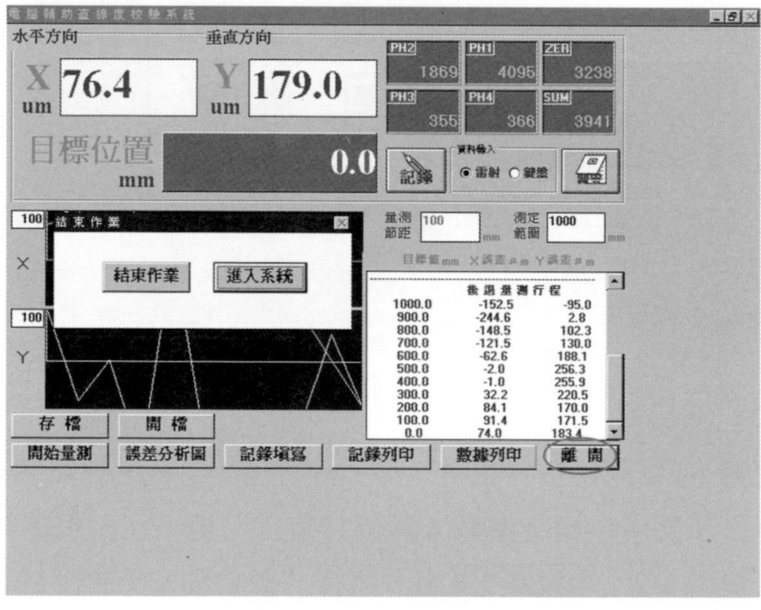

實習 2-2.12　離開

實習結果

本實習之結果即誤差分析圖(實習 2-2.8)、設備校驗記錄(實習 2-2.9)及數據等。

討　　論

2-3 精密度與準確度

一、精密度(Precision)

精密度是指量測儀器在同一條件、用同一方法對同一待測工件重複測量時，其測量結果重複的程度。量測值分佈範圍小者，即重複性佳，則精密度佳；反之，則精密度差。

二、準確度(Accuracy)

準確度是指量測儀器在同一條件、用同一方法對同一待測工件重複測量時，其量測平均值(實際量測值)與該工件眞值之間的偏差程度。偏差值越小，則表準確度佳。

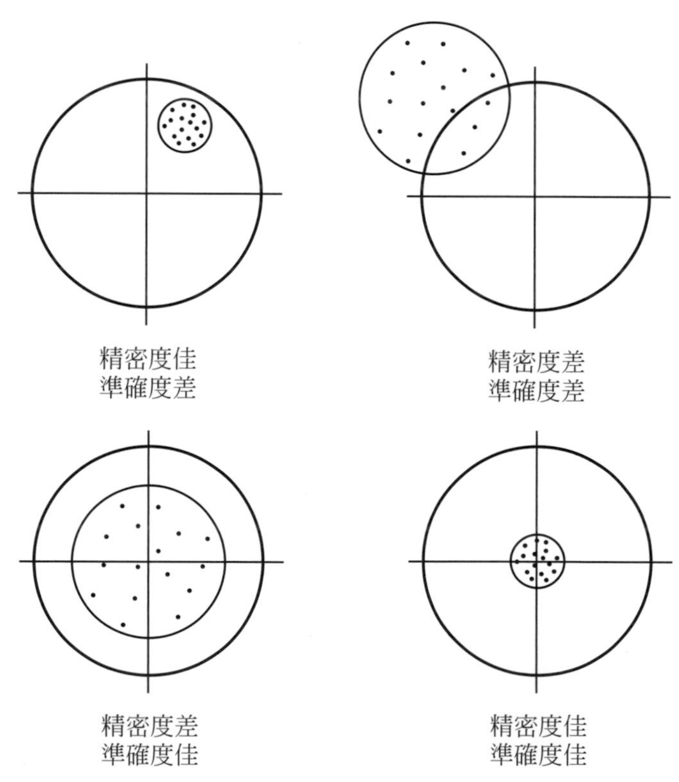

圖 2-3.1　精密度與準確度之關係

註 1.圖 2-3.1 為精密度與準確度之關係。

2.**精度**是精密度與準確度的總合，即既精密且準確的程度，又稱為**精確度**。

2-4 量測誤差

進行工件測量時，實際量測值(量測平均值)與標準值間的差異量稱爲誤差或器差值。產生稱誤差的原因很多，如：人爲因素、環境因素及儀器因素等，若能了解並加以控制，方能使誤差減至最少，提高量測的準確度。

大致上量測的誤差因素可分爲下列四項：

一、人為因素

由於人爲的缺失所造成的誤差，如：儀器設備未歸零、誤讀、誤算及視差、不正當量測接觸力所造成撓曲的誤差或使阿貝誤差擴大(如：游標卡尺)、量測擺設角度不良造成的餘弦誤差(如：量表)等。

二、環境因素

量測時受環境或場地之不同所產生之誤差，其因素有溫度、溼度、塵埃、振動、噪音等。

三、儀器因素

是指儀器設備本身的因素所造成的誤差，如：製造時所累積的公差、刻度誤差、磨損誤差等。

四、隨機誤差

隨機誤差爲不可預期之量測誤差，如：地震、電壓不穩定、氣流、輻射等，又稱爲**偶然性誤差**。

註 1. **阿貝原理(Abbe's Principle)**：又稱**測量原理**，為量測儀器之軸線與待測工件軸線需重合，至少應成一直線，否則所產生的誤差稱為**阿貝誤差**。

2. **Airy 點**：長型塊規或長度標準桿，不論其支撐所發生之彈性彎曲為何，為確保二端的**量測面平行**，量具的支持點或握持點應在$a = \mathbf{0.577}l$處，此位置之支點稱為Airy點，如圖 2-4.1 所示。

3. **Bessel 點**：欲直尺或棒形內側分厘卡以兩點支撐使其彈性彎曲為最小，即**兩端之彎曲恰等於其中間之彎曲**，則其支持點在$b=\mathbf{0.559}l$處，此位置之支點稱為Bessel點，如圖 2-4.2 所示。

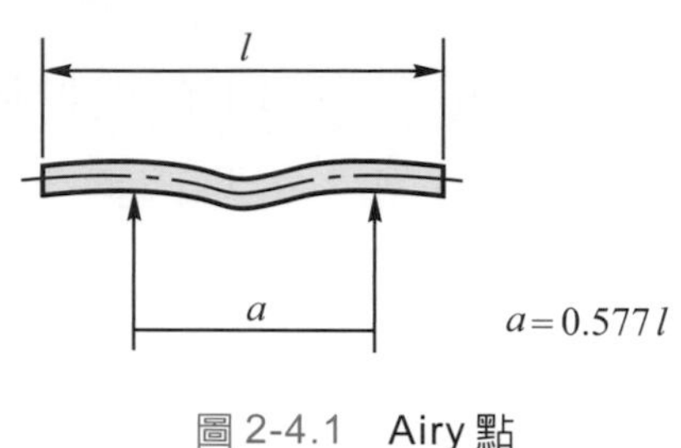

圖 2-4.1　Airy 點

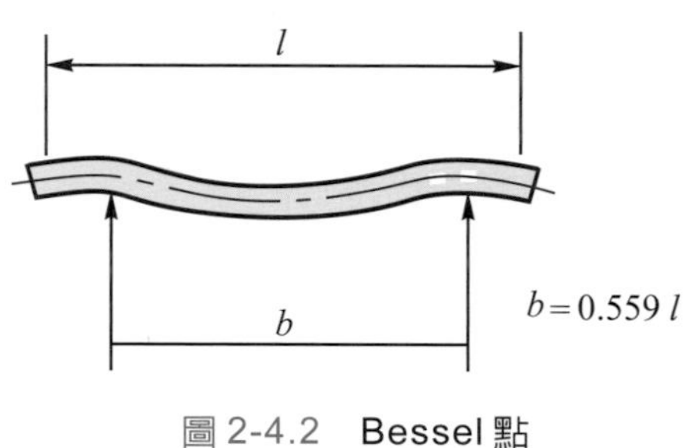

圖 2-4.2　Bessel 點

2-5 統計製程管制(SPC)

隨著生產過程自動化的發展，對產品精度之要求已逐漸走向全數檢驗；然而，面對如此大量且繁雜的檢驗工作，已非傳統人力所能負荷，加上人工成本的日益提高，於是全自動、快速、彈性的檢測系統乃應運而生。更重要的是從成品完成後的檢驗，提前到將統計技術應用在製程之中，從提升製程能力來達到降低事後發生不良的機率。

但是，面對在製造過程中，利用檢驗工具量測所產生的龐大檢驗數據，需要借由電腦軟體輔助加以分析，才能產生製品品質之相關資訊。因此，坊間已發展出許多的『**統計製程管制(Statistical Process Control，SPC)**』的軟體，可以從製程中各項精密量具所收集到的資料輸入後，依不同需要繪製**管制圖**(如

圖 2-5.1)、**直方圖**(如圖 2-5.2)及**柏拉圖**(如圖 2-5.3)等，供製造現場人員掌握製程能力及產品品質變化的動態，從而即時調整。

下列大約介紹品質管制的概念，若需要更詳細的內容，請參閱坊間任何一本有關品質管制的書。

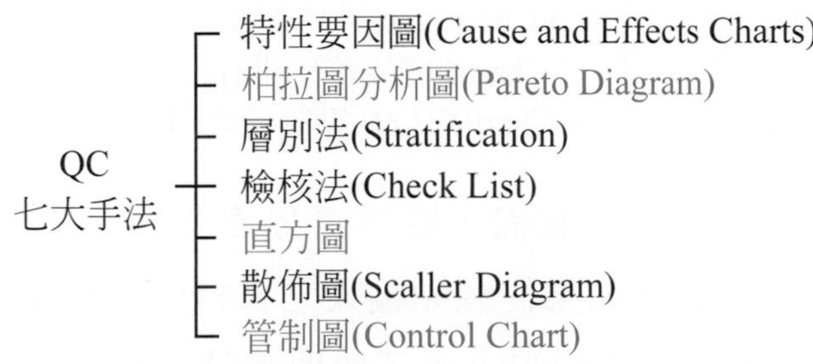

若要製作上述之圖，首先要儘可能收集數據資料或報表，再利用統計方法加以整理，計算出各種參數值，然後製成上述之圖以便分析。

參數

1. 算術平均數(平均值)$\overline{X}$

$$\overline{X}=\frac{X_1+X_2+\cdots+X_n}{n}=\frac{\sum_{i=1}^{n}X_i}{n}\qquad i=1,2,3,\cdots,n$$

X_i：第i個數據

n：數據之總數目

2. 全距R

$$R=X_{\max}-X_{\min}$$

$X_{\max}$：一群數據中最大值

$X_{\min}$：一群數據中最小值

3. 標準差σ

$$\sigma=\sqrt{\frac{\sum_{i=1}^{n}(X_i-\overline{X})^2}{n}}$$

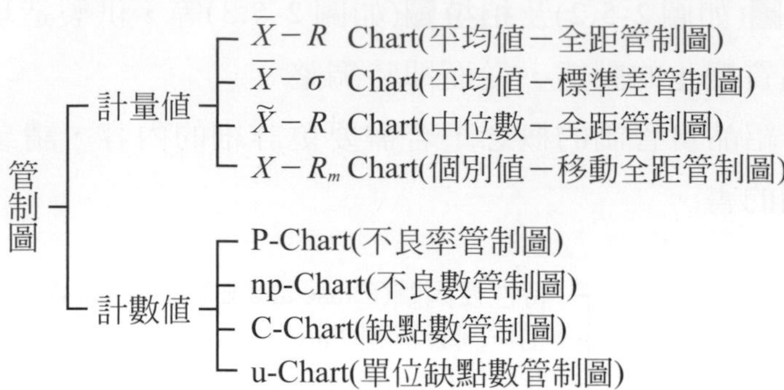

藉由統計製程管制的電腦軟體，雖然可以產生出許多資訊，但是別忘了Garbage In，Garbage Out，如果從源頭輸入之資料就不可靠，那麼分析出來的資訊自然也不可靠。現在許多的線上電子儀器或精密量具，可以將製程收集到的數據，透過連線即時傳輸到電腦，進行SPC分析。因此，精密量測與統計技術的結合，在統計製程管制中，更顯出其重要性了。

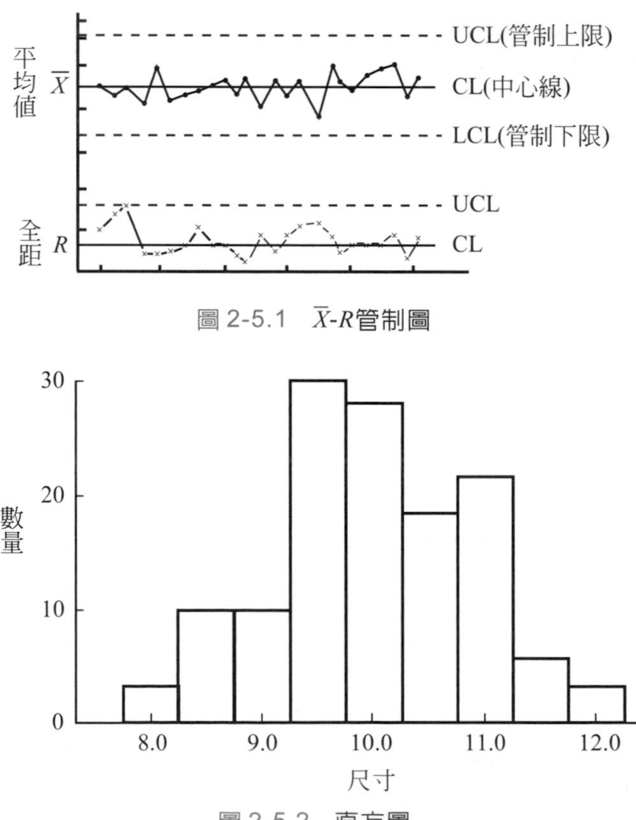

圖 2-5.1　$\overline{X}$-R管制圖

圖 2-5.2　直方圖

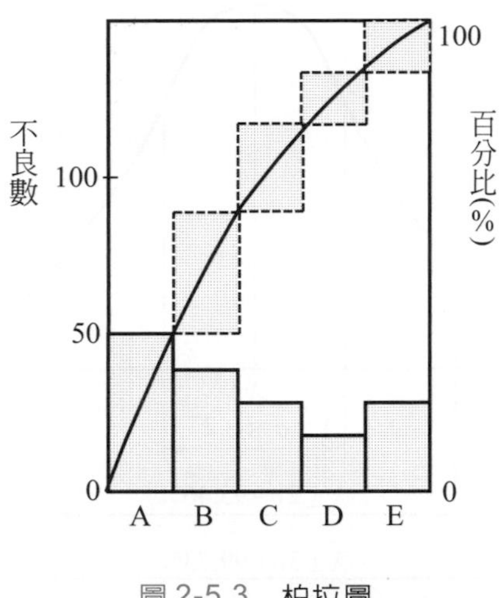

圖 2-5.3　柏拉圖

註 1.

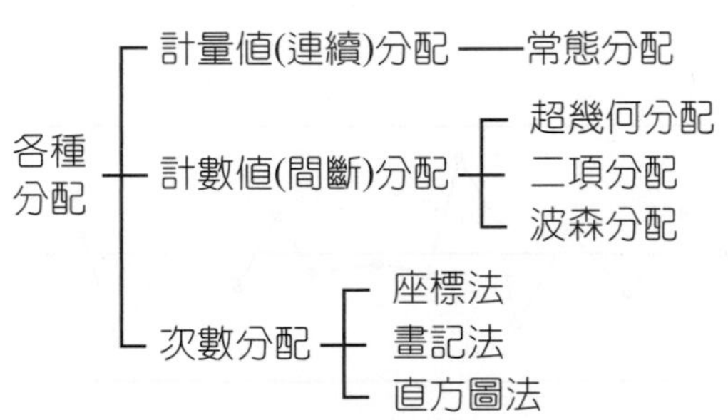

2.工業界許多現象(如：產品)符合**常態分配(Normal Distribution)**，如圖 2-5.4 所示。若製程正常，則產品品質特性超出 $\overline{X}\pm3\sigma$的機率很小(僅 0.27 %)；換言之，若總產品數之 99.73 %均分佈在$\overline{X}\pm3\sigma$之內，可判定其操作是正常的，只有機遇變異。反之，若品質特性超過此一範圍，則可判定有非機遇變異存在，需採某種措施以校正，如圖 2-5.5 所示。 σ愈小，則分佈愈突起，表示公差愈小及精度高。($\overline{X}$：平均值，σ：標準差)

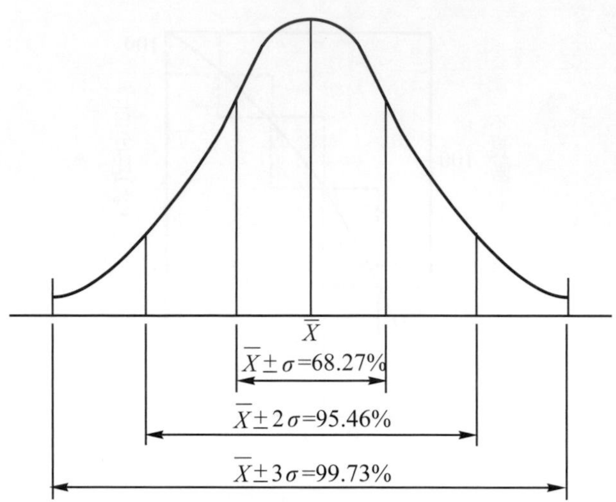

圖 2-5.4 常態分配

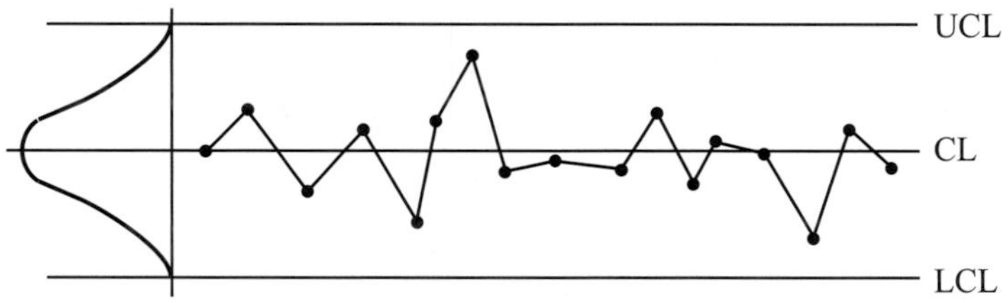

圖 2-5.5 常態分配曲線與管制圖

實習 2-5　統計製程管制

實習目的

1. 瞭解並學習數位游標卡尺及雷射掃描儀的應用。
2. 學習如何應用統計技術來監控一製程穩定之情形，並能預測製程未來的趨勢，以便適時調整；主要目的是生產合格的產品。

實習設備

1. 數位游標卡尺(圖 3-1.6)。
2. 雷射掃描儀(實習 2-5.2)。
3. 訊號切換盒。
4. 電腦及周邊配備。
5. 統計製程管制軟體(SPC)。

實習原理

在製造過程中抽取樣本，將量測樣本所得到的數據，加以統計分析並繪製程管制圖，以管制製程是否發生異常現象，其量測流程如實習 2-5.1 所示。下列將介紹本實習中的三個管制圖：

實習 2-5.1　量測流程

1. $\overline{X}$-R管制圖

   如圖 2-5.1 所示，$\overline{X}$管制圖主要是管制樣本平均值的變化；縱座標爲平均值，橫座標爲量測批次，每一小黑點代表樣本組的平均值，以不超出上管制限(UCL)及下管制限(LCL)爲原則。而R管制圖是管制樣本全距的變化；縱座標爲全距，橫座標爲量測批次，每一小黑點代表樣本組之全距，以不超出上、下管制限爲原則。

2. 直方圖

如圖 2-5.2 所示，直方圖爲樣本之全距等分成若干等分，再利用長方形並排一起，縱座標代表該尺寸出現之次數(數量)，橫座標代表尺寸。

3. 柏拉圖

如圖 2-5.3 所示，柏拉圖是根據不良原因或狀態，予以層別，並依不良數(或損失金額)、發生頻率的次序，以線條圖表之。

實習步驟

1. 清點並檢查數位游標卡尺(圖 3-1.6)、雷射掃描儀(實習 2-5.2)、訊號處理切換盒等與電腦 RS-232 連接線的連結是否正確，如實習 2-5.3 所示。

實習 2-5.2　雷射掃描儀

實習 2-5.3　SPC 實習設備外觀

2. 開機，進入 SPC 統計製程管制系統，如實習 2-5.4 所示(此軟體以計數管制爲主，是智泰公司的產品)；按“ F1”鍵，執行 SPC 程式，進入實習 2-5.5 畫面。

實習 2-5.4　進入 SPC 系統

3. 於實習 2-5.5 中輸入“作業者代號”，如：學生電腦代號(注意英文大小寫)。

實習 2-5.5　輸入帳號及執行 SPC 系統

4. 再選“[1]”中文畫面，進入主功能表，如實習 2-5.6 所示，共有六個選項；其中[1]$\overline{X}$-R管制圖與[2]X-R_m管制圖於下列第 5 步驟詳述之，[4]計數值管制圖於第 6 步驟詳述之，[3]直方圖與數據列印與[5]柏拉圖於實習結果中詳述之；按[Q] 則結束此 SPC 系統。
5. 選實習 2-5.6 的[1]$\overline{X}$-R管制圖(或[2] X-R_m管制圖)後，會顯示如實習 2-5.7 之畫面，左上角之框內有六項功能，而右邊之框爲已建檔之檔名。

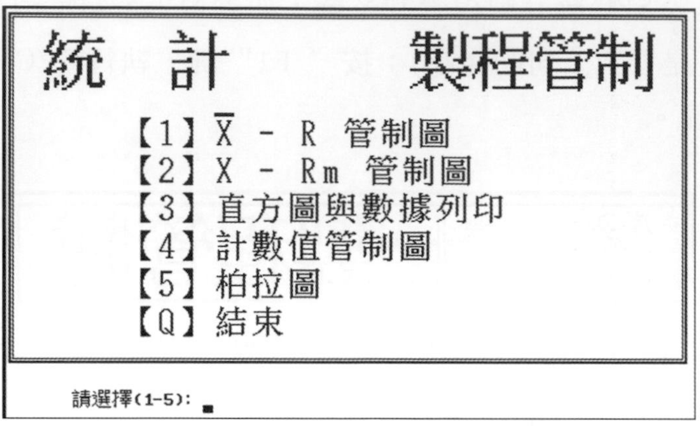

實習 2-5.6　主功能表

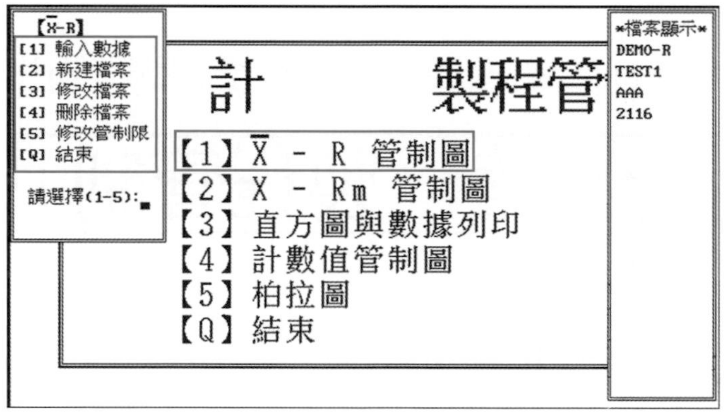

實習 2-5.7　$\overline{X}-R$管制圖功能表

註　若為新建檔案，需先選[2]新建檔案(實習 2-5.7)；若已建立檔案，則選[1]輸入數據(實習 2-5.7)；按[Q]則回到主功能表(實習 2-5.6)。

⑴　新建與修改檔案

①　選擇實習 2-5.7 左上角的[2]新建檔案，則出現如實習 2-5.8 之畫面，然後再依序鍵入各項資料，包括公稱值、上(下)公差、$\overline{X}$管制圖之中心值、R管制圖之中心值及每批樣本數等。鍵入資料後，確認正確否(Y/N)？再鍵入檔名，即完成。(鍵入之檔名不可與已建檔之檔名相同，否則會覆蓋上去，則已輸入之數據會消失)。

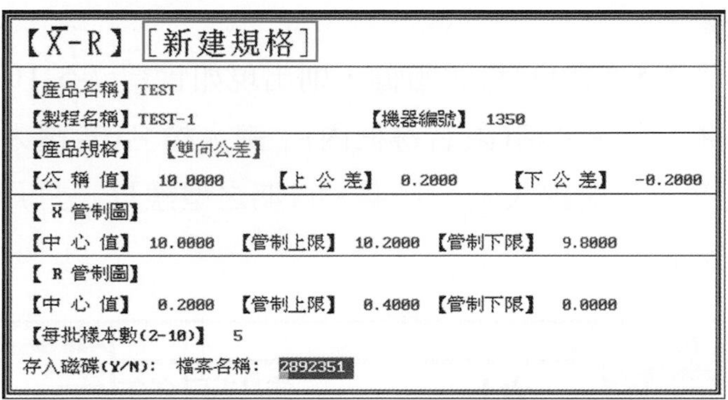

實習 2-5.8　新建檔案畫面

② 選實習 2-5.7 左上角的[3]修改檔案，電腦會要求鍵入檔名(限實習 2-5.9(a)之右框內)，鍵入檔名後即顯示如實習 2-5.9(b)之畫面；其修改程序與上述①之建檔程序(實習 2-5.8)同。

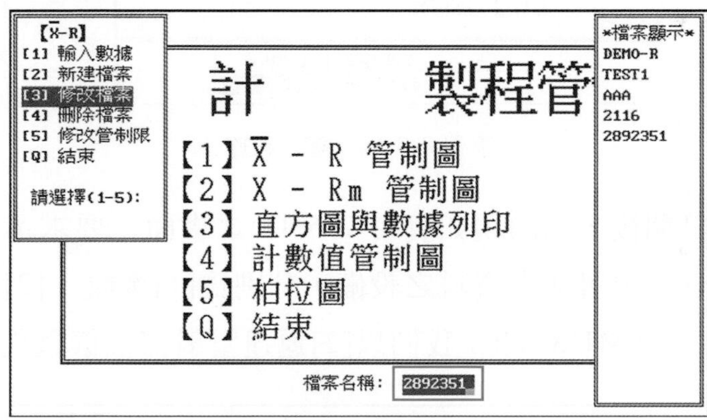

(a) 選修改檔案

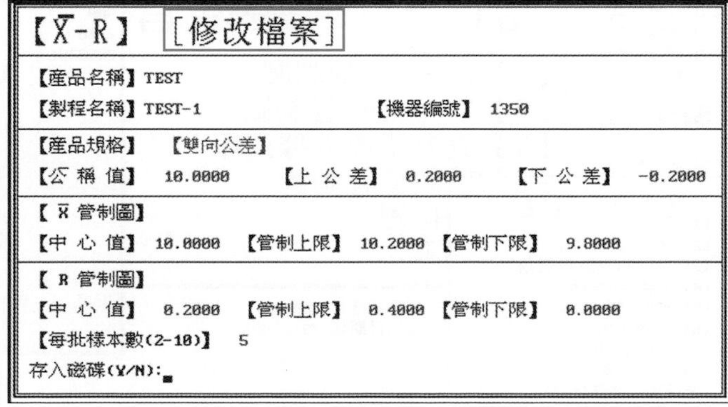

(b) 修改檔案畫面

實習 2-5.9

⑵ 輸入數據

① 選實習 2-5.7 的[1]輸入數據，則出現如實習 2-5.10 之畫面，電腦會要求鍵入檔案名稱(限右邊框內)。鍵入檔名(若鍵入錯誤，電腦將不接受)後，接著鍵入起始日期，日期之型態以“月月一日日一年年年年”表示。

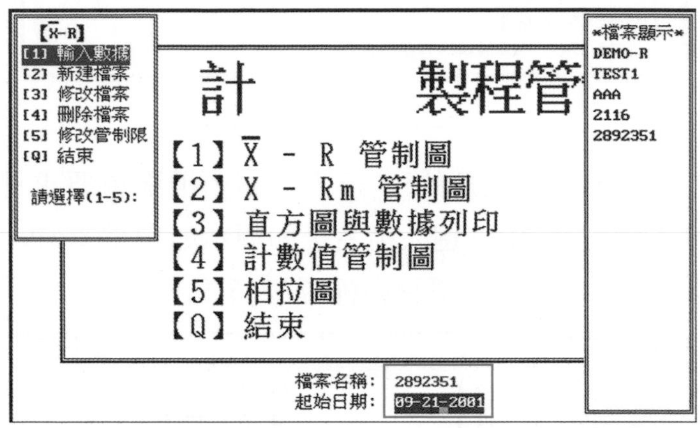

實習 2-5.10 輸入數據

② 鍵入日期後，即出現如實習 2-5.11 之畫面，要求選擇輸入儀器，本實習有三項可輸入資料之設備，分別爲[1]鍵盤、[2]邁達雷射掃描儀及[4]三豐 MUX-10；我們以[2]邁達雷射掃描儀爲例說明之。

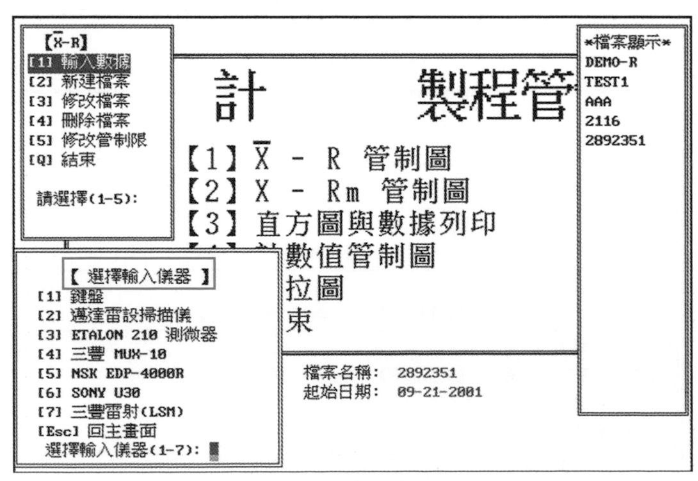

實習 2-5.11 選擇輸入儀器

③　鍵入[2]邁達雷射掃描儀號碼後，隨即出現如實習 2-5.12 之管制圖畫面，接著按“D”鍵輸入數據。若輸入之數據超出管制限，電腦會提出警告(螢幕右上角)，並要求確認；若確實超出，則按“Y”，否則按“N”重新輸入。當一組數據輸入結束後，電腦立即繪出圖形於螢幕上(實習 2-5.30)，則完成此實習動作，可列印螢幕上之結果圖形，並按[ESC]鍵，結束輸入回$\overline{X}$-R管制圖功能表(實習 2-5.7)。

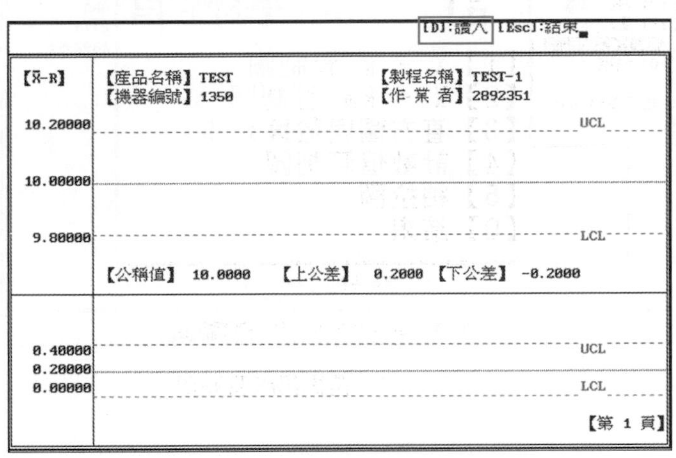

實習 2-5.12　$\overline{X}$-R管制圖之畫面

⑶　刪除檔案：爲了增加磁碟機容量，一些不用的檔案可於實習 2-5.7 中選擇[4]刪除檔案刪除之，如實習 2-5.13 所示；先鍵入欲刪除檔案名稱，再經確認(Y/N)即可。

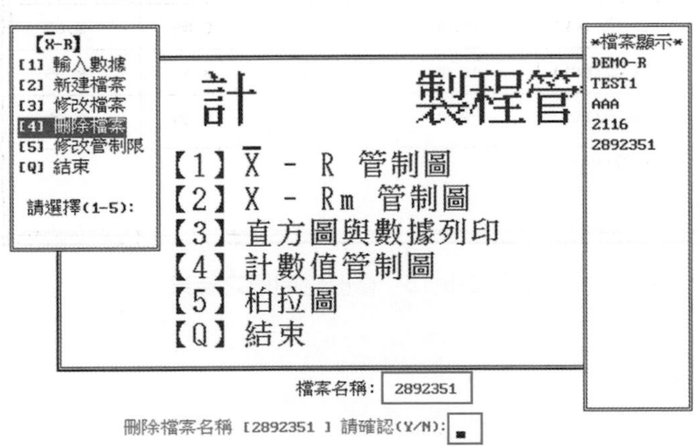

實習 2-5.13　刪除檔案

(4) 修改管制限：於實習 2-5.7 中選擇[5]修改管制限，電腦會要求鍵入檔名及計算日期區間(如實習 2-5.14 所示)。鍵入完成，螢幕會顯示原管制限與新計算之管制限，如實習 2-5.15 所示，且要求確認，若無誤則按“Y”，將新管制限儲存後回主功能表(實習 2-5.6)；若要修改則按“N”。

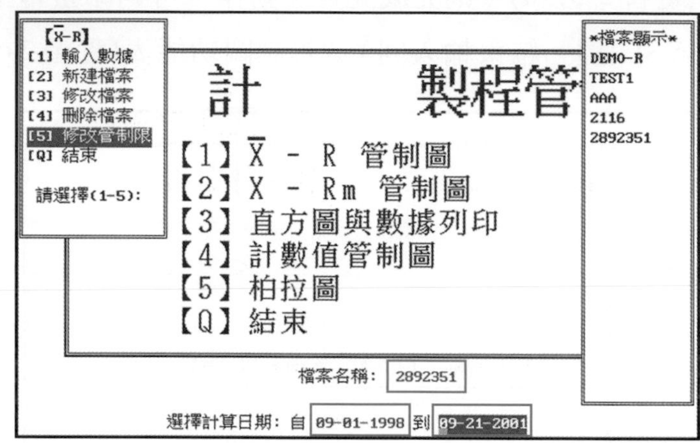

實習 2-5.14　選擇修改管制限

【X̄-R】 [修改管制限]

【工件名稱】TEST

【製程名稱】TEST1　　【機器編號】TEST2

	【X̄ 管制圖】		【R 管制圖】	
	原管制限	新管制限	原管制限	新管制限
中 心 值 (CL)	10.00	10.01	0.05	0.03
上管制限(UCL)	10.05	10.06	0.10	0.09
下管制限(LCL)	9.95	9.96	0.00	0.00

正確否(Y/N):

實習 2-5.15　修改管制限之結果

6. 選實習 2-5.6 的[4]計數值管制圖，會顯示如實習 2-5.16 之畫面，共有六個選項；[1]～[5]項茲分述如下，按[Q]則結束計數值管制圖。

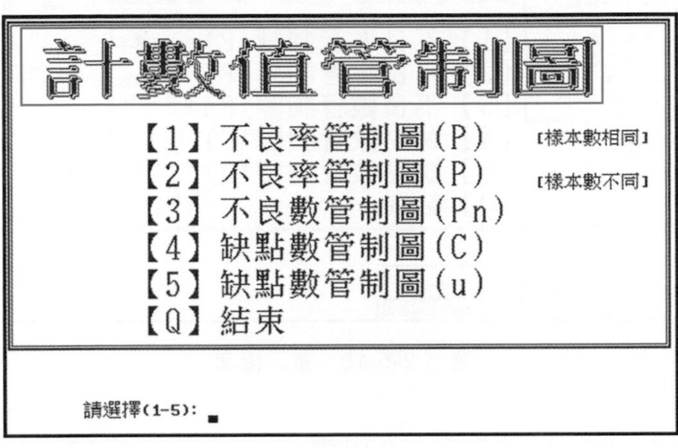

實習 2-5.16　計數值管制圖功能表

⑴ 選實習 2-5.16 的[1]不良率管制圖(P)[樣本數相同]後，會顯示如實習 2-5.17 之畫面，左上角之框內有八項功能，而右邊之框為已建檔之檔名。

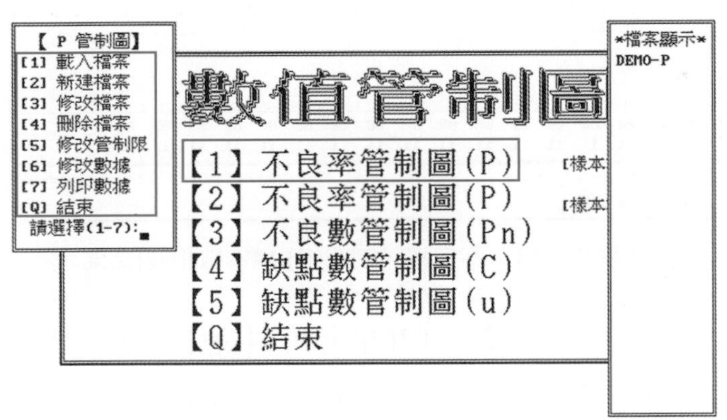

實習 2-5.17　不良率管制圖(P)[樣本數相同]功能表

① 載入檔案：選實習 2-5.17(左上角)的[1]載入檔案，得實習 2-5.18 之畫面，電腦會要求鍵入檔案名稱(限顯示於右邊框內之檔名)；鍵入檔名(若鍵入錯誤，電腦將不接受)後，接著鍵入起始日期(以“月月一日日一年年年年”表示)，完成後會出現如實習 2-5.19 之結果。

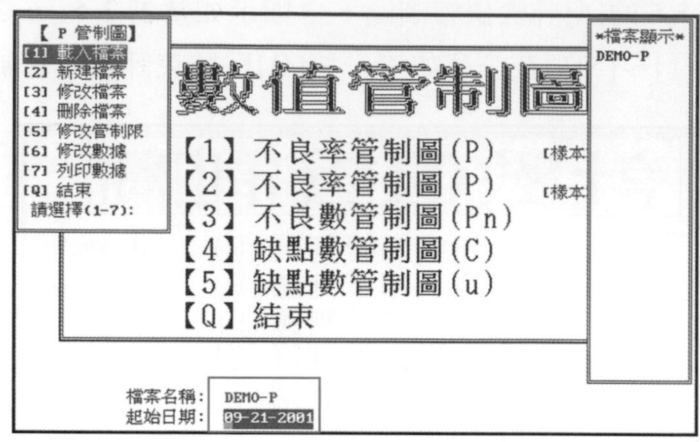

實習 2-5.18　載入檔案

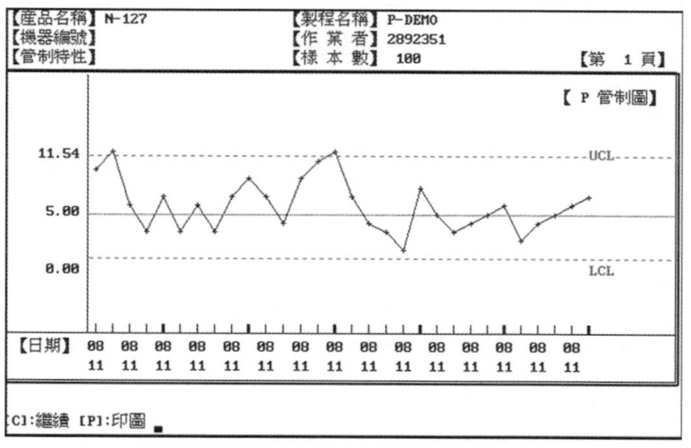

實習 2-5.19　不良率管制圖(P)[樣本數相同]結果

② 新建檔案：在實習 2-5.17(左上角)中選擇[2]新建檔案，則出現如實習 2-5.20 之畫面，然後再依序鍵入各項資料，包括產品名稱、製程名稱、機器編號、管制特性、設定管制限及樣本數等。鍵入資料後，存入磁碟否(Y/N)？再鍵入檔名，即完成。(鍵入之檔名不可與已建檔之檔名相同，否則會覆蓋上去，則已輸入之數據會消失)。

③ 修改檔案：在實習 2-5.17(左上角)中選擇[3]修改檔案，電腦會要求鍵入檔名，鍵入檔名後即顯示如實習 2-5.21 之畫面；其修改程序與上述②之建檔程序同。

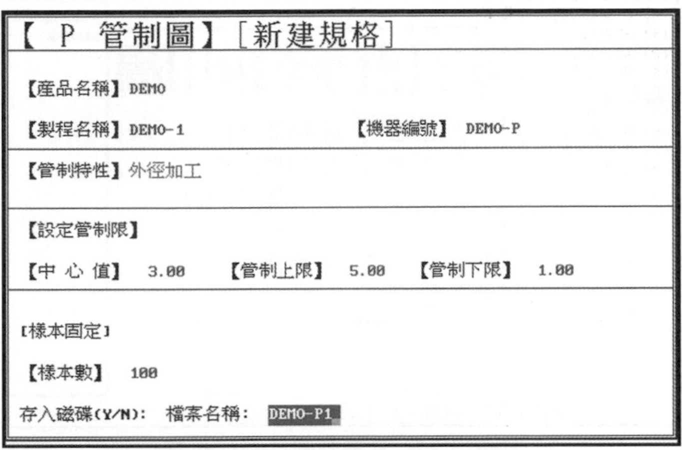

【 P 管制圖】［新建規格］

【產品名稱】DEMO

【製程名稱】DEMO-1　　【機器編號】 DEMO-P

【管制特性】外徑加工

【設定管制限】

【中 心 值】 3.00　【管制上限】 5.00　【管制下限】 1.00

〔樣本固定〕

【樣本數】 100

存入磁碟(Y/N): 檔案名稱: DEMO-P1

實習 2-5.20　P 管制圖之新建檔案

【 P 管制圖】［修改檔案］

【產品名稱】N-127

【製程名稱】P-DEMO　　【機器編號】

【管制特性】O.D.

【設定管制限】

【中 心 值】 5.00　【管制上限】 11.54　【管制下限】 0.00

〔樣本固定〕

【樣本數】 100

正確否(Y/N):

實習 2-5.21　P 管制圖之修改檔案

④ 刪除檔案：在實習 2-5.17(左上角)中選擇[4]刪除檔案，如實習 2-5.22 所示；先鍵入欲刪除檔案名稱，再經確認(Y/N)即可。

⑤ 修改管制限：於實習 2-5.17(左上角)中選擇[5]修改管制限，電腦會要求鍵入檔名及計算日期區間(如實習 2-5.23 所示)。鍵入完成，螢幕會顯示原管制限與新計算之管制限，如實習 2-5.24 所示，且要求確認，若無誤則按“Y”，將新管制限儲存後回計數值管制圖功能表(實習 2-5.16)；若要修改則按“N”。

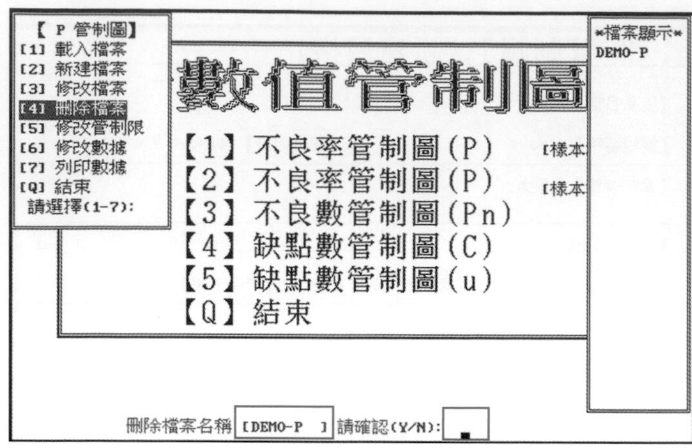

圖 2-5.22　P 管制圖之刪除檔案

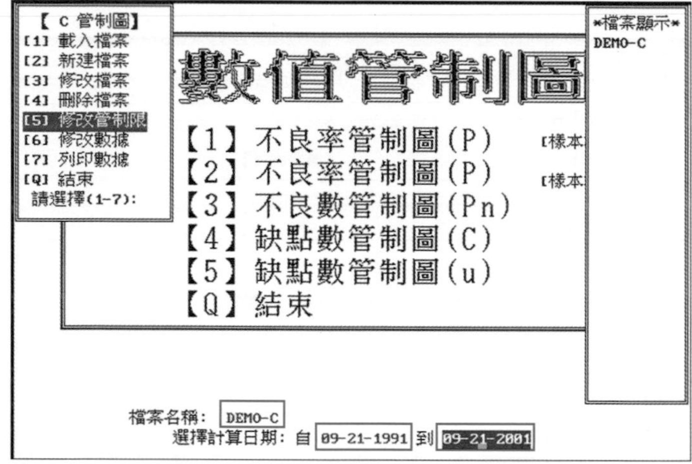

實習 2-5.23　P 管制圖之修改管制限

【 P 管制圖】［修改管制限］

【工件名稱】N-127

【製程名稱】P-DEMO　　　　【機器編號】

	【P 管制圖】			
	原管制限	新管制限		
中 心 值 (CL)	5.00	6.65		
上管制限(UCL)	11.54	14.14		
下管制限(LCL)	0.00	0.00		

是否存檔(Y/N):

實習 2-5.24　P 管制圖之修改管制限畫面

⑥　修改數據：於實習 2-5.17(左上角)中選擇[6]修改數據，電腦會要求鍵入檔名及起始日期。鍵入完成，得實習2-5.25 進行修改。

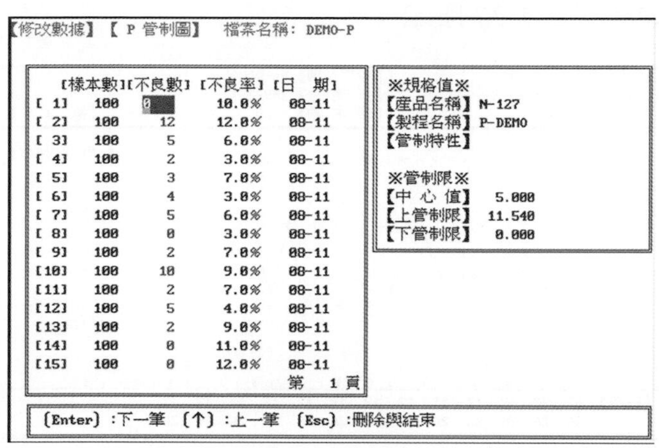

實習 2-5.25　P 管制圖之修改數據

⑵　選實習 2-5.16 的[2]不良率管制圖(P)[樣本數不同]後，此爲管制圖之上、下限變動，其每個選項的操作方式皆與上述⑴之[1]不良率管制圖(P)[樣本數相同]相同，不再另述；此結果顯示如實習 2-5.26 所示，請與實習2-5.19 比較之。

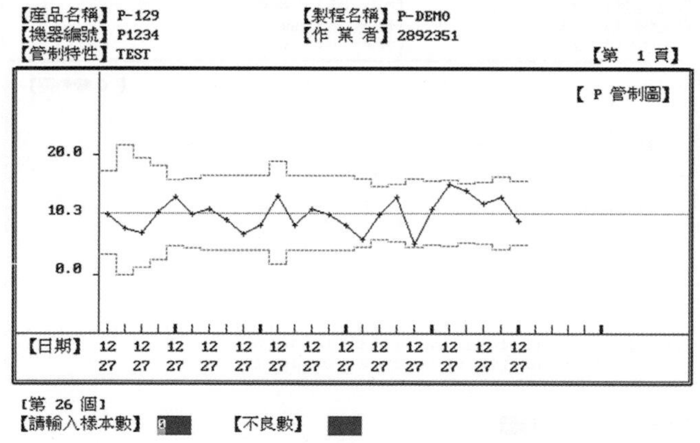

實習 2-5.26　不良率管制圖(P)[樣本數不同]結果

(3) 選實習 2-5.16 的[3]不良數管制圖(Pn)後，其上的每個選項的操作方式皆與前述(1)之[1]不良率管制圖(P)[樣本數相同]相同，不再另述；此結果顯示如實習 2-5.27 所示。

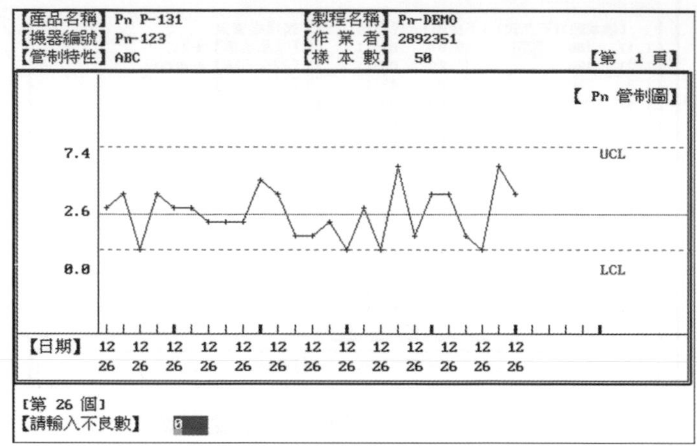

實習 2-5.27　不良數管制圖(Pn)結果

(4) 選實習 2-5.16 的[4]缺點數管制圖(C)後，其上的每個選項的操作方式皆與上述(1)之[1]不良率管制圖(P)[樣本數相同]相同，不再另述；此結果顯示如實習 2-5.28 所示。

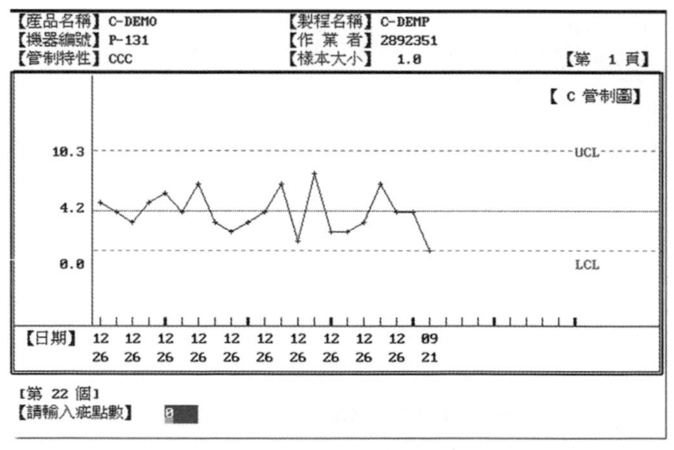

實習 2-5.28　缺點數管制圖(C)結果

(5) 選實習 2-5.16 的[5]缺點數管制圖(u)後，此爲樣本變動之缺點數管制圖，其上的每個選項的操作方式皆與上述(1)之[1]不良率管制圖(P)[樣本數相同]相同，不再另述；此結果顯示如實習 2-5.29 所示。

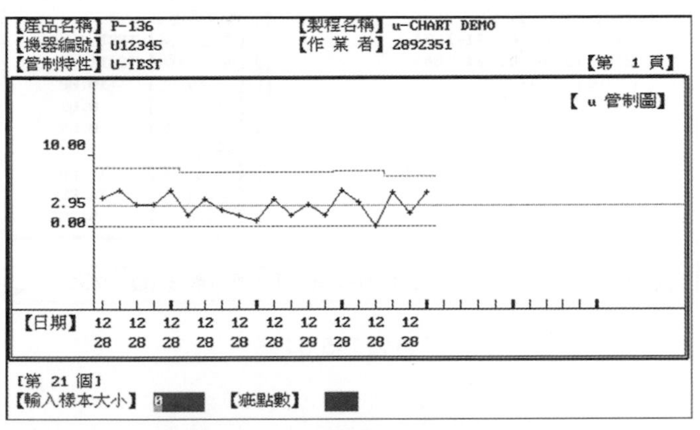

實習 2-5.29　缺點數管制圖(u)結果

實習結果——統計製程管制

1. 於實習步驟中，所得之結果$\overline{X}$-R管制圖，如實習 2-5.30 所示；且可在圖上按“Ctrl-D”鍵或“F1”鍵作修改，如實習2-5.31所示，由[↓]或[↑]鍵移至欲修改之組別，再按[E]鍵進入修改模式；或按[D]鍵，刪除本組數據，如實習2-5.32所示；或按[Q]鍵結束。
2. 於實習 2-5.6 中選擇[3]直方圖與數據列印，電腦會要求鍵入檔名及統計日期區間(如實習2-5.33所示)；鍵入檔名後，得實習2-5.34。

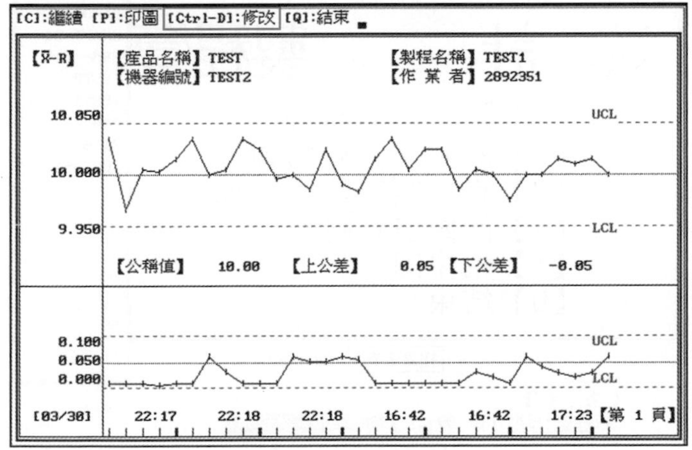

實習 2-5.30

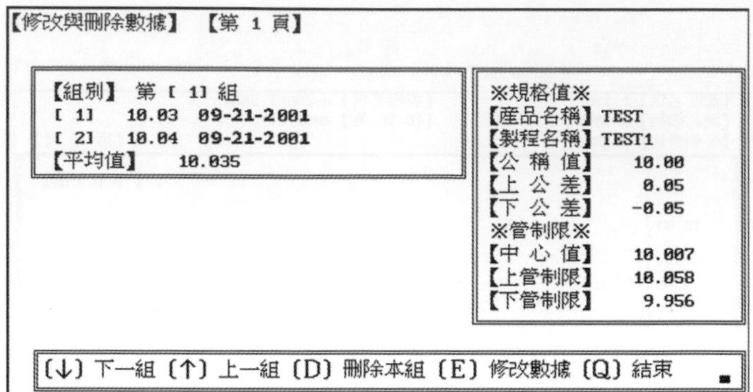

實習 2-5.31

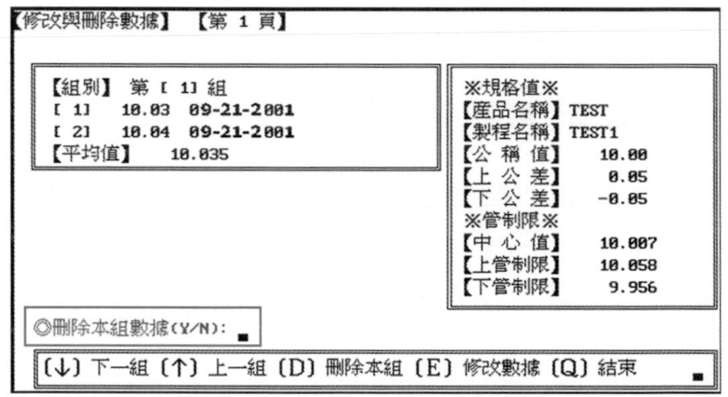

實習 2-5.32

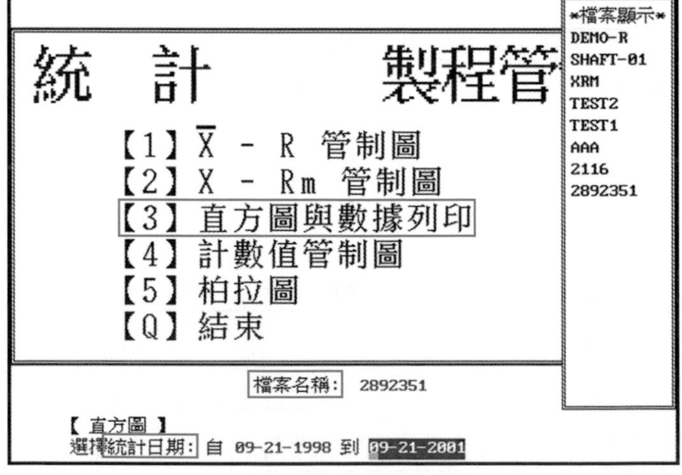

實習 2-5.33

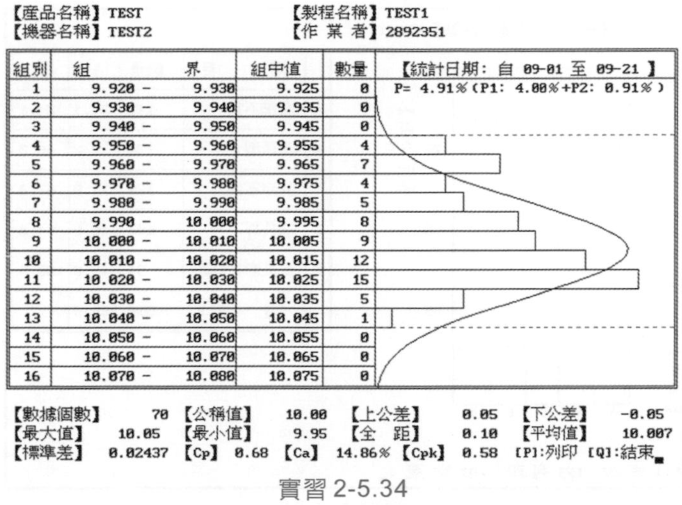

【產品名稱】TEST　　【製程名稱】TEST1
【機器名稱】TEST2　　【作 業 者】2892351

組別	組　　界	組中值	數量	【統計日期：自 09-01 至 09-21】
1	9.920 - 9.930	9.925	0	P= 4.91％(P1: 4.00％+P2: 0.91％)
2	9.930 - 9.940	9.935	0	
3	9.940 - 9.950	9.945	0	
4	9.950 - 9.960	9.955	4	
5	9.960 - 9.970	9.965	7	
6	9.970 - 9.980	9.975	4	
7	9.980 - 9.990	9.985	5	
8	9.990 - 10.000	9.995	8	
9	10.000 - 10.010	10.005	9	
10	10.010 - 10.020	10.015	12	
11	10.020 - 10.030	10.025	15	
12	10.030 - 10.040	10.035	5	
13	10.040 - 10.050	10.045	1	
14	10.050 - 10.060	10.055	0	
15	10.060 - 10.070	10.065	0	
16	10.070 - 10.080	10.075	0	

【數據個數】 70　【公稱值】 10.00　【上公差】 0.05　【下公差】 -0.05
【最大值】 10.05　【最小值】 9.95　【全　距】 0.10　【平均值】 10.007
【標準差】 0.02437　【Cp】 0.68　【Ca】 14.86％　【Cpk】 0.58　[P]:列印　[Q]:結束

實習 2-5.34

3. 於實習 2-5.6 中選擇[5]柏拉圖，如實習 2-5.35 所示；鍵入檔名後，得實習 2-5.36。若是要修改，可按“[1]修改”鍵，會出現實習 2-5.37 的畫面，進行修改。

【數據分析與應用】

【柏拉圖】

【檔案名稱顯示】
:PA-TEST　:TEST　:TEST1　:　:　:　:　:

【請鍵入檔案名稱】 TEST1　[D]:刪除檔案　[Esc]:結束

實習 2-5.35

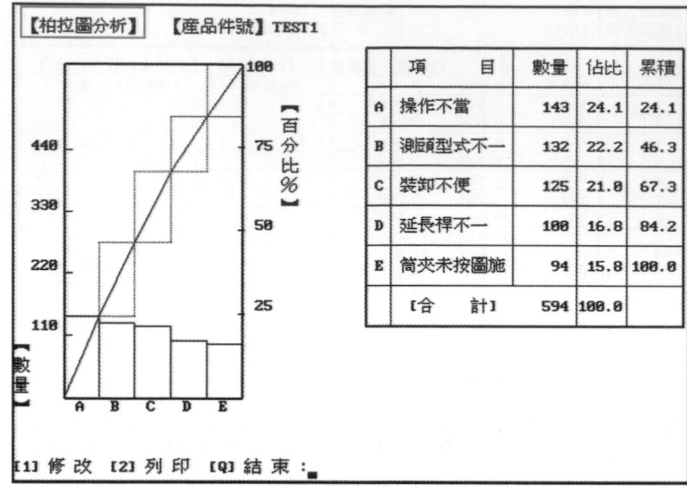

	項 目	數量	佔比	累積
A	操作不當	143	24.1	24.1
B	測頭型式不一	132	22.2	46.3
C	裝卸不便	125	21.0	67.3
D	延長桿不一	100	16.8	84.2
E	筒夾未按圖施	94	15.8	100.0
	[合 計]	594	100.0	

實習 2-5.36

【項目個數 (2-7)】 5

	項 目	數量	佔比	累積
A	裝卸不便	100	25.4	25.4
B	筒夾未按圖施	110	23.7	49.2
C	測頭型式不一	150	18.6	67.8
D	操作不當	90	16.9	84.7
E	延長桿不一	140	15.3	100.0
	[合 計]	590	100.0	

實習 2-5.37

2-6 量規儀器校正

一、量規儀器校正分為外校、內校、比對、免校、及游校五種：

1. 外校

凡量規儀器設備之使用符合下列條件者，皆列入外校之範圍，但仍須以「量測儀器一覽表」、「量測儀器履歷表」及「量測儀器校正計畫表」列表管制。

⑴ 送外校之量測儀器由品管單位負責以「外校申請單」提出送校申請。

⑵ 送校回廠之量測儀器，品管必須檢視是否有標示施校日期、施校單位、

有效期限等資訊與校驗記錄，再依公司所訂量測儀器允收公差判定合格後，將校驗資訊轉載於「量測儀器履歷表」並保存於品管單位。

(3) 外校機構或實驗室資格條件

其使用之最高級校驗標準件須至少能追溯至國家二級或以上之標準獨立實驗室；或接受具公信力第三者認證合格且取得合格證書者。

2. 內校

凡量規儀器設備之使用符合下列條件者，皆列入內校之範圍，但仍須以「量測儀器一覽表」、「量測儀器履歷表」及「量測儀器校正計畫表」列表管制。

(1) 廠內量測儀器有標準器可追溯者，由品管單位至被校單位取回並實施內部校驗。

(2) 內校儀器標準器不可作為生產檢驗之用，以確保其準確度。

(3) 內校時，應依廠內規定之校驗環境（溫度20±1℃，溼度40％~60％ R.H）進行內校作業，並將校驗當時的溫濕度資訊記錄於「量測儀器履歷表」。

(4) 校驗作業應參照內校校驗之相關作業標準書，校驗結果應記錄於「量測儀器履歷表」。

(5) 內校人員必須為合格校驗作業人員，該人員之資格為相關科系學有專長，或受訓相當時數並獲得結業政書。

3. 比對

凡量規儀器設備之使用符合下列條件者，皆列入比對檢驗之範圍，但仍須以「量測儀器一覽表」、「量測儀器履歷表」及「量測儀器校正計畫表」列表管制。

(1) 量測比對作業所使用的樣品件或基準件應經相關雙方認可（客戶與公司、或公司與供應商），方可作為執行比對工作之依據。

(2) 認可之樣品件或基準件應列入「量測儀器一覽表」加以管制，但不作校驗，且無需建立「量測儀器履歷表」的資料。

(3) 比對的樣品件或基準件應以「合格校驗標籤」標示其有效的使用期限。

(4) 失效的樣品件或基準件應予以報廢；若需作參考之用，則應予以明確標示以避免誤用；並將結果摘錄於「量測儀器一覽表」。

4. 免校

凡量規儀器設備之使用符合下列條件者，皆列入免校之範圍，但仍須以「量測儀器一覽表」、「量測儀器履歷表」及「量測儀器校正計畫表」列表管制。

(1) 該儀器設備非使用於生產條件、檢驗、測試之目的。

(2) 被用於作GO/NO GO之產品品質判定的目的。（此類儀器設備雖不作校驗，但仍須製作標準比對品以隨時執行確認比對）。

(3) 被列爲須定期校驗管制之量測儀器，但該量測儀器目前因生產作業之閒置而暫時不被使用。

(4) 雖爲量測儀器類，但被使用於初次檢測判定之目的，於其後製程中另有一主要執行之產品百分百檢測判定（此管制站之量測儀器已納入校驗）。

(5) 雖爲量測儀器類，但該產品之規格參數允收值被設定爲僅供參考之目的，且該項規格參數值無關產品之品質。

(6) 爲工作場所之環境監控設備，其規格之設定允許誤差範圍極大，其準確度可不予考慮者。

5. 游校

凡量規儀器設備之使用符合下列條件者，皆列入游校檢驗之範圍，但仍須以「量測儀器一覽表」、「量測儀器履歷表」及「量測儀器校正計畫表」列表管制。

(1) 申請游校之量測儀器由品管單位負責以「游校申請單」提出送校申請。

(2) 游校之量測儀器，品管必須檢視是否有標示施校日期、施校單位、有效期限等資訊與校驗記錄，再依公司所訂量測儀器允收公差判定合格後，將校驗資訊轉載於「量測儀器履歷表」並保存於品管單位。

(3) 游校機構或實驗室資格條件

其使用之最高級校驗標準件須至少能追溯至國家二級或以上之標準獨立實驗室；或接受具公信力第三者認證合格且取得合格證書者。

二、作業流程

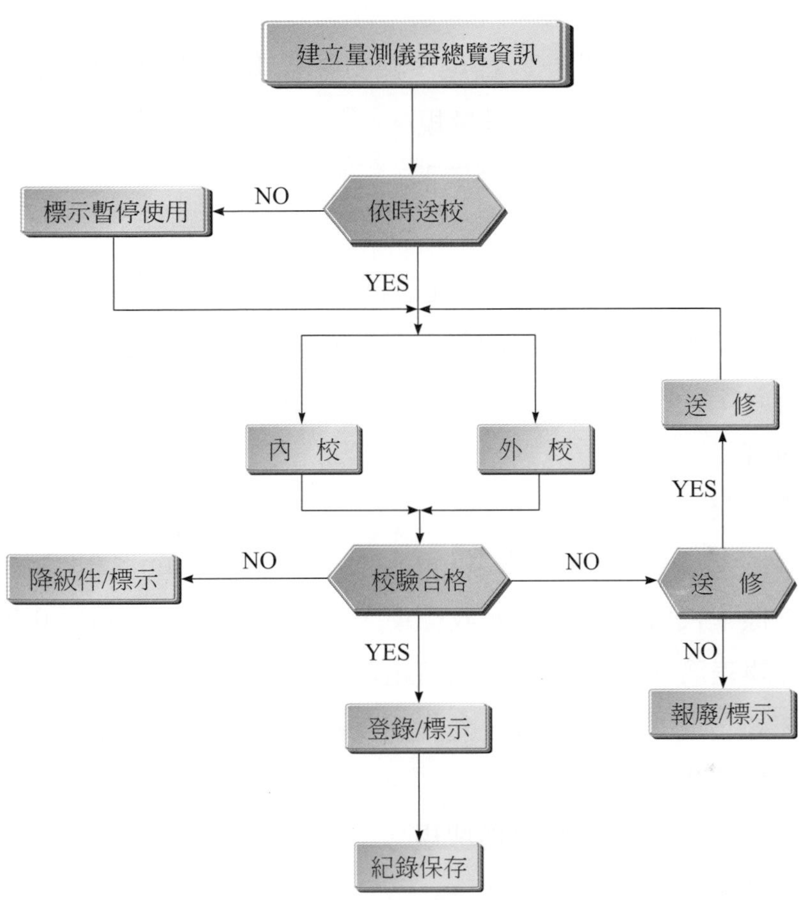

三、追溯體系

1. 公司所有用來校驗之標準件均應可追溯到符合國家認可之合法標準原器。
2. 若公司內部與外部校驗機構皆無校驗能力者，則以原廠之校驗合格報告作爲判定依據。
3. 若爲比對之用，則應以經客戶與公司雙方認可之樣本或基準件（儀器原製造商所提供之標準樣品或工廠自製之標準比對件）來進行比對工作。
4. 校驗追溯系統如下

四、外校、內校及游校儀器量規允收標準

1. 目的：

   建立外校儀器量規之允收標準，藉以確保其準確度來做爲校正內校儀器量規(具)之標準元件或儀器量規。

2. 範圍：游標卡尺及其他量測儀器

3. 儀器校正原理：

   十一法則，其原理爲，精度=允許誤差/10，即精度爲允許誤差的1/10。校正之器差值(實測值-標準值)，必須在允許誤差之內，即可判定爲OK，否則爲NG。

4. 作業內容：

⑴ 游標卡尺

① 游標卡尺有150mm及300mm，精度有0.01mm、0.02mm及0.05mm

② 游標卡尺容許誤差值允收標準，依十一法則，如精度0.01mm時，允許誤差爲±0.05mm以下(依各組織之要求，一般允許誤差訂爲±0.02mm)，如精度0.02mm時，允許誤差爲±0.1mm，如精度0.05mm時，允許誤差爲±0.25mm。

③ 游標卡尺之量測標準爲塊規。

④ 內校週期爲每一年一次。

⑵ 塊規(模規)

① 塊規精度爲一級，其精度爲0.0002mm。

② 塊規容許誤差值允收標準，依十一法則，如精度0.002mm時，允許誤差爲±0.001mm。

③ 以外校爲主，週期爲每三年一次。

⑶ 分厘卡尺

① 分厘卡有0～25mm及25～75mm，精度有0.01mm及0.005mm。

② 分厘卡容許誤差值允收標準，依十一法則，如精度0.005mm時，允許誤差爲±0.025mm以下(依各組織之要求，一般允許誤差訂爲±0.015mm)。

③　分厘卡之量測標準爲塊規。

④　內校週期爲每一年一次。

5. 內、外徑、深度、薄片、錐形外測分厘卡

(1)　校驗點：

①　0~25mm → 校驗點：5mm 、 10mm 、 20mm

②　25~50mm → 校驗點：30mm 、 40mm 、 45mm

③　50~75mm → 校驗點：50mm 、 60mm 、 70mm

(2)　校驗地點：品保部

(3)　校驗環境：室內溫度→20±8℃、室內濕度→65±20%RH

(4)　校驗標準原器：塊規

(5)　允許誤差爲：±0.05mm (精度0.01mm分厘卡)

(6)　校驗步驟：

①　校驗人員先將分厘卡、塊規以酒精擦拭乾淨，放置於品保室一個小時後，方可開始校驗。

②　先檢查儀器各部份有無損壞，若輕微NG予以送修，嚴重無法修復則予以報廢，確認正常即以校驗點，各點予以校驗，將其結果塡入校驗報告。

③　依校驗公差予以判定OK即在量規儀器貼上量規儀器合格證,NG則貼上量規儀器不合格證。

④　合格者予以登錄發回原單位使用。

⑤　不合格則予以送修或將其予以報廢,並對其過去使用量測之產品以追溯。

五、量儀日常管理要求

1. 使用人員應隨時檢視量儀量測面有無損傷或磨耗。
2. 量儀不可以和其它工具、刀具類放置一起，以免互相碰撞、摩擦。
3. 量儀的放置位置，應避免有鐵屑或切削液飛濺。
4. 應避免使量儀接觸尚在轉動或移動中的工件，以免量具的量測面受損。
5. 量儀使用後，應立即擦拭清潔，避免留存水分、油污造成銹蝕。

6. 量儀的存放位置，應避免高溫與潮濕。
7. 儀器搬運若需特別說明，需於儀器相關使用校驗指導書或儀器上予以標示或說明。搬運時均應防止碰撞、落下、及振動。
8. 量測儀器維護保養
   量測儀器應依標準書之規定實施保養，並紀錄於「量測儀器履歷表」。
9. 文件檔案管理
10. 相關之校驗記錄，標準或技術資料等文件依【文件與記錄管理程序】管理，以便客戶或客戶代表提出要求時可適時提供相關資料，以證明量測儀器功能之適當性。(如附錄二)
11. 校驗記錄保存期限爲該儀器報廢後滿一年；有分析價值者則可予以另行儲存保管，但須標示區別。

六、校驗標籤格式

合格
編號： 使用單位： 本次校驗日期： 下次校驗日期：

停止使用
編號： 使用單位： 停用原因： □待校　□待修　□報廢

免校驗
編號： 使用單位：

有限公司
外校判定
判定結果： □合格　□停用　□需補正 補正值：________

有限公司
游校判定
判定結果： □合格　□停用　□需補正 補正值：________

七、相關表單

年度儀校計畫表

年度：

NO	設備編號	設備名稱	廠版、規格或精密度	月份												校驗日期	校正別		備註(校驗周期)
				1	2	3	4	5	6	7	8	9	10	11	12		內校	外校	

製表人：__________　　審　核：__________　　總經理：__________

表單編號：QR760-01A

校外申請表

申請日期：　　年　　月　　日

儀器名稱		儀器編號	
校驗機構(單位)			
校驗方式	□送外校驗　□到廠游校		
校驗需要天數	天	校驗費用	元
申請人		核　准	

表單編號：QR760-02A

校驗報告

報告編號：

1. 量規儀器編號：
2. 量規儀器名稱：
3. 標準器編號：
4. 標準器名稱：
5. 標準器校驗日期：
6. 校正日期：
7. 校正結果：

標準值	實測值	器差值	允差值	判定	
				OK	NG

8. 說明：
   (1) 標準值爲標準件之讀值。
   (2) 實測值爲實際測量之讀值。
   (3) 器差值爲實測值減標準值之差值。
   (4) 允差值爲允許器差值之範圍，並做爲合格及不合格之判定依據。

校驗者：＿＿＿＿＿＿　日期：＿＿＿＿＿＿

審　核：＿＿＿＿＿＿　日期：＿＿＿＿＿＿

機器、量具履歷表

□機器□V 量測儀器

設備名稱	游標卡尺	規格	150mm	型式	CA
精度	0.01mm	允差	±0.05mm	購買廠牌	三豐

校正類別	外校	v	內校		游校		比對	

保養/維修/更換／校正 記錄（以打勾 v ）

項次	維修	更換	保養 校正	檢查日期	內容說明(或判定結果)	下一次保養或校正日期	保養者校正者	單位主管確認
1			 v	10/29		102年03月30日		
2						102年03月30日		
3						102年03月30日		
4						年　月　日		
5						年　月　日		
6						年　月　日		
7						年　月　日		
8						年　月　日		
9						年　月　日		
10						年　月　日		
11						年　月　日		
12						年　月　日		

表單編號：QR760-03A

練習題

(　)1. 若軸之尺寸為$\phi 25m6^{+0.021}_{+0.008}$，則軸的最小尺寸為　(A)25　(B)25.008　(C)25.0013　(D)25.021　公厘。

(　)2. 用於配合機件之國際標準公差為IT　(A)00～04　(B)05～10　(C)08～12　(D)12～16。

(　)3. 配差變化總量為　(A)最大餘隙＋最小餘隙　(B)孔公差＋軸公差　(C)最大緊度＋最小緊度　(D)最大餘隙＋最小緊度。

(　)4. 依據國際公差標準制度，下列何者正確？　(A)尺寸相同時，級數越大，公差越大　(B)級數相同時，尺寸越大，公差越小　(C)IT11 適用於軸承加工之公差　(D)IT01～IT4 適用於配合機件之公差。

(　)5. 下列何者屬於鬆配合(留隙配合)？　(A)H/h～n 屬於鬆配合　(B)H/a～g 屬於鬆配合　(C)H～N/h 屬於鬆配合　(D)H/p～x 屬於鬆配合。

(　)6. 下列公差等級，何者屬於初次加工之公差等級？　(A)IT01　(B)IT4　(C)IT8　(D)IT15。

(　)7. 下列敘述，何者正確？　(A)靈敏度是指量具所能測出的最小變量值　(B)量表的放大率愈大，靈敏度愈低　(C)偶然誤差的大小，決定量具的準確度　(D)測定值分散範圍的大小，稱為準確度。

(　)8. 下列何者，無法作真直度量測？　(A)自動視準儀　(B)刀邊直規　(C)量表　(D)雷射量測儀。

(　)9. 雷射干涉儀常用於檢驗工具機的哪一種誤差？　(A)圓筒度誤差　(B)真圓度誤差　(C)垂直度誤差　(D)同心度誤差。

(　)10. 若孔之尺寸為$\phi 28^{+0.100}_{-0.000}$mm，軸之尺寸為$\phi 28^{+0.000}_{-0.030}$mm，則二者配合之最大間隙為　(A)0.070mm　(B)0.030mm　(C)0.130mm　(D)0.300mm。

(　)11. 在幾何公差符號中，「⌯」表示　(A)位置度符號　(B)同心度符號　(C)同軸度符號　(D)對稱度符號。

( )12. 下列何者爲ISO公差用於配合尺寸之配合公差等級？ (A)IT01～IT4 (B)IT5～IT10 (C)IT11～IT14 (D)IT15～IT18。

( )13. 量具對量測值所能顯示出最小讀數的能力稱爲 (A)解析度(Resolution) (B)精確度(Accuracy) (C)重覆性(Repeatability) (D)誤差(Error)。

( )14. 工件加工時，若工件尺寸公差爲0.2mm，則應該優先考慮選用下列何種精度之量具？ (A)2mm (B)0.2mm (C)0.02mm (D)0.002mm。

( )15. 下列何種量測儀器無法用於垂直度量測？ (A)座標測量機(CMM) (B)雷射干涉儀 (C)水平儀 (D)雷射掃描儀。

( )16. 國際標準組織訂定國際標準工差等級，下列敘述何者正確？ (A)公差等級共分20級，由IT01至IT18 (B)公差等級共分20級，由IT1至IT20 (C)公差等級共分18級，由IT1至IT18 (D)公差等級共分19級，由IT01至IT18。

( )17. 下列敘述何者不正確？ (A)工件配合鬆緊程度可分爲鬆配合、過渡配合與干涉配合 (B)基軸制適用於鬆配合 (C)基孔制適用於緊配合 (D)因爲製造因素，一般較常採用基軸制。

( )18. 下列敘述何者正確？ (A)ϕ10K8之ES大於EI (B)ϕ10A8之基礎偏差爲EI (C)ϕ10J8之基礎偏差爲EI (D)ϕ10H8/g7之公差帶爲8。

( )19. 下列敘述何者不正確？ (A)以精度0.02mm之游標卡尺讀出0.01mm是無效的 (B)選擇量具之精度應依據“十一定則” (C)ϕ10H8/g7之配合比ϕ10H8g6 理想 (D)基孔制配合通常用於成品種類多，數量少，精度要求高之鬆配合。

( )20. 下列敘述何者不正確？ (A)CNS表面符號第四位置標註刀痕方向 (B)粗糙度等級分爲N1～N12 (C)量具室之標準溫度爲20℃ (D)若工件之熱膨脹係數比游標卡尺大，則在30℃之工作場所測得之尺寸會變大。

( )21. 下列敘述，何者正確？ (A)質量之SI基本單位爲g (B)毫微米比次微米大 (C)毫微米又叫奈米 (D)角度之基本單位爲度。

( )22. 下列敘述何者正確？ (A)眞圓度測量機可測工件之⏥、○、◎、⊥、// 及表面粗糙度 (B)三塊厚度分別爲10 ±0.01，20 ±0.02，30 ±0.03之工

件疊在一起，總公差應訂爲 60 ±0.06　(C)取五件樣品量取尺寸分別爲 9.98，9.99，10，10.01，10.02；則平均尺寸$\bar{x}=10$　(D)承(C)選項，標準差$\sigma=0.01$。

(　)23. 下列敘述何者不正確？　(A)ϕ600H5 屬於配合件公差　(B)普通車床可加工至IT7 級精度　(C)ISO之公差帶爲28 級　(D)ϕ10JS6 之ES與EI相等。

(　)24. 下列對於公差與配合之敘述，何者錯誤？　(A)ϕ35g6 之實際尺寸小於 35mm　(B)ϕ65F8 與ϕ65h6 之配合爲干涉配合　(C)ϕ45h7 屬於基軸制表示法　(D)ϕ50F7 之實際尺寸大於 50mm。

(　)25. 長度標準桿爲確保二端的量測面平行，支持點應該位於　(A)Bessel 點　(B)Airy 點　(C)終點兩邊個各 1/4 全長處　(D)桿件兩端點。

(　)26. 下列何者屬於 ISO 之 K 級公差尺寸？　(A)$32^{+0.021}_{0}$　(B)$32^{+0.053}_{+0.020}$　(C)$32^{+0.006}_{-0.016}$　(D)$32^{-0.053}_{-0.02}$。

(　)27. 下列何者不是定位公差？　(A)圓偏轉度　(B)同心度　(C)對稱度　(D)位置度。

(　)28. 三角直邊規無法使用檢驗的項目是　(A)劃線　(B)檢查平面度　(C)深度量測　(D)檢查平行度。

(　)29. 下列敘述何者不正確？　(A)偶然誤差又稱隨機誤差　(B)與軸承內圈配合之軸應採用基軸制；與軸承外圈配合的孔，應採用基孔制　(C)功能公差與製造公差之比值稱爲精度儲備係數，其值應大於 1　(D)長度量測爲尺寸量測中最重要的項目。

(　)30. 下列敘述何者正確？　(A)CNS 公差等級分 IT01～IT18 共 20 級　(B)ϕ20H8 之基本尺寸比ϕ20A6 大　(C)32H8/P7 爲干涉配合　(D)IT5～IT16 之公差單位$i=0.45\sqrt[3]{D}+0.001\text{D}$。

(　)31. 下列敘述何者不正確？　(A)ϕ10f6 之es及ei均爲負值　(B)ϕ10H8/g7 可寫爲ϕ10g7-H8 或$\phi 10\frac{\text{H8}}{\text{g7}}$　(C)孔公差帶中屬於單向公差者有 25 個　(D)公差級數小，表精度高。

(　)32. 下列敘述何者不正確？ (A)基孔制之孔下限尺寸爲基本尺寸 (B)工件表面粗糙度與其疲勞強度成正比 (C)不同之工件面可能會有相同之R_a值 (D)測粗糙面所選用之切斷值，比精細面大。

(　)33. 下列敘述何者正確？ (A)0.02mm/m 之水平儀每一格之角度偏差量爲4秒 (B)水平儀之靈敏度與玻璃管之曲率半徑成正比 (C)以伸縮規測孔徑時，左右應取最大值，徑向應取最小值 (D)分厘卡之長標準桿應支援Airy點(兩支點間距爲全長之0.599倍)，以保持兩端面之平行度。

(　)34. 下列敘述何者正確？ (A)尺寸標註ϕ10h6其合格率爲$\pm 2\sigma$，99.7％ (B)量測值99.8，眞值100，則誤差之百分比爲2％ (C)由溫度所產生之誤差屬於系統誤差，可以補救 (D)偶然誤差決定量具之正確度，無法補救。

(　)35. 幾何公差的符號 ⌭ 是代表 (A)眞圓度 (B)圓柱度 (C)同心度 (D)曲面輪廓度。

(　)36. 下列敘述何者正確？ (A)⌰係用於定點轉一圈之檢驗 (B)CNS之螺紋品質細、中、粗分別以g、m、f表示 (C)JIS之螺紋品質1A級爲精細級外螺紋 (D)M20×1.5g爲細牙螺紋。

(　)37. 下列敘述何者正確？ (A)ϕ10D6之尺寸比公稱尺寸大 (B)鉸刀一加工孔徑至h6 (C)公差帶之位置高，表精度低 (D)基孔制配合有H4～9，共6級。

(　)38. 下列敘述何者正確？ (A)繪製平均尺寸($\bar{x}$)圖時，應以量規量測工件尺寸 (B)標準差愈大，常態曲線愈扁平，精密度愈高 (C)以常態曲線分佈，3σ之合格率應爲99.7％ (D)標註尺寸$\phi 10\pm 0.02$，允許0.3％之不良率。

(　)39. 一般配合鋼珠軸承的軸徑公差等級是 (A)h6 (B)h7 (C)h8 (D)h9。

(　)40. ϕ30H7/f7 其配合情況屬於 (A)游動配合 (B)精密配合 (C)靜配合 (D)干涉配合。

(　)41. 尺寸基本公差經國際標準組織制訂分成之等級數有 (A)12 (B)15 (C)16 (D)20。

(　)42. 機件配合若採基孔制，則以孔為基準，常用的軸有　(A)g4～g9　(B)g5～g10　(C)g6～g10　(D)g5～g9。

(　)43. 量具之小讀數應為受測工件公差之　(A)1/2　(B)1/10　(C)1/20　(D)1/50。

(　)44. 圖面尺寸為ϕ30H10，則工件實測尺寸必須在那一項公差才合格？　(A)$\phi30\pm0.04$　(B)$\phi30^{+0.08}_{\ 0}$　(C)$\phi30^{+0.12}_{+0.08}$　(D)$\phi30^{\ 0}_{-0.08}$。

(　)45. 孔或軸包含著雙面公差之公差帶位置的字母　(A)E　(B)H　(C)J　(D)S。

(　)46. 下列敘述何者不正確？　(A)孔軸相配之最大間隙為0.04mm，最大干涉為−0.02mm，則配差變化總量為0.06mm　(B)10E8屬於單向公差　(C)10E8具有雙向公差　(D)功能尺度通常用專用公差。

(　)47. 下列敘述何者正確？　(A)ϕ10H8/n7為餘隙配合　(B)ϕ10H8/p7為干涉配合　(C)ϕ10H8/p7之最大過盈比ϕ10H8/p8大　(D)ϕ10H8/p7之最大間隙比ϕ10H8/p8大。

(　)48. 下列敘述何者正確？　(A)分厘卡之靈敏度通常比游標卡尺高　(B)工件欲滲碳部分，應以細鏈線標示　(C)眞值與測量平均值接近之程度稱為精密度　(D)量測值分散之範圍表示準確度高低。

(　)49. 下列何者非方向公差？　(A)傾斜度　(B)對稱度　(C)平行度　(D)垂直度。

(　)50. 下列敘述何者正確？　(A)過度配合可得鬆配合或緊配合　(B)過盈配合之孔與軸公差帶相重疊　(C)游標卡尺之本尺與副尺採用靜配合　(D)定位銷用過盈配合。

(　)51. 國際標準組織之簡稱為　(A)CNS　(B)DIN　(C)ISO　(D)ASA。

(　)52. 基本單位有長度的公尺(m)，質量的公斤(kg)，時間的秒(sec)，光學的燭光(Cd)，溫度的克耳文(K)，化學的莫耳(mole)及電學的　(A)庫侖　(B)電阻(Ω)　(C)電壓(V)　(D)電流(A)。

(　)53. 選出合理的配合　(A)ϕH8/g10　(B)ϕ10H11/g10　(C)ϕ10H9/i8　(D)ϕ10H8/f7。

(　)54. 長度基準中，精度等級最高的是　(A)線刻劃　(B)光波　(C)雷射　(D)光速。

(　)55. 機工場用英制鋼尺的最小刻度是　(A)1/128 吋　(B)1/64 吋　(C)1/32 吋　(D)1/16 吋。

(　)56. ϕ30G7/h6　(A)爲基孔制配合　(B)爲過盈配合　(C)孔的上偏差比軸大　(D)孔公差比軸公差小。

(　)57. 工件尺寸是$\phi 27\pm 0.03$，應選用之游標卡尺的最小讀數是　(A)1/100mm　(B)1/50mm　(C)1/20mm　(D)1/10mm。

(　)58. Airy 支持點之距離應爲全長之　(A)0.5　(B)0.577　(C)0.559　(D)0.75 倍。

(　)59. 下列敘述何者錯誤？　(A)量具追溯由高而低序爲：國際標準、一級標準(國家標準)、二級標準　(B)時間之基本單位爲秒　(C)以淬硬之齒輪可用研磨及擦光精修　(D)角度塊規屬於相對量測器。

(　)60. 下列敘述何項正確？　(A)10H8 與 10h7 之最小材料極限相同　(B)角度公差由 IT1～IT16 級　(C)同一部位之幾何公差應大於或等於尺寸公差　(D)[10] 之公差爲 0。

(　)61. 下列敘述何項不正確？　(A)▱爲方向類公差　(B)◎爲定位類公差　(C)IT01～IT4 爲規具製造公差　(D)ϕ20H8 之公差比ϕ10H6 大。

(　)62. 下列敘述何項正確？　(A)機件配合大都用基孔制　(B)10G7/f6 屬於基軸制配合　(C)在粗糙度曲線劃一直線，使直線上峰的面積等於谷的面積，此一直線稱爲平均線　(D)鋼珠軸承孔之加工等級爲 IT7。

(　)63. 下列敘述何項正確？　(A)10H8 與 10k7 相配之裕度爲正値　(B)10H8 與 10h7 之最大材料極限相同　(C)通過限界是指孔的上限　(D)20k7 之不通過限界爲 20mm。

(　)64. 下列敘述何項正確？　(A)眞平度公差可限定平行度公差　(B)標註幾何公差之方框，最少 2 格，最多 3 格　(C)10 ± 0.03 之眞直度最大値爲 0.06mm　(D)10 ± 0.03 之眞直度最大値爲 0.03mm。

(　)65. 以光波爲長度基準時，是選定何種光？　(A)He36　(B)Kr86　(C)Ar75　(D)Ne53。

( )66. 中華民國國家標準縮寫爲 CNS，日本國家標準縮寫爲 (A)ANSI (B)DIN (C)ISO (D)JIS。

( )67. 幾何公差符號中，"⌒"代表 (A)曲線輪廓度 (B)曲面輪廓度 (C)圓柱度 (D)圓偏轉度。

( )68. "◎"爲 (A)眞圓度 (B)原點 (C)同心度 (D)圓筒度。

( )69. "//"爲 (A)眞平度 (B)平行度 (C)傾斜度 (D)眞直度。

( )70. 孔的尺寸爲$30^{+0.15}_{+0.05}$，軸的尺寸爲$30^{\ 0}_{-0.10}$，則下列敘述何者錯誤？

(A)孔的公差爲 0.10 (B)孔與軸的配合裕度爲 0.10 (C)孔與軸的配合爲餘隙配合 (D)孔的上偏差爲 0.15。

( )71. 下列敘述何者錯誤？ (A)緊配合是軸徑要比孔徑大的工件搭配，其裕量是負的 (B)公差位置 H 和 h，自公稱尺寸前者要小後者要大 (C)精密配合之孔尺寸可能大於軸也可能小於軸 (D)游動配合之孔最大尺寸配軸最小尺寸，其尺寸差是最大間隙。

( )72. 一配合件孔的內徑爲$50^{+0.2}_{+0}$，軸的外徑爲$50^{+0.1}_{-0.1}$，請問屬於何種配合？

(A)餘隙配合 (B)干涉配合 (C)靜配合 (D)緊配合。

( )73. 機械工程製造工作物長度尺寸量度的基準規具是 (A)分厘卡 (B)游標卡尺 (C)樣規或樣圈 (D)精測塊規。

( )74. 下列何者不屬於形狀公差？ (A)平行度 (B)眞平度 (C)眞圓度 (D)曲線輪廓度。

( )75. 下列對於公差與配合之敘述何者錯誤？ (A)在公差範圍內兩配合件之最大尺寸差稱爲裕度 (B)游動配合之軸較孔小，工件配合部份有間隙存在 (C)孔之公差帶以大寫字母表示，軸則以小寫字母表示 (D)一般孔的加工較爲困難，所以配合常用基孔制。

( )76. 下列公差標示法中，何者不是單向公差標示法？

(A)ϕ35H7 (B)$\phi 35^{\ 0}_{-0.02}$ (C)$\phi 35^{+0.05}_{+0.01}$ (D)ϕ35J7。

( )77. 一般機械工廠俗稱的一條，其長度等於 (A)0.1mm (B)0.01mm (C)0.001mm (D)0.0001mm。

(　)78. 量具測定値分散範圍的大小稱之爲　(A)正確度　(B)準確度　(C)精密度　(D)靈敏度。

(　)79. ϕ10N8/h7 中，表孔公差帶者爲　(A)10　(B)N　(C)8　(D)h。

(　)80. 軸孔配合時，若 $\phi 10^{+0.1}_{-0.1}$ 表示孔徑，則此一孔徑之最大實體狀況爲　(A)ϕ10.2　(B)ϕ9.8　(C)ϕ10.1　(D)ϕ9.9。

(　)81. 下列敘述何者不正確？　(A)工件配合的鬆緊程度可分爲鬆配合、過渡配合、干涉配合　(B)基軸制適用於鬆配合　(C)基孔制適用於緊配合　(D)因爲製造因素，一般較常採用基軸制。

(　)82. CNS制訂之平台等級爲　(A)A、B、C　(B)0、1、2　(C)1、2、3　(D)AA、A、B　三級。

(　)83. 下列何種量具無法用於測量面的平面度？　(A)光學平鏡　(B)干涉儀　(C)塊規　(D)水平儀。

(　)84. 下列何種量測儀器不適合用於量測眞平度？　(A)工具顯微鏡　(B)水平儀　(C)雷射干涉儀　(D)光學平鏡。

(　)85. 依公差類別區分，眞圓度是屬於何種公差？　(A)方向公差　(B)定位公差　(C)偏轉度公差　(D)形狀公差。

(　)86. 在公制的量測單位中，「1 條」是代表下列何項尺寸？　(A)0.001mm　(B)0.01mm　(C)0.1mm　(D)1mm。

(　)87. 若孔尺度及公差爲 $\phi 32^{+0.112}_{+0.050}$ mm，軸尺度及公差爲 $\phi 32^{0}_{-0.062}$ mm，則兩者配合的最小餘隙爲下列那一數值？　(A)0.050mm　(B)0.062mm　(C)0.112mm　(D)0.174mm。

Chapter 3
長　度

長度為物理基本量之一，長度量測為最基本的量測，是屬於一度空間量測，為二度空間與三度空間量測的基礎。長度量測通常是利用具有分度刻劃的量具來達成，每一個分度刻劃的距離代表一個已知的長度，而我們藉由判讀這些分度刻劃，來達成長度量測的目的。本章將就游標卡尺、分厘卡、量表、精密塊規、高度規、雷射掃描儀及平台等基本精密量具加以討論，本章之目的在於認識各種量具之構造、量測原理、功能及正確的使用方法，並從實際的量測中瞭解各種量具之能力與限制。

3-1 游標卡尺

游標卡尺(Caliper)在西元十六世紀由葡萄牙人Nonuth發明，在十七世紀時由法國人Vernier設計改進，成為具有**本尺**(Main Scale，又稱主尺)與**副尺**(Vernier Scale，又稱游尺)的構造。由於游標卡尺使用的便利性及判讀尺寸的快速性，屬直接式量測，可避免間接式量測須進行尺寸轉換、有間隙及視覺誤差、並需熟練的技巧等缺點，且同時具備量測工作物的外徑、長度、內徑、深度及階級等功能，量測精度可達0.02mm，使得游標卡尺在數個世紀以來，成為機械加工中不可或缺的量測工具之一。

一、游標卡尺原理

游標卡尺為具有本尺與副尺構造的量具，而副尺設計游標刻度的目的，是為了使游標卡尺具有更高的精密度，以及方便讀出正確的尺寸。游標卡尺的原理係利用**游標微分原理**(Vernier Differential Principle)，將本尺與副尺之間的微小變化量找出，而此微小之變化量即為游標卡尺之精度。依照使用的刻劃距離，可以分為**一般游標原理**以及**長游標原理**。

1. 一般游標原理

一般游標原理係選取共同長度L，將本尺分成$(N-1)$格，副尺分成N格；令本尺每格之長度為S，副尺每格之長度為V，因此**精度**為兩者之差，如圖3-1.1所示。

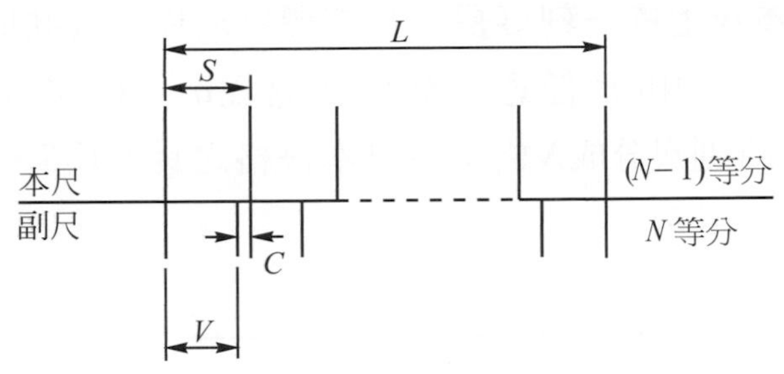

圖 3-1.1 一般游標原理

本尺每格之長度 $= S$

副尺每格之長度 $= V$

$$L = S(N-1) = V \cdot N$$

則

$$V = \frac{N-1}{N} \cdot S$$

故

$$\text{精度} = \text{最小讀數} C = S - V = S - \frac{N-1}{N} S = \frac{S}{N}$$

例題 3-1

若本尺之最小刻度爲 1mm(即$S= 1$)，在副尺上將 19mm 分成 20 格(即$N= 20$)，則其最小讀數爲：

$$C = 1 - \frac{19 \times 1}{20} = \frac{1}{20} = 0.05 \text{ mm}$$

例題 3-2

若本尺之最小刻度爲 0.5mm(即$S= 0.5$)，在副尺上將 12mm 分成 25 格(即$N= 25$)，則其最小讀數爲：

$$C = 0.5 - \frac{24 \times 0.5}{25} = \frac{25}{50} - \frac{24}{50} = 0.02 \text{ mm}$$

2. 長游標原理

一般游標原理所設計出來的游標卡尺，常常因爲尺寸刻度線太過於密集，增加了尺寸判讀時的困難度，因此發展出長游標原理，即**副尺上**

的一刻度比本尺上的一刻度長。長游標原理係選取共同長度L，將本尺分成$(aN-1)$格，其中a為任意正整數(通常為$a=2$；當$a=1$時，即一般游標原理)，再將副尺分成N格；令尺本每格之長度為S，副尺每格之長度為V，如圖 3-1.2 所示。

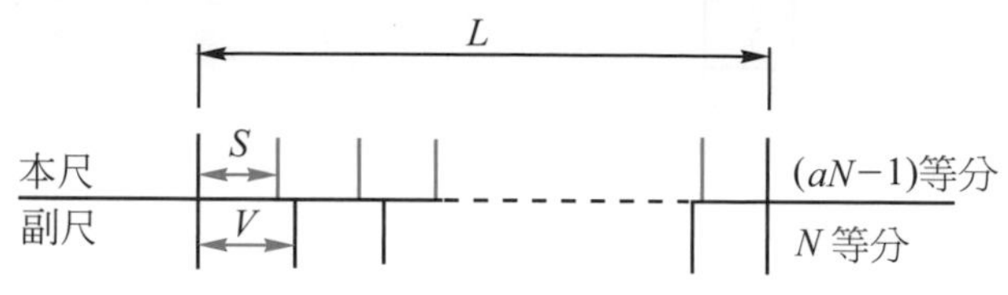

圖 3-1.2　長游標原理

本尺每格之長度$=S$

副尺每格之長度$=V$

$$L=S(aN-1)=V\cdot N$$

則

$$V=\frac{aN-1}{N}\cdot S$$

故

$$\text{精度}=\text{最小讀數}=aS-V=aS-\frac{aN-1}{N}S=\frac{S}{N}$$

例題 3-3

如圖 3-1.3 所示，若本尺之最小刻度為 1mm，在副尺上將 39mm 分成 20 格，即$S=1$，$N=20$，又$S(aN-1)=39$，所以$a=2$，則其最小讀數為：

$$2\times1-\frac{39}{20}=\frac{1}{20}=0.05\ \text{mm}$$

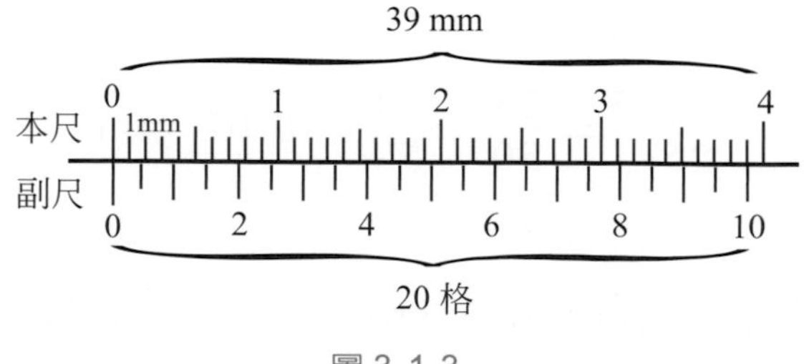

圖 3-1.3

公制及英制游標卡尺本尺與副尺的刻度方式，可以分爲以下的型式，如表 3-1.1 所示。

表 3-1.1 游標卡尺的刻度方式

<table>
<tr><th colspan="3">公制</th><th colspan="3">英制</th></tr>
<tr><th>本尺之最小刻度(mm)</th><th>副尺之刻度方法</th><th>最小讀數(mm)</th><th>本尺之最小刻度(吋)</th><th>副尺之刻度方法</th><th>最小讀數(吋)</th></tr>
<tr><td rowspan="2">0.5</td><td>分 12mm 爲 25 等分</td><td rowspan="3">1/50 = 0.02</td><td>1/16</td><td>分 7/16 吋爲 8 等分</td><td>1/128</td></tr>
<tr><td>分 24.5mm 爲 25 等分</td><td>1/40</td><td>分 1.225 吋爲 25 等分</td><td>1/1000</td></tr>
<tr><td rowspan="3">1</td><td>分 49mm 爲 50 等分</td><td>1/20</td><td>分 2.45 吋爲 50 等分</td><td></td></tr>
<tr><td>分 19mm 爲 20 等分</td><td rowspan="2">1/20 = 0.05</td></tr>
<tr><td>分 39mm 爲 20 等分</td></tr>
</table>

二、游標卡尺的構造及型式

標準型游標卡尺(Vernier Caliper)一般又稱爲 **M 型游標卡尺**，它是最常使用的游標卡尺的一種型式，其各部份的名稱如圖 3-1.4 所示，主要是由**本尺**、**副尺**、**外側測爪**、**內側測爪**、**深度測桿**及**固定螺絲**所組成；本尺一般爲標準的鋼尺，大都兼有公制及英制的刻劃，一般公制最小刻度爲 1mm，英制則爲 0.025"，長度則有 100mm、150mm、200mm 等規格供選用，本尺端側爲外徑的基準面，可測內徑的基準面及階級段差的基準面等功能。副尺是由一個標準平行框，能夠精密地配合主尺而做左右滑動，在其平行框面上刻有配合游標(微分)原理的刻線，用以判讀尺寸，並於其後配合深度測桿作深度測量用，前端則配合階級測定面作階級量測，並有內側測爪作內徑測量，外側測爪配合外徑或長度測量，並有固定螺絲作爲工件測定時的固定。

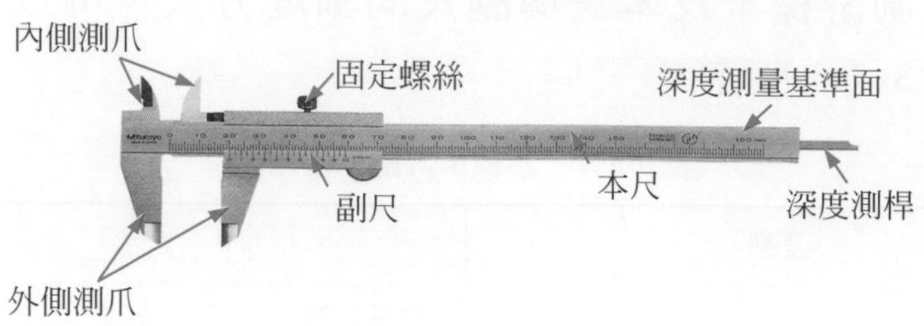

圖 3-1.4　標準型游標卡尺各部分名稱

一般常用特殊型式的游標卡尺如下：

1. **量表游標卡尺**(Dial Caliper)

量表游標卡尺又稱爲**附表游標卡尺**，量表經設計裝製於副尺上，具有齒條與小齒輪的機構，可以將副尺移動的距離轉換成量表指針的旋轉，可以輕易地讀取測量工件讀數值，避免尺寸判讀上的誤差。通常量表游標卡尺最小讀數值爲0.02mm，其工件讀數值爲本尺讀數值加上量表讀數值，如圖 3-1.5 所示。

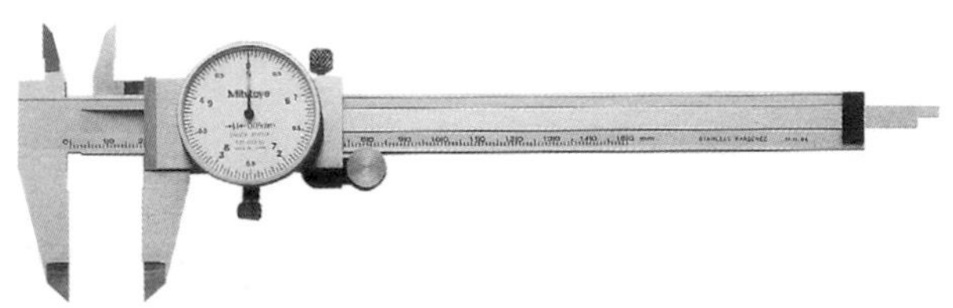

圖 3-1.5　量表游標卡尺

2. **數位游標卡尺**(Digimatic Caliper)

數位游標卡尺又稱爲**直讀式游標卡尺**或**電子游標卡尺**或**液晶游標卡尺**，如圖 3-1.6 所示，其具有液晶讀取視窗，可將正確的尺寸讀數顯示於液晶視窗中，通常數位游標卡尺最小讀數值爲 0.01mm。正確的使用步驟爲：先將外側測爪閉合，再將數字歸零，之後就可進行工件的量測，此時液晶視窗中所顯示的讀數就是工件正確的尺寸。同時也可配合傳輸電纜線，將量測所得之資料傳輸，進行**統計製程管制**(SPC)，如前 2-5 節所述。

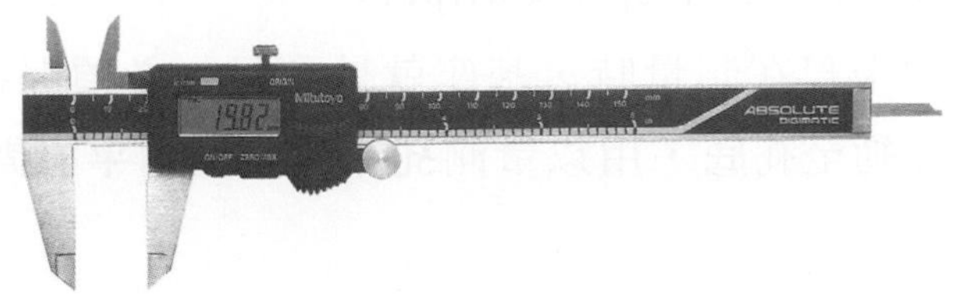

圖 3-1.6 數位游標卡尺

3. 孔距游標卡尺(Offset Centerline Caliper)

若將標準游標卡尺之兩個外側測爪改成**圓錐狀**，本尺上的測爪可以上下移動，則可測量孔徑1.5～10mm的**兩孔中心距**或**邊緣到孔的距離**，同時也可測量不同平面間兩孔的中心距；在量測邊緣到孔的距離時，所得的測量尺寸必須減去測爪寬度的一半，如圖3-1.7所示。

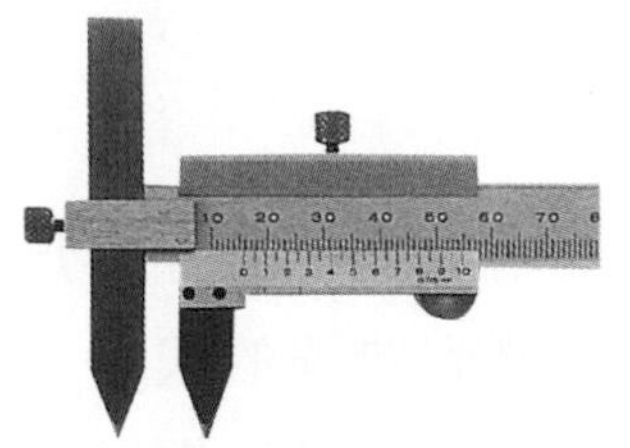

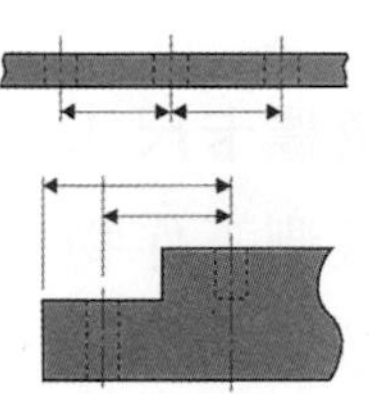

圖 3-1.7 孔距游標卡尺

4. 管厚游標卡尺(Tube Thickness Type Caliper)

若將標準游標卡尺本尺上之外側測爪改成**細圓棒形**，適用於**管壁厚度3mm以上的管子**之厚度測量，如圖3-1.8所示。

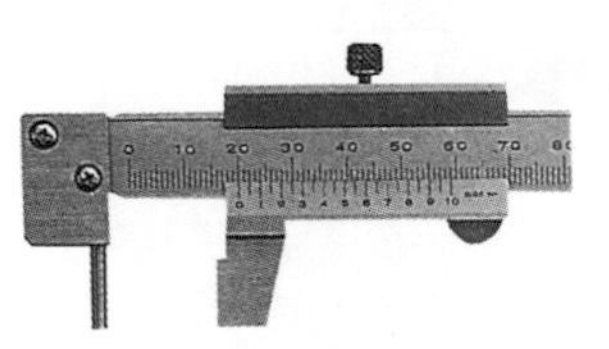

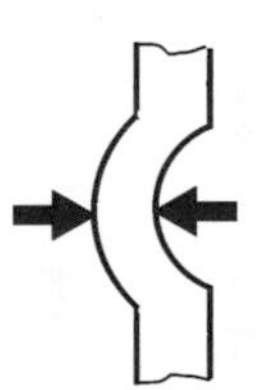

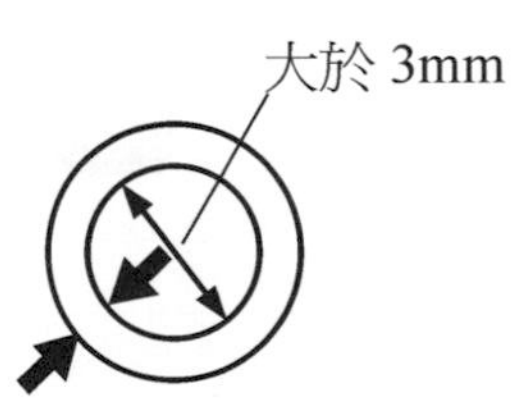

圖 3-1.8 管厚游標卡尺

5. 深度游標卡尺(Vernier Depth Caliper)

深度游標卡尺在測量時，基座就是副尺，必須保持固定於工件基準面上，本尺移動至孔底，用以量測**孔深**、測量兩**平面間高度**，如圖 3-1.9 所示。

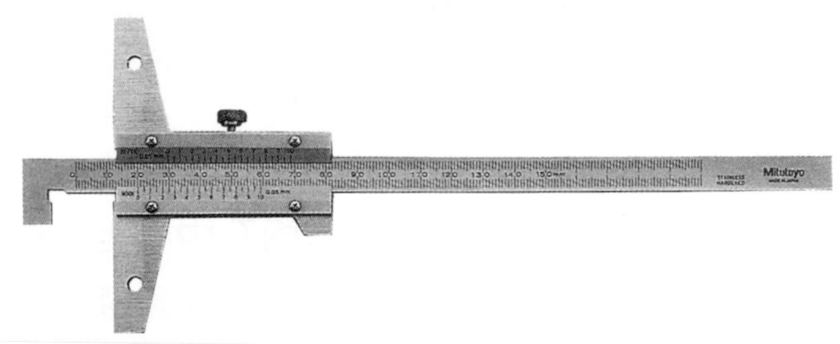

圖 3-1.9　深度游標卡尺

6. 定壓式游標卡尺(Low Force Caliper)

當量測工作物為彈性材料時，若使用標準型游標卡尺時，常因量測時施予較大的力量，使得材料變形，量測到錯誤的尺寸；定壓式游標卡尺在本尺增設定壓機構，當定壓機構的指針介於中間時，可以控制一定的測量力(0.49～0.98N)，適用於**軟質工件**，可避免變形，進而得到工件正確的尺寸，如圖 3-1.10 所示。

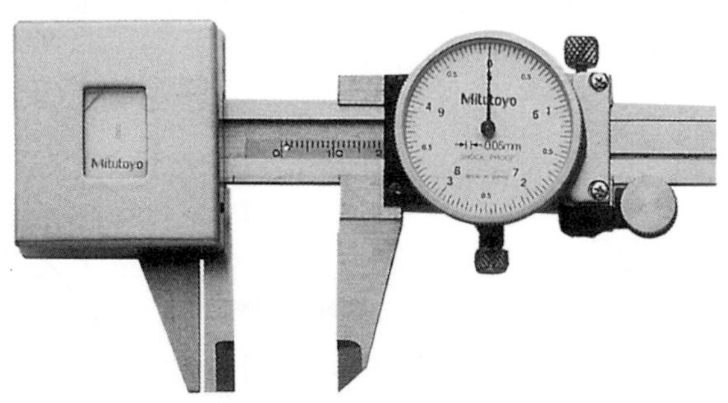

圖 3-1.10　定壓式游標卡尺

7. 旋轉式測爪游標卡尺(Swivel Thickness Type Caliper)

若將標準游標卡尺副尺上之外側測爪改成旋轉式，可以做前後 90 度的旋轉，適用於**圓柱體**、**圓錐體**及**階級形狀工件的長度量測**，如圖 3-1.11 所示。

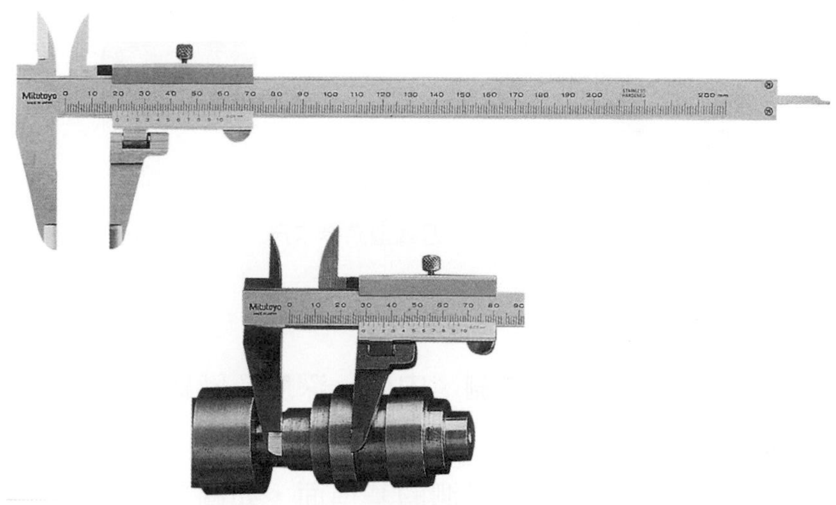

圖 3-1.11 旋轉式測爪游標卡尺

8. 針型游標卡尺(Point Caliper)

若將標準游標卡尺之測爪改成**尖型**，適用於**狹窄溝槽**、**不規則形狀工件的長度量測**，如圖 3-1.12 所示。

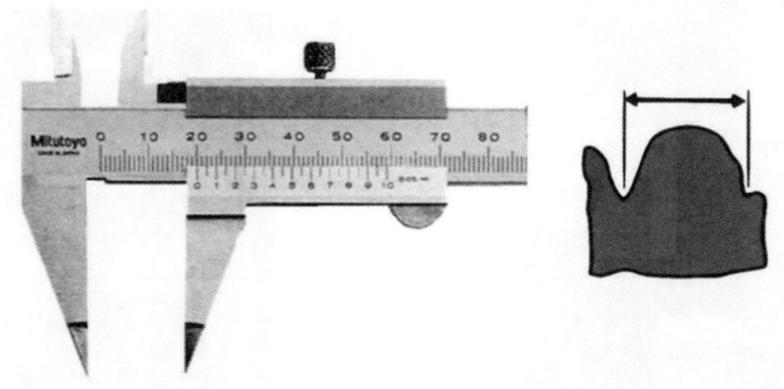

圖 3-1.12 針型游標卡尺

9. 刀鋒型游標卡尺(Blade Type Caliper)

若將標準游標卡尺之測爪改成**刀鋒型**，適用於特別**狹窄溝槽工件的外徑量測**，如圖 3-1.13 所示。

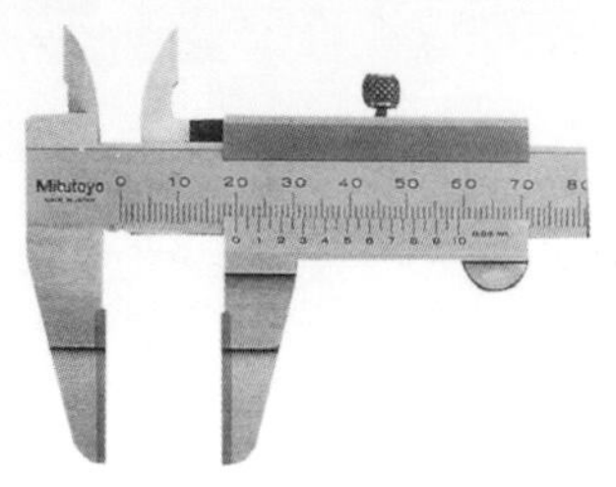

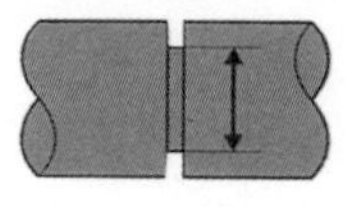

圖 3-1.13　刀鋒型游標卡尺

三、游標卡尺的用途

一般游標卡尺可以用來量測**外側**、**內側**、**深度**及**階級**。

1. 外側量測

外側測爪的內側爲外側量測的基準面，如圖 3-1.14 所示。

2. 內側量測

內側測爪的外側爲內側量測的基準面，如圖 3-1.15 所示。

3. 深度量測

深度測桿必須垂直於工件測量面，如圖 3-1.16 所示。

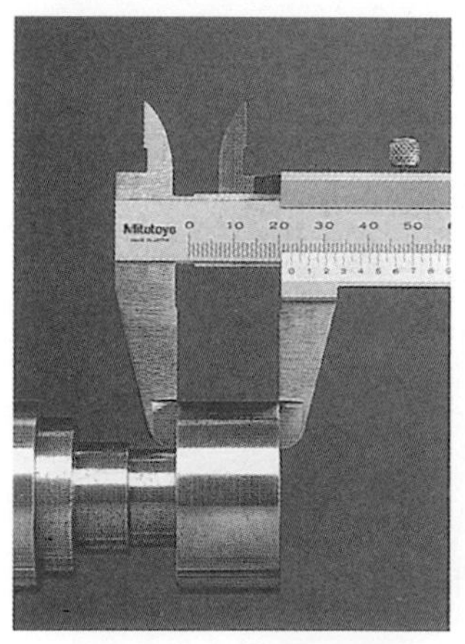

圖 3-1.14　外側量測

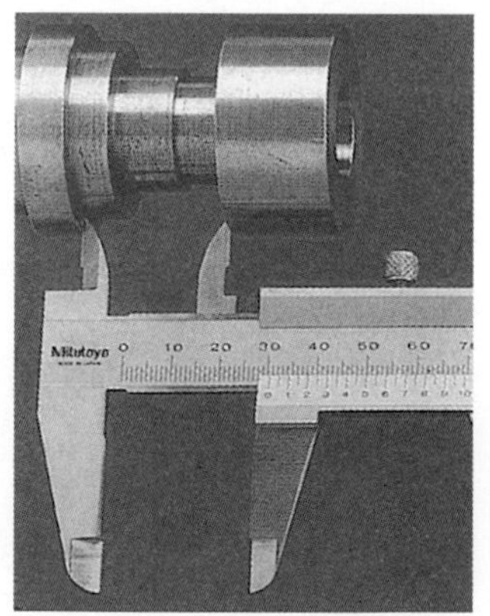

圖 3-1.15　內側量測

4. **階級量測**

本尺端面靠於工件肩面，推動副尺使工件確實靠於工件基準面，如圖3-1.17所示。

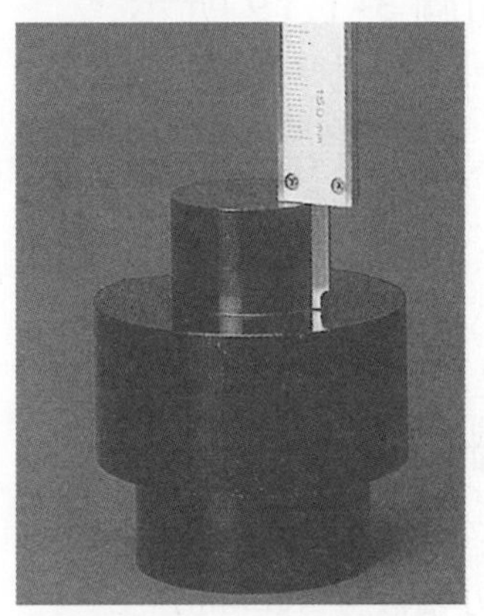

圖3-1.16 深度量測

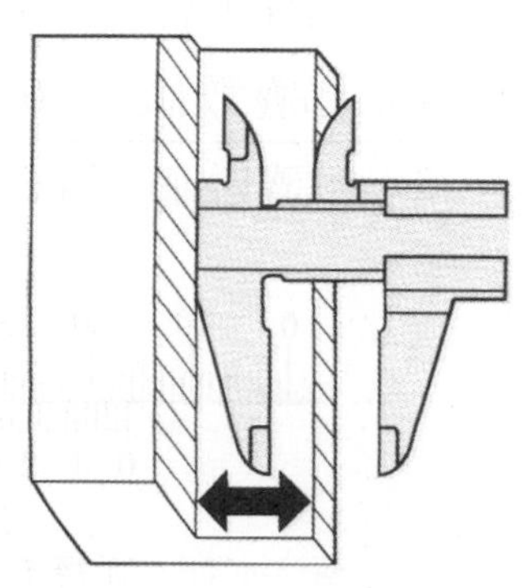

圖3-1.17 階級量測

四、游標卡尺的讀法

1. **標準型游標卡尺的讀法**

標準型游標卡尺的讀數值，為本尺讀數值加上副尺讀數值；其本尺讀數值爲副尺零刻度所對應之刻劃位置，而副尺讀數值爲副尺刻劃與本尺刻劃相對齊線位置。

例題 3-4

若本尺之最小刻度爲1mm，副尺上將19mm分成20格，則其最小讀數爲0.05mm，游標卡尺的讀法如圖3-1.18所示。

本尺讀數值　4　mm

+) 副尺讀數值　0.25mm·········0.05×5

總合讀數值　4.25mm

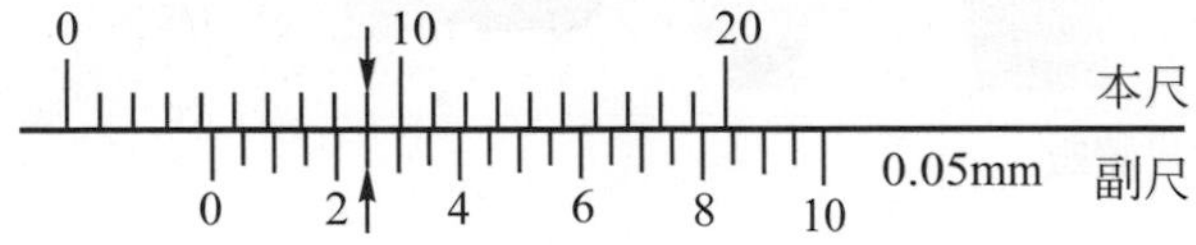

圖3-1.18 游標卡尺的讀法(最小讀數為0.05mm)

例題 3-5

若本尺之最小刻度爲 1mm，游尺上將 49mm 分成 50 格，則其最小讀數爲 0.02mm，游標卡尺的讀法如圖 3-1.19 所示。

本尺讀數值　16　mm

+)　副尺讀數值　0.62 mm………0.02×31

總合讀數值　16.62 mm

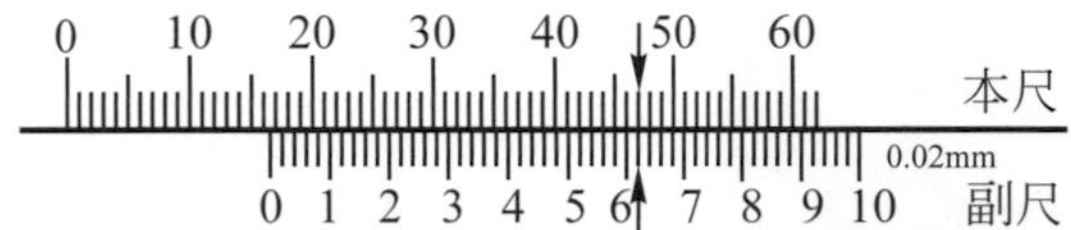

圖 3-1.19　游標卡尺的讀法(最小讀數為 0.02mm)

2. 量表游標卡尺的讀法

量表游標卡尺的讀數值，為本尺讀數值加上量表讀數值；其本尺讀數值爲副尺前端邊緣所對應之刻劃位置，量表最小讀數值爲 0.02mm，量表游標卡尺的讀法如圖 3-1.20 所示。

本尺讀數值　18　mm

+)　量表讀數值　0.28 mm………0.02×14

總合讀數值　18.28 mm

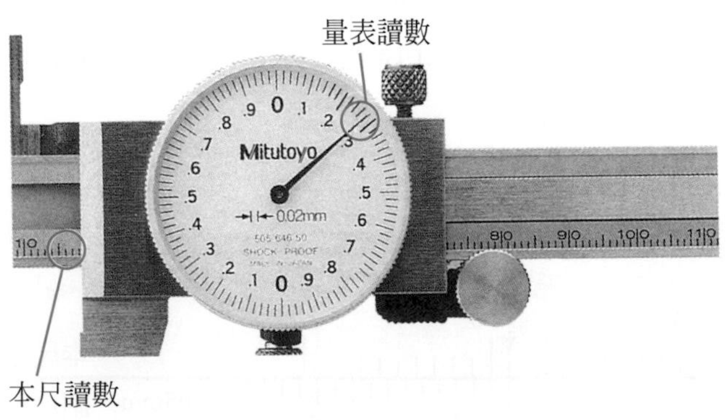

圖 3-1.20　量表游標卡尺的讀法

3. 數位游標卡尺的讀法

數位游標卡尺，可將正確的尺寸讀數顯示於**液晶視窗**中，數位游標卡尺最小讀數值爲0.01mm。

五、游標卡尺的誤差

1. 阿貝誤差

阿貝原理(Abbe's Principle)說明：「**當工件測量的軸線與量具標準尺寸線互相重合或成一直線時，精確度為最高。**」而游標卡尺本身之構造，在量測工件的狀態，量具軸線與工件測量軸線相互平行，但是並不互相重合或成一直線。兩平行軸間的距離爲h，若工件正確之尺寸爲L，量測得到之尺寸爲R，副尺與本尺間的偏差角度爲θ，如圖3-1.21所示，則將產生阿貝誤差ε爲：

$$\varepsilon = L - R = (R + h\theta - L\theta^2) - R = h\theta - L\theta^2 \cong h\theta$$

由上式可知，量測誤差ε與h及θ成正比，當θ角爲定值時，縮小兩平行軸間的距離h可以減少量測誤差ε，因此，**工件越靠近本尺越好**，如圖3-1.22所示。

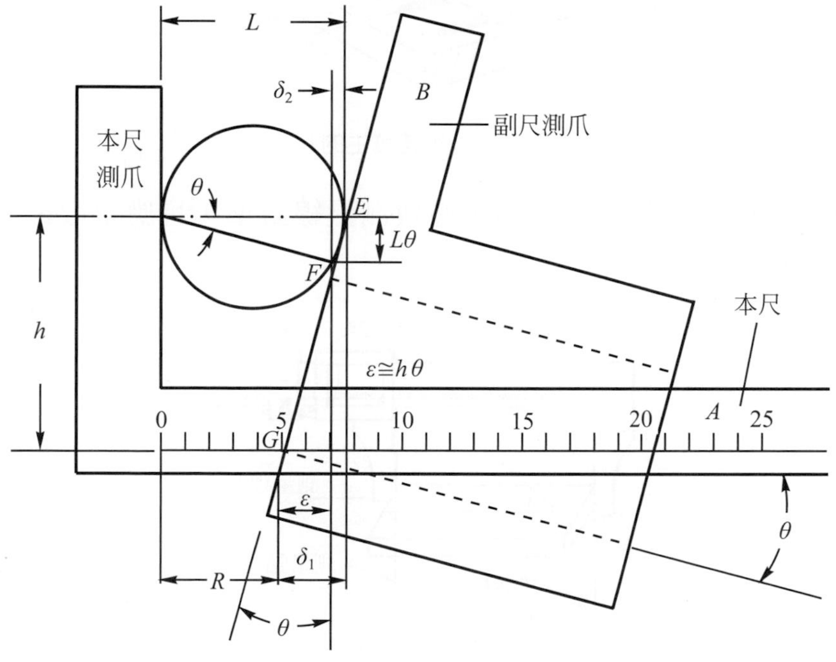

圖 3-1.21 游標卡尺阿貝誤差

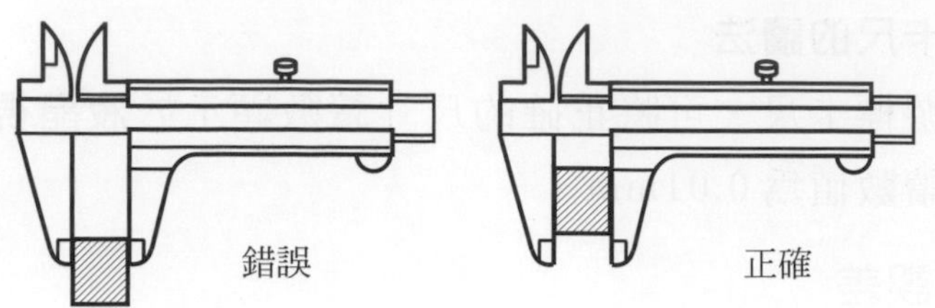

圖 3-1.22　減少阿貝誤差的量測原則

2. 視差(Parallax Error)

當眼睛的視線與測量點的刻線並沒有垂直，或是本尺與副尺的刻劃沒有在同一平面時，會有視差的產生。克服視差的方法，爲**選用本尺與副尺的刻劃在同一平面的游標卡尺，且應將眼睛的視線垂直於測量點的刻線**，如圖 3-1.23 所示。

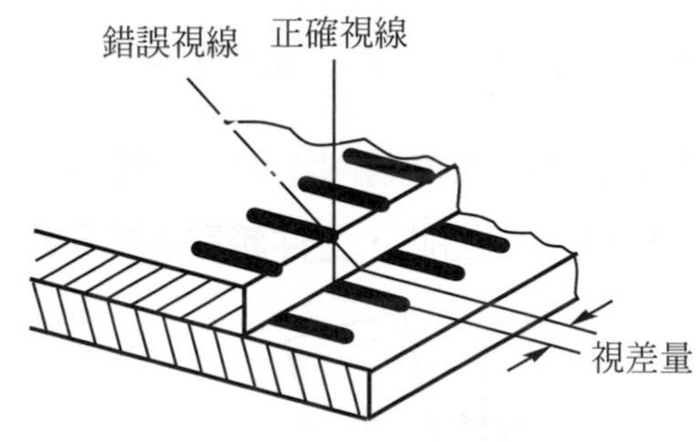

圖 3-1.23　視差發生的原因

3. 平面測量時，游標卡尺的測爪應與測量線對準，且應量取最小值，如圖 3-1.24 所示。

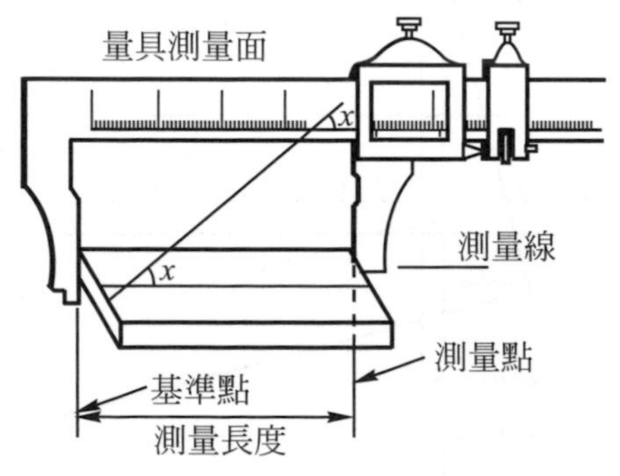

圖 3-1.24　平面測量的原則

4. **外徑測量**時，測爪應與工件垂直，且應量取最小值，如圖 3-1.25 所示。

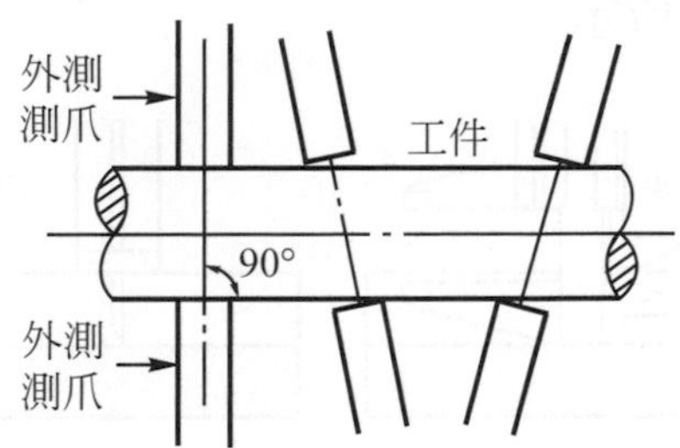

圖 3-1.25　外徑測量的原則

5. **內徑測量**時，測爪應與工件完全接觸，且應量取最大值，如圖 3-1.26 所示。

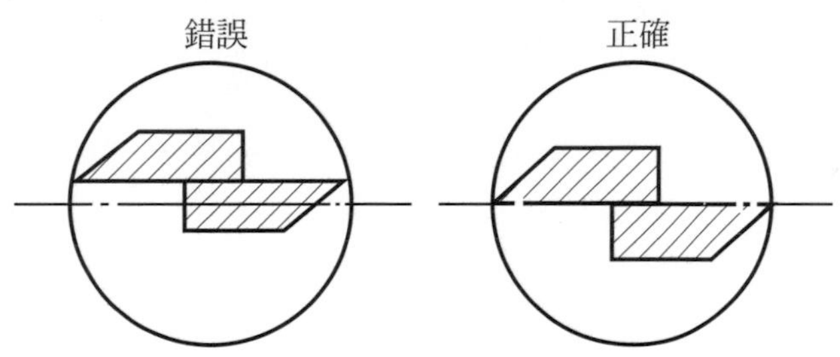

圖 3-1.26　內徑測量的原則

6. **深度測量**時，深度測桿應與工件孔或槽底**互相垂直**，且深度測量基準面必須貼緊於工件表面，如圖 3-1.27 所示。

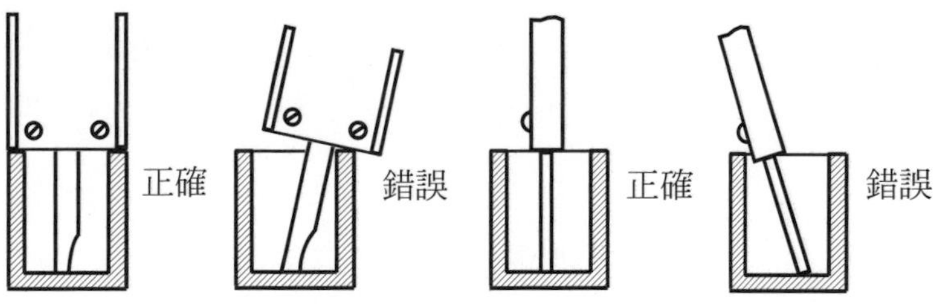

圖 3-1.27　深度測量的原則

7. **階級面測量**時，不可使用深度測桿來測量，必須配合階級測定面作階級測量，如圖 3-1.28 所示。

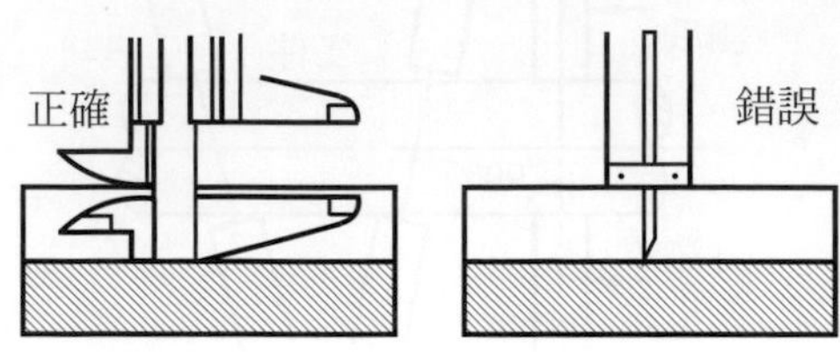

圖 3-1.28　階級面測量的原則

實習 3-1 游標卡尺

實習目的

1. 認識游標卡尺之構造、量測原理、功能及正確的使用方法。
2. 對常用游標卡尺及專用游標卡尺之規格及量測範圍有初步瞭解。
3. 從實際的量測中，認識各量測參數所代表之意義，體會游標卡尺之功用與限制。

實習設備

1. 標準型游標卡尺(圖 3-1.4)。
2. 量表游標卡尺(圖 3-1.5)。
3. 數位游標卡尺(圖 3-1.6)。
4. 深度游標卡尺(圖 3-1.9)。
5. 資料處理器。

實習原理

請參照 3-1 節。

實習步驟

1. 依照工件所要求的公差，選擇適當的游標卡尺，如選用最小讀數為 0.02mm 或 0.05mm 之標準型游標卡尺，或是選用最小讀數為 0.01mm 之數位游標卡尺。
2. 依照工件的外型與尺寸大小，選擇適當測量範圍及型式的游標卡尺，如選用特殊型式的游標卡尺。
3. 使用前最重要的就是將游標卡尺之滑動面、測量面及刻劃面的油污、灰塵擦拭乾淨。
4. 先作歸零的動作，也就是本尺的零刻度線必須和副尺上的零刻度線對齊，且副尺的最後一個刻度線要和本尺的刻度線一致。刻度對正時，外側測爪與內側測爪朝向光源處看，從測爪縫中不可透出光線來，若有微小透光情形，則表示約有 3～5μm 的間隙。並檢查深度測桿是否與深度測量基準面切齊。

5. 測量前應作滑動檢查，檢查游標卡尺在全行程內滑動是否順暢，是否有卡住或鬆動的現象。滑動檢查可以藉由滑動力的檢查來達成，通常基本尺寸在200mm 以下的標準型游標卡尺，滑動力約在0.4～1kg 之間，滑動力太大或太小皆不適宜。
6. 將本尺上外側測爪的測量面接近工件，以拇指按在副尺手把處，推動副尺，以游標測爪測量工作物。
7. 加工進行當中，不可使用游標卡尺進行量測，以免發生危險，且避免工件及游標卡尺量測面磨損。
8. 不可使用游標卡尺去鉤除鐵屑，以免游標卡尺變形。
9. 測量階級面時，不可使用深度測桿來測量，以免深度測桿伸出太長而變形。
10. 請參照3-1節之第三小節游標卡尺的用途。

實習結果——游標卡尺

工件：____________________

	1	2	3	平均
外側尺寸				
內側尺寸				
深度尺寸				
階級尺寸				

3-2 分厘卡

分厘卡(Micrometer)又稱爲**測微器**，它是直接量測的最重要量具之一，於西元1772年由英國人 Watt 利用螺紋原理所製作而成的量測長度之量具。它是利用**螺紋微分原理**，將螺紋螺桿前進的距離，與外套筒刻劃作一配合，以達到量測微小距離的目的。

一、分厘卡原理

分厘卡係使用**螺紋微分原理**(Thread Differential Principle)來達到精密量測之目的，它是根據螺紋作圓周運動，而螺紋會延著測軸向前進一個節距(Pitch)。假設螺紋主軸旋轉α角，前進的距離爲x，圓周爲2π，前進的距離爲p，將一節距爲p的單線螺紋桿之外套筒劃分成N等分，則外套筒每旋轉一等分刻劃，即會使螺桿前進p/N的距離。也就是前進的距離x可用下式表示：

$$\frac{x}{p}=\frac{\alpha r}{2\pi r} \Rightarrow x=\frac{\alpha}{2\pi}\times p=\frac{1}{N}\times p$$

其中α爲外套筒旋轉的角度，r爲螺紋外套筒的半徑，x爲螺桿前進的距離，p爲螺紋節距(簡稱**節距**，又稱**螺距**)，N爲外套筒刻劃等分，螺紋微分原理如圖 3-2.1 所示。

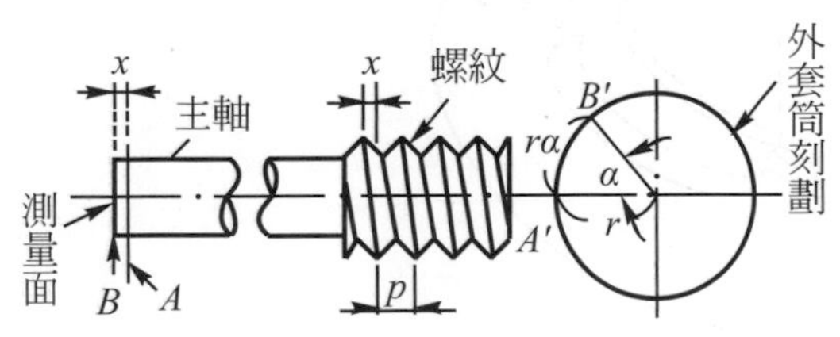

圖 3-2.1 分厘卡螺紋微分原理

一般公制的分厘卡係採用節距爲 0.5mm 的**單線(或單螺牙)**螺紋，而外套筒一圓周刻劃爲 50 等分，也就是$x=\frac{\alpha}{2\pi}\times p=\frac{1}{50}\times 0.5=0.01$ mm，因此量測精度爲 0.01mm。英制分厘卡係採用每英吋 40 牙的單線螺紋，而外套筒刻劃爲 25 等分，也就是$x=\frac{\alpha}{2\pi}\times p=\frac{1}{25}\times\frac{1}{40}=0.001''$，因此量測精度爲 0.001"。

註 若分厘卡採用節距為 0.5mm 的**雙螺牙**螺紋，而外套筒一圓周刻劃為 100 等分，$x=2\times\frac{1}{100}\times0.5=0.01$mm，則精度為 0.01mm。

二、分厘卡的構造及型式

分厘卡的主要部份包括有**卡架**、**砧座**、**主軸螺桿**、**外套筒**、**襯筒**、**固定鎖**及**棘輪停止器**，標準型分厘卡各部份的名稱如圖 3-2.2 所示。卡架是由熱膨脹係數較小的絕熱板所製成；砧座是由耐磨耗之碳化物所製成；主軸螺桿緊套於外套筒內，可以和外套筒一起旋轉；外套筒上具有適當的刻劃，用來判讀尺寸的大小；襯筒上也具有刻劃，以便指示主軸移動的長度；棘輪停止器裝於外套筒後端，用以調整適當的測量壓力。

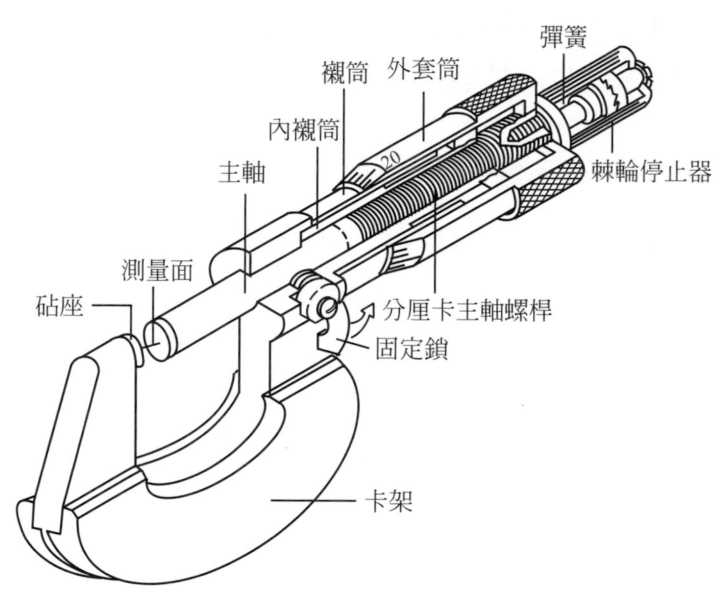

圖 3-2.2　標準型分厘卡各部份的名稱

一般常用特殊型式的的分厘卡如下：

1. **圓盤分厘卡**(Disc Type Micrometer)

   圓盤分厘卡(如圖 3-2.3 所示)的砧座之測量面做成**圓盤型**，主要用以量測**齒輪之跨齒厚**，如圖 3-2.4 所示。

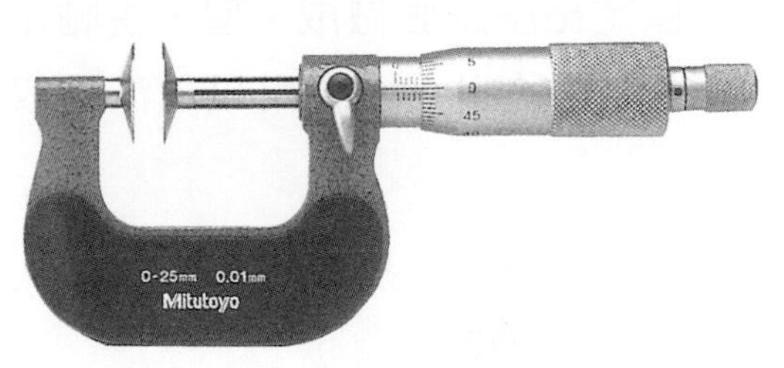

圖 3-2.3 圓盤分厘卡

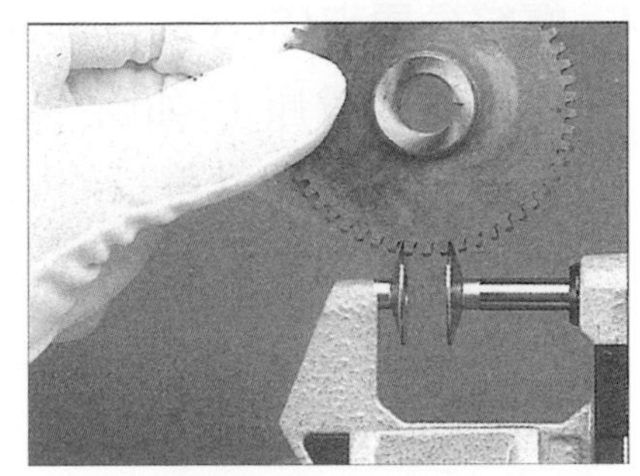

圖 3-2.4 圓盤分厘卡量測齒輪之跨齒厚

2. 數位分厘卡(Digimatic Micrometer)

數位分厘卡又稱爲**直讀式分厘卡**或**液晶分厘卡**，其具有**液晶讀取視窗**，可將正確的尺寸讀數顯示於液晶視窗中，**通常數位分厘卡最小讀數值為 0.001mm**。正確的使用步驟：首先將砧座閉合，再將數字歸零，之後就可進行工件的量測，此時液晶視窗中所顯示的讀數就是工件正確的尺寸，如圖 3-2.5 所示。

圖 3-2.5 數位分厘卡

3. 深度分厘卡(Depth Micrometer)

主要用以量測**孔**、**槽之深度**，如圖 3-2.6 所示。

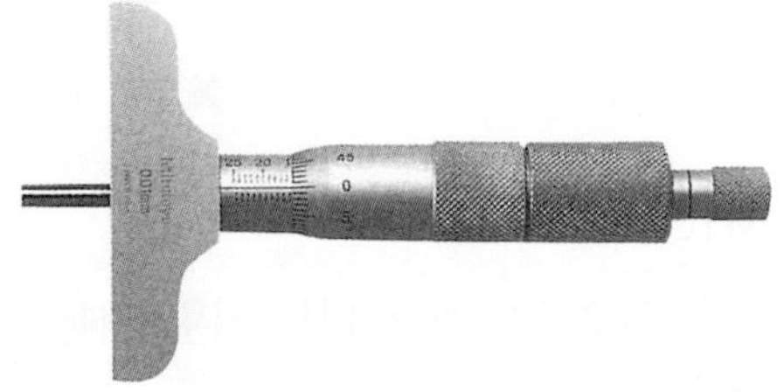

圖 3-2.6 深度分厘卡

4. 螺紋分厘卡(Screw Thread Micrometer)

螺紋分厘卡(如圖3-2.7所示)的**固定砧座測面做成V型，主軸砧座做成圓錐型**，而且可以依照節距的大小更換砧座，主要用以量測**螺紋之節圓直徑**，如圖3-2.8所示。

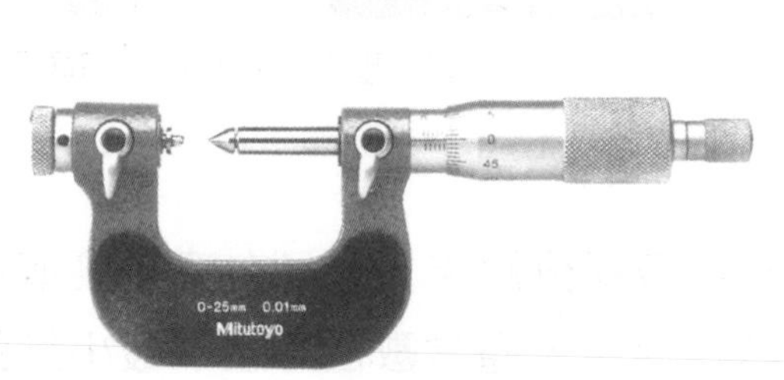

圖3-2.7　螺紋分厘卡

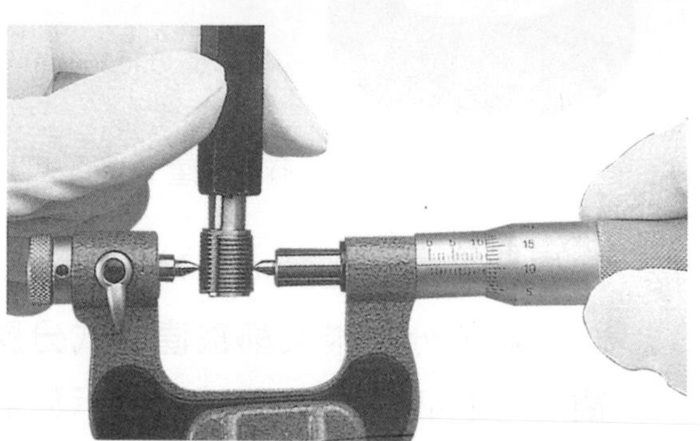

圖3-2.8　螺紋分厘卡量測螺紋之節圓直徑

5. 針型分厘卡(Point Micrometer)

針型分厘卡(如圖3-2.9所示)主要用以量測**鑽頭或鉸刀腹部厚度、溝槽、鍵槽、外螺紋底徑**，以及其他型式的分厘卡難以量測的尺寸，如圖3-2.10所示。

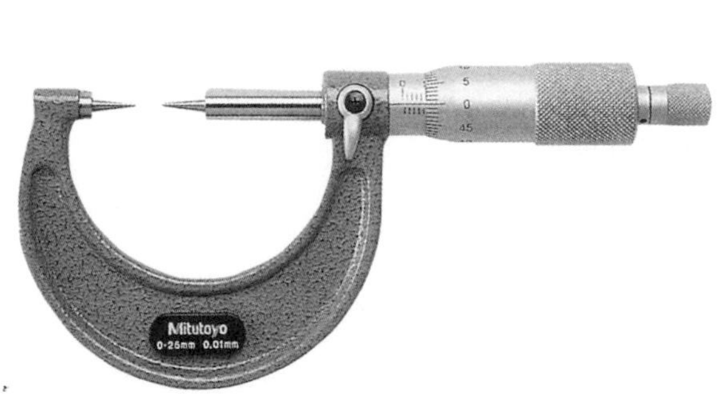

圖3-2.9　針型分厘卡

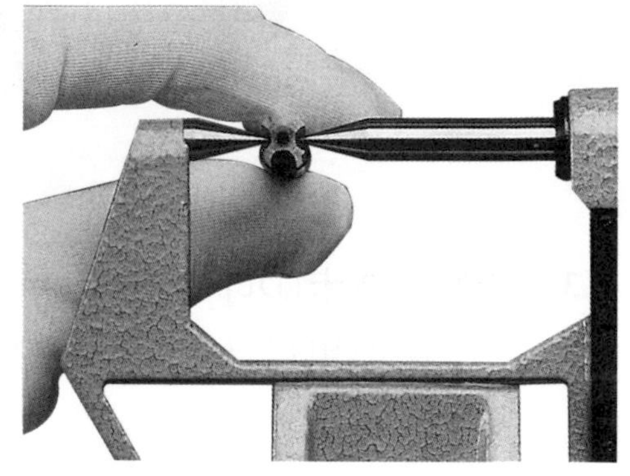

圖3-2.10　針型分厘卡量測刀腹厚度

6. 管厚分厘卡(Tube Micrometer)

管厚分厘卡(如圖 3-2.11 所示)其一邊或兩邊的砧座做成**圓球型**，主要用以量測**管壁厚度**，如圖3-2.12所示。

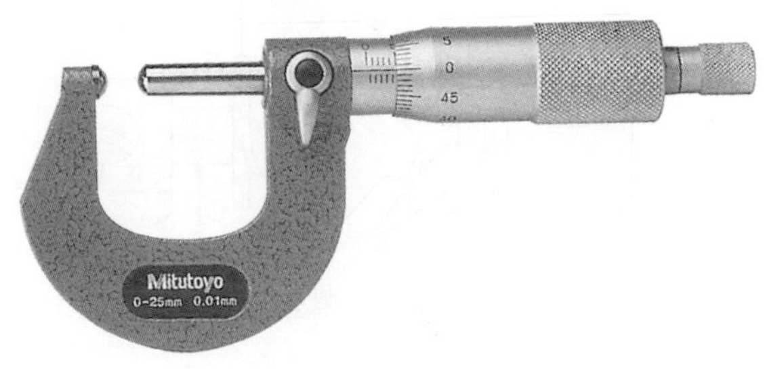

圖 3-2.11 管厚分厘卡

圖 3-2.12 管厚分厘卡量測管壁厚度

7. 扁頭型分厘卡(Blade Micrometer)

扁頭型分厘卡(如圖 3-2.13 所示)其兩邊的砧座做成**扁頭型**，主要用以量測**小凹槽**、**鍵槽深度**，以及其他難以到達量測的尺寸，由於主軸砧座不可以旋轉，因此採用主軸直進分厘卡，如圖 3-2.14 所示。

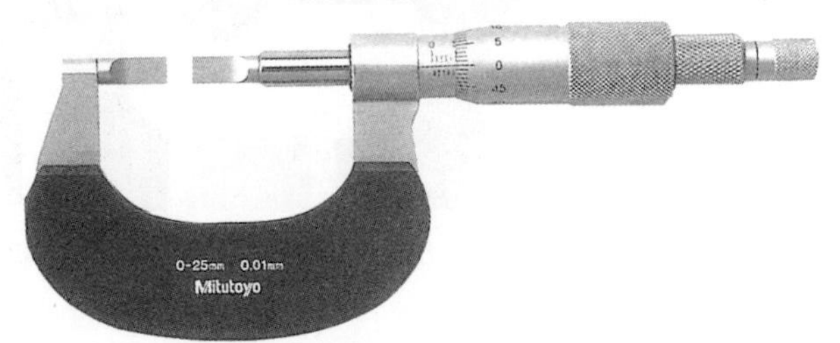

圖 3-2.13 扁頭型分厘卡

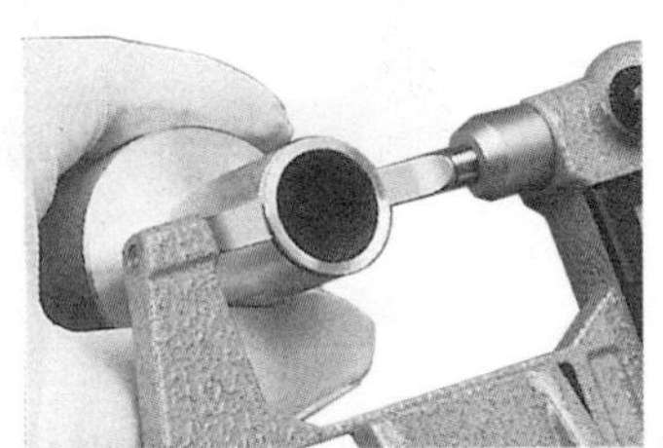
圖 3-2.14 扁頭型分厘卡量測小凹槽直徑

8. V 溝分厘卡(V-Anvil Micrometer)

V 溝分厘卡(如圖 3-2.15 所示)主要是利用三側面與測量物的接觸，用以量測**螺絲攻**、**鉸刀**、**端銑刀等奇數刀刃工具之直徑**，可分爲**三溝槽**分厘卡及**五溝槽**分厘卡。三溝槽分厘卡固定砧座測量面成 60 度，主軸螺桿的螺距爲 0.75mm，可以直接從分厘卡讀出所測量的尺寸；五溝槽分厘卡固定砧座測量面成 108 度，主軸螺桿的螺距爲 0.5mm，被測量工件眞正外徑＝ 0.8944×分厘卡上的讀數，如圖 3-2.16 所示。

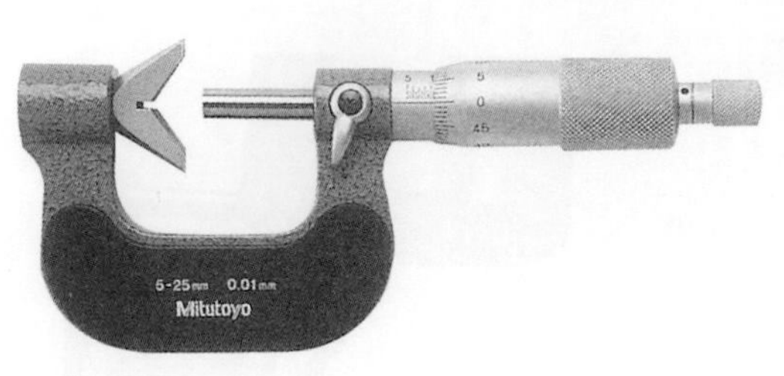

圖 3-2.15 V 溝分厘卡

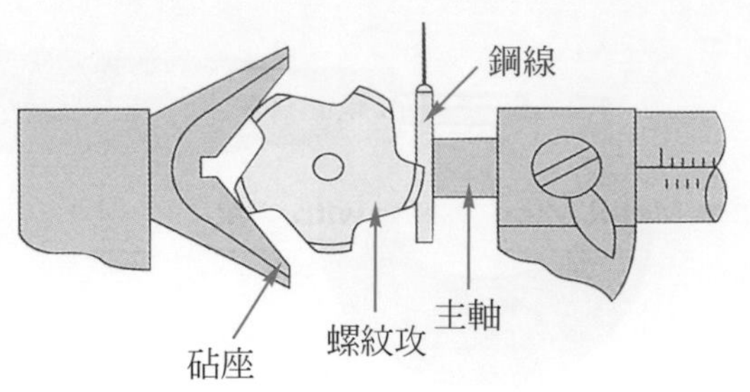

圖 3-2.16 V 溝分厘卡量測螺絲攻直徑

9. 齒輪分厘卡(Gear Micrometer)

齒輪分厘卡(如圖 3-2.17 所示)主要用以量測**齒輪底徑**，**球型砧座**可以更換，以適應不同型式及模數的齒輪，如圖 3-2.18 所示。

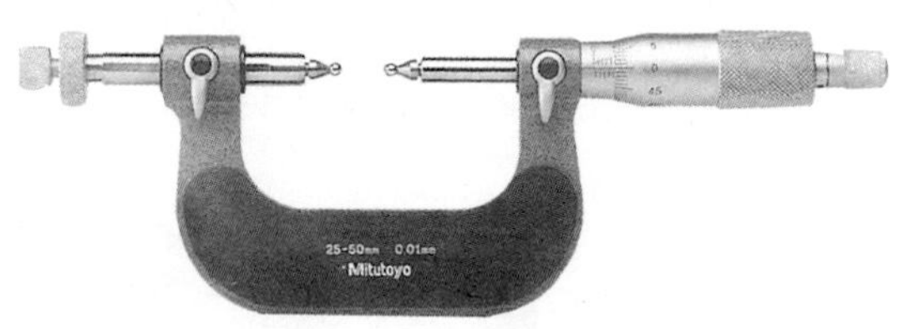

圖 3-2.17 齒輪分厘卡

圖 3-2.18 齒輪分厘卡量測齒輪節徑

10. 卡儀型外側分厘卡(Caliper Type Outside Micrometer)

卡儀型外側分厘卡(如圖 3-2.19 所示)主要用以量測**外徑**、**長度**，其測量範圍每隔 25mm 一支，由於其工件測量的軸線並不與量具標準尺寸線互相重合或成一直線，因此不符合**阿貝原理**，量測時誤差較大，如圖 3-2.20 所示。

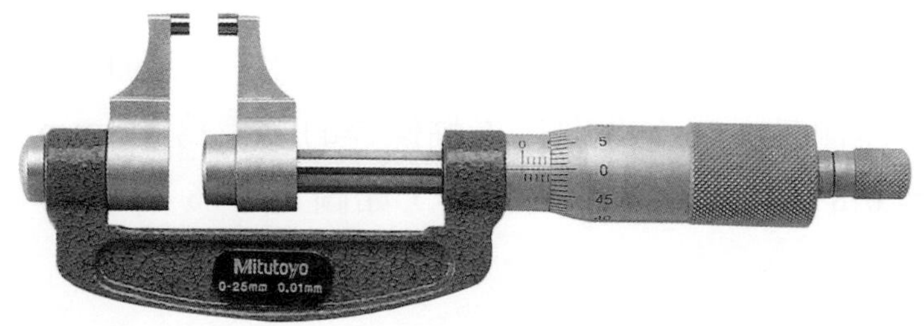

圖 3-2.19 卡儀型外側分厘卡

圖 3-2.20 卡儀型外側分厘卡量測外徑

11. 卡儀型內側分厘卡(Caliper Type Inside Micrometer)

卡儀型內側分厘卡(如圖 3-2.21 所示)主要用以量測**槽寬**、**小型內孔的直徑**，其測量範圍 5～25mm、25～50mm 等每隔 25mm 一支，由於其工件測量的軸線並不與量具標準尺寸線互相重合或成一直線，因此不符合阿貝原理，如圖 3-2.22 所示。

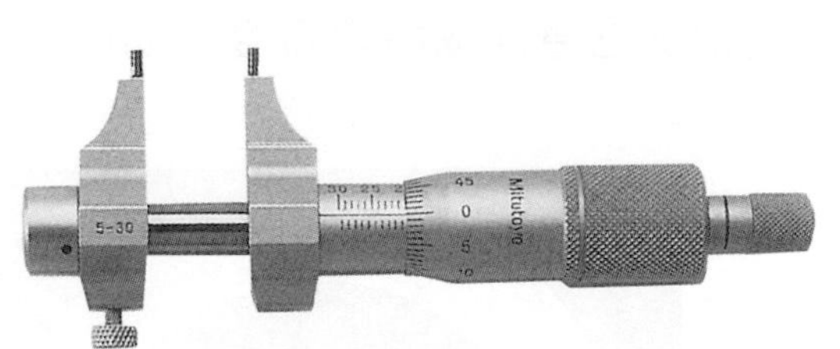

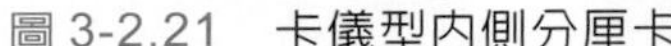

圖 3-2.21 卡儀型內側分厘卡

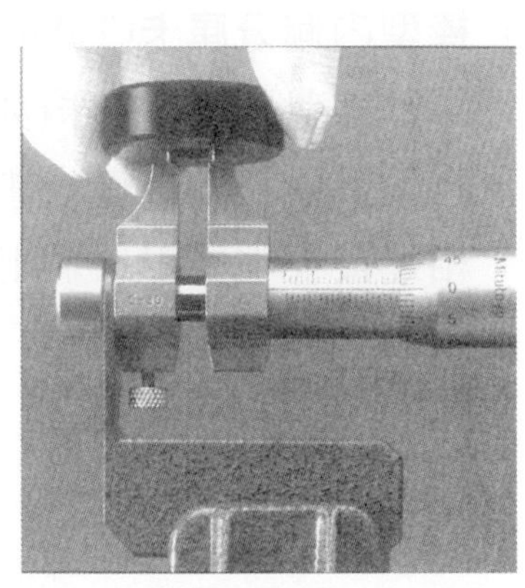

圖 3-2.22 卡儀型內側分厘卡量測小型內孔的直徑

12. 三點式內側分厘卡(3-Points Inside Micrometer)

三點式內側分厘卡又稱爲**三點接觸式內側分厘卡**，藉由三支測爪自動調整對準中心的功能，所以量測的準確性較佳、使用較爲簡便，如圖 3-2.23 所示。

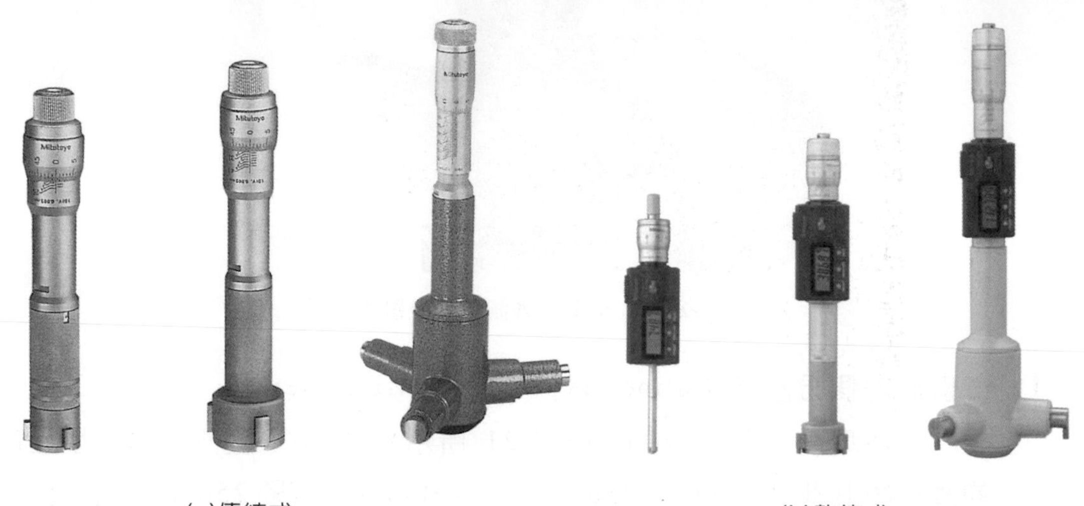

(a)傳統式　　(b)數位式

圖 3-2.23　三點式內側分厘卡[1]

13. 棒型內側分厘卡(Tubular Inside Micrometer)

棒型內側分厘卡(如圖 3-2.24 所示)兩頭測量端點之測面做成**圓球型**，直接與內孔壁接觸，其測桿是獨立的，每隔 25mm 一支，可以利用接環相連接，主要用以量測**大型工件內部孔之直徑或槽之寬度**，如圖 3-2.25 所示。

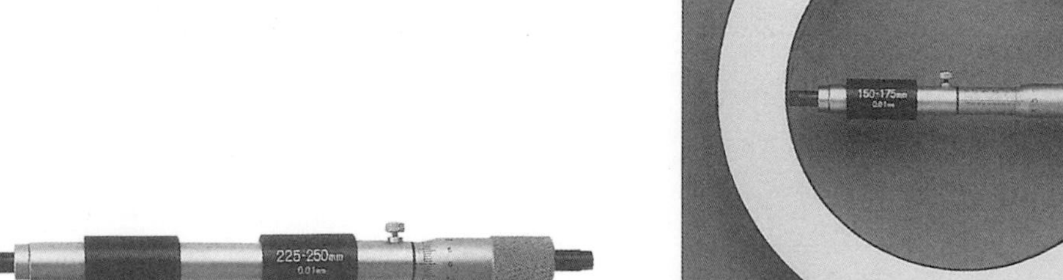

圖 3-2.24　棒型內側分厘卡

圖 3-2.25　棒型內側分厘卡量測大型工件內徑

三、分厘卡的讀法

分厘卡的讀數，為襯筒長刻度讀數加上襯筒短刻度再加上外套筒讀數。以一般公制的分厘卡係採用螺距爲0.5mm的單線螺紋，而外套筒刻劃爲50等分，則襯筒長刻度每刻度代表1mm，襯筒短刻度每刻度代表0.5mm，接著再讀出外套筒刻度數，每刻度代表0.01mm，分厘卡的讀法如圖3-2.26所示：

襯筒長刻度　7　mm
襯筒短刻度　0.5　mm
+)　外套筒讀數　0.17mm……17×0.01
總合讀數值　7.67mm

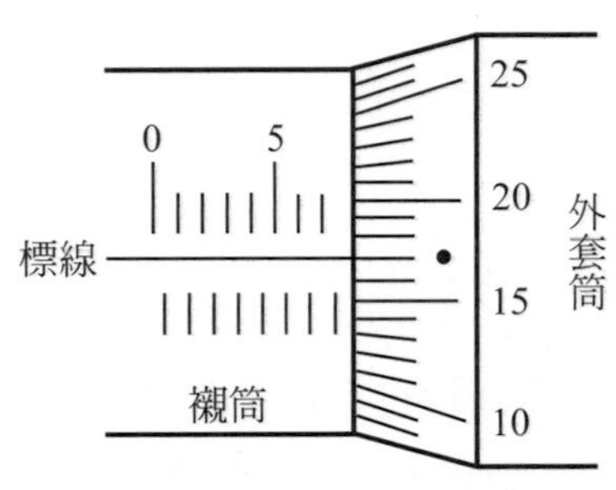

圖3-2.26　分厘卡的讀法

欲使分厘卡之最小讀數達0.001mm，則分厘卡須附有**游標刻劃**的設計。取外套筒之9等分(0.09mm)，在襯筒中央標線上方分成10等分，則每刻劃爲0.001mm，每隔兩刻劃有數字顯示，2、4、6、8、0，如圖3-2.27所示；在襯筒中央標線下方，每刻劃爲0.5mm。

例題 3-6

96年二技試題

襯筒讀數　6.00　mm
外套筒讀數　0.31　mm……31×0.01
+)　游標讀數　0.003　mm……3×0.001
總合讀數值　6.313　mm

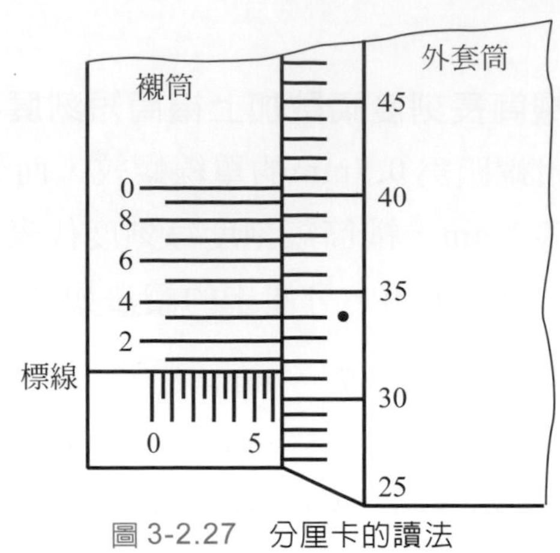

圖 3-2.27　分厘卡的讀法

註　數位分厘卡不必再經由上述的讀法，可將正確的尺寸讀數顯示於液晶視窗中，數位分厘卡最小讀數値為 0.001mm。

四、分厘卡的誤差

1. 分厘卡本身的誤差

由於分厘卡製作不夠精良或是經常使用，使得分厘卡精度不佳，如：主軸螺桿導程誤差、主軸與砧座垂直度誤差、砧座平行度誤差、砧座平面度誤差及刻劃誤差等。

2. 阿貝誤差

在量測工件的狀態，分厘卡之量具軸線與工件測量軸線並不相互平行，或是不互相重合，或成一直線，則造成阿貝誤差，其誤差分爲以下幾種：

(1) 外側分厘卡：若外側分厘卡之量具軸線與工件測量軸線並不相互平行，夾θ角，工件正確尺寸爲L，錯誤測量尺寸爲l，則其測量誤差(即阿貝誤差)ε如圖 3-2.28 所示：

$$\varepsilon = L - l = L(1-\cos\theta) = L\left[2\sin^2\left(\frac{\theta}{2}\right)\right] \approx 2L\times\left(\frac{\theta}{2}\right)^2 = \frac{L}{2}\theta^2$$

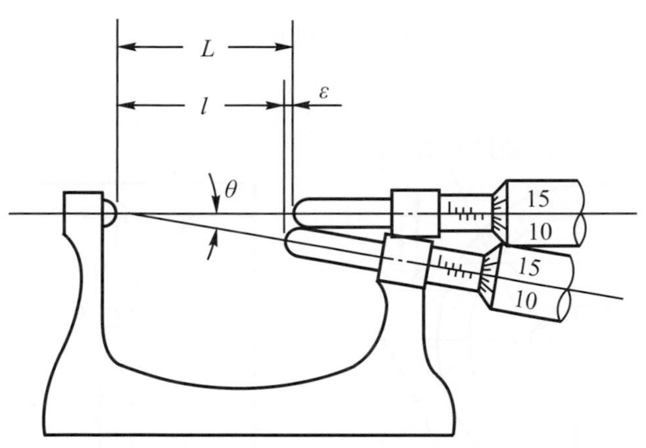

圖 3-2.28 外側分厘卡的誤差

⑵ 卡儀型外側分厘卡：若卡儀型外側分厘卡之活動卡儀傾斜了θ角，工件正確尺寸爲L，錯誤測量尺寸爲l，量具軸線與工件測量軸線之距離爲R，則其阿貝誤差ε如圖 3-2.29 所示：

$$\varepsilon = l - L = R \times \tan\theta \approx R\theta$$

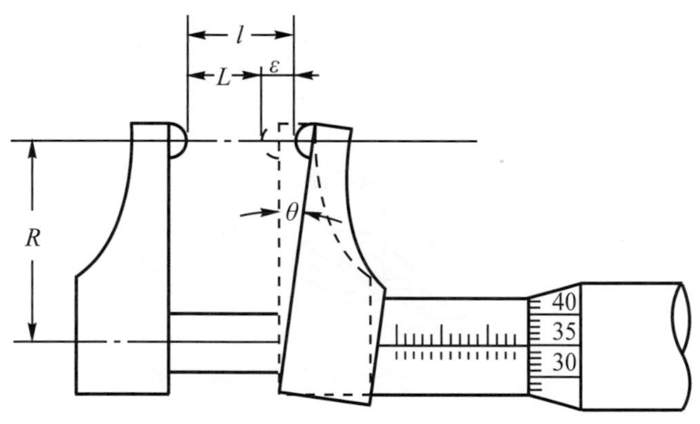

圖 3-2.29 卡儀型外側分厘卡的誤差

⑶ 棒型內側分厘卡：棒型內側分厘卡在量測內徑時，若工件正確尺寸爲L，錯誤測量尺寸爲l，則其測量誤差ε如圖 3-2.30(a)所示：

$$\varepsilon = L - l\cos\theta$$

或是測量誤差ε如圖 3-2.30(b)所示：

$$\varepsilon = l - L = l - l\cos\theta = l \times (1 - \cos\theta)$$

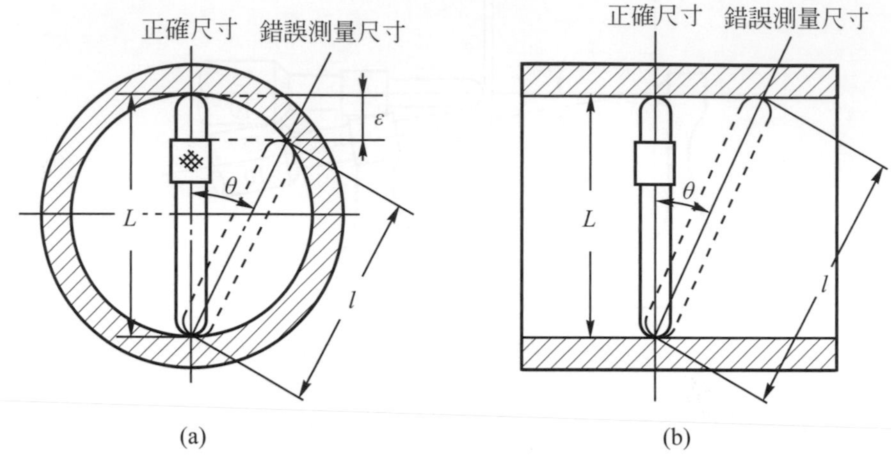

圖 3-2.30　棒型內側分厘卡的誤差

3. 視差

當眼睛的視線與測量點的刻線並沒有垂直，或是襯筒與外套筒的刻劃沒有在同一平面時，會有視差的產生。克服視差的方法，爲選用襯筒與外套筒的刻劃在同一平面的分厘卡，且應將眼睛的視線垂直於測量點的刻線，如圖 3-2.31 所示。

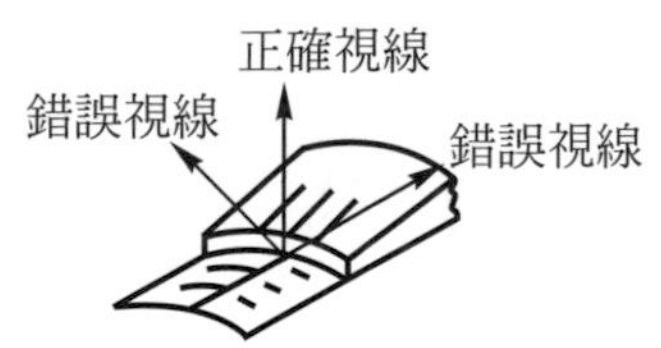

圖 3-2.31　分厘卡視差發生的原因

4. 溫度變化所引起的誤差

分厘卡或是工件會隨著溫度的變化而產生熱脹冷縮的現象，特別是大型的分厘卡或工件。爲了避免溫度變化所引起的誤差，測量環境應該保持在 **20℃(68˚F)**，而且可以使用分厘卡支架將分厘卡置於其上，以避免手與分厘卡或工件直接接觸，如圖 3-2.32 所示。分厘卡和標準棒的熱膨脹係數不同，也會造成量測上的誤差。

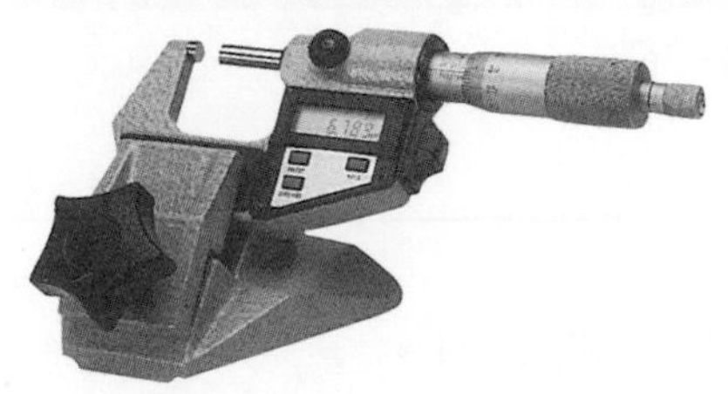

圖 3-2.32 分厘卡支架

5. 分厘卡夾持方式所引起的誤差

大型的量具由於其本身的重量，會造成量具本身的變形誤差，因此大型的外側分厘卡必須利用支架穩固架持，如圖 3-2.33 所示。對於大型的棒型內側分厘卡，其支持點必須位於 Airy 點或 Bessel 點。支持點在 Airy 點會使兩端點維持在平行的位置；支持點在 Bessel 點會使整個長度的變化量最小，Airy 點及 Bessel 點如圖 2-4.1 及 2-4.2 所示。

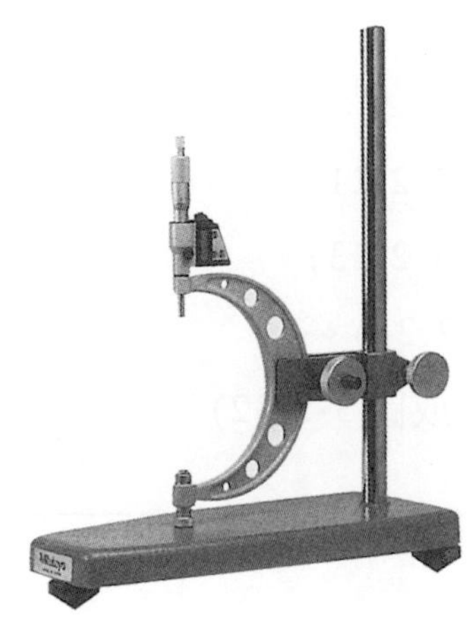

圖 3-2.33 大型的外側分厘卡零誤差的架持方式

實習 3-2 分厘卡

實習目的

1. 瞭解分厘卡之構造與量測原理。
2. 對分厘卡之功能及使用程序有正確的認識。
3. 從實際的量測工作中體會分厘卡之功用與限制。

實習設備

1. 標準型分厘卡(圖 3-2.2)。
2. 齒輪分厘卡(圖 3-2.17)。
3. 數位分厘卡(圖 3-2.5)。
4. 深度分厘卡(圖 3-2.6)。
5. 小孔規。
6. 伸縮規。
7. 卡儀型內側分厘卡(圖 3-2.21)。
8. 三點式內側分厘卡(圖 3-2.23)。
9. 棒型內側分厘卡(圖 3-2.24)。
10. 分厘卡支架(圖 3-2.31 或圖 3-2.32)。

實習原理

請參照 3-2 節。

實習步驟

1. 依照工件所要求的公差，選擇適當的分厘卡，最小讀數約爲公差的 1/5～1/10(十一定則)，如選用最小讀數爲 0.01mm 之標準型分厘卡，或是選用最小讀數爲 0.001mm 之數位分厘卡。
2. 依照工件的外型與尺寸大小，選擇適當測量範圍及型式的分厘卡，如選用特殊型式的分厘卡。

3. 使用前將分厘卡之砧座測量面、主軸螺桿、外套筒、襯筒及刻劃面的油污、灰塵擦拭乾淨。
4. 歸零

   當砧座與主軸量測面貼緊之後，若刻劃線無法歸零時，必須進行調整。當誤差量小於0.01mm時，使用分厘卡專用扳手及小木槌輕輕敲打，旋轉襯筒至零點刻度線對準標線，敲打之前應將主軸固定鎖旋緊；當誤差量大於 0.01mm 時，先將棘輪旋鬆，並令主軸與外套筒分離，調整外套筒之零點與襯套之基準對齊後，再將棘輪旋緊。
5. 左手握住分厘卡卡架，右手大拇指旋轉外套筒使分厘卡張開。
6. 左手拿工件，右手拿分厘卡。
7. 將分厘卡跨在要量測的兩平面間。
8. 轉動外套筒直到微微接觸工件。
9. 讀取刻度。

實習結果——分厘卡

工件：________________

	1	2	3	平均
外徑尺寸				
內徑尺寸				

3-3 量　表

量表(Dial Gage)又稱為**機械式量表**、**指示量表**，或稱為**針盤**，它是利用測頭接觸工件表面，將測頭的位移利用機構的放大原理，轉換成表面指針的旋轉。量表由於本身並不具有標準長度，無法單獨完成量測工作，一般**不做直接式的量測**，而是做**比較式的量測**，也就是比較正確的尺寸與工件尺寸之間的差異。

一、量表原理與構造

1. **普通式量表**(Dial Indicator)

普通式量表(如圖 3-3.1 所示)屬於機械式的量具，係利用連接測頭的測軸上齒條來推動齒輪組，將測頭心軸的直線位移，利用齒輪組的放大原理，轉換成表面指針的旋轉，進而讀取表面指針的刻劃位置，普通式量表的放大原理如圖 3-3.2 所示。

圖 3-3.1　普通式量表

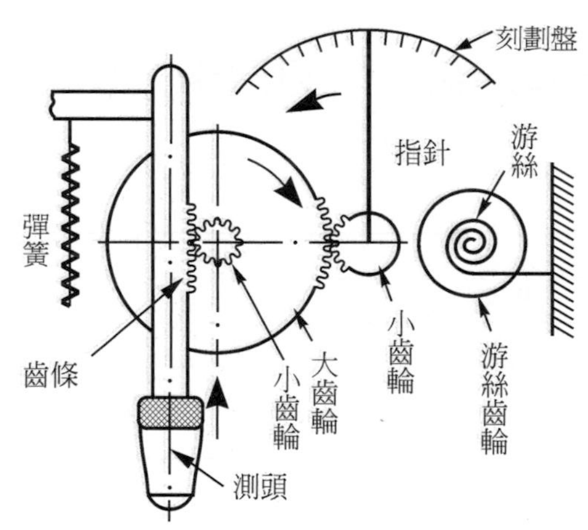

圖 3-3.2　普通式量表的放大原理

普通式量表通常包括幾個部份(如圖 3-3.3 所示)：

(1) 測頭：測頭為普通式量表與工件接觸的地方，依照不同的表面狀況，選擇不同形式的測頭。

(2) 測軸：測軸上具有齒條，可以將測軸的直線位移來推動齒輪組。

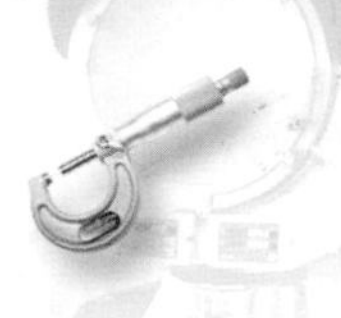

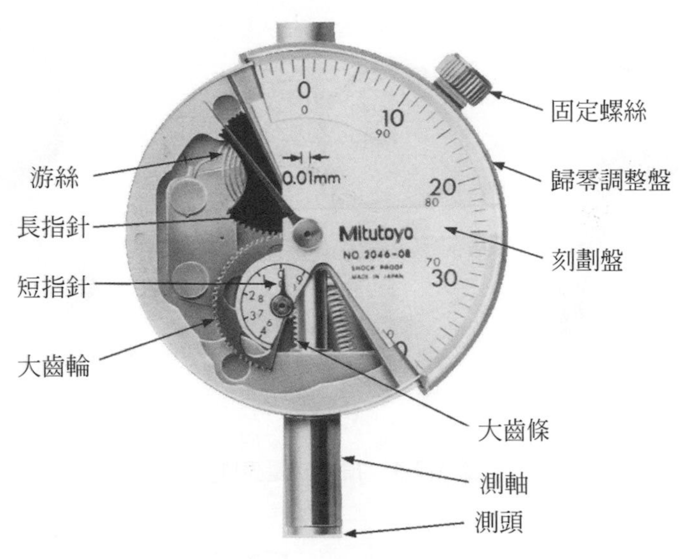

圖 3-3.3　普通式量表的構造

⑶　齒輪組：利用複式齒輪組的放大原理，將測軸的直線位移轉換成表面指針的旋轉。

⑷　指針與刻劃盤：短指針每一刻劃代表長指針旋轉的圈數，長指針每一刻劃代表量表的最小讀數；而刻劃盤上面的刻劃用以讀出表面指針的刻劃指示量。

⑸　游絲組：游絲的作用爲讓測軸維持一定的測量壓力，並且消除因爲齒輪間隙所產生的背隙(Backlash)。

⑹　表殼組：將量表各部分零件裝置於表殼組內，並且裝置吊環用以架設量表位置。

2. 槓桿式量表(Dial Test Indicator)

槓桿式量表(如圖 3-3.4 所示)係利用**槓桿端點放大**的原理，也就是槓桿兩端的長度與槓桿端點的位移量成正比關係，將槓桿端點位移放大，再利用齒輪組的放大原理，轉換成表面指針的旋轉，進而讀取表面指針的刻劃位置。**和普通式量表之不同處，在於槓桿式量表多了方向變換桿，**能量測普通式量表之不能量測之處，槓桿式量表的放大原理如圖 3-3.5 所示。

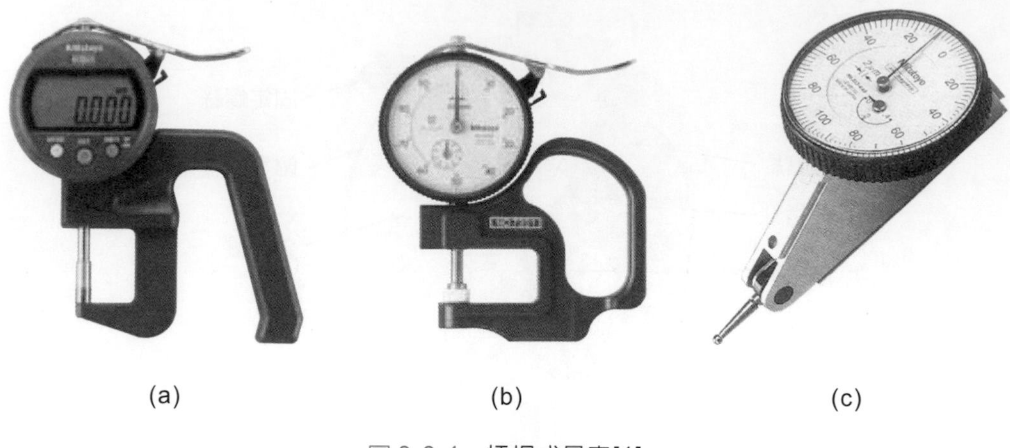

(a) (b) (c)

圖 3-3.4 槓桿式量表[1]

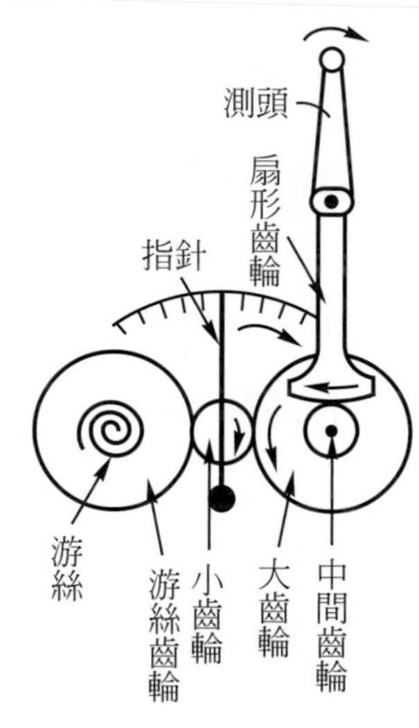

圖 3-3.5 槓桿式量表的放大原理

槓桿式量表通常包括幾個部份(如圖 3-3.6 所示)：

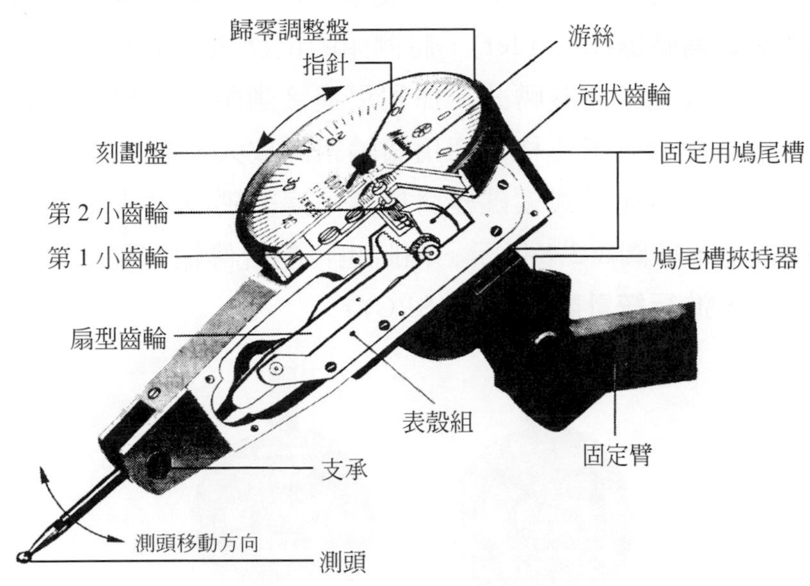

圖 3-3.6　槓桿式量表的構造

⑴ 測頭：測頭爲槓桿式量表與工件接觸的地方，測頭依照測量位置不同而偏置不同角度，其測頭角度範圍爲 240°。

⑵ 齒輪組：測頭連接扇形齒輪，可以將測頭的弧線位移利用複式齒輪組的放大原理，轉換成表面指針的旋轉。

⑶ 指針與刻劃盤：刻劃盤上的刻劃用以讀出表面指針的刻劃指示量，並可利用歸零調整盤將指針歸零。

⑷ 游絲組：游絲的作用爲讓測頭維持一定的測量壓力，並且消除因爲齒輪間隙所產生的背隙。

⑸ 表殼組：將量表各部分零件裝置於表殼組內，並且裝置吊環或是固定用鳩尾槽用以架設量表位置。

3. **數位式量表**(Digimatic Indicator)

數位式量表(如圖 3-3.7 所示)又稱爲電子式量表或液晶式量表，它是利用**光電式編碼器**(Encoder)，將測頭的位移訊號偵測出來；光電式編碼器可以分爲直進式及旋轉式。係利用連接測頭的測軸上之齒條來推動齒輪組，將測軸的直線位移，利用齒輪組的放大原理，帶動旋轉式光柵板轉動，進而利用光電式編碼器將旋轉角度編碼成電流訊號，進而顯示於液晶螢幕上，如圖 3-3.8 所示。同時也可配合傳輸電纜線，將量測所得之資料傳輸，進行**統計製程管制**(SPC)。

圖 3-3.7　數位式量表[1]

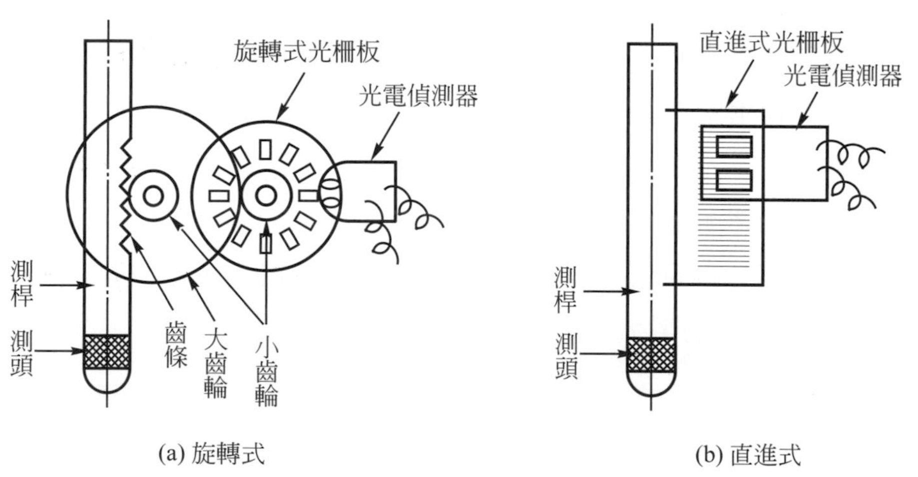

圖 3-3.8　數位式量表的原理

二、量表附件

1. 測頭(Contact Point)

測頭又稱爲**接觸點**，爲量表的測軸與工件接觸的地方，因此必須根據工件測量面的表面狀況來選擇適當型式的接觸點，以下分別介紹個別的用途：

(1) **標準型接觸點**：適用於平面或圓柱面，如圖3-3.9(a)所示。

(2) **刀刃型接觸點**：適用於量測空間受到限制的圓柱面、狹窄溝槽，如圖3-3.9(b)所示。

(3) **平型接觸點**：適用於圓球、圓柱、圓錐、凸面，測量時一定要將工件測量面垂直於量表測軸，否則會產生相當大的正弦誤差，如圖3-3.9(c)所示。

(4) **球型接觸點**：適用於球形、弧面、內圓，如圖3-3.9(d)所示。

(5) **點型接觸點**：適用於狹窄溝槽、齒輪根部，如圖3-3.9(e)所示。

(6) **鈕扣型接觸點**：適用於圓球、圓柱、凸面，如圖3-3.9(f)所示。

(7) **桿型接觸點**：適用於狹窄水平溝槽，如圖3-3.9(g)所示。

(8) **針型接觸點**：適用於特別狹窄的溝槽，如圖3-3.9(h)所示。

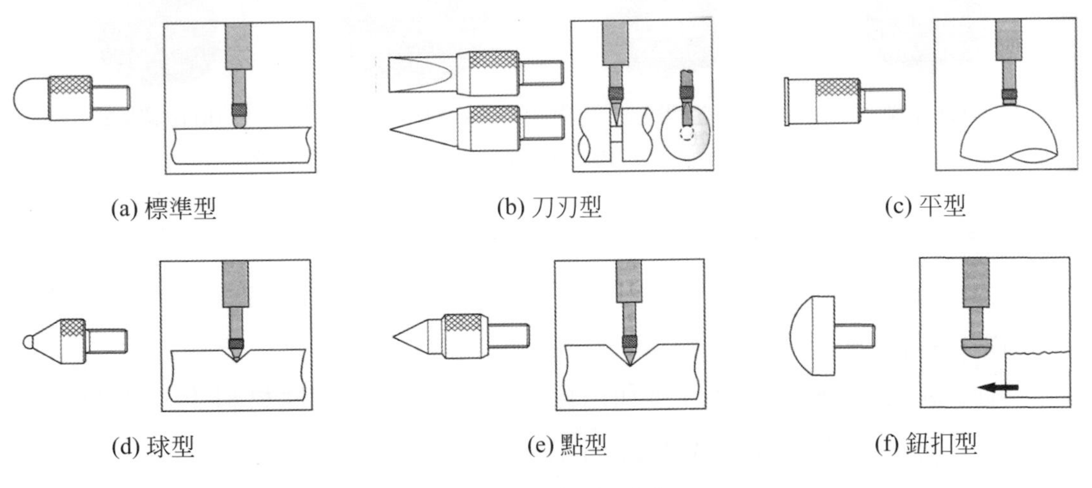

圖3-3.9 測頭的型式

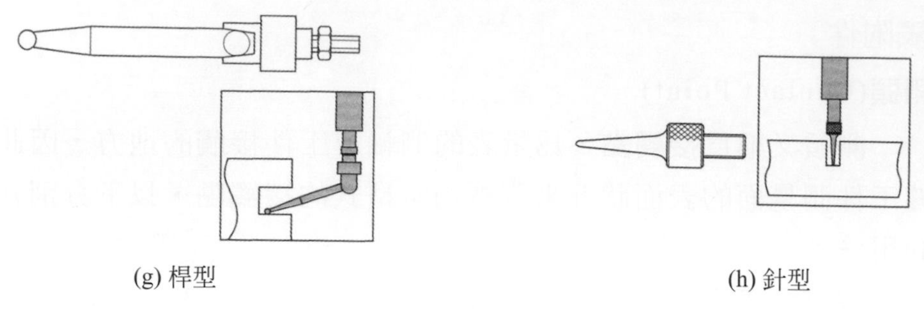

(g) 桿型　(h) 針型

圖 3-3.9　測頭的型式(續)

2. 固定背板(Backs)

當量表的量測空間受到限制時，則必須選擇不同形式的背板，如磁鐵式、吊環式、平板式、偏心吊環式、柱式、螺紋式、拖架式及微調架式等，如圖 3-3.10 所示。

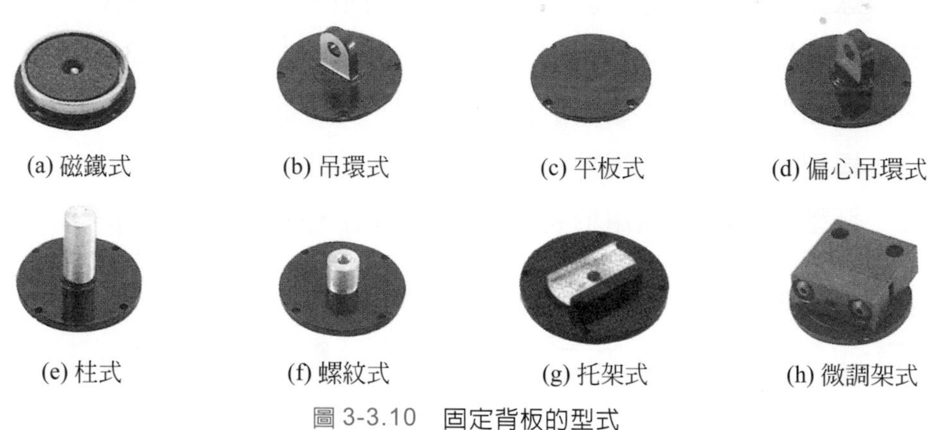

(a) 磁鐵式　(b) 吊環式　(c) 平板式　(d) 偏心吊環式

(e) 柱式　(f) 螺紋式　(g) 托架式　(h) 微調架式

圖 3-3.10　固定背板的型式

3. 台座(Dial Gage Stand)

量表必須架設在固定台座上，以方便測量工作的進行，台座可分為以下兩種：

(1) 磁性台座：磁性台座利用磁性底座吸附於磁性材料上，再將量表架設於其上，如圖 3-3.11 所示。

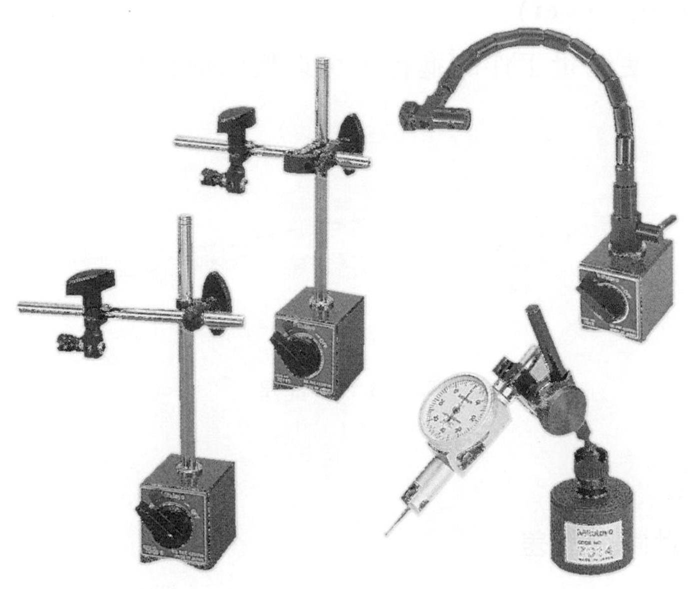

圖 3-3.11　磁性台座

⑵　比較台座：比較台座可以正確的架設量表，使得量表的測軸垂直於測量平台，如圖 3-3.12 所示。

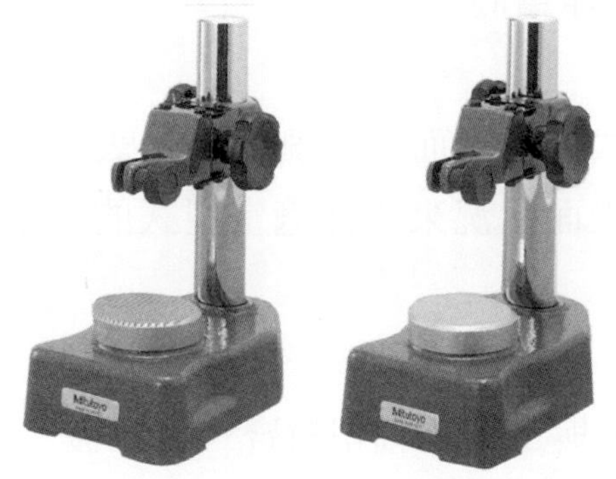

圖 3-3.12　比較台座

4. 提桿(Lifting Lever)

爲了方便測量工作的進行，可以利用提桿將測頭快速的提起，如圖 3-3.13 所示。

圖 3-3.13　提桿

三、量表的誤差

1. 測軸與指針間的誤差

測軸與指針間是靠齒輪組的放大原理所帶動，齒輪組由於有齒隙，因此會產生誤差。爲了防止此項誤差，將和第一齒輪和相同直徑同齒數的第二齒輪嚙合，在第二齒輪上裝置齒隙吸收用渦捲彈簧，使得齒面經常保持一定方向的接觸狀態。且最初指針行程具有齒隙，最初的 1/4 轉及最後的 1/4 轉不應作爲測量讀數。

2. 接觸點誤差

接觸點的形式很多，而工件測量面的表面狀況不一定，因此必須根據工件測量面的表面狀況來選擇適當型式的接觸點，否則會產生很大的量測誤差。

3. 餘弦誤差

當量表測軸未與工件測軸相對齊，則會發生餘弦誤差，若L爲量表讀數，當偏差的角度θ越大時，誤差量越大，如圖 3-3.14 所示，誤差量ε爲：

$$\varepsilon = L - L \times \cos\theta = L \times (1 - \cos\theta)$$

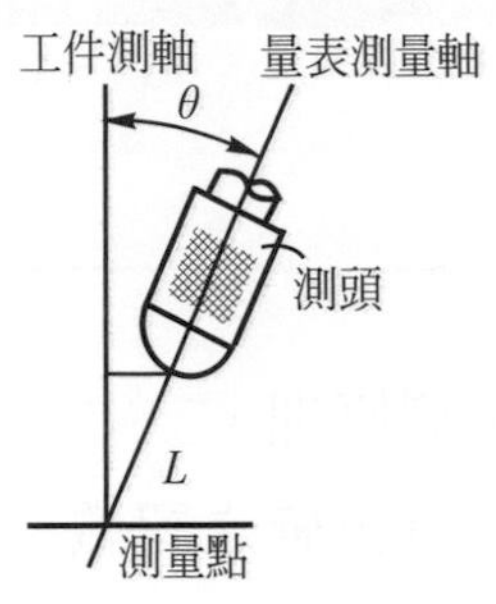

圖 3-3.14　餘弦誤差

若量表測軸與工件測軸偏差的角度爲15°，量表讀數爲2mm，發生餘弦誤差誤差量ε爲

$$\varepsilon = L\times(1-\cos\theta) = 2\times(1-\cos 15°) = 0.068 \text{ mm}$$

4. 正弦誤差

若使用**平型測頭**時，當量表測軸未與工件表面相互垂直，則會發生正弦誤差，如圖3-3.15所示。若R爲平型測頭之半徑，θ爲偏差的角度，誤差量ε爲：

$$\varepsilon = R\times\sin\theta$$

若量表測軸與工件測軸偏差的角度爲15°，平型測頭之半徑爲5mm，發生正弦誤差誤差量ε爲：

$$\varepsilon = R\times\sin\theta = 5\times\sin 15° = 1.294 \text{ mm}$$

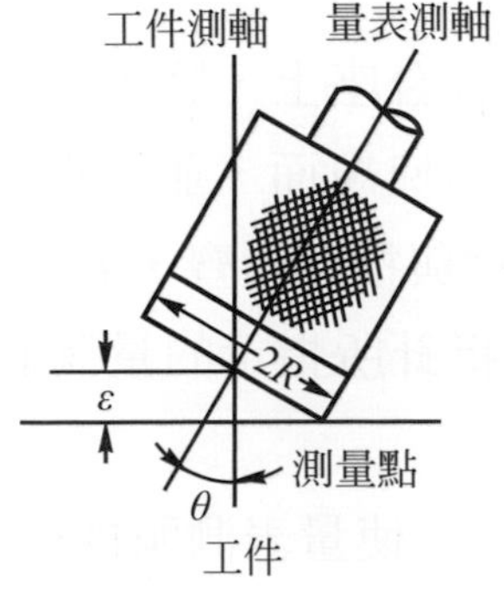

圖 3-3.15　正弦誤差

實習 3-3 量　表

實習目的

1. 瞭解量表之一般構造與量測原理。
2. 對量表之功能及操作方法有正確之認識。
3. 從實際的量測操作中體會量表之功用與限制。

實習設備

1. 普通式量表(圖 3-3.1)。
2. 槓桿式量表(圖 3-3.4)。
3. 數位式量表(圖 3-3.7)。
4. 缸徑規。
5. 磁性台座(圖 3-3.11)。
6. 比較台座(圖 3-3.12)。
7. B 級塊規。
8. V 型枕。
9. 量表附件。
10. 高度計。

實習原理

請參照 3-3 節。

實習步驟

量表並不具有標準長度，無法單獨完成量測工作，一般不做直接式的量測，而是做比較式的量測，也就是比較正確的尺寸與工件尺寸之間的差異性。

1. 比較式測量

   先將量表裝設在比較台座上，將正確尺寸的精密塊規放在量表之正下方，使量表測頭接觸到塊規面，並以提桿提高測頭，使量表測軸移動少許，將量表的零刻劃線與指針對齊，取下精密塊規，並立即放上工件，再放下測頭，觀察量表指針所指示的量測值，如實習 3-3.1 所示。

2. 眞圓度檢驗

   將工件放在V型枕上，使量表測頭接觸工件之最高點，將量表歸零，再慢慢地轉動工件，觀察量表指針在工件旋轉的過程中，所指示的最大

値及最小値之差，即爲該工件在此量測斷面之眞圓度，此種方式只適用於眞圓度偏差量較大時，如實習3-3.2所示。

實習 3-3.1 比較式測量

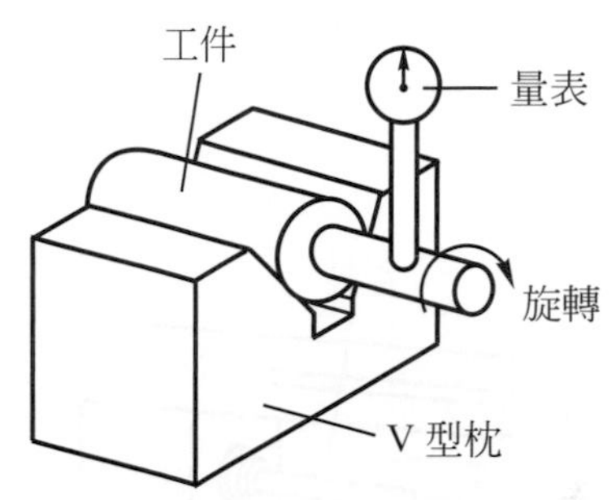

實習 3-3.2 直圓度檢驗

3. 同心度檢驗

將工件兩端置於拖架或V型枕上，量表之測頭放在其中一個直徑圓，將量表歸零，再放另一量表於不同直徑圓上，然後慢慢轉動工件，觀察量表指針在工件旋轉的過程中，其所指示的最大値及最小値之差，即爲該工件兩個直徑圓的同心度，如實習3-3.3所示。

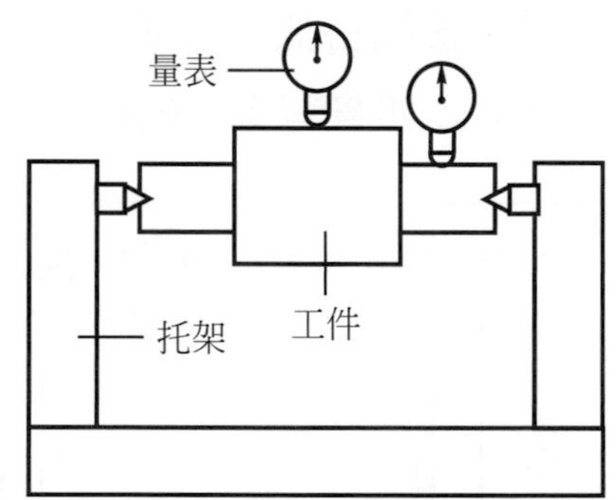

實習 3-3.3 同心度檢驗

4. 平行度檢驗

將量表架於工具機主軸上，並使量表的測軸與虎鉗鉗口面接觸，移動橫向床台，觀察量表指針是否偏轉，如此可以校正虎鉗鉗口面與床台的平行度；或是量表的測軸與床台接觸，從 A 區橫向移動床台到 B 區，觀察量表指針的偏轉量，如此可以校正床台的橫向移動精度，如實習 3-3.4 所示。

5. 主軸迴轉精(確)度檢驗

將量表架於工具機床台上，並使量表的測軸與主軸接觸，主軸開始轉動，觀察量表指針是否偏轉，如此可以校正主軸迴轉精(確)度，如實習 3-3.5 所示。

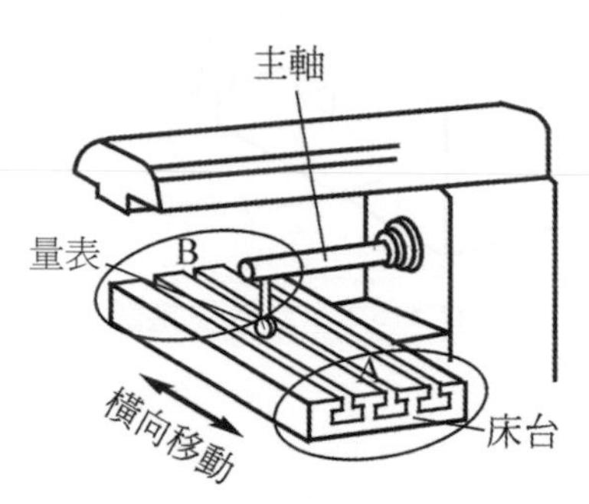

實習 3-3.4　床台的橫向移動精度檢驗

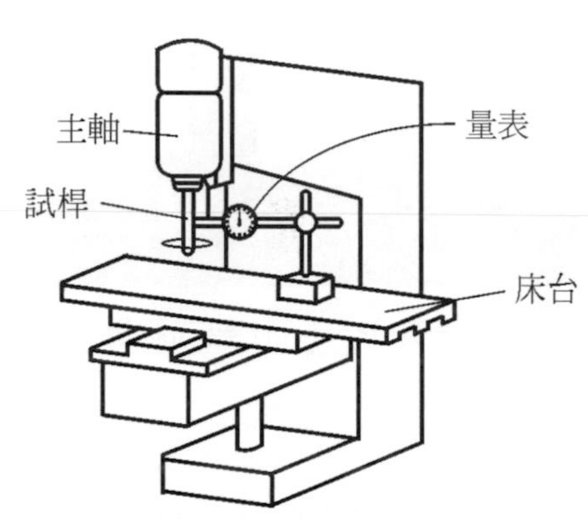

實習 3-3.5　主迴轉精(確)度檢驗

6. 垂直度檢驗

將標準直角規的基準面與高度規基座放在同一平台上，量表接觸標準直角規後歸零，量表再接觸待測工件垂直面，則量表指針所指出之差值，即爲此工件之垂直度，如實習 3-3.6 所示。

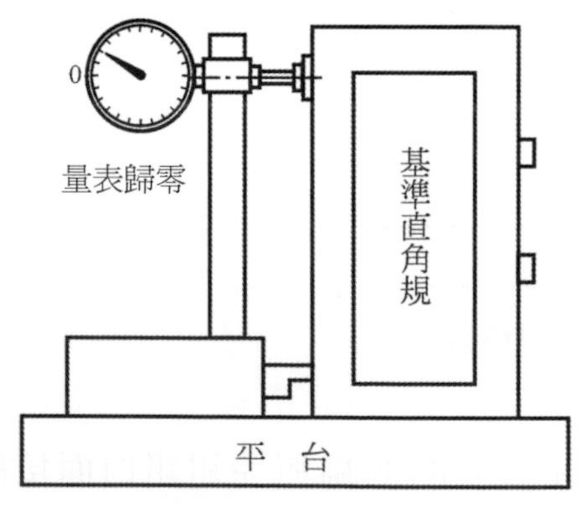

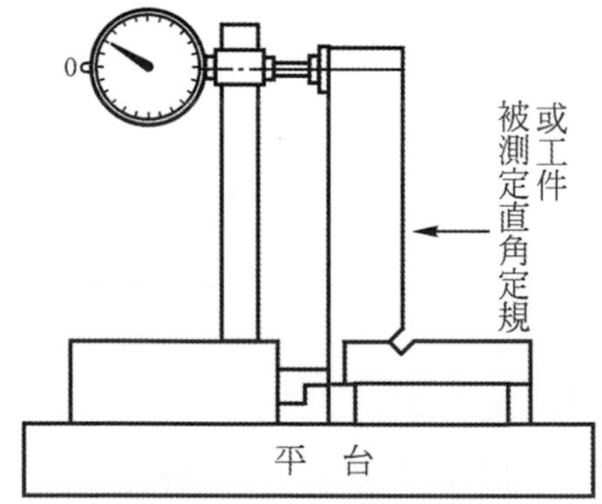

實習 3-3.6　垂直度檢驗

7. 狹窄面或內槽測量

針對一些量具無法量測之工件狹窄面或內槽作測量，可用槓桿式量表進行比較式的量測，如實習3-3.7所示。

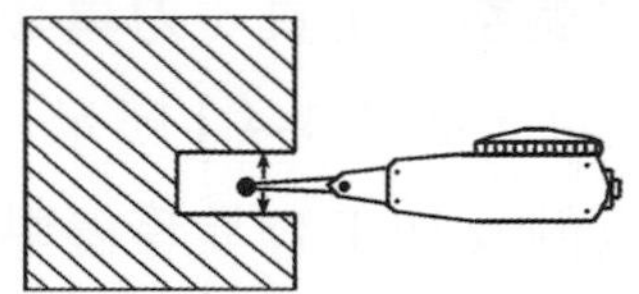

實習 3-3.7 狹窄面或內槽測量

8. 偏心或錐度檢驗

將量表架於車床複式刀座上，可用量表來調整偏心量或檢驗外錐度，如實習3-3.8所示。

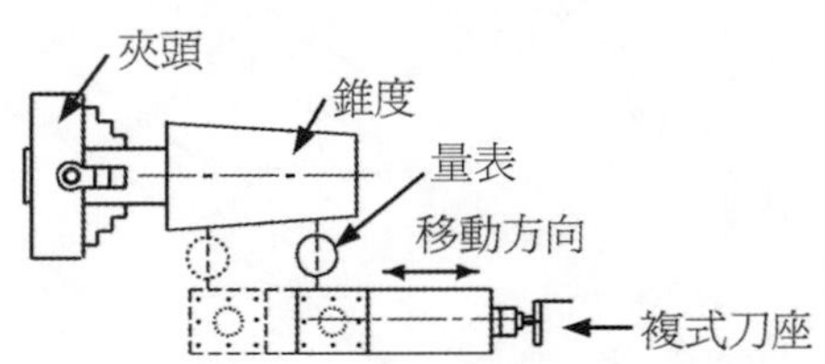

實習 3-3.8 偏心或錐度檢驗

實習結果——量表

工件：________________

	1	2	3	平均
比較式量測				
真圓度量測				
同心度量測				
平面度量測				
平行度量測				
垂直度量測				

3-4 精密塊規

精密塊規(Gage Blocks)簡稱爲塊規，**為精度最高的量規**，作爲**界限量規**來使用，也可做爲**量具類的精度調整**及**工具**、**刀具類的檢查校正**、**量規的精度檢驗**等，可說是最常用的一種量具，如圖 3-4.1 所示。塊規材料必須具備有硬化能力佳、變形少、耐磨損、耐腐蝕及加工容易等優點，通常使用淬火鋼、碳化鎢(Tungsten Carbide)、碳化鉻(Chrome Carbide)、超硬合金材料，或是使用陶瓷材料；陶瓷材料之耐磨耗性大約是合金鋼的十倍，其尺寸變化小、耐腐蝕性佳，因此**陶瓷塊規**的使用越來越普遍。

圖 3-4.1 陶瓷塊規

一、塊規的等級

塊規的精度依其公稱尺寸、平行度及真平度來訂定。國際標準組織(ISO)、中華民國國家標準(CNS)與日本(JIS)將塊規分爲 00、0、1、2(或 AA、A、B、C)等四級，茲分述如下：

1. 00 級(或 AA 級)

又稱爲**實驗室塊規**或**標準塊規**，爲超精密測量用，主要用於**標準塊規**、**精密學術研究**及**光學量測實驗**等，尺寸在 25mm 以下，公差量爲 ±0.05μm。

2. 0級(或A級)

又稱**檢驗塊規或比較塊規**，爲精密量具室之參考用塊規，主要用於**校正儀器**、**量規**及**比較式檢驗**；尺寸在25mm以下，公差量爲±0.10μm。

3. 1級(或B級)

又稱**工作塊規**，主要用於**工具室**或**現場機械工作之機件檢驗**、機具**調整**等或**品質管制**；尺寸在25mm以下，公差量爲±0.20μm。

4. 2級(或C級)

又稱**現場工作塊規**，主要用於**現場檢驗**、**劃線**等直接工作或作爲**裝配工具**及**刀具的參考**；尺寸在25mm以下，公差量爲±0.40μm。

塊規之等級及精度如表3-4.1所示。

表3-4.1 塊規之等級及精度　　公制：μm

尺寸(mm) ＼ 等級	00	0	1	2
≤25	±0.05	±0.10	±0.20	±0.40
25< ≤30	±0.10	±0.15	±0.32	±0.75
30< ≤40	±0.10	±0.16	±0.35	±0.80
40< ≤50	±0.10	±0.18	±0.40	±0.80
50< ≤60	±0.15	±0.20	±0.45	±1.00
60< ≤70	±0.15	±0.20	±0.50	±1.10
70< ≤80	±0.15	±0.22	±0.55	±1.20
80< ≤90	±0.20	±0.24	±0.60	±1.30
90< ≤100	±0.20	±0.26	±0.65	±1.40
100< ≤125		±0.28	±1.00	±2.00
125< ≤150		±0.50	±1.20	±2.40
150< ≤175		±0.60	±1.40	±2.80
175< ≤200		±0.70	±2.60	±3.20
200< ≤250		±1.0	±2.00	±4.00
250< ≤300		±1.2	±2.40	±4.80
300< ≤400		±1.6	±3.20	±6.40
400< ≤500		±2.0	±4.00	±8.00

表 3-4.1　塊規之等級及精度(續)　　英制：0.000001"

等級 尺寸	00	0	1	2
1"及以下	+2 −2	+4 −2	+8 −4	+10 −6
2"	+4 −4	+8 −4	+16 −8	+20 −12
3"	+5 −5	+10 −5	+20 −10	+30 −18
4"	+6 −6	+12 −6	+24 −12	+40 −24

註　光學平鏡及光波干涉儀等為檢驗塊規之平行度及真平度的量具。

二、塊規的規格

成組塊規通常是將一系列不同厚度的塊規組合成一組，一組的塊規數目越多，則可以組合的尺寸就越靈活，因此在檢驗量測之應用上就越方便。但在實用上並不需要使用塊規數目最多的成組塊規，最常使用的組合為 103 個，如圖 3-4.2 所示。塊規組的規格一般可分為 **1mm 基數**與 **2mm 基數**的塊規組，如表 3-4.2 及表 3-4.3 所示；2mm基數的塊規組由於加工方便，研磨時較不易變形，因此價格較便宜。

圖 3-4.2　103 個塊規組

表 3-4.2 1mm 基數的塊規組

<table>
<tr><th>每組個數</th><th>等級</th><th>標準</th><th>件數</th><th>尺寸</th><th>尺寸階級</th></tr>
<tr><td rowspan="2">112</td><td>00
0
1
2</td><td>JIS/ISO/DIN</td><td>1pc
9pcs
49pcs
49pcs
4pcs</td><td>1.0005mm
1.001～1.009mm
1.01～1.49mm
0.5～24.5mm
25～100mm</td><td>0.001mm
0.01mm
0.5mm
25mm</td></tr>
<tr><td>1
2
3
B</td><td>FS</td><td>1pc
49pcs
49pcs
4pcs</td><td>1.005mm
1.01～1.49mm
0.5～24.5mm
25～100mm</td><td>0.01mm
0.5mm
25mm</td></tr>
<tr><td rowspan="3">103</td><td>00
0
1
2</td><td>JIS/ISO/DIN</td><td rowspan="3">1pc
49pcs
49pcs
4pcs</td><td rowspan="3">1.005mm
1.01～1.49mm
0.5～24.5mm
25～100mm</td><td rowspan="3">0.01mm
0.5mm
25mm</td></tr>
<tr><td>00
0
1
H</td><td>BS</td></tr>
<tr><td>1
2
3
B</td><td>FS</td></tr>
<tr><td rowspan="2">87</td><td>00
0
1
2</td><td>JIS/ISO/DIN</td><td rowspan="2">9pcs
49pcs
19pcs
10pcs</td><td rowspan="2">1.001～1.009mm
1.01～1.49mm
0.5～9.5mm
10～100mm</td><td rowspan="2">0.01mm
0.5mm
10mm</td></tr>
<tr><td>1
2
3
B</td><td>FS</td></tr>
<tr><td>76</td><td>00
0
1
2</td><td>JIS/ISO/DIN</td><td>1pc
49pcs
19pcs
4pcs
3pcs</td><td>1.005mm
1.01～1.49mm
0.5～9.5mm
10～40mm
50～100mm</td><td>0.001mm
0.01mm
0.5mm
10mm</td></tr>
</table>

表 3-4.2　1mm 基數的塊規組(續)

<table>
<tr><th>每組個數</th><th>等級</th><th>標準</th><th>件數</th><th>尺寸</th><th>尺寸階級</th></tr>
<tr><td rowspan="2">56</td><td>00
0
1
2</td><td>JIS/ISO/DIN</td><td rowspan="2">1pc
9pcs
9pcs
9pcs
24pcs
4pcs</td><td rowspan="2">0.5mm
1.001～1.009mm
1.01～1.49mm
1.1～1.9mm
1～24mm
25～100mm</td><td rowspan="2">0.001mm
0.01mm
0.1mm
1mm
25mm</td></tr>
<tr><td>1
2
3
B</td><td>FS</td></tr>
<tr><td rowspan="2">47</td><td>00
0
1
2</td><td>JIS/ISO/DIN</td><td rowspan="2">1pc
9pcs
9pcs
24pcs
4pcs</td><td rowspan="2">1.005mm
1.01～1.09mm
1.1～1.9mm
1～24mm
25～100mm</td><td rowspan="2">0.01mm
0.1mm
1mm
25mm</td></tr>
<tr><td>1
2
3
B</td><td>FS</td></tr>
<tr><td rowspan="2">47</td><td>00
0
1
2</td><td>JIS/ISO/DIN</td><td>1pc
18pcs
9pcs
9pcs
10pcs</td><td>1.0005mm
1.01～1.19mm
1.1～1.9mm
1.0～9mm
10～100mm</td><td>0.001mm
0.1mm
1mm
10mm</td></tr>
<tr><td>00
0
1
II</td><td>BS</td><td>1pc
9pcs
9pcs
9pcs
3pcs
1pcs</td><td>1.005mm
1.01～1.09mm
1.1～1.9mm
1～9mm
10～30mm
60mm</td><td>0.01mm
0.1mm
1mm
10mm</td></tr>
<tr><td rowspan="2">32</td><td>00
0
1
2</td><td>JIS/ISO/DIN</td><td rowspan="2">1pc
9pcs
9pcs
9pcs
3pcs
1pcs</td><td rowspan="2">1.005mm
1.01～1.09mm
1.1～1.9mm
1～9mm
10～30mm
60mm</td><td rowspan="2">0.01mm
0.1mm
1mm
10mm</td></tr>
<tr><td>00
0
1
II</td><td>BS</td></tr>
</table>

表 3-4.2　1mm 基數的塊規組(續)

<table>
<tr><th>每組個數</th><th>等級</th><th>標準</th><th>件數</th><th>尺寸</th><th>尺寸階級</th></tr>
<tr><td>18</td><td>00
0
1
2</td><td>JIS/ISO/DIN</td><td>9pcs
9pcs</td><td>0.991～0.999mm
1.001～1.009mm</td><td>0.001mm
0.001mm</td></tr>
<tr><td>16</td><td>00
0
1
2</td><td>JIS/ISO/DIN</td><td>3pcs
2pcs
10pcs
1pcs</td><td>1.0～1.5mm
2mm，3mm
5～50mm
25.25mm</td><td>0.25mm

5mm</td></tr>
<tr><td>10</td><td>00
0
1
2</td><td>JIS/ISO/DIN</td><td>3pcs
2pcs
5pcs</td><td>1～1.5mm
2mm，3mm
5～25mm</td><td>0.25mm

5mm</td></tr>
<tr><td rowspan="2">10</td><td>0
1</td><td>JIS/ISO/DIN</td><td rowspan="2">3pcs
7pcs</td><td rowspan="2">1～1.5mm
2.0，3.0，5.0，10.0
15.0，20.0，25.0mm</td><td rowspan="2">0.25mm</td></tr>
<tr><td>2
3</td><td>FS</td></tr>
<tr><td rowspan="2">9</td><td>00
0
1
2</td><td>JIS/ISO/DIN</td><td rowspan="2">9pcs</td><td rowspan="2">1.00～1.009mm</td><td rowspan="2">0.001mm</td></tr>
<tr><td>00
0
1
H</td><td>BS</td></tr>
<tr><td>9</td><td>00
0
1
2</td><td>JIS/ISO/DIN</td><td>9pcs</td><td>0.991～0.999mm</td><td>0.001mm</td></tr>
<tr><td>9</td><td>0
1
2</td><td>JIS/ISO/DIN</td><td>9pcs</td><td>0.1，0.15，…0.5mm</td><td>0.05mm</td></tr>
<tr><td>8</td><td>0
1
2</td><td>JIS/ISO/DIN</td><td>8pcs</td><td>25～200mm</td><td>25mm</td></tr>
</table>

表 3-4.3　2mm 基數的塊規組

<table>
<tr><th>每組個數</th><th>等級</th><th>標準</th><th>件數</th><th>尺寸</th><th>尺寸</th></tr>
<tr><td rowspan="2">112</td><td>00
0
1
2</td><td rowspan="2">JIS/ISO/DIN</td><td rowspan="2">1pc
9pcs
49pcs
49pcs
4pcs</td><td rowspan="2">2.0005mm
2.001～2.009mm
2.01～2.49mm
0.5～24.5mm
25～100mm</td><td rowspan="2">0.001mm
0.01mm
0.5mm
25mm</td></tr>
<tr><td>1
2
3
B</td></tr>
<tr><td>88</td><td>00
0
1
H</td><td>BS</td><td>1pc
9pcs
49pcs
19pcs
10pcs</td><td>1.0005mm
2.001～2.009mm
2.01～2.49mm
0.5～9.5mm
10～100mm</td><td>0.001mm
0.01mm
0.5mm
10mm</td></tr>
<tr><td rowspan="2">88</td><td>00
0
1
2</td><td>JIS/ISO/DIN</td><td rowspan="2">1pc
9pcs
49pcs
19pcs
10pcs</td><td rowspan="2">2.0005mm
2.001～2.009mm
2.01～2.49mm
0.5～24.5mm
10～100mm</td><td rowspan="2">0.001mm
0.01mm
0.5mm
10mm</td></tr>
<tr><td>1
2
3
B</td><td>FS</td></tr>
<tr><td rowspan="2">46</td><td>00
0
1
2</td><td>JIS/ISO/DIN</td><td rowspan="2">9pc
9pcs
9pcs
9pcs
10pcs</td><td rowspan="2">2.001～2.009mm
2.01～2.09mm
2.1～2.9mm
1～9mm
10～100mm</td><td rowspan="2">0.001mm
0.01mm
0.1mm
1mm
10mm</td></tr>
<tr><td>00
0
I
II</td><td>BS</td></tr>
<tr><td rowspan="2">33</td><td>00
0
1
2</td><td>JIS/ISO/DIN</td><td rowspan="2">1pc
9pcs
9pcs
9pcs
5pcs</td><td rowspan="2">2.005mm
2.01～2.09mm
2.1～2.9mm
1～9mm
10,20,30,60,100mm</td><td rowspan="2">0.01mm
0.1mm
1mm</td></tr>
<tr><td>00
0
1
II</td><td>BS</td></tr>
</table>

除了成組塊規之外，在特殊的使用條件之下，只需要特殊長度規格的塊規，不需要配對結合，此特殊長度規格的塊規稱之爲單件塊規。單件塊規使用比較方便、尺寸比較正確及價格較便宜，單件塊規的規格如表3-4.4所示。

表3-4.4 **單件塊規的規格** 單位：mm

尺寸	尺寸	尺寸	尺寸	尺寸	尺寸
0.5	1.14	1.48	2.17	2.6	18.0
0.991	1.15	1.49	2.18	2.7	18.5
0.992	1.16	1.5	2.19	2.8	19.0
0.993	1.17	1.6	2.20	2.9	19.5
0.994	1.18	1.7	2.21	3.0	20.0
0.995	1.19	1.8	2.22	3.5	20.5
0.996	1.20	1.9	2.23	4.0	21.0
0.997	1.21	2.0	2.24	4.5	21.5
0.998	1.22	2.0005	2.25	5.0	22.0
0.999	1.23	2.001	2.26	5.5	22.5
1.0	1.24	2.002	2.27	6.0	23.0
1.005	1.25	2.003	2.28	6.5	23.5
1.001	1.26	2.004	2.29	7.0	24.0
1.002	1.27	2.005	2.30	7.5	24.5
1.003	1.28	2.006	2.31	8.0	25.0
1.004	1.29	2.007	2.32	8.5	30
1.005	1.30	2.008	2.33	9.0	40
1.006	1.31	2.009	2.34	9.5	50
1.007	1.32	2.01	2.35	10.0	60
1.008	1.33	2.02	2.36	10.5	75
1.009	1.34	2.03	2.37	11.0	80
1.01	1.35	2.04	2.38	11.5	90
1.02	1.36	2.05	2.39	12.0	100

表 3-4.4 **單件塊規**的規格(續)

尺寸	尺寸	尺寸	尺寸	尺寸	尺寸
1.03	1.37	2.06	2.40	12.5	125
1.04	1.38	2.07	2.41	13.0	150
1.05	1.39	2.08	2.42	13.5	175
1.06	1.40	2.09	2.43	14.0	200
1.07	1.41	2.10	2.44	14.5	250
1.08	1.42	2.11	2.45	15.0	300
1.09	1.43	2.12	2.46	15.5	400
1.10	1.44	2.13	2.47	16.0	500
1.11	1.45	2.14	2.48	16.5	
1.12	1.46	2.15	2.49	17.0	
1.13	1.47	2.16	2.5	17.5	

塊規若依其製作形狀大致可以分爲**長方形塊規**及**方形塊規**二種。長方形塊規爲最常使用的塊規，規格爲 9mm×30mm 或 9mm×35mm，價格便宜，但在使用空間上受到限制，如圖 3-4.3(a)所示。方形塊規規格爲 24.1mm×24.1mm，接觸面積較大、耐磨損，故使用壽命較長，且因中央加工成小孔，所以將圓桿從孔中穿出，用以組合較長的尺寸，在機械工作現場使用非常方便，但價格較貴，如圖 3-4.3(b)所示。

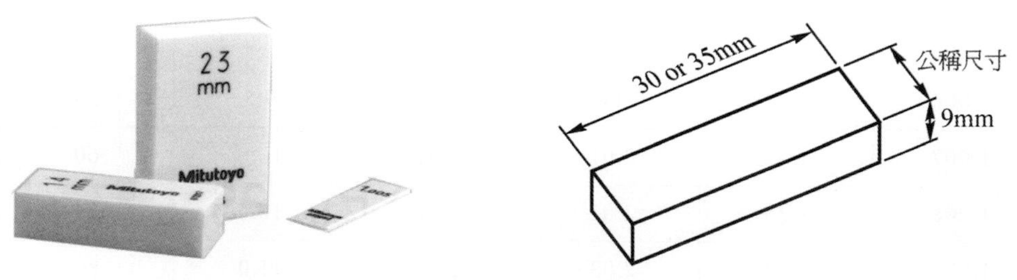

(a) 長方形塊規

圖 3-4.3 長方形塊規及方形塊規

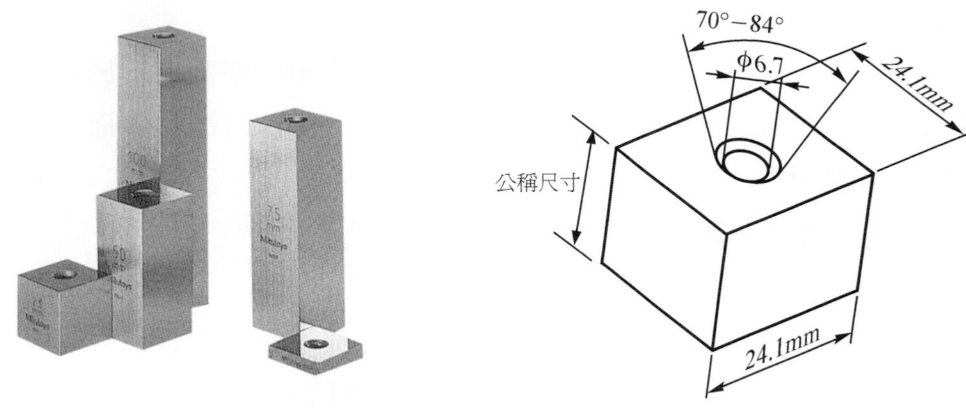

(b) 方形(穿孔)塊規

圖 3-4.3　長方形塊規及方形塊規(續)

三、塊規的組合

塊規在進行尺寸組合時需遵守一些原則，茲分述如下：

1. 使用的塊規數越少越好。
2. 應選擇比較厚的塊規尺寸。
3. 逐次按照組合尺寸之最小位數，選取適合的塊規。

若使用 1mm 基數 112 塊(表 3-4.2)之塊規組，欲組合出 146.3265mm 之尺寸，則最少塊規數組合選取爲：(表 3-4.2)

146.3265
− 1.0005 ……………… 第一塊
145.326
− 1.006 ……………… 第二塊
144.32
− 1.32 ……………… 第三塊
143
−100 ……………… 第四塊
43
− 25 ……………… 第五塊
18 ……………… 第六塊

四、塊規的組合方法

首先依照塊規組合原則，選取適當的塊規按照順序整齊地放於平台上，然後將測量面的油污完全擦拭乾淨，並使用清潔液清潔塊規測量表面，再檢查塊規表面是否有毛邊。

塊規的組合方法可以分為以下兩種：

1. 旋轉法

旋轉法適用於兩個厚塊規的結合，薄塊規旋轉時容易發生彎曲，故不適合採用此法。旋轉法的結合如圖 3-4.4 所示，其步驟為：

⑴ 將塊規測量面呈垂直地靠在一起。

⑵ 輕施壓力並作圓周方向旋轉。

⑶ 待 1/3～1/2 疊合後，確認兩個塊規結合穩固而予以旋轉，使兩塊規貼齊重疊密接。

圖 3-4.4　厚塊規的旋轉法結合

2. 堆疊法

堆疊法適用於薄塊規與厚塊規或是兩個薄塊規的組合。對於薄塊規與厚塊規堆疊法的結合如圖 3-4.5 所示，其步驟為：

⑴ 兩手持欲結合的兩個塊規，使兩塊規接觸 3 mm 左右的長度，輕施推力使兩塊規接觸面積增加。

⑵ 待 1/3～1/2 疊合後，再確認結合穩固而予以推送，使兩塊規貼齊重疊密接。

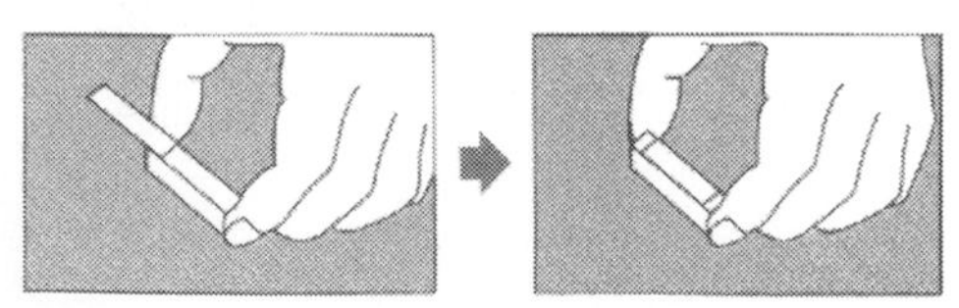

圖 3-4.5　薄塊規與厚塊規的堆疊法結合

對於**結合兩塊薄塊規**時，堆疊法的結合如圖 3-4.6 所示，其步驟為：

⑴　必須先借助一個厚塊規，先將其中一個薄塊規與厚塊規利用堆疊法密合。

⑵　再將另一個薄塊規與先前已組合之塊規利用堆疊法密合。

⑶　最後再將厚塊規拿掉，而得到兩塊薄塊規的組合。

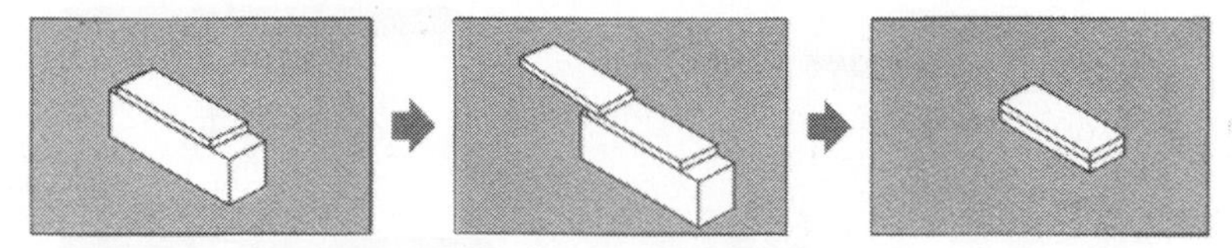

圖 3-4.6　**薄塊規的堆疊法結合**

五、塊規的附件

為了增加塊規的使用功能以及便利性，在塊規尺寸組合之後，常常利用塊規附件，進行尺寸的轉移，使用塊規附件的優點如下：

⑴　可將塊規密合，避免使用當中塊規脫落而受損。

⑵　各個塊規面間的受力均勻，尺寸精度能夠維持。

⑶　選用適當的塊規附件與塊規結合，可增加塊規的用途。

1. 長方形塊規附件

有夾置器、基座、半圓顎夾、平行顎夾、劃線尖點、中心尖點及三角直邊規，如圖 3-4.7 所示，各個附件的使用說明如下：

⑴　夾置器：塊規尺寸組合之後，用以將塊規夾緊的一種裝置，如圖 3-4.7(a)所示。

⑵　基座：用來支撐夾置器，與平台配合使用，如圖 3-4.7(b)所示。

⑶　半圓顎夾：用來檢驗工件內徑尺寸，如圖 3-4.7(c)所示。

⑷　平行顎夾：用來檢驗工件外徑尺寸，如圖 3-4.7(d)所示。

⑸　劃線尖點：用於工件表面劃線，如圖 3-4.7(e)所示。

⑹　中心尖點：用於劃圓時當成圓心支點來使用，如圖 3-4.7(f)所示。

⑺　三角直邊規：用以檢驗工件平行度，如圖 3-4.7(g)所示。

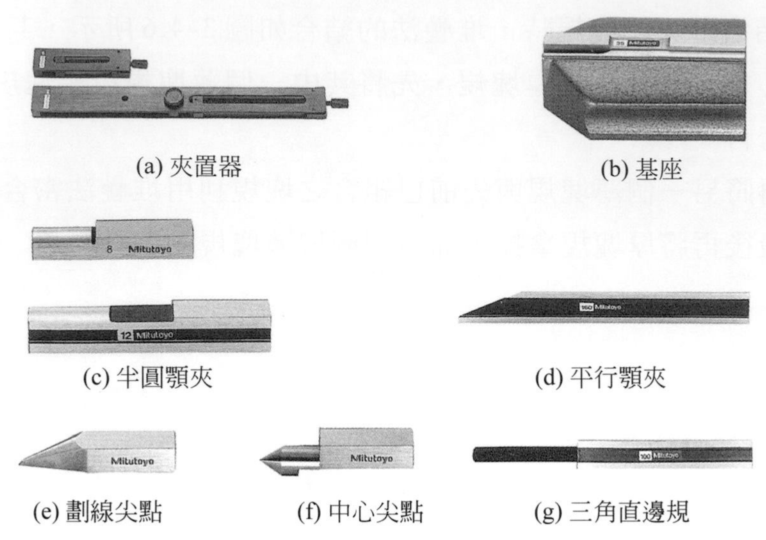

圖 3-4.7　長方形塊規附件

2. 方形穿孔塊規附件

有半圓顎夾、平行顎夾、劃線尖點、中心尖點、基座、結合螺栓以及結合圓桿，如圖 3-4.8 所示，各個附件的使用說明如下：

⑴ 半圓顎夾：用來檢驗工件內徑尺寸，如圖 3-4.8(a)所示。

⑵ 平行顎夾：用來檢驗工件外徑尺寸，如圖 3-4.8(b)所示。

⑶ 劃線尖點：用於工件表面劃線，如圖 3-4.8(c)所示。

⑷ 中心尖點：用於劃圓時當成圓心支點來使用，如圖 3-4.8(d)所示。

⑸ 基座：用來支撐結合圓桿，與平台配合使用，如圖 3-4.8(e)所示。

⑹ 結合螺栓：塊規尺寸組合之後，用以將塊規鎖緊的一種裝置，如圖 3-4.8(f)所示。

⑺ 結合圓桿：用以結合穿孔方形塊規，如圖 3-4.8(g)所示。

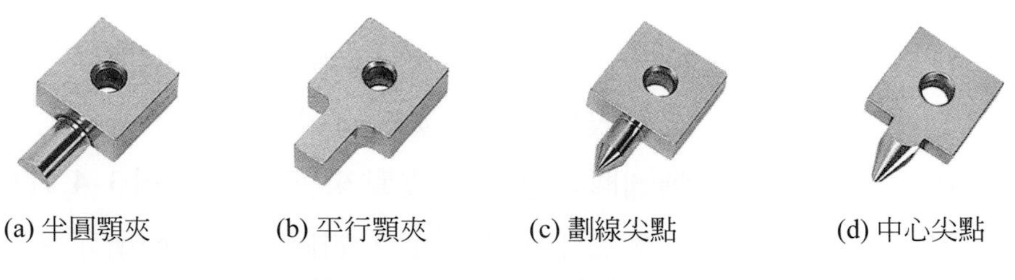

圖 3-4.8　方形穿孔塊規附件

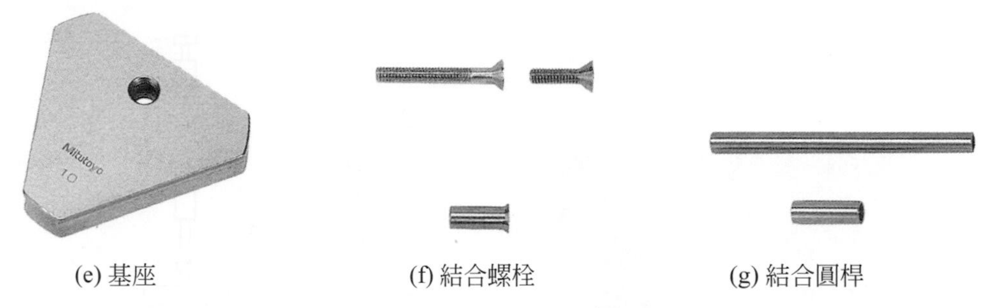

(e) 基座　　(f) 結合螺栓　　(g) 結合圓桿

圖 3-4.8 方形穿孔塊規附件(續)

六、塊規的用途

1. 直接測量尺寸

將塊規尺寸組合，利用夾置器、半圓顎夾或平行顎夾，可做工件外徑或長度測量；內徑或槽寬測量亦可，如圖 3-4.9 所示；也可作爲工件通過與不通過的快速檢驗，如圖 3-4.10 所示。

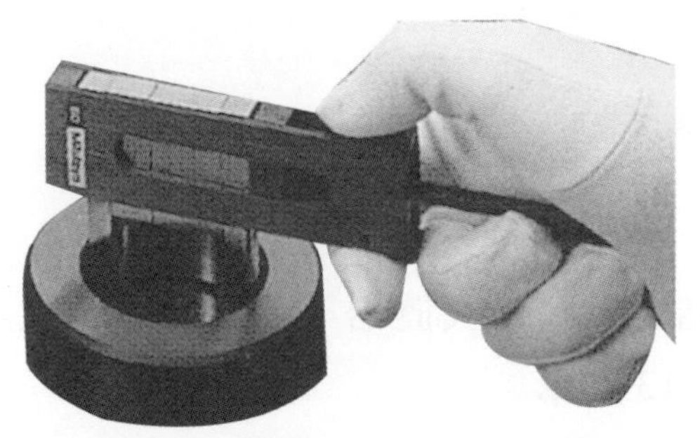

圖 3-4.9 內徑或槽寬測量

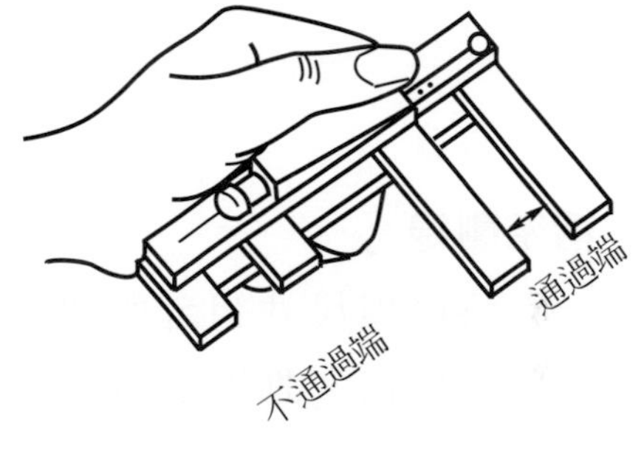

圖 3-4.10 工件通過與不通過的快速檢驗

2. 間接測量尺寸

將塊規尺寸組合，再利用量表與平台，可以檢驗工件尺寸是否正確，如圖 3-4.11 所示。

3. 深度測量

將塊規尺寸組合置於溝槽或鳩尾槽中，再利用三角直邊規檢查其是否透光，可以檢驗槽深是否正確，如圖 3-4.12 所示。

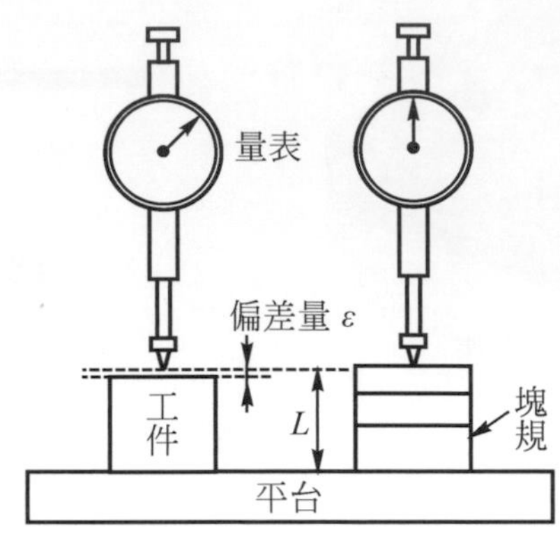

圖 3-4.11　尺寸間接測量

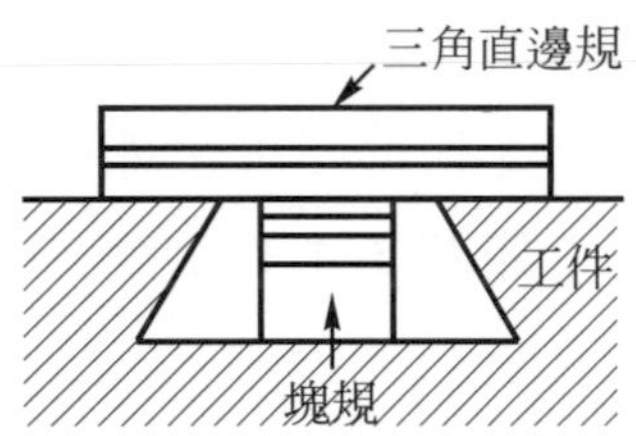

圖 3-4.12　深度測量

4. 精密劃線

將塊規尺寸組合與塊規附件結合，利用夾置器、基座及劃線尖點，可做工件精密劃線工作，如圖 3-4.13 所示。

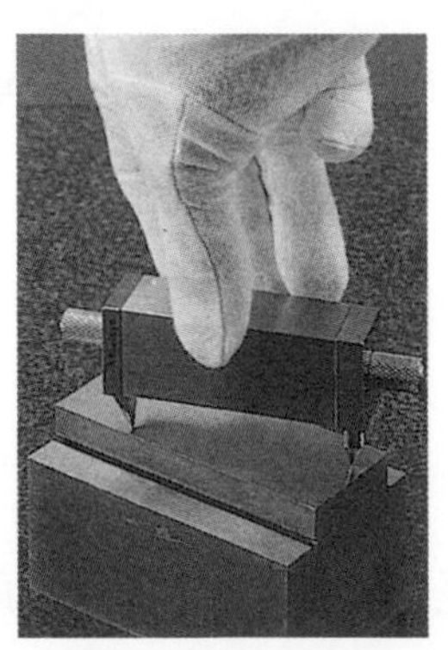

圖 3-4.13　工件精密劃線工作

5. 量具尺寸的檢驗

將塊規置於游標卡尺的外側測爪之間，檢驗游標卡尺的讀數是否與塊規的大小相符合，如圖 3-4.14 所示。將塊規置於分厘卡的砧座之間，檢驗分厘卡的讀數是否與塊規的大小相符合，如圖 3-4.15 所示。

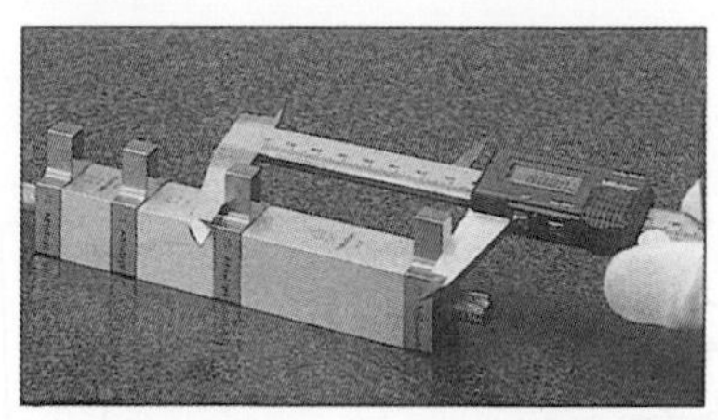

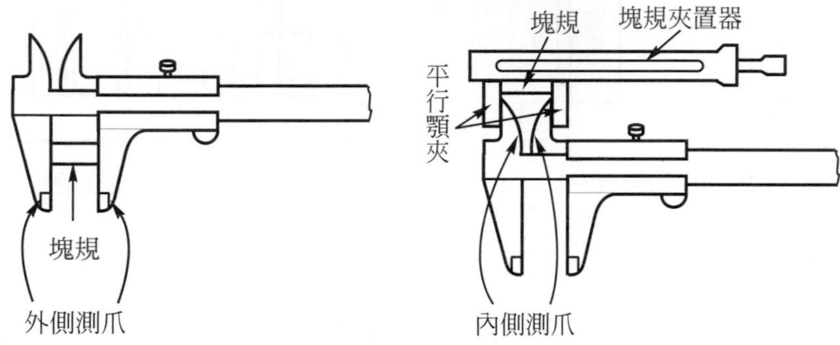

圖 3-4.14 游標卡尺的檢驗

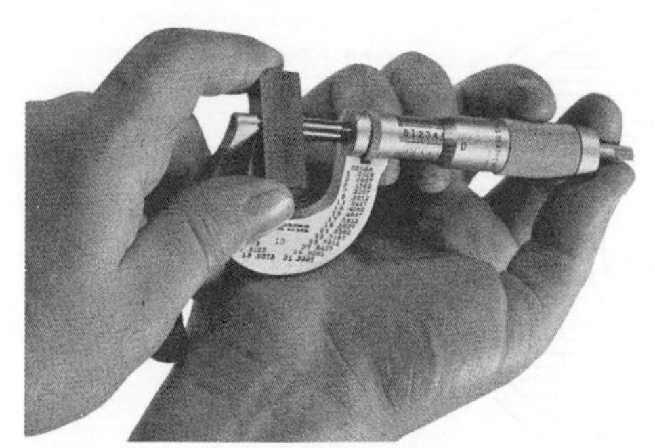

(a) 外側分厘卡

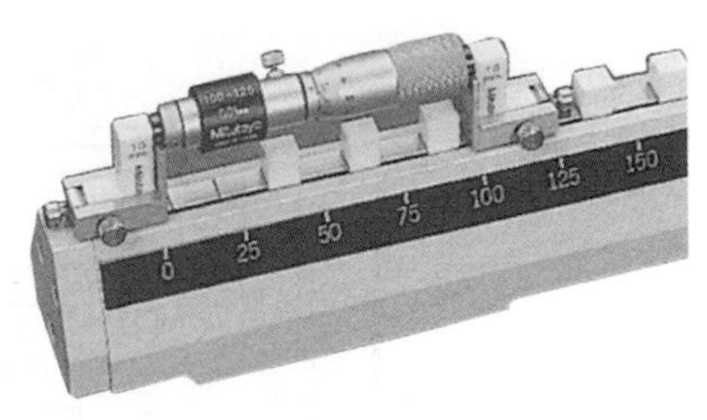

(b) 內側分厘卡

圖 3-4.15 分厘卡的檢驗[4]

6. 錐度檢驗

將塊規尺寸組合，配合正弦桿及量表，可進行工件錐度的檢驗，如圖 3-4.16 所示；或是配合兩個圓桿與分厘卡也可進行錐度的檢驗，如圖 3-4.17 所示。

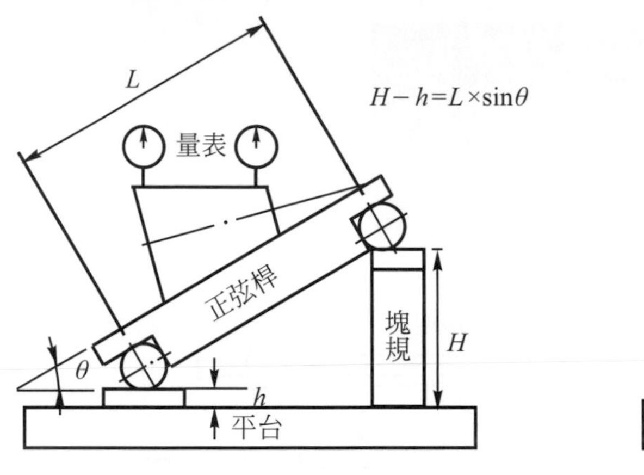

圖 3-4.16 錐度檢驗(一)

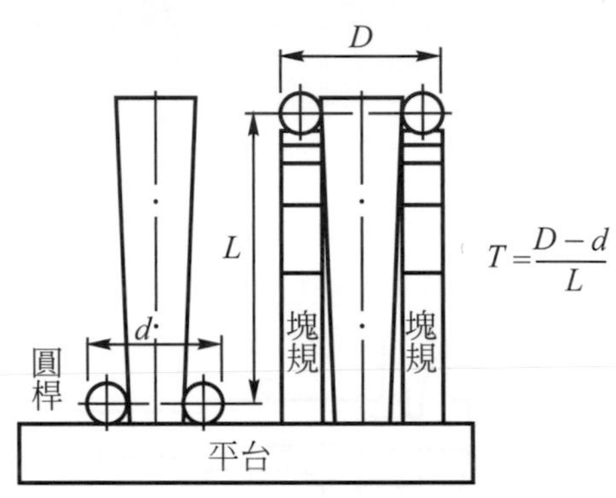

圖 3-4.17 錐度檢驗(二)

7. 卡規尺寸的檢驗

將塊規尺寸組合，可以檢驗卡規之通過端與不通過端的尺寸是否正確，如圖 3-4.18 所示。

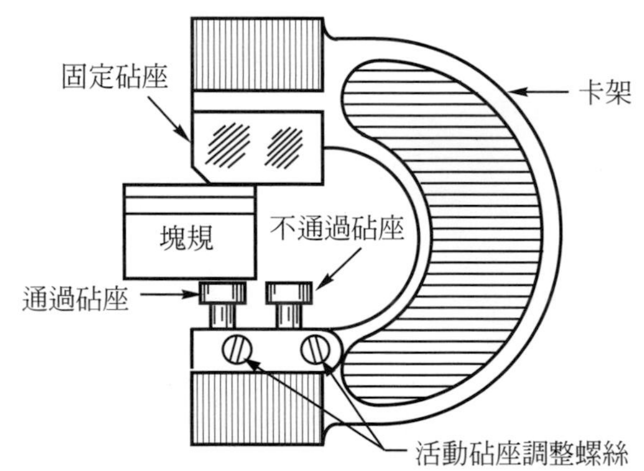

圖 3-4.18 卡規尺寸的檢驗

實習 3-4 塊 規

實習目的

1. 瞭解塊規之構造與量測原理。
2. 對塊規之使用方法及程序有正確的認識。
3. 從實際的量測工作中體會塊規之功用與限制。

實習設備

1. 塊規(圖 3-4.2)
2. 塊規附件(圖 3-4.7 及圖 3-4.8)
   (1) 長方形塊規附件：有夾置器、基座、半圓顎夾、平行顎夾、劃線尖點、中心尖點及三角直邊規。
   (2) 方形穿孔塊規附件：有半圓顎夾、平行顎夾、劃線尖點、中心尖點、基座、結合螺栓以及結合圓桿。

實習原理

請參照 3-4 節。

實習步驟

1. 能使塊規緊密的貼合的力量是介於兩塊規間液體薄膜的凝集力。依據實驗的結果，使用甘油或凡士林薄膜時，此種附著力很大。做好密貼工作可說是完全掌握塊規使用的要點。
2. 塊規使用前必須使用絨布擦拭乾淨。
3. 不要將塊規作爲工作用補助具來使用。
4. 爲避免塊規磁化，塊規應遠離電、磁等相關區域。
5. 塊規組合完畢之後，不可馬上使用，必須置於恆溫板上，調整塊規溫度之後才可使用，避免塊規熱脹冷縮影響量測精度。
6. 接觸塊規時必須戴手套或使用小鑷子，以防止汗水腐蝕塊規。

7. 塊規不可在手中握持太久，以免體溫影響塊規精度。
8. 取用塊規時必須特別小心，以防止塊規掉落，以免影響量測精度。
9. 疊合一組塊規時，應先將最厚的一對密合，再依序由厚至薄依序組合。
10. 塊規使用過後，必須擦防銹油，並且收在專用盒子。
11. 塊規不用時，一定要置於盒內封閉，以避免空氣之濕度或灰塵之污染。
12. 並請參考 3-4 節之第六小節－塊規的用途。

實習結果——塊規

工件：__________________

	1	2	3	平均
外徑尺寸				
內徑尺寸				
深度尺寸				
錐度				
長度				

3-5 高度規

高度規(Height Gage)的基本原理與一般長度測量的量具類似，高度規的基座將測量方向限定在高度方向，通常必須配合平台來使用。

一、高度規的構造及型式

1. **游標高度規**(Vernier Height Gages)

游標高度規的基本原理與游標卡尺相同，同樣是利用游標(微分)原理，只是游標高度規具有一個固定式的基座，主尺垂直裝置在此基座上方，刻度位於本尺滑槽之中，並附有螺旋微動裝置，可準確歸零。基座相當於游標卡尺的固定測爪，基準面相當於測爪測量面，測頭的測量面相當於副尺測爪的測量面。游標高度規附有尺寸微調裝置，可以利用固定螺絲與微調鈕將尺寸調整到正確值，游標高度規如圖 3-5.1 所示。

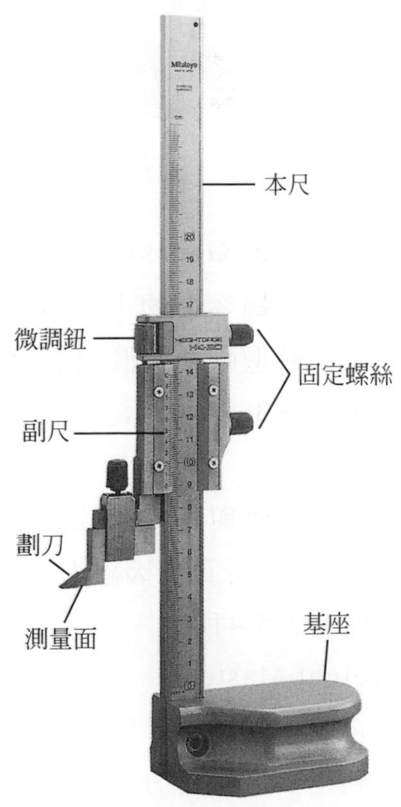

圖 3-5.1　游標高度規

2. **量表式高度規**(Dial Height Gages)

利用本尺上之齒條與量表齒輪系中的小齒輪配合，當測頭作上下移動時，量表之小齒輪迴轉，用附於小齒輪之指針來指示尺寸，將高度移動量放大成量表指針的旋轉，如圖 3-5.2 所示。

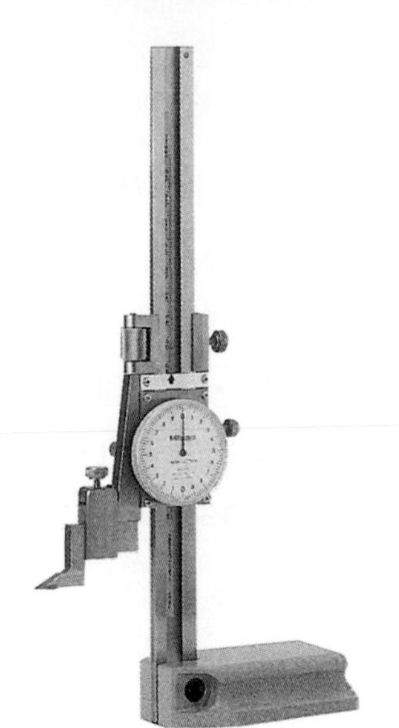

圖 3-5.2 量表式高度規

圖 3-5.3 數位高度規[1]

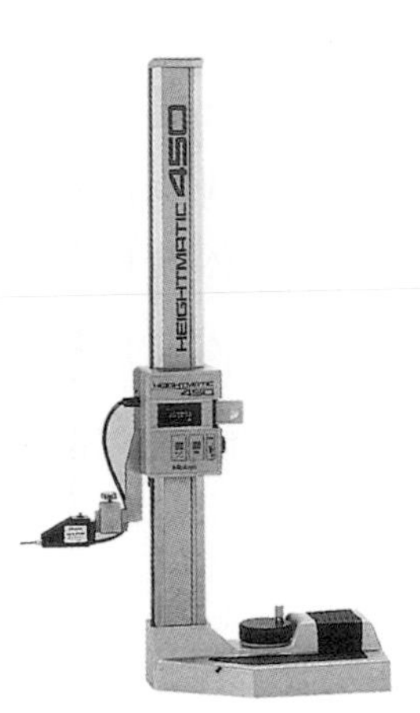

圖 3-5.4 磁感高度規

3. **數位高度規**(Digimatic Height Gages)

是由本尺上之齒條與齒輪系中的小齒輪圓盤式光學編碼器配合，當測頭作上下移動時，小齒輪迴轉帶動圓盤式光學編碼器旋轉，使高度變化量以數字顯示出來，如圖 3-5.3 所示。

4. **磁感高度規**(Heightmatic)

由量測主軸上之磁性物質與磁性正弦波感測計數器所組成，當感測計數器與測頭同步移動時，可計算出因磁力線產生的正弦波的變化次數，並換算爲高度量值，如圖 3-5.4 所示。

5. **精測塊規式高度規**(Height Master)

使用多層塊規組合成階級尺寸，將此階級尺寸塊規裝置在一可上下移動的垂直主軸上，利用高精度的分厘卡來控制主軸的上下移動，此類高度規又分爲標準型精測塊規式高度規及電子式精測塊規式高度規，如

圖 3-5.5 所示。

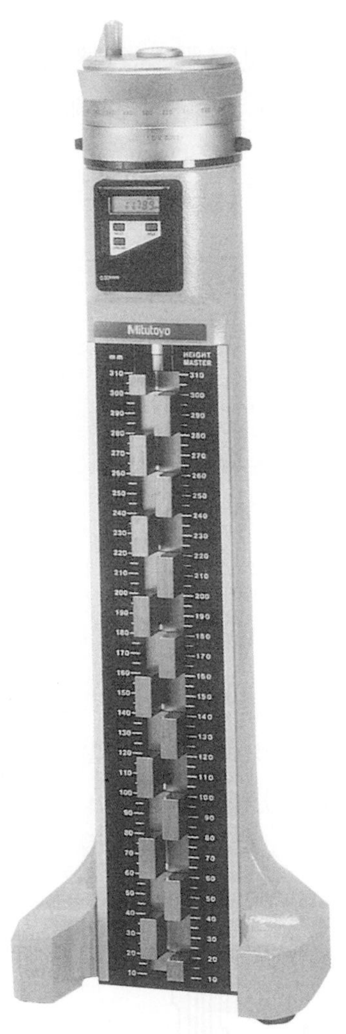

圖 3-5.5　精測塊規式高度規

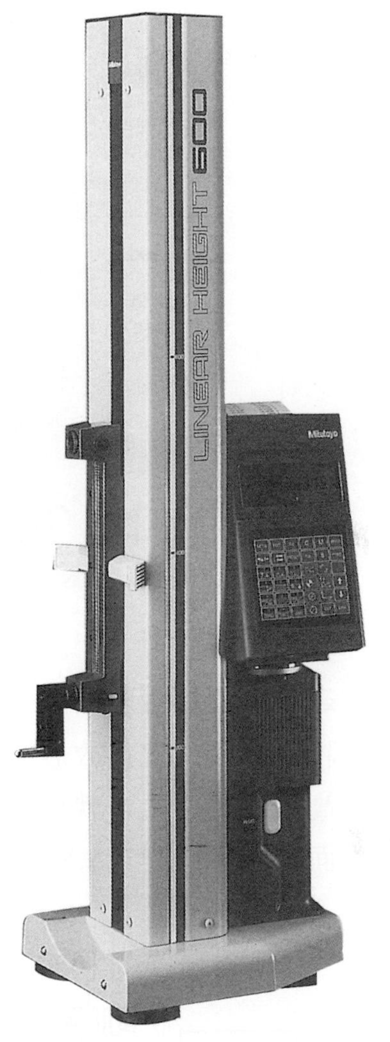

圖 3-5.6　線性高度規

6. 線性高度規(Linear Height)

將一線性尺(Linear Scale)裝置在與基座垂直的量測主軸上，利用線性編碼器的原理，感測出精確的高度變化量，其具有測量數值讀取方便、檢驗精度高、檢驗快速等優點，如圖 3-5.6 所示。

二、高度規的用途

1. 劃線

將工件與高度規放於平台上，將游標高度規歸零，調整高度規至所需要的高度，利用劃刀的刀刃邊在工件上劃線，如圖 3-5.7 所示。

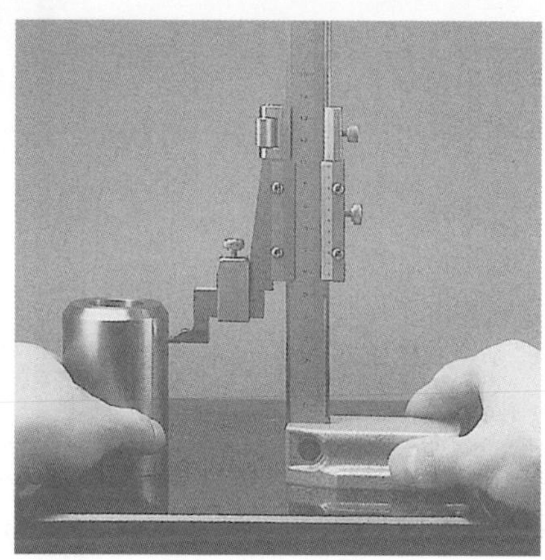

圖 3-5.7　劃線

2. 工件之高度或階級測量

將工件與高度規放於平台上，將游標高度規歸零，調整高度規之劃刀至高度測量面上，就可得出工件之高度；或是配合塊規，可以測量工件頂面高度，如圖 3-5.8 及圖 3-5.9 所示。

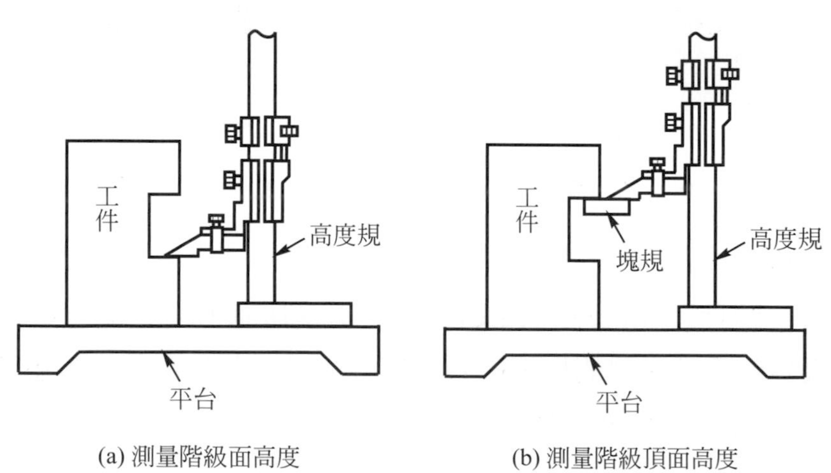

(a) 測量階級面高度　　(b) 測量階級頂面高度

圖 3-5.8　高度測量

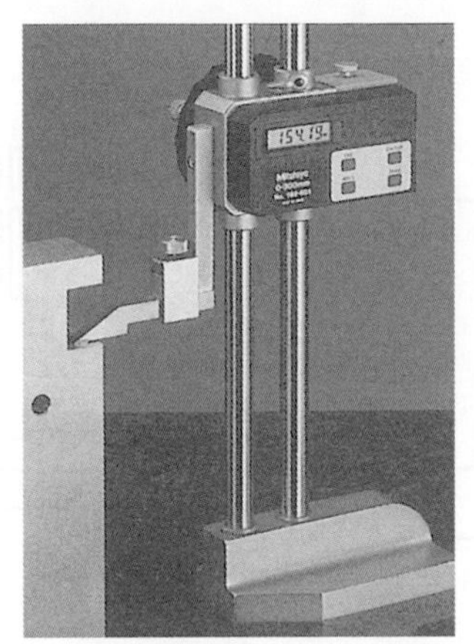

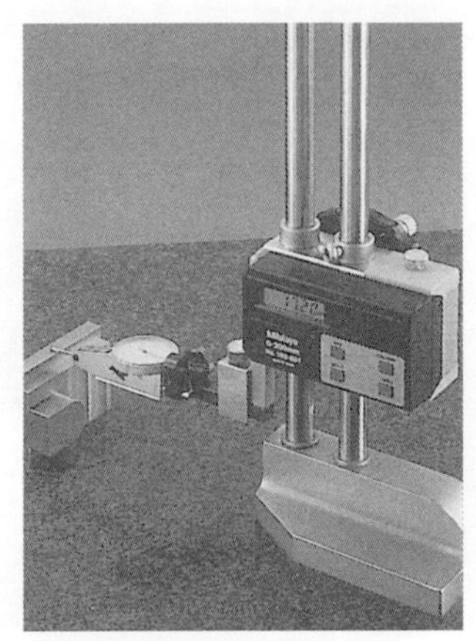

圖 3-5.9 高度及階級測量的實例

3. 孔中心距測量

將劃刀換成孔中心測頭，則可以量測孔到孔之間的距離，如圖 3-5.10 所示。

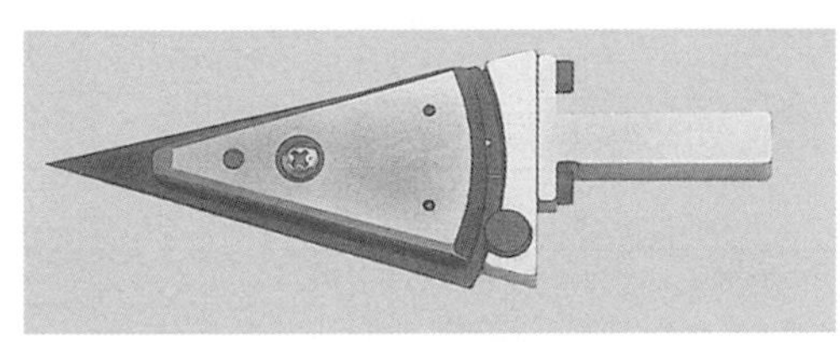

圖 3-5.10 孔中心測頭與孔中心距測量

4. 深度測量

將劃刀換成深度測桿，則可以量測孔的深度，如圖 3-5.11 所示。

5. 比較式測量

將劃刀換成槓桿式量表，用量表接觸塊規面歸零，再移到測桿與工作面，可比較塊規和工件之間的高度差，則可以量測得到工件的高度，如圖 3-5.12 所示。

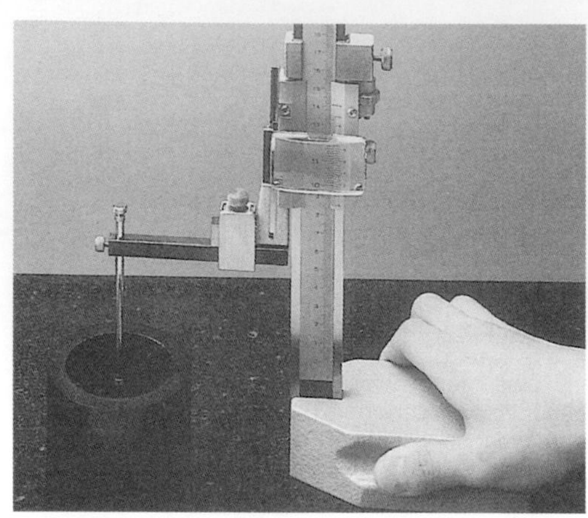

圖 3-5.11　深度測桿與深度測量

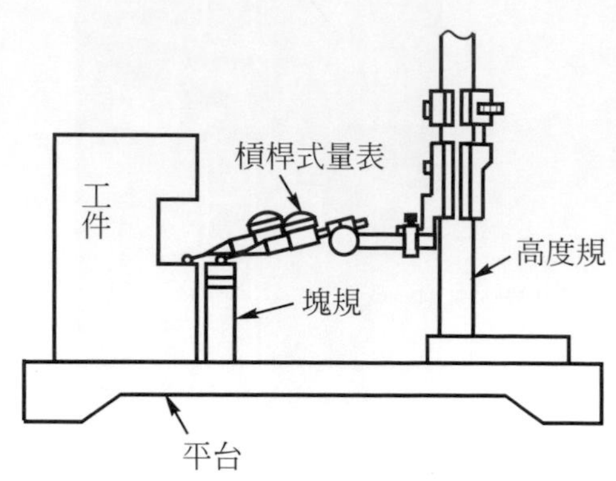

圖 3-5.12　比較式測量

實習 3-5 高度規

實習目的

1. 訓練學生認識各種高度規之功能、使用方法及限制。
2. 列舉高度規之應用實例。

實習設備

1. 游標高度規(圖 3-5.1) 。
2. 量表式高度規(圖 3-5.2)。
3. 數位高度規(圖 3-5.3)。
4. 磁感高度規(圖 3-5.4)。
5. 精測塊規式高度規(圖 3-5.5)。
6. 線性高度規(圖 3-5.6)。
7. 各式測頭。
8. 塊規。
9. 工件。

實習原理

請參照 3-5 節。

實習步驟

1. 依照工件所要求的公差、工件的外型與尺寸大小選擇適當測量範圍及型式的游標高度規。
2. 高度規使用前最重要的就是將高度規之滑動面、測量面及刻劃面將油污、灰塵擦拭乾淨。
3. 轉動微調螺絲，鎖緊夾持螺絲，到劃刀測量面接觸平台，若本尺零刻度線未與副尺零刻度線相對齊，藉著旋轉主刻度尺上的微調器，使本尺微動，直到兩基準線對齊歸零為止。
4. 螺帽夾緊器和本尺夾緊器鬆開時，本尺便可以作較大之上下移動，要作微調整時，須將螺帽夾緊器夾緊固定，轉動調整螺絲便可以調整。
5. 避免高度規掉落，以免影響量測精度。
6. 高度規不用時，一定要用防塵罩蓋上去，以避免空氣之濕度或灰塵之污染。

7. 讀取游標刻度時，應將眼睛的視線垂直於測量點的刻線，以避免視差的發生。
8. 游標高度規必須配合平台使用，不可置於一般桌面使用。
9. 請參考 3-5 節之第二小節－高度規的用途。

實習結果──高度規

工件：________________

	1	2	3	平均
高度尺寸				
外側尺寸				
內側尺寸				
孔中心距				
深度				
平面度				

3-6 雷射掃描儀

雷射掃描儀(如圖3-6.1所示)，是一種非接觸式的連續性量測方法，利用雷射光束對於被測物件做高速掃描，然後計算投影而得測量尺寸，對於複雜形狀及不同材質的工件均能做高精密的尺寸量測。

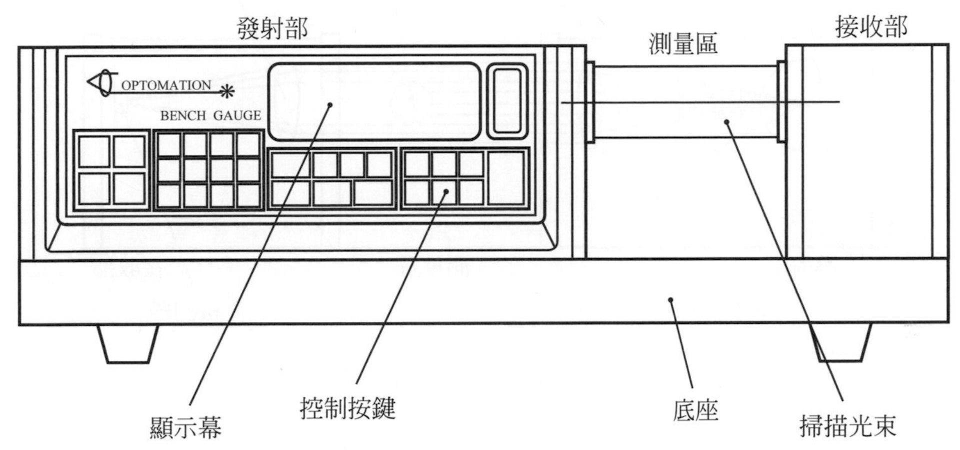

圖 3-6.1 雷射掃描儀

一、雷射掃描儀之原理

雷射掃描儀是利用半導體雷射光源，發射出紅色可見光雷射光束(波長670nm)對待測物做每秒鐘120次之高速掃描，然後計算投影而得測量尺寸。量測範圍達50mm，解析度可達0.0001mm，重複性與精度達0.001mm，因爲是採用非接觸式的連續性量測方式，對於各種材質的工件均能做高精密的尺寸量測，量測原理示意圖如圖3-6.2所示。

二、雷射掃描儀之應用

雷射掃描儀可以方便的放在工作台上，進行工件的量測工作，一般測量時在測量區裝置夾具，再將工件置於夾具上。首先開啓半導體雷射，進行暖機30分鐘以上，接下來以標準棒置於掃描光束中間進行校準工作，以確保測量精度，再啓動雷射掃描儀裝置，即可測得精確的讀值。在測量的功能上有標準值及上、下限設定的裝置與不合格警告信號，可以達成自動判別合格的功能。

雷射掃描儀除得測量顯示外，也可以作統計運算，不管在測量完整批工件或測量中，都可以按鍵檢查測量件數、最小值、最大值、平均值、散佈及標準差。另外也可利用RS-232C接頭與電腦或印表機連接，將所測量的數據記錄下來建成檔案資料，以供分析或高階統計用，而達成全自動測量及數據處理。

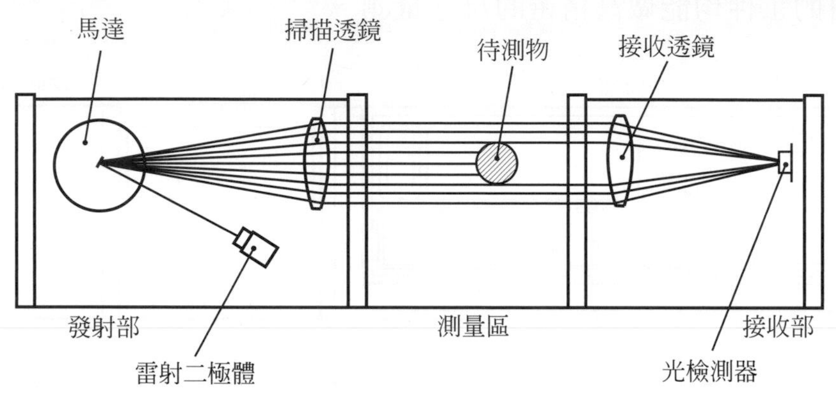

圖 3-6.2 雷射掃描儀之量測原理

三、雷射掃描儀之誤差因素

誤差的因素可區分爲系統誤差與外部誤差，其中系統誤差可能是因爲大氣變化、煙霧、電路運算的隨機誤差等因素所造成，這些誤差因素都可以用增加運算讀值的平均數來克服，也就是說，一次顯示內的掃描平均數目越多，讀值越穩定，精度也就越高。頻率設定與掃描平均數如表3-6.1所示。

表 3-6.1 頻率設定與掃描平均數的關係

顯示頻率設定	0	1	2	3	4
顯示頻次	2秒	1秒	0.5秒	0.25秒	0.1秒
每次平均數	240	120	60	630	12

外部誤差最主要爲測量物對光束傾斜及溫度變化的差異。光束傾斜的角度越大，則誤差量越大，當量測物爲10mm的圓棒時，光束傾斜角與所產生的誤差量的關係如表3-6.2所示。而外界溫度的變化對量測物會造成熱脹冷縮的效應，而產生了量測尺寸的誤差，當量測物爲10mm的圓棒時，量測溫度與所產生的誤差量間的關係如表3-6.3所示。

表 3-6.2 光束傾斜角與誤差量的關係

角度	0.5°	1°	1.5°	2°	2.5°
誤差	0.4 μm	1.5 μm	3.4 μm	6.1 μm	9.5 μm

表 3-6.3 量測溫度與所產生的誤差量間的關係

測量溫度	0℃	10℃	20℃	30℃	40℃
誤差	2.2 μm	1.1 μm	0 μm	＋1.4 μm	＋3.2 μm

測量時，被測工件必須通過測量區域，如圖 3-6.3 之斜線部份所示，以得到最精確的讀值。

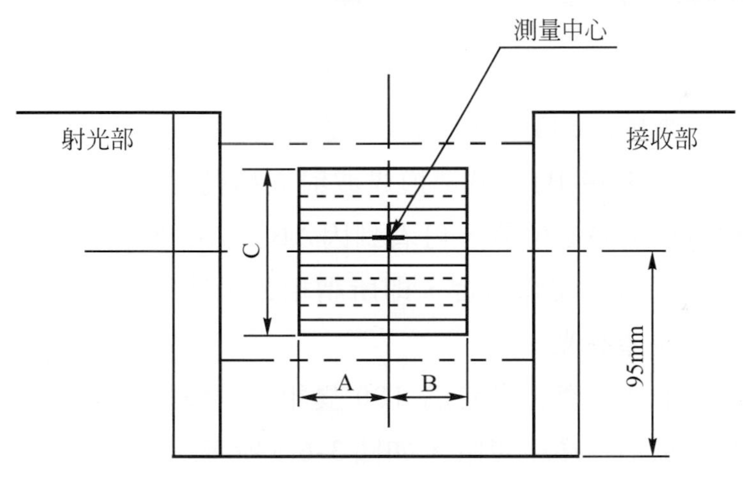

圖 3-6.3 雷射掃描儀的測量區域

四、雷射掃描儀的使用注意事項

1. 絕不可目視雷射光束及光束中的鏡面，或高反射率量測物的反射光。
2. 非經授權的技術人員，絕不可打開雷射掃描儀的上蓋。
3. 實驗室內必須保持適當的溫度(20℃)與溼度(50 %)，以避免外界溫度的熱脹冷縮效應，而產生了量測尺寸的誤差。
4. 再進行校準前，必須先暖機 30 分鐘，以使校準的結果更爲精確。
5. 校準時，儘量以接近測量物尺寸的標準值來作校準，可以得到更高的精度。

註 雷射掃描儀的實習請參閱實習 2-5 統計製程管制(P.2-29)。

五、雷射干涉儀作動原理

最早之干涉儀由Albert A . Michelson所發明，即目前所稱麥克森干涉儀，其原理如圖3-6.4所示，雷射干涉儀爲目前最精密的量測儀器之一，廣泛用於長度量測。

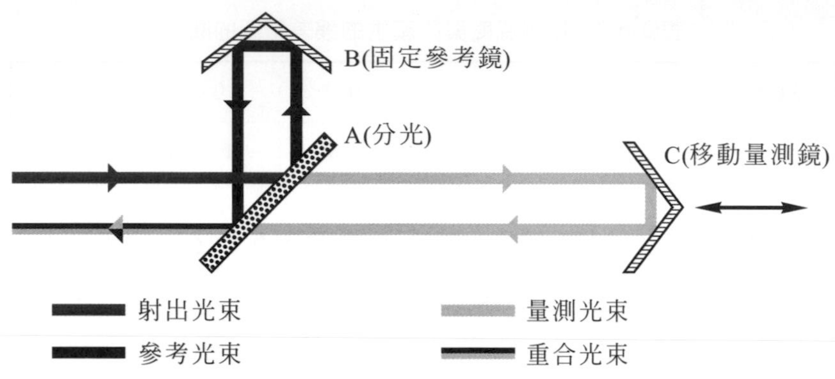

圖 3-6.4　麥克森干涉儀

雷射光波利用波長約633 nm(奈米)，經過干涉鏡(A)以後分成兩道光波，一道光波射入固定之反射鏡(B)，另一道光波射入移動之反射鏡(C)，而形成所謂量測光束，觀察者位於O之位置，可看到因AB及AC兩道光束干涉所產之干涉條紋，兩個波長相同時，波峰重合，即所謂相長干涉，輸出波之振幅等於兩個輸入波振幅之和，並產亮光。

當兩道光束來干涉所產之光波爲 180°異相時，波峰谷重合時，即所謂相消干涉，輸入波互爲抵消，產生黑暗，如圖3-6.5所示。

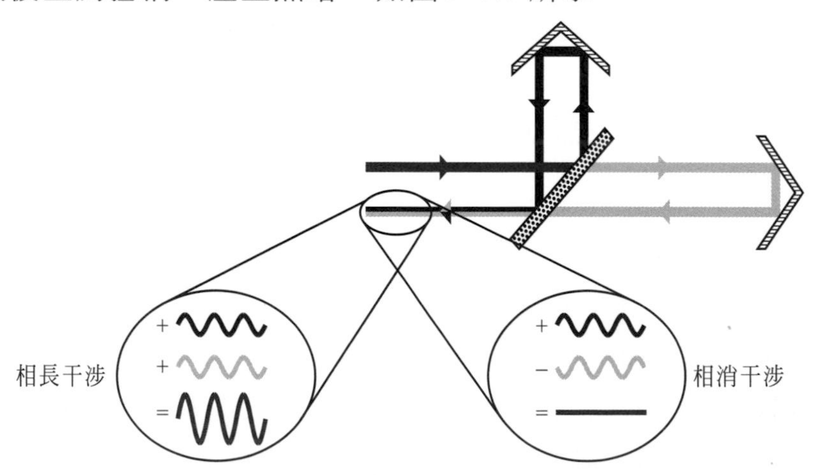

圖 3-6.5　雷射干涉儀之相消干涉

六、雷射探頭(Laser Probe)

目前市面上雷射探頭有兩大類，一類爲接觸式探頭，另一類爲非接觸式探頭。

接觸式探頭，其優點爲適合做一般形狀之量測，準確性及可靠性高，其缺點爲一些元件內部不容易量測，3D 空間曲面尺寸更不易正確量測，如圖 3-6.6 所示，爲接觸式探頭。

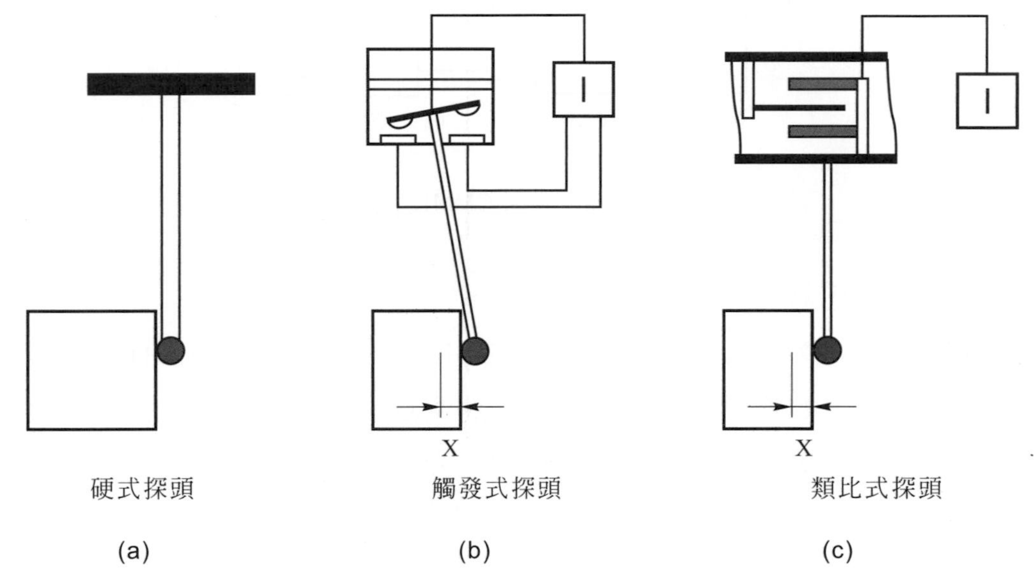

圖 3-6.6 接觸式探頭

非接觸式探頭，其優點適用各種形狀或軟、薄工件之量測，量測速度快又可得高精度之量測，廣泛用於目前量測，其缺點爲訊號處理複雜，易受顏色或曲率限制，加上工件表面粗糙度會影響量測精度，目前使用有雷射移位量測表(laser displacement meter)或稱雷射三角感測儀(laser triangulation sensors)如圖 3-6.7 所示，三次元量床(CMM)使用雷射探頭非常普遍，其示意圖如圖 3-6.8 所示。

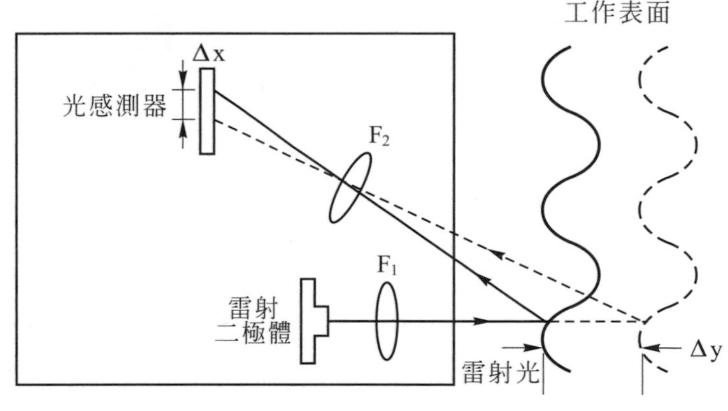

圖 3-6.7 雷射三角感測儀

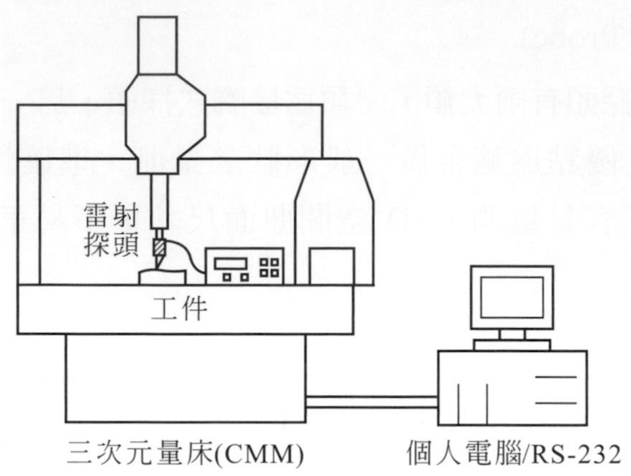

圖 3-6.8 三次元量床(CMM)之量測系統

七、雷射都卜勒位移器

雷射都卜勒位移器 (Laser Doppler Displacement Meter , LDDM)，應用於移動物體之測速，如警用超速測速器，風速測量，流速測量，在工業上應用於三次元量床精度之校正，它乃由雷測探頭、光電系統接受器、反射器、顯示器及處理器組成，如圖 3-6.9 為測速之都卜勒系統。

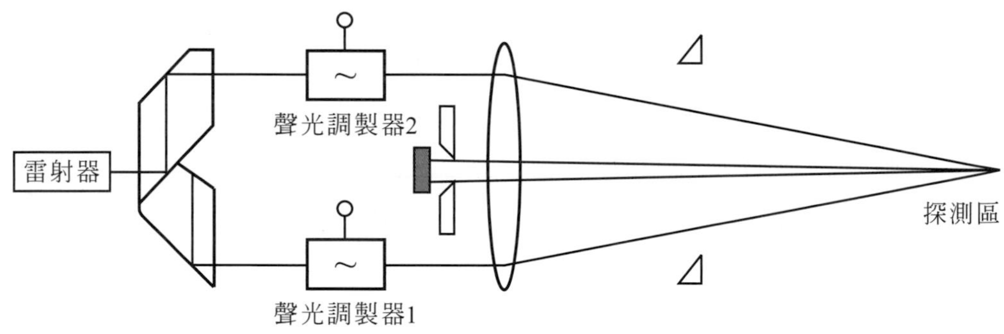

圖 3-6.9 測速之都卜勒系統

實習 3-6　雷射干涉儀

實習目的

1. 瞭解雷射干涉儀之一般構造與量測原理。
2. 對雷射干涉儀之功能及操作方法有正確之認識。
3. 從實際的量測操作中體會雷射干涉儀之功用與限制。

實習設備

1. 雷射干涉儀。
2. 量測組件。

實習原理

雷射干涉儀在用來量測長度時，乃是運用線性量測原理，而線性量測原理是由麥克森原理而來，實習 3-6.1 所示即爲麥克森原理。光經由分光鏡將一光束分爲二部分，一光束射向一個固定反射鏡形成參考光源，另一光束射向可移動之反射鏡而形成量測光源。這二個反射鏡所反射的光源，再射回分光鏡會合，合併成一道光束而產生干涉條紋。光電感測器則感測出這些明暗變化的條紋，經由後級電路加以信號處理，即能獲得移動反射鏡所移動的距離。

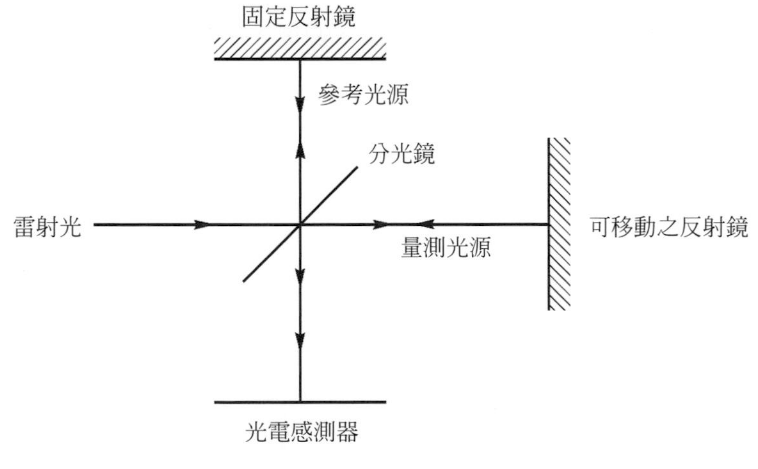

實習 3-6.1　麥克森原理

實習步驟

1. 設定雷射干涉儀時，先將雷射架好後開機。
2. 將雷射之前端黑色光線射出機構選擇小光束位置。
3. 將反射鏡放一個白色目標。
4. 將反射鏡固定在待測機器上。
5. 對準雷射光軸與待測機械軸平行。
6. 反射回雷射頭的光軸必須準確回到偵測器內，然後反射鏡重複於遠近位置，當光軸需對準到回傳雷射光能量足夠為止。
7. 開始量測及記錄結果。

實習結果——雷射干涉儀

工件：______________

	1	2	3	平均
線性量測				
小角度量測				
速度				
直度量測(短距離)				
平坦度				

註 雷射干涉儀可用於線性量測、小角度、速度、直度、平坦度等之檢測。

3-7 平　台

平台(Surface Plates)又稱爲**平板**，是精密量測領域中一個很重要的量測基準面，不僅可用其平面檢查加工面的平面度，還可做量測、劃線、比對及檢驗等工作，尤其是高度量測。

一、平台之種類

平台可依其用途或材質來分類，茲將敘述如下：

1. **依用途分類**

   (1) 量測用平台：爲檢查或量測之基準平面。

   (2) 劃線用平台：供劃線作業用時之基準平面。

   (3) 裝配用平台：爲機械類的裝設基礎，或裝配調整試車時的暫時基礎。

   (4) 敲打用平台：供板金作業敲打用之作業平面。

2. **依材質分類**

   (1) 鑄鐵平台：如圖 3-7.1 所示，由鑄鐵製成，平台的下方有加強肋，是用來減輕重量，並加強其強度；台面需經精密研磨或刮光之手續。

圖 3-7.1　鑄鐵平台

其優點(特性)為：

① 易於加工成型。

② 吸震性良好。

③ 潤滑性良好。

④ 耐磨性良好。

⑤ 價格便宜。

其缺點為：

① 使用久後，表面常有刮痕，不僅產生凹陷，且在刻痕兩邊隆起；若於此面上使用量具，底座常被刮損。

② 平台雖經過多時的消除應力，但對其周遭環境因素(如：溫度、及振動等)的影響，仍會有某些翹曲，導致影響表面誤差。

⑵ 花崗石平台：如圖 3-7.2 所示，表面平坦且光滑；花崗石產自自然界、表面經拋光、加工成為精度極高之平面。

圖 3-7.2 花崗石平台

其優點(特性)為：

① 不變形：花崗石係由熔化地層凝結而成，經長期自然界物理定性，材質穩定，不易變形。

② 硬度高：花崗石之硬度大約為鑄鐵的 2 倍以上，使用壽命長。

③ 耐磨性強：約為鑄鐵的 7.5 倍。

④ 受溫度影響小：因熱膨脹係數約為 1.05 Kcal/m.h.℃，遠比鑄鐵的 45 Kcal/m.h.℃低，故較不受溫度變化影響。

⑤ 不起毛邊及倒角：受撞擊後，刻痕粒子變細晶粒，不影響平面；而鑄鐵平台之表面不但有凹陷且立刻形成突起毛邊，損害其表面之平面度，如圖 3-7.3 所示。

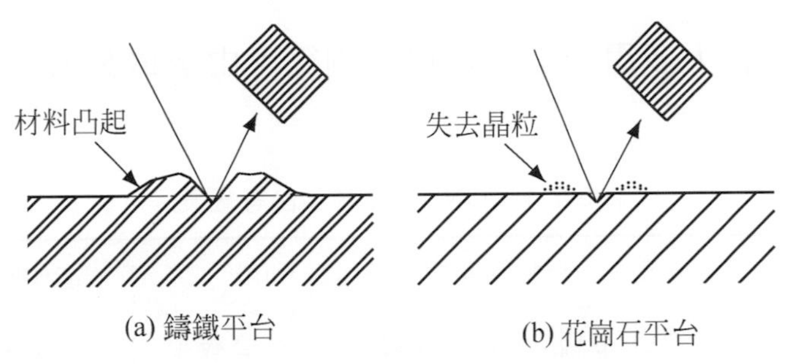

圖 3-7.3 鑄鐵平台與花崗石平台受撞擊時之比較

⑥ 抗蝕性高：花崗石表面不生銹，並可抗拒 5%之硫酸，抗酸能力爲鑄鐵之 57 倍以上。

⑦ 不起黏著作用：其表面經拋光加工，故較精細平滑，不會黏住其上之量具，所以滑動平順。

⑧ 不反光刺眼：因色澤晦暗不刺眼，不致使眼睛產生疲勞。

⑨ 無感磁性：花崗石爲一絕緣體，完全不感磁，可使用磁性設備。

⑩ 易清洗：用水及肥皂清洗即可，平台表面不褪色或損壞。

⑪ 維護容易：表面無需加防銹油，減少維護費。

二、平台的等級

平台之精度依其**平面度**與**真直度**來訂定。中華民國國家標準(CNS)與日本(JIS)將平台分爲 0、1、2 等三級，如表 3-7.1 所示；美國(FS)分爲 AA、A、B、C 等四級；國際標準組織(ISO)分爲 00、0、1、2、3 等五級。

一般將平台分爲 AA、A、B 及 C 等四級，茲分述如下：

1. AA 級

AA級平台之表面精度極高，只適用於恒濕恒溫的精密量測實驗室。

2. A 級

A級平台爲精密檢驗工作的基準面，是量具檢驗室中必需有的設備。

3. B級

B級平台用於現場的工具室或較精細的工作現場；一般由鑄鐵製成，表面用手工或機器刮光。

4. C級

C 級平台大多用於工作現場的劃線；由鑄鐵製成，表面經機器精密磨光。

表 3-7.1　CNS及JIS平台等級表

平台尺寸 (mm)	平台平面度之許可差 (μm)			對角線長度 (mm) 參考
	0級	1級	2級	
250×250	2	4	8	354
400×250	3	5	10	472
400×400	3	6	12	566
630×400	4	8	16	746
630×630	5	9	18	891
1000×630	6	12	24	1132
1000×1000	8	15	30	1414
1600×1000	10	19	38	1887
2000×1000	12	23	46	2236
2500×1600	15	30	60	2968

三、平台的平面度量測及檢驗

平面度係以沿工作面上之**測量線**所測量之各測量點相互高度爲基礎，再經由計算求得，其中測量線之取樣方法如圖 3-7.4 所示，有**對角線檢驗法**(又稱爲**米字法**)及**方格檢驗法**(又稱爲**井字法**)兩種。

平台的平面度值是由測量線之眞直度換算求得，故必需量測測量線的眞直度。測量**平台真直度**的儀器有準直儀、雷射干涉儀、平直檢測規及直度測試儀等。

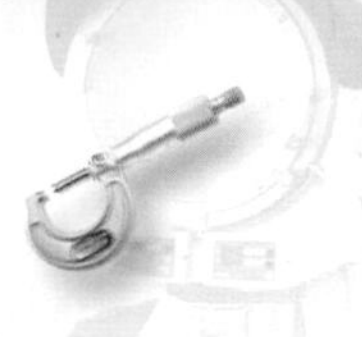

平台平面度之量測方法有平台比較法、平台試磨法、量表檢驗法、塊規檢驗法、水平儀檢驗法、光學自動準直儀檢驗法及雷射干涉儀檢驗法等。

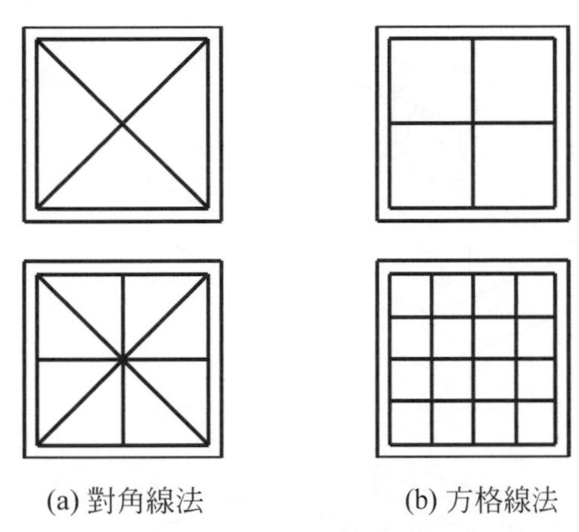

(a) 對角線法　(b) 方格線法

圖 3-7.4 測量線之取法

平台平面度之檢驗方法可利用刀口平尺、塊規及標準直尺、量表及自動瞄準儀等量具，或利用三平面配合法來檢驗。

四、平台的用途

量測或檢驗機件時，一般均以平台爲基準面，再配合高度規、量表、塊規及輔助工具，如：V 型枕、平行塊、角板及正弦桿等，工作始能進行；平台使用實例如表 3-7.2 所示，(a)精密劃線的基準、(b)眞直度量測的基準、(c)平行度量測的基準、(d)垂直度量測的基準及(e)比較式量測的基準等。

表 3-7.2 平台使用實例

使用	圖示	說明
(a)精密劃線的基準		工件與高度規置於平台上，調整劃刀高度於工件表面劃線。

表 3-7.2 平台使用實例(續)

使用	圖示	說明
(b)真直度量測的基準	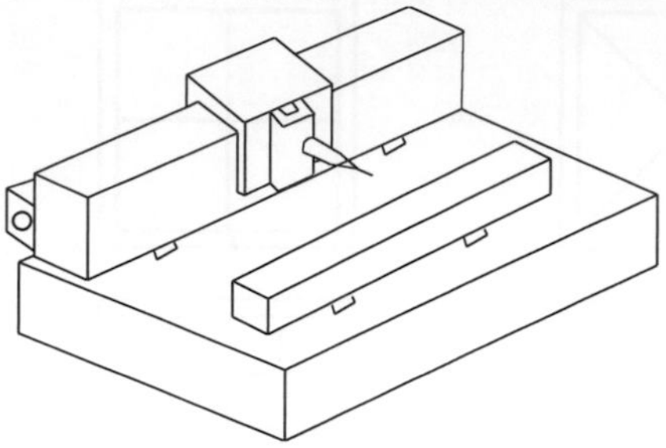	工件與直定規置於平台，以槓桿式電子測頭測量工作表面真直度。
(c)平行度量測的基準	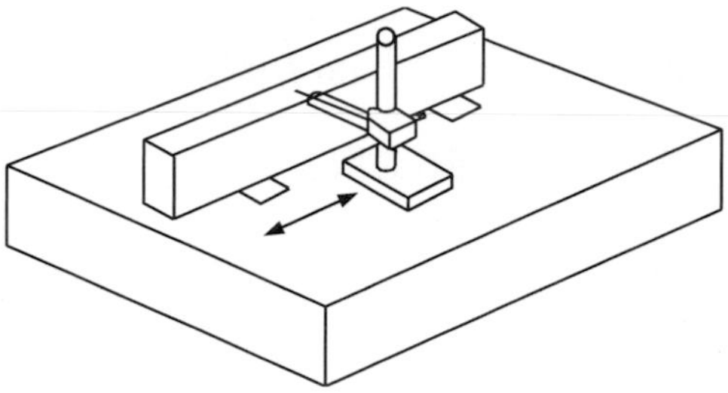	工件與移測台置於平台上，以槓桿式電子測頭測量工件兩測量面的平行度。
(d)垂直度量測的基準	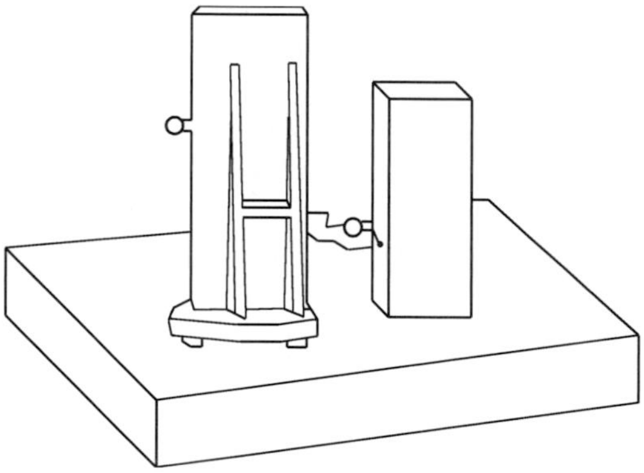	工件與精密高度規置於平台上，以槓桿式測頭測量工件測量面與底座面的垂直度。
(e)比較式量測的基準	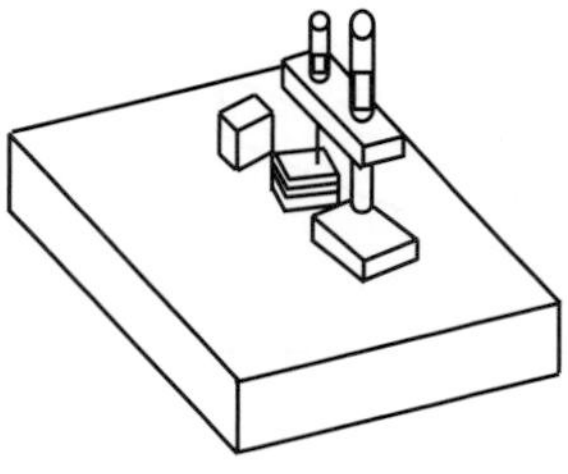	工件與移測台置於平台上，以直進式電子測頭於精測塊規上歸零，再以此直進式測頭測量工件，於直進式電子測頭上讀測出比較差值。

實習 3-7.1 平坦度校正

實習目的

1. 了解數位式電子水平儀具有測量精度高、速度快、讀數直觀、穩定性好且攜帶方便等特點。
2. 使學生能學習並操作平台平坦度的測量以及校正的技術。

實習設備

1. 花崗石平台(圖 3-7.2)。
2. 電子水平儀(圖 4-2.6)。
3. 放大器(含三用電表、RS-232 連接線)。
4. 電腦及周邊設備。
5. 平台量測程式軟體。

實習原理

1. 系統說明

    如實習 3-7.1 所示，包含花崗石平台、電子水平儀、放大器及電腦周邊設備。

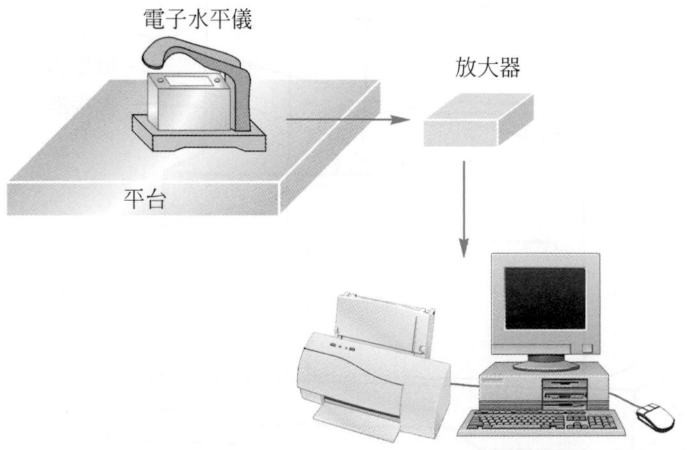

實習 3-7.1 平坦度校正系統

⑴ 花崗石平台：置於四個可調螺栓之腳架上，微調使其傾斜；平台上畫 100mm×100mm 正方格，節點數為 4×6，如實習 3-7.2 所示。

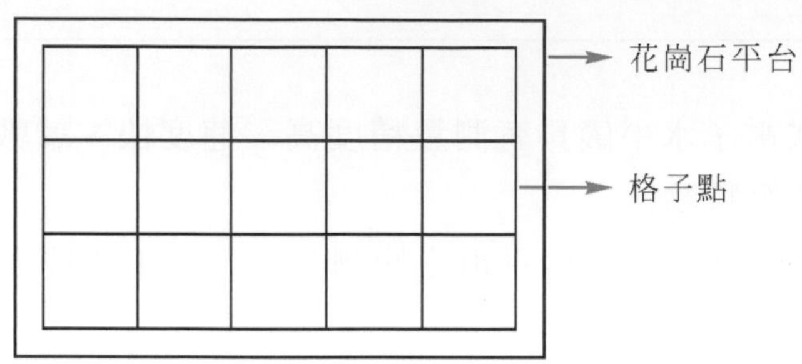

實習 3-7.2　花崗石平台上所劃分之格子點

⑵ 電子水平儀：採高靈敏度差動空氣阻尼電容式傳感器，將感受到微小角度位移，經轉換電路轉成電壓信號，再放大、檢相、濾波後；由數字顯示的一種小角度測量儀器。水平儀的面板上有一個液晶顯示幕和兩個旋鈕，如實習 3-7.3 所示。右邊的旋鈕有四段功能，分別是 Power On、Power Off、Battery I (0.01mm/m)和 II (0.001mm/m)；本實習使用第 I 段來量測。左邊的旋鈕為歸零。

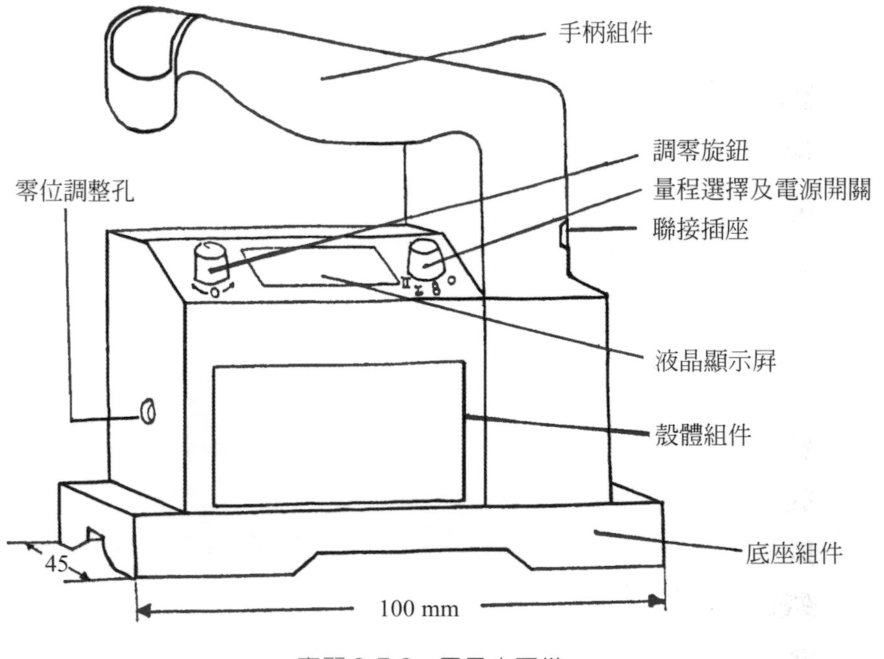

實習 3-7.3　電子水平儀

液晶顯示幕上的讀數則有符號的差別：在數字左端會有一個短橫，若是短橫在上，代表水平儀的左腳較高；若是短橫在下，代表水平儀的右腳較高。本軟體的程式設定是以左腳高時爲正，反之爲負，如實習3-7.4所示。

實習 3-7.4 液晶顯示幕數字的讀法

(3) 放大器：放大電子水平儀的輸出至±5V後，輸出訊號至A/D卡，由電腦讀入。

2. 量測原理

(1) 平台分割法：本實習軟體採取方格型分割法，如實習3-7.5所示，將500mm×300mm的平台以100mm的間隔分割，測定點爲100mm方格的四個角落，各測定點的間距恰爲電子水平儀兩腳的中心距。以直角座標中X-Y平面代表平台面，Z方向代表測定點的高度；以(1,1)位置的高度爲高度參考原點。

(2) 高度取樣方法：若以Z_{ij}代表(i,j)位置相對於參考點(1,1)的高度值($Z_{11}=0$)，則對方格分割而言，從參考點向軸方向量起，可得到一條量測基準線，基準線上各測定點的高度爲Z_{1j}，$j=1$～4。由於電子水平儀量得的數據是兩測定點之間的角度差，如實習3-7.6所示，必須經由三角幾何轉爲高度值，方法如下：

L_{1j}：測定點$(1, j-1)$到測定點$(1, j)$間的距離。

θ_{1j}：測定點$(1, j-1)$到測定點$(1, j)$間的角度差。

d_{1j}：測定點$(1, j-1)$到測定點$(1, j)$間的高度差。

兩相鄰測定點間的高度差

$$d_{1j}=L_{1j}\times\tan\theta_{1j}$$

各測定點相對於參考點的高度

$$Z_{1j}=\sum_{k=2}^{j} d_{1k}\text{，}j=1\sim4$$

完成基準線上各測定點的量測工作後，以此基準線爲參考軸，作 X 方向的量測。X 方向各測定點相對於參考點的高度爲

$$Z_{ij}=Z_{1j}+\sum_{k=2}^{i} d_{kj},\ i=1\sim6,\ j=1\sim4$$

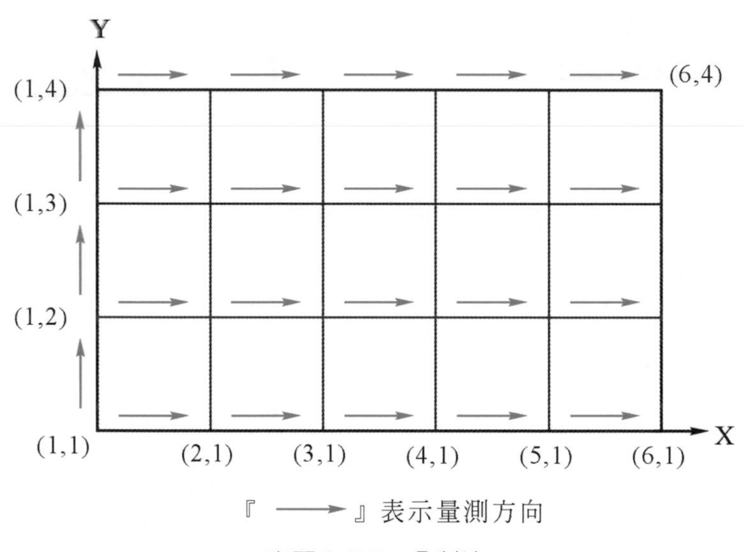

實習 3-7.5　分割法

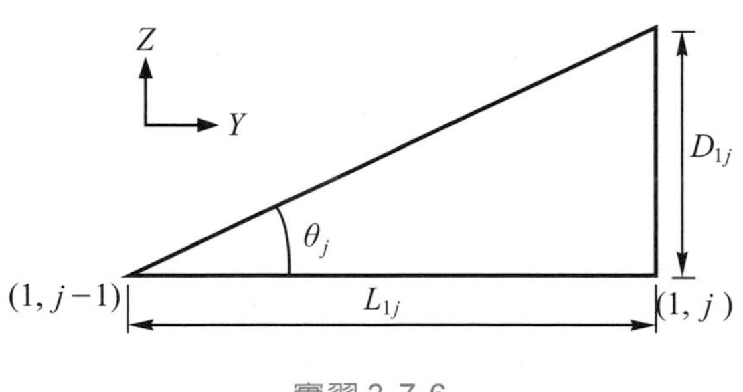

實習 3-7.6

⑶　最小平方法建立取樣點的平均面：對一平台表面量測，可得到各測定點在空間中的座標值(X_i，Y_i，Z_i)，$i=1\sim N$。若有N個測定點，由

這N個點可利用最小平方法得到一個平均平面方程式$Z=AX+BY+C$，若定義d_i爲各測定點至此平面的距離，使Σd_i 值最小，即爲測定點的平均平面。

$d_i=Z_i-AX_i-BY_i-C, i=1\sim N$

⑷ 求平坦度：以最小平方法求得的平均平面爲基準，平面上方最遠點與平面下方最遠點間沿平面法線方向的距離，即爲此平面的Overall Error，再由此Overall Error和平台對角線長度的百分之一比較，可得到此平台的級數。

實習步驟

1. 檢查電子水平儀
   ⑴ 電池：電子水平儀的右端有一個旋鈕，將之旋轉到 B 檔，若螢幕上顯示的數字大於800，表示電池有足夠的電力；否則需換電池。
   ⑵ 歸零校正：將水平儀轉到標示“Ⅰ”的檔位，直接在平台上進行平坦度的讀數。記住此時所顯示的數字，接著把水平儀反轉放在平台上的同一位置，此時的數據應該與剛才的相同，且符號相反。如果不是，則調整歸零鈕直至前述狀況達成爲止。
2. 檢查接線
   ⑴ 檢查三用電表與水平儀間的接線。
   ⑵ 檢查三用電表與PC間的RS-232 Cable是否有接好。
3. 將三用電表的旋鈕轉到電壓爲2V的檔位，觀察水平儀上的讀數與三用電表上的數字是否相同。
4. 校正工作完成之後，將水平儀置於平台上開始實習。首先進入平台校正系統，如實習3-7.7所示，按“離開”後會出現實習3-7.8的畫面，先選取“計算標準”，即得實習3-7.9，程式會詢問以何種方式來計算，一般都選CNS的計算方法。

5. 線上量測，於實習3-7.8中選取“線上量測”，則系統會進入設定畫面，如實習3-7.10所示，電腦會要求輸入格子點數目與格子跨距(mm)。請輸入X方向6個格子點、100mm；Y方向4個格子點、100mm，排成3×5的矩陣。接著就可以進行每兩個格子點之間的量測。

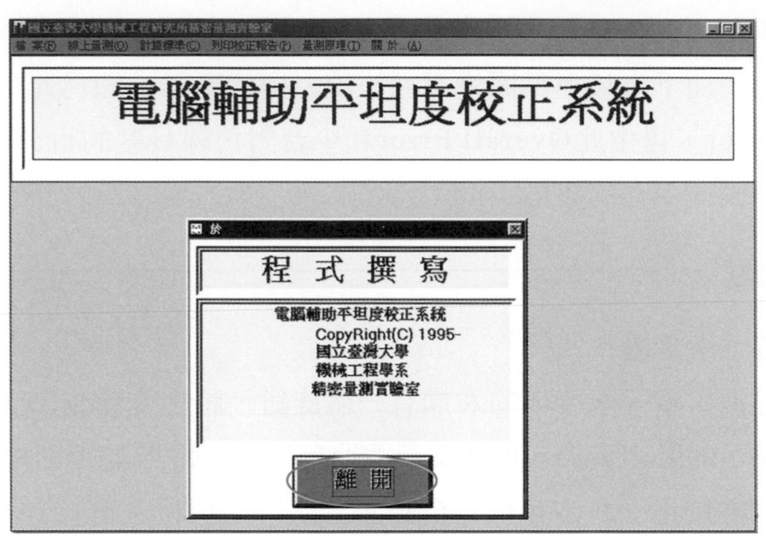

實習3-7.7　進入校正系統主畫面

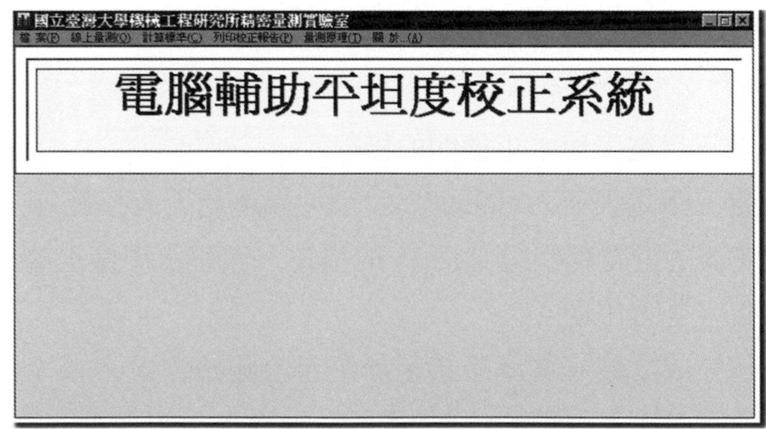

實習3-7.8　按“離開”後的畫面

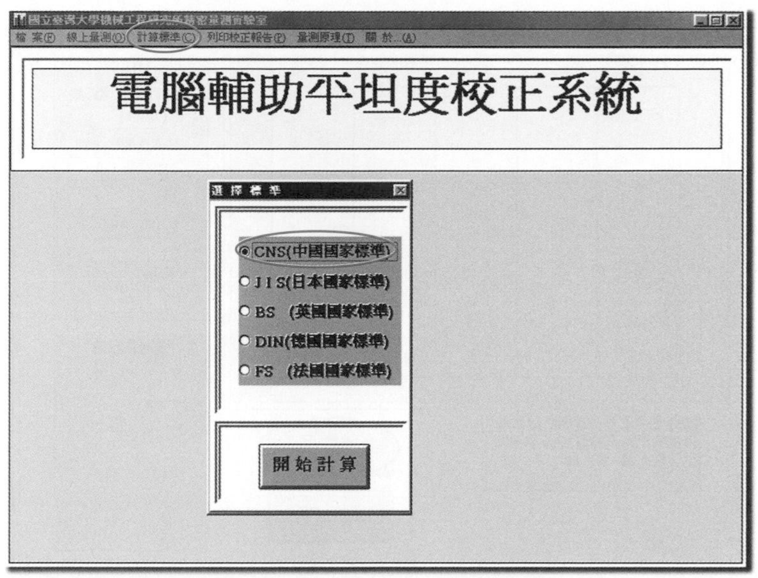

實習 3-7.9　計算方法選擇畫面

實習 3-7.10　線上量測設定畫面

6. 按“開始量測”，即進入量測畫面，如實習 3-7.11 所示，當水平儀與三用電表的讀數大致穩定後，用滑鼠選“讀值”，依照實習原理所示的位置順序擺置水平儀來讀取各位置的數據。

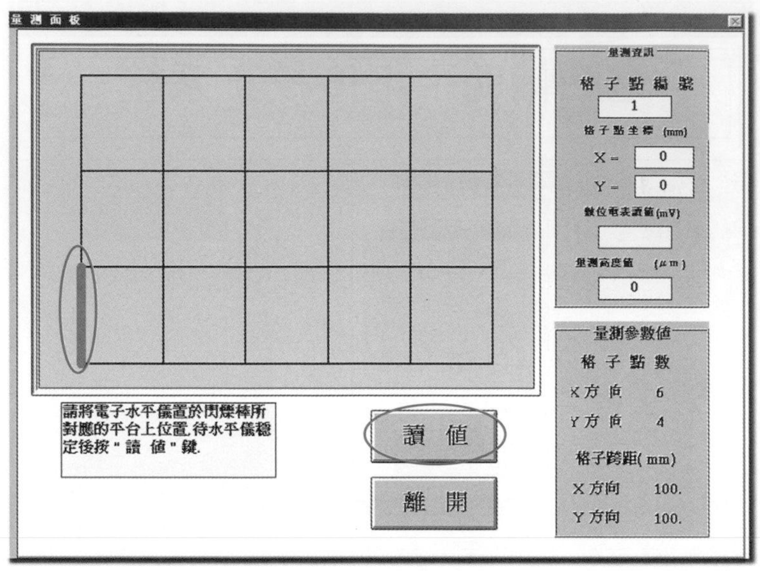

實習 3-7.11　量測畫面

7. 完成所有位置的數據讀取後，電腦要求我們作“補償”，如實習 3-7.12 所示，以避免實習時的人爲誤差而使所得的數據放大。

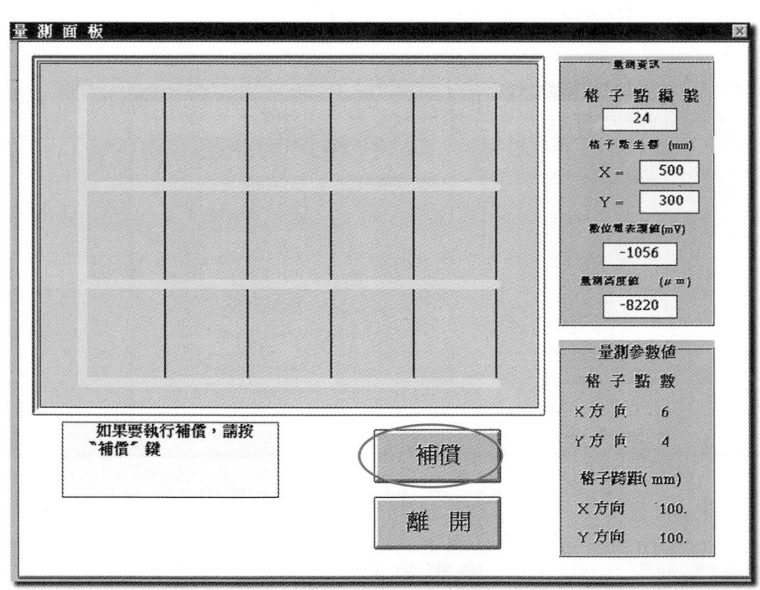

實習 3-7.12　補正

8. 量測步驟完成如實習3-7.13所示，便可開始進行結果的分析。按“離開”後，會出現實習3-7.14的畫面，此量測資料為原始數據；可按“繪出圖形”得實習3-7.15，或按“列印數據”，或按“計算結果”得實習3-7.17。

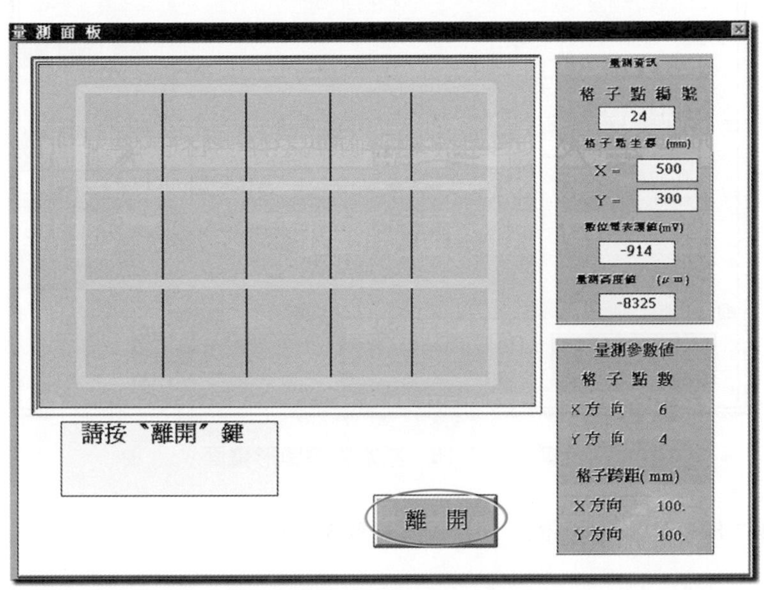

實習3-7.13　量測完成畫面

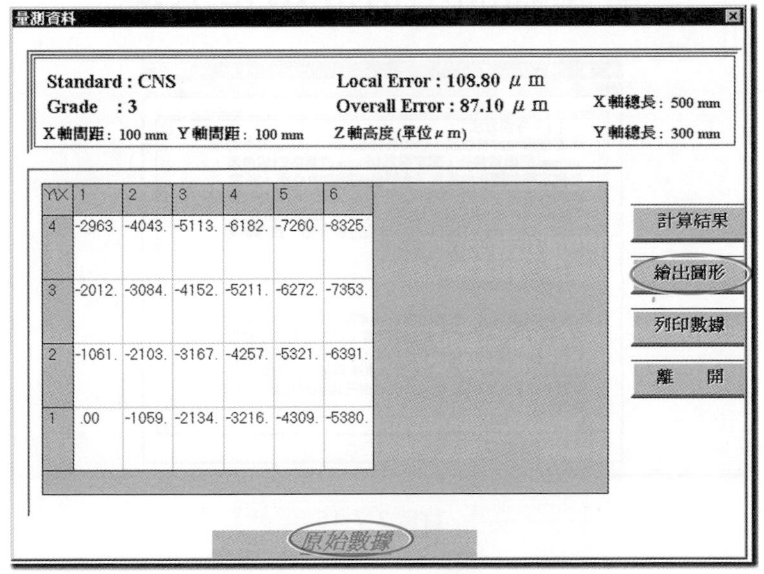

Y\X	1	2	3	4	5	6
4	-2963.	-4043.	-5113.	-6182.	-7260.	-8325.
3	-2012.	-3084.	-4152.	-5211.	-6272.	-7353.
2	-1061.	-2103.	-3167.	-4257.	-5321.	-6391.
1	.00	-1059.	-2134.	-3216.	-4309.	-5380.

實習3-7.14　原始數據畫面

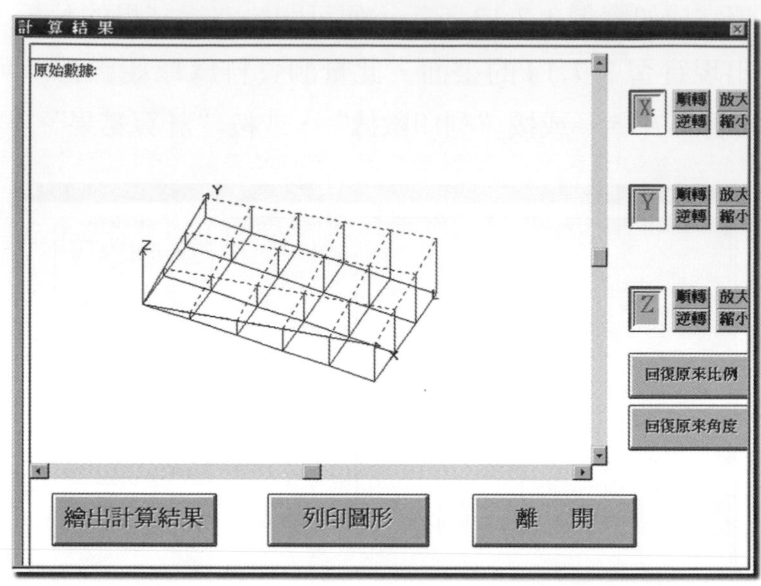

實習 3-7.15 原始數據圖形畫面

註 可於實習 3-7.8 上選「量測原理」，則得實習 3-7.16。

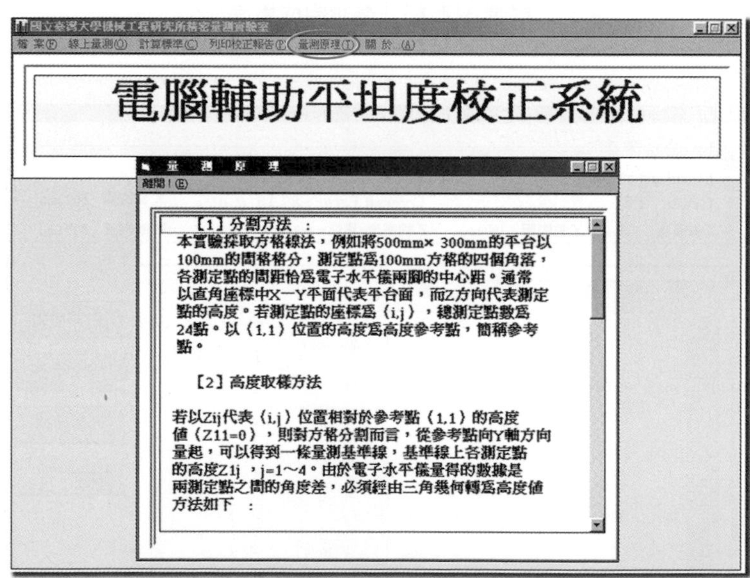

實習 3-7.16

實習結果——平坦度校正

1. 計算結果

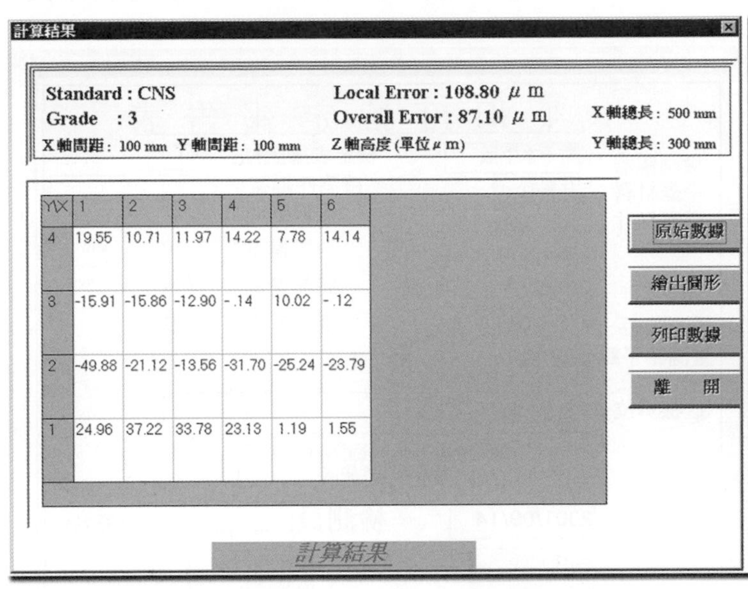

Y\X	1	2	3	4	5	6
4	19.55	10.71	11.97	14.22	7.78	14.14
3	-15.91	-15.86	-12.90	-.14	10.02	-.12
2	-49.88	-21.12	-13.56	-31.70	-25.24	-23.79
1	24.96	37.22	33.78	23.13	1.19	1.55

實習 3-7.17　計算結果畫面

2. 計算結果圖形

由實習 3-7.17 中按“繪出圖形”得實習 3-7.18。

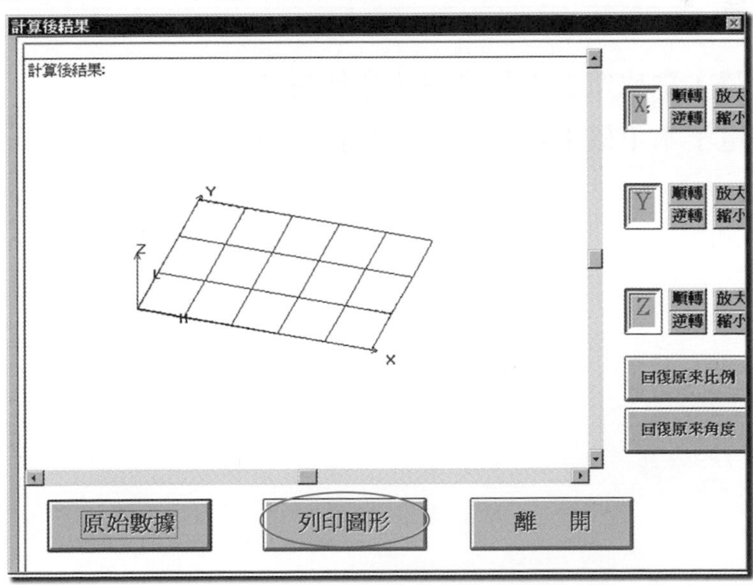

實習 3-7.18　計算結果圖形畫面

3. 檢定報告表

於實習3-7.8中選「列印校正報告」，隨即出現實習3-7.19的畫面；輸入平台尺寸中的“高度”及“送檢單位”等便可列印出來。

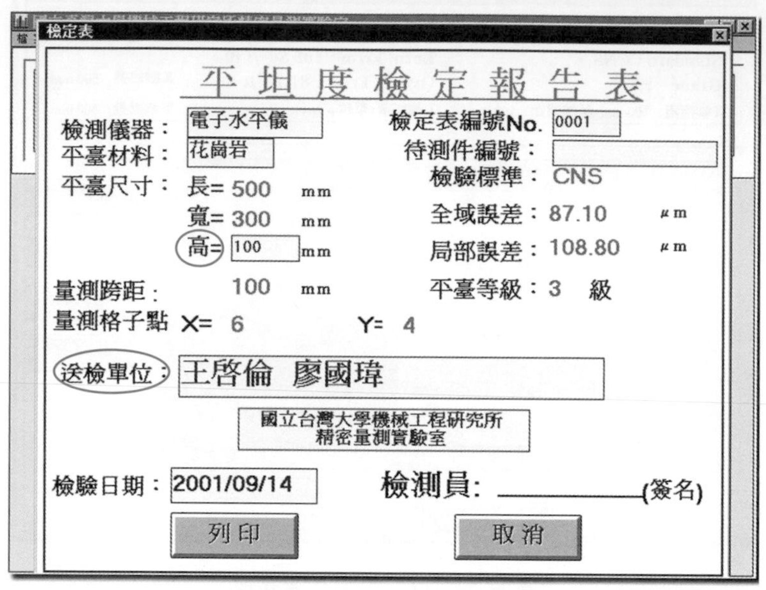

實習3-7.19 檢定報告表畫面

討論

1. 作實習時，拿放電子水平儀需注意什麼？
2. 如何用電子水平儀來判斷平面的傾斜情況？

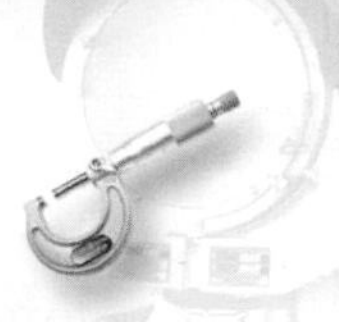

實習 3-7.2 測長儀

實習目的

1. 瞭解測長儀之一般構造與量測原理。
2. 對測長儀之功能及操作方法有正確之認識。
3. 從實際的量測操作中體會測長儀之功用與限制。

實習設備

1. 測長儀。
2. 塊規一組。

實習原理

1. 量測原理

   測長儀就是把待測件(工件)與精密尺作直接比較量測，如實習3-7.20所示，而藉由放大鏡之鏡頭將此精密尺的刻度線顯示出來。精密尺乃穩固於量測主軸上，所以可以顯示主軸的軸向(縱向)位置。而此軸向位置，可藉光學投影原理，將讀數大小顯示在投影幕上。

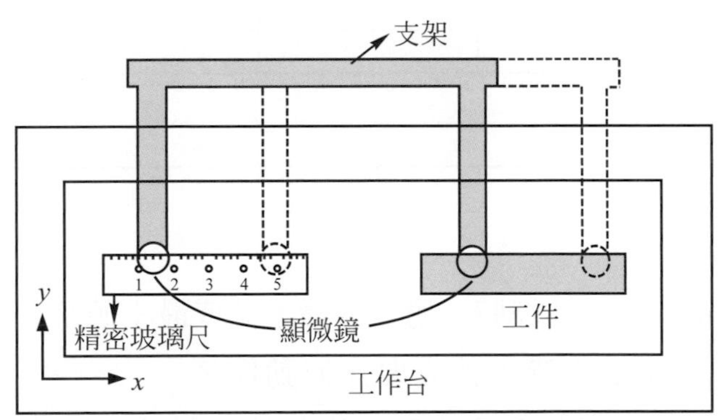

實習 3-7.20

2. 量測時則是藉測長儀本身的最小讀數爲 0.2μm，以作爲各種量具校正的標準。

3. 量測工作台可作上下、前後移動外，亦可作水平方向旋轉及傾斜角度旋轉等運動，使誤差減至最小，以得到正確的量測結果。

實習步驟

1. 將內外側歸零。
2. 當外側調整完成後，將工件置於工作台桌面上，並用夾具固定之。
3. 配合工件高度，設定垂直上下之位置與距離大小，並將工件上下移動，調整至讀數爲最小位置。
4. 同樣地，將工件前後移動，並調整至讀數爲最小位置。將工件傾斜移動，並調整至讀數爲最小位置。
5. 將工件桌面水平旋轉移動，並調整至讀數爲最小位置。
6. 以上步驟完成後，便可求出最理想位置。
7. 同樣量外側尺寸時也依以上相同步驟。

實習結果——測長儀

工件：____________

	1	2	3	平均
外側尺寸				
內側尺寸				

討　　論

1. 何謂阿貝原理？
2. 利用游標尺量測工件外徑時，應量取最大值或最小值？若量測內徑則如何？
3. 利用分厘卡量測工件時，首先要作何動作？
4. 大型的外側分厘卡必須利用支架穩固架持；對於大型的棒型內側分厘卡，其支持點必須位於何處？
5. 量表使用時，最初指針形成具有齒隙，所以最初和最後的多少轉不應作爲測量讀數？

6. 一般指示量表的量測誤差中，何謂餘弦誤差？
7. 組合塊規達一定之尺寸，已決定各塊規之尺寸時，應如何？
8. 疊合一組塊規時，順序應爲如何？
9. 能使塊規緊密貼合的力量爲何？
10. 使用高度規量測時，通常必須配合何種設備？
11. 測長儀屬於幾次元量測儀器？

練習題

(　)1. 對長度塊規的敘述，下列何者不正確？ (A)精度分三級 (B)尺寸基數有1mm與2mm (C)尺寸選用由小至大 (D)組合方式有旋轉法與推疊法。

(　)2. 游標卡尺不可用來進行下列何項量測工作？ (A)外側尺寸 (B)階段尺寸 (C)真直度 (D)深度。

(　)3. 下列對於水平儀之敘述，何者不正確？ (A)常用的有氣泡式(又稱酒精式)與電子式兩種 (B)適用於大角度的量測 (C)可檢驗機械或平台的真平度 (D)可量測平台的真直度。

(　)4. 下列對精密電子高度規(又稱線性高度規)之敘述，何者不正確？ (A)可採用線性編碼器並配合微處理器，使量測功能更強 (B)可進行工件高度、寬度與真圓度之量測 (C)可在基座加裝空氣軸承，使移動整個高度規之操作更為方便 (D)可經由 RS-232 與個人電腦進行量測數據之統計分析。

(　)5. 指示量表不可用於下列何項量測工作？ (A)量測真圓度 (B)量測垂直度 (C)量測表面精糙度 (D)高度比較式量測。

(　)6. 如圖之分厘卡(又稱測微器)，其主尺精度為 0.5mm；外套筒一圓周劃分成 50 等分，當外套筒旋轉一圈時，其測頭移動一個主尺精度。此外，在外套筒 9 格相等距離之襯筒設有 10 等分之水平刻劃；試問本分厘卡目前之讀數為多少 mm？(以圖中之圓點為基準) (A)6.313 (B)6.323 (C)6.333 (D)6.343。

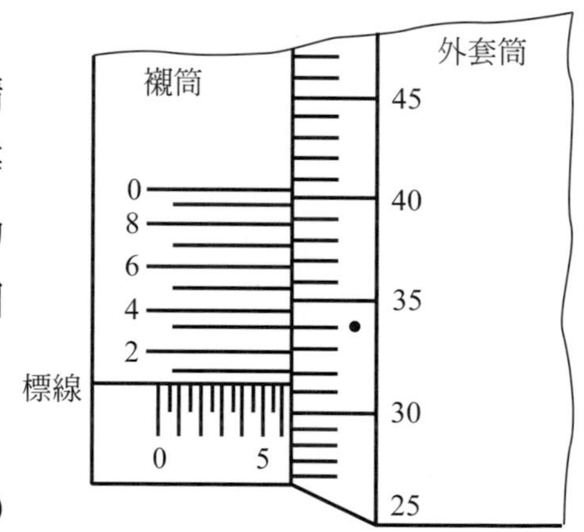

(　)7. 下列那一支游標卡尺之精度(即最小讀數)與其他三者不同？ (A)本尺最小刻度0.5mm，游尺之刻度方法爲在12mm作25等分 (B)本尺最小刻度1mm，游尺之刻度方法爲在49mm作50等分 (C)本尺最小刻度0.5mm，游尺之刻度方法爲在24.5mm作25等分 (D)本尺最小刻度1mm，游尺之刻度方法爲在39mm作20等分。

(　)8. 某氣泡式水平儀靈敏度爲0.01mm/m，經校正後，將其置於20公分長之平台上檢測其水平情形，結果發現氣泡移動2刻度，試問此平台兩端高度差約爲多少mm？ (A)0.002 (B)0.004 (C)0.02 (D)0.04。

(　)9. 下列對「M型游標卡尺」之敘述，何者不正確？ (A)可用來作爲劃線之工具 (B)是由卡鉗與鋼尺組合而成的 (C)量測管厚時，會發生弦切誤差 (D)爲獲得較佳精度，故意將本尺與游尺製作成不同的刻度。

(　)10. 下列何種材質不適用於製造塊規？ (A)合金鋼 (B)石英石 (C)碳化鎢 (D)塑膠。

(　)11. 某生在操作指示量表時，量測軸線與工件高度方向偏離 60°夾角。若量表讀數爲2.0mm，則量測誤差約爲多少？(註：sin30°＝0.5、cos30°＝0.866) (A)0.5mm (B)1.0mm (C)0.866mm (D)0.268mm。

(　)12. 下列量具，何者可用來量測外螺紋之大徑(外徑)？ (A)盤式分厘卡 (B)針尖式分厘卡 (C)螺紋分厘卡 (D)螺距規。

(　)13. 分厘卡的量測原理是根據螺紋的圓周運動而得，下列關於「分厘卡精度」之敘述，何者正確？ (A)採單螺牙螺紋，若螺距爲0.5mm，外套筒半圓周作50等份，則精度爲0.01mm (B)採單螺牙螺紋，若螺距爲0.5mm，外套筒一圓周作100等份，則精度爲0.02mm (C)採雙螺牙螺紋，若螺距爲0.5mm，外套筒一圓周作100等份，則精度爲0.01mm (D)採雙螺牙螺紋，若螺距爲0.5mm，外套筒一圓周作100等份，則精度爲0.02mm。

(　)14. 下列關於「以電子測微器配合精測塊規式高度規進行工件高度量測」之敘述，何者不正確？ (A)需使用另一塊規，以進行精測塊規式高度規之標準高度設定 (B)電子測微器之使用目的，係爲了將待測工件之高度轉移至精測塊規式高度規 (C)待測工件之量測高度，是從電子比測儀之儀表上讀取 (D)精測塊規式高度規有成階級形式排列之多組塊規。

(　)15. 游標卡尺中 (A)若本尺一格 1mm，游尺取本尺 49 格分成 50 等分，則最小讀數爲 0.01mm (B)若本尺一格 0.5mm，游尺取本尺 24 格分成 25 等分，則最小讀數爲 0.02mm (C)若本尺一格 1mm，游尺取本尺 19 格分成 20 等分，則最小讀數爲 0.02mm (D)若本尺一格 0.5mm，游尺取本尺 49 格分成 50 等分，則最小讀數爲 0.05mm。

(　)16. 游標卡尺的主尺長度爲 19 mm，副尺等分爲 20 格，則游標卡尺之最小值爲 (A)0.05mm (B)0.1mm (C)0.15mm (D)0.2mm。

(　)17. 下列敘述，何者正確？ (A)游標卡尺，可作爲工件劃線工作 (B)游標卡尺，可用於找出圓棒端面之中心點 (C)游標卡尺，量測內徑，應取多次量測值中的最大值 (D)游標卡尺，內側量爪可當分規使用。

(　)18. 塊規的使用，下列敘述何者正確？ (A)0 級塊規可替代 2 級塊規使用 (B)盡量使用塊規，代替一般量具，提高精度 (C)塊規可分 A、B、C、D 四級 (D)組合數愈多，誤差愈大。

(　)19. 用以量測鉸刀、端銑刀、螺絲攻刀等之直徑，應使用哪一種型式分厘卡？ (A)針型分厘卡 (B)圓盤分厘卡 (C)深度分厘卡 (D)V 溝分厘卡。

(　)20. 下列敘述何者正確？ (A)指示量表之測桿與工件面不垂直則平形觸點會產生餘弦誤差 (B)指示量表之測桿與量測方向應垂直 (C)指示量表量測圓桿時，測桿必須垂直工件軸心並指向圓心 (D)指示量表之滑動部位應加潤滑劑。

(　)21. 關於量具之使用，下列敘述何者不正確？ (A)塊規可用於校驗游標卡尺及分厘卡 (B)塊規之平面度校驗，可以光學平鏡配合單色光照射加以實現 (C)游標高度規無法加裝量表作平行度量測 (D)分厘卡無法量測工作件之二維輪廓尺寸。

( )22. 游標卡尺上，本尺(Main Scale)最小刻度爲 1mm，游尺(Vernier Scale)上有 21 條刻劃，此游標卡尺之最小讀數爲 (A)0.1mm (B)0.05mm (C)0.004mm (D)0.001mm。

( )23. 若量測一尺寸需由數片塊規組成，則下列關於塊規組合方法之敘述，何者正確？ (A)塊規之選用與組合以片數愈少愈好 (B)選用時先由較厚尺寸之塊規選起 (C)組合時由較薄尺寸者開始，厚尺寸往薄尺寸組合 (D)爲方便分離，組合時兩片塊規間最好留有空氣間隙。

( )24. 雷射干涉儀常用於加工機器的檢驗工作，下列哪一項工作不適合應用雷射干涉儀來檢驗？ (A)水平度 (B)眞平度 (C)眞直度 (D)垂直度。

( )25. 銑削加工後之工件有歪斜現象，想要重新校正架設在銑床加工機上之虎鉗座，使用下列哪一種量具最合適？ (A)游標卡尺 (B)槓桿式量表 (C)特殊型式之分厘卡 (D)光學平鏡。

( )26. 量測過程中，指示量表之量測與被測工件成 30°角的偏差時，量表讀爲 0.5mm，此被測工件之眞實尺寸應爲多少mm？ (A)0.5cos30° (B)0.5/sin30° (C)0.5/cos30° (D)0.5sin30°。

( )27. 關於指示量表，下列敘述何者不正確？ (A)指示量表之簡稱很多，可稱量表、百分表(0.01mm)或千分表(0.001mm) (B)利用齒輪機構原理轉換成指針式之旋轉，再由刻度圓盤表面上讀出微小線距之變化量 (C)可用來校正轉軸中心 (D)爲了使軸心能自由移動必須常加潤滑油。

( )28. 下列敘述何者不正確？ (A)量具室之等級分爲AA，A，B，C 四級，C 級爲標準級 (B)量具與工件之測軸未重合，容易產生阿貝(Abbe)誤差 (C)游標卡尺比分厘卡容易發生阿貝誤差 (D)量具室內之氣壓，應比外界稍低。

( )29. 下列敘述何者不正確？ (A)分厘卡之襯筒取套筒 9 格分爲 10 等分，精度爲 0.001mm (B)分厘卡之量測原理爲螺桿節距之分割 (C)測三刃鉸刀之直徑，宜選用 120℃之V溝分厘卡 (D)五溝槽分厘卡之螺桿理論節距爲 0.559mm。

(　)30. 塊規製造精度及用途差異可分成四等級，適用於工具室或現場之工作塊規是指 (A)AA (B)A (C)B (D)C 級。

(　)31. 下列那一項工作無法單獨用指示量表完成？ (A)對準工件於銑床工作台 (B)車床四爪夾頭利用量表偏置工作物 (C)檢驗鑽床工作台之垂直度 (D)測量工件高度。

(　)32. 下列敘述何者正確？ (A)電氣規之量測範圍不可太小 (B)電氣規之反應速度比電子規快 (C)電子規測深槽時，A 測頭置於槽底，B 測頭置於槽頂，則極性之安排爲＋A－B (D)工具顯微鏡可作三次元曲面量測。

(　)33. 下列那一種量具的構造不符合阿貝原理？ (A)鋼尺 (B)游標卡尺 (C)分厘卡 (D)塊規。

(　)34. 下列何者對電子比較儀的優點之敘述錯誤？ (A)精度高 (B)敏感性高 (C)反覆性穩定 (D)最小刻度值達 0.01mm。

(　)35. 用棒型內側分厘卡量測管件內徑時，若量測者面對管口將分厘卡置於管內時，正確的讀數是 (A)分厘卡左右擺動取最高點讀數，前後擺動取最低點讀數 (B)分厘卡左右擺動取最低點讀數，前後擺動取最高點讀數 (C)分厘卡左右擺動取最低點讀數，前後擺動取最低點讀數 (D)分厘卡左右擺動取最高點讀數，前後擺動取最高點讀數。

(　)36. 花崗石平台與鑄鐵平台相較，花崗石平台的特點何者爲誤？ (A)較不易起毛邊 (B)耐久性較差 (C)不易變形 (D)受溫度變化影響較小。

(　)37. 下列敘述何者錯誤？ (A)指示量表內部是用機械齒輪系的作用，將軸向位移轉變成指針的迴轉運動 (B)三線量測法可直接測量並讀出螺紋的節徑 (C)爲了提高水平儀的精度，其玻璃管內壁需製成有曲率 (D)塊規組合後可用來檢驗厚薄規。

(　)38. 有關分厘卡之敘述，下列何者錯誤？ (A)三點接觸式分厘卡是要量測孔徑 (B)棒形分厘卡所能測量的最小孔徑是 25mm，最大可達 1000mm (C)球面分厘卡最適於測量薄管內徑 (D)螺紋分厘卡的測頭是尖錐狀。

(　)39. 下列何者不是精密塊規的功能？ (A)分厘卡量具檢驗 (B)配合正弦桿作錐度檢驗 (C)配合指示量表作高度量測 (D)當作鋼尺在工件上精密劃線。

(　)40. 下列敘述何者正確？ (A)選用塊規應以消去法將最左端數字逐一消去 (B)薄塊規以旋轉法組合 (C)S45P塊規組具有兩片碳化鎢保護塊規 (D) 1mm基塊規比2mm基塊規薄，造價便宜。

(　)41. 下列敘述何者正確？ (A)以游標卡尺量取槽寬，應讀取最大值 (B)塞規屬於比對式量具 (C)小孔規屬於轉移式量具 (D)塊規之材質大都爲碳化鉻(TC)。

(　)42. 下列敘述何者不正確？ (A)一塊塊規，一支平行桿及兩支同徑圓桿，可佈置成正切桿 (B)檢驗複斜面應選用複合角正弦平板 (C)游標角度儀之游尺取本尺11或23格，分成12等分，則精度爲5分 (D)游標角度儀之游尺共分24格。

(　)43. 分厘卡之長度標準桿爲使整個長度的變化量最小，支持點必須位於 (A) Airy點 (B)Bessel點 (C)距離兩邊1/4L處 (D)任意點。

(　)44. 下列敘述何者正確？ (A)槓桿式量表之表面大都爲平衡式 (B)槓桿式量表檢驗圓桿時，工件應朝向槓桿方向迴轉 (C)槓桿式量表之測桿與被測面不垂直時，會產生餘弦誤差 (D)梨形測頭在90°內可避免餘弦誤差。

(　)45. 下列敘述何者正確？ (A)阿貝誤差可視爲測定軸線誤差 (B)組合塊規之塊數愈多愈好 (C)規格“1-39-20-0.05”之游標卡尺爲正游標 (D)本尺1格1mm，取n格分成$n+1$等分，則感度爲$\frac{n}{n+1}$。

(　)46. 如右圖所示之工件係在車床上加工完成，所標註之長度尺寸宜用那一種量具來測量 (A)管式游標卡尺 (B)量表游標卡尺 (C)旋轉式測爪游標卡尺 (D)偏置測爪游標卡尺。

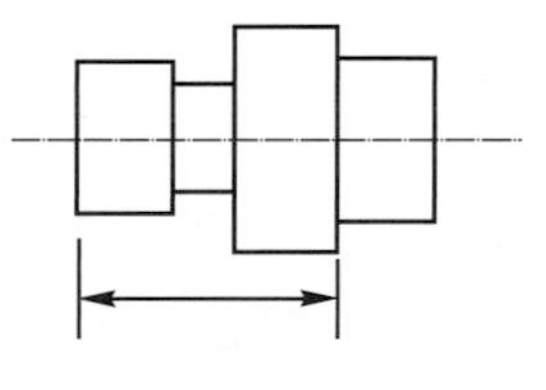

(　)47. 一般游標卡尺無法直接量測的項目是 (A)深度 (B)階段差 (C)內徑 (D)錐度。

( )48. 有一槓桿式量表的讀數是0.5mm，若測桿與工件測量面成30度角時，量表眞實讀數爲若干？ (A)0.5cos30° (B)0.5/cos30° (C)0.5sin30° (D)0.5/sin30° mm。

( )49. 用游標卡尺測量內孔徑時，下列敘述何項錯誤？ (A)內側測爪要完全與工件接觸 (B)應量取最小讀數值 (C)測量小孔直徑時，會發生量測誤差 (D)應儘可能將內側測爪深入孔中。

( )50. 下列何種量具之靈敏度最高？ (A)游標卡尺 (B)分厘卡 (C)投影機 (D)電子測微器。

( )51. 公制分厘卡之外套筒圓周的等分數爲 (A)50 (B)40 (C)30 (D)25。

( )52. 製作耐磨塊規的材料是 (A)不銹鋼 (B)高碳與鉻之合金 (C)碳化鎢 (D)石英石。

( )53. 與鑄鐵平板相比，下列何項非花崗平板之優點？ (A)硬度高 (B)易加工 (C)不生鏽 (D)熱膨脹數低。

( )54. 量表游標卡尺之量表裝於游尺，其功能是 (A)量測測爪壓於工件上之壓力 (B)代替游尺的刻度便於讀取游尺 (C)便於直接讀出工件尺度 (D)歸零校正之用。

( )55. 在平台上用100mm正弦桿佈置19°，則應組合的塊規尺寸是 (A)20.58 (B)32.56 (C)34.20 (D)30.98 mm。

( )56. 下列敘述何項不正確？ (A)電子式水平儀可測垂直度 (B)酒精水平儀之氣泡向右漂爲正值 (C)角尺稱爲直角標準件 (D)水平儀之規格以底座之長×寬表示。

( )57. 雷射度量儀所採用之雷射裝置通常爲 (A)CO_2 (B)He-Ne (C)半導體 (D)液體雷射。

( )58. 在扭合密接數個塊規爲一組時，應 (A)由厚而薄依次扭合 (B)由薄而厚依次扭合 (C)不需按厚或薄之順序 (D)任意決定。

( )59. 下列敘述何者正確？ (A)以游標卡尺之外徑量測配合階段量測，可求圓桿端面之中心 (B)管厚游標卡尺之外測爪爲圓柱形 (C)孔距游標卡尺之測爪前端爲角錐形 (D)量測車床加工件應先將游尺固定，使游標尺離開工件再讀取尺寸。

( )60. 下列敘述何者正確？ (A)2 級塊規爲工作用塊規 (B)檢驗游標卡尺之精度宜選用A級塊規 (C)AA(00)級塊規之允許誤差爲0.5μm (D)細切面之舊 CNS 以"▽▽▽"表示。

( )61. 下列敘述何者不正確？ (A)鑄鐵平台之材質大都爲 GC20 (B)花崗石平台之材質爲輝綠岩，屬水成岩 (C)花崗石平台比鑄鐵平台硬、耐磨、耐蝕、但價格高，不易加工 (D)FS之鑄鐵平台分爲AA、A、B、C四級。

( )62. 下列敘述何者正確？ (A)圓球面之牛頓帶爲等距同心圓 (B)圓柱面之牛頓帶爲不等距平行直線 (C)指示量表(針盤量規)係以齒輪系放大角位移 (D)指示量表之放大機構有齒輪系，刻度盤及槓桿放大。

( )63. 下列敘述何者正確？ (A)圓弧規屬於單維樣規 (B)槓桿式量表之測桿作動方向與測桿平行 (C)槓桿式量表之測桿作動方向與測量方向平行 (D)槓桿式量表之量程不超過10mm。

( )64. 以內側分厘卡進行量測時，分厘卡棘輪彈簧鈕在右手端，則襯筒與外套筒刻劃數字下列何者正確？ (A)襯筒數字較大者在左邊，外套筒數字較大者在上方 (B)襯筒數字較大者在右邊，外套筒數字較大者在上方 (C)襯筒數字較大者在左邊，外套筒數字較大者在下方 (D)襯筒數字較大者在右邊，外套筒數字較大者在下方。

( )65. 下列敘述何者錯誤？ (A)雷射準直儀配合 12 面鏡可測迴轉台之精度 (B)量測用雷射通常爲CO_2雷射 (C)雷射干涉儀測位移精度可達μm以下 (D)雷射掃描儀可作線上量測。

( )66. 對於彈性材料製成之工件正確尺寸的量測最好用 (A)量表游標卡尺 (B)定壓式量表游標卡尺 (C)旋轉式測爪游標卡尺 (D)偏置測爪游標卡尺。

(　)67. 舊鋼尺測量不易準確的原因是　(A)尺端成圓角　(B)尺寸不穩定　(C)刻線模　(D)尺形彎曲。

(　)68. 最早發明游標原理的人是　(A)法國　(B)美國　(C)葡萄牙　(D)中國。

(　)69. 一般公制量表最小的讀數值是　(A)0.002　(B)0.01　(C)0.02　(D)0.05 mm。

(　)70. 對工件能從事非接觸性測量的量具是　(A)游標高度規　(B)電子比較儀　(C)光學投影機　(D)槓桿式量表。

(　)71. 量表經標準直角圓筒歸零後，再將100mm高的工件靠上檢驗，發現表針順時方向轉58格，則此時工件與平板的夾角為　(A)89度10分　(B)89度50分　(C)90度10分　(D)90度20分。

(　)72. 用最少的塊規組合51.041mm，需要幾塊？規格：1.0005mm的1塊，1.001～1.009mm共9塊(每0.001mm為一階級)，1.01～1.49mm共49塊(每0.01mm為一階級)，0.5～24.5 mm共49塊(每0.5mm為一階級)，25～100mm共4塊(每25mm為一階級)。　(A)6　(B)5　(C)4　(D)3塊。

(　)73. 下列敘述何者正確？　(A)指示量表之自由零點在12點鐘位置　(B)指示量表之合格複讀性應為±1格　(C)指示量表之小範圍精度是指最初0.1mm之精度　(D)角度塊規可以秒為單位組合角度。

(　)74. 溝槽分厘卡可測量溝槽的寬度，其測頭圓盤厚度為0.75mm，當測量如右圖所示槽寬內側時，若分厘卡讀數為12.50mm，則實際槽寬為　(A)12.50　(B)13.25　(C)14.00　(D)11.00 mm。

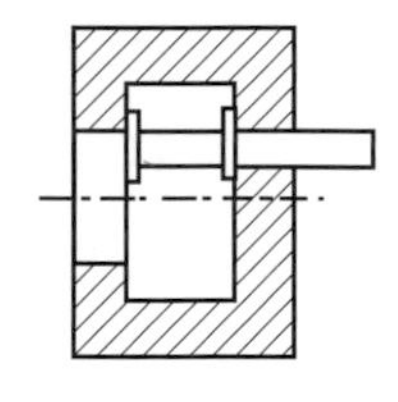

(　)75. 放大倍數愈高的量表其可以輸入的位移量則　(A)愈小　(B)愈大　(C)相等　(D)無法比較。

(　)76. 三溝槽外側分厘卡主軸螺桿節距為　(A)0.5mm　(B)0.75mm　(C)0.559mm　(D)0.6mm。

(　)77. 下列何者不是電子比較儀的優點？　(A)敏感性高　(B)測量壓力小　(C)反應速率快　(D)可量測圓形工作物之外徑。

( )78. 機械工廠使用鋼尺之材料為 (A)木材 (B)鋁 (C)塑膠 (D)不銹鋼。

( )79. 常用之外測分厘卡的主軸與砧座直徑約為 (A)6.5mm (B)8mm (C)8.5mm (D)10mm。

( )80. 精密高度規的測量精度是 (A)1/20mm (B)1/50mm (C)1/100mm (D)1/1000mm。

( )81. 適用於直線位移之長量程測量的表面型式是 (A)實用型 (B)連續型 (C)單針型 (D)平衡型。

( )82. 量表不可用於 (A)測眞圓度 (B)測平行度 (C)測表面粗糙度 (D)比較量測。

( )83. 游標卡尺不可能讀得之尺寸為 (A)10.00 (B)10.000 (C)10.22 (D)10.45。

( )84. 分厘卡之心軸迴轉α度時，前進距離為

(A)$\frac{\alpha}{2\pi}\times P$ (B)$\frac{2\pi}{\alpha}\times P$ (C)$\frac{\alpha}{360^\circ}\times P$ (D)$\frac{360^\circ}{\alpha}\times P$。

( )85. 一公制分厘卡，在其心軸之螺紋每一公厘卡有 2 牙，而在套筒之角周圍上等分 50 格，則其量測値為 (A)0.1mm (B)0.05mm (C)0.01mm (D)0.005mm。

( )86. 下列敘述何項正確？ (A)游標卡尺之測深桿可用來量測孔深及階級 (B)本尺 1 格 0.5mm 之游標卡尺，取 24mm 分為 25 等分，則最小讀值為 0.02mm (C)精測塊規式高度規以 10mm 塊規歸零 (D)外側分厘卡之規格每 25mm 有一支。

( )87. 下列敘述何項正確？ (A)分厘卡心軸轉α度，則前進$\frac{\alpha P}{2\pi}$ (B)游標分厘卡之螺桿節距比普通分厘卡小 (C)以塊規配直規，可檢驗槽深 (D)塊規之平面度可用直規量測。

( )88. 下列敘述何項正確？ (A)卡儀型內分厘卡之量測孔徑不受限制 (B)三點式內測分厘卡有自動調心作用 (C)圓盤式分厘卡可測齒輪之弦齒厚 (D)界限分厘卡可取代塞規。

( )89. 大平台之精密平面度檢驗應選用之量具為 (A)自動視準儀 (B)光學平鏡 (C)平台試磨 (D)角尺。

( )90. 以計算被測物遮蔽影像的時間測出工件尺寸的量測儀器為 (A)雷射準直儀 (B)雷射掃描儀 (C)雷射干涉儀 (D)光學輪廓儀。

( )91. 工件高度或孔徑的測量應把槓桿式量表裝在 (A)精密高度規 (B)劃線台 (C)游標高度規 (D)分厘卡 。

( )92. 以針盤量表量圓形工件眞圓度時，若圓形工件以水平支持二中心之間，此時 (A)針盤量表量桿之軸不必與工件軸線相交 (B)量桿必須鉛直方向安置且軸線通過工件中心線 (C)量桿之安放位置僅需使其軸線垂直工件中心即可 (D)以上皆是。

( )93. 三溝槽外側分厘卡，其砧座夾角與主要錐度均為 60°，主軸螺桿之節距為 (A)0.5 (B)0.669 (C)0.75 (D)1.0 mm。

( )94. 有一深度 50mm 的盲孔，欲測量其底部直徑，下列那一種量具最適當？(A)游標卡尺 (B)三點式分厘卡 (C)精測塊規與量表 (D)電子比較儀。

( )95. A 級塊規每 25mm 所要求的精度 (A)±0.05 (B)±0.10 (C)±0.20 (D)±0.40 μm。

( )96. 一般公制量表中最小的讀數值為 (A)0.002 (B)0.01 (C)0.02 (D)0.05 mm。

( )97. 公制分厘卡之外套筒圓周的等分數為 (A)50 (B)40 (C)30 (D)25。

( )98. 如右圖所示棒形分厘卡量測孔徑時，因傾斜θ所產生的量測誤差是 (A)視覺誤差 (B)正切誤差 (C)餘弦誤差 (D)正弦誤差。

( )99. 在車床上加工 45±0.04mm 之外徑尺寸，用下列何種量具最適當？ (A)游標卡尺 (B)投影機 (C)外卡與鋼尺 (D)量表與精測塊規。

( )100. 工件狹窄溝槽之直徑測量，用下列那一種量具最適當？ (A)V 溝分厘卡 (B)扁頭直進分厘卡 (C)尖頭分厘卡 (D)溝槽分厘卡。

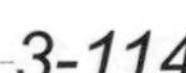

( )101. 下列有關指示量表之敘述何者錯誤？ (A)量表圓盤有表針二枚，長針用於記錄短針迴轉之圈數 (B)量表本身無眞正的長度尺寸基準，所以測量或檢驗工件要配合塊規使用 (C)量表測量長度越長其產生之累積誤差越大 (D)量表之表針加長可增加放大之作用。

( )102. 管厚分厘卡的測頭端是呈 (A)尖錐狀 (B)球面狀 (C)平面狀 (D)凹面狀。

( )103. 下列何者無法用 V 溝分厘卡測量其外徑？ (A)端銑刀 (B)螺絲攻 (C)錐度銷 (D)栓軸。

( )104. 有關平台的敘述下列何者錯誤？ (A)平台可作爲測量、劃線及檢驗工作等基準面 (B)B級平台只適用於高精密實驗室的檢驗 (C)花崗岩平台相較於鑄鐵平台而言較不易變形 (D)平台之平面度可利用塊規與標準直尺來檢驗。

( )105. 今日高度精密量測可達到0.01mm的量具是 (A)游標卡尺 (B)游標高度規 (C)微調高度規 (D)直讀式量表高度規。

( )106. 下列有關塊規使用之敘述，何者錯誤？ (A)塊規的邊緣受損時便應報廢不可再使用 (B)塊規之密接情形經過時間愈長則其吸著力愈大，不宜超過一小時 以免脫離不易 (C)塊規之所以能密合的原因是光滑金屬面間的分子吸力 (D)塊規不使用時要放置在密閉的盒內，並止於規定的20℃環境下保存。

( )107. 下列有關精密塊規材料所必須具備的特性，何者非必然需要的項目？ (A)耐繡蝕性與耐磨性高 (B)膨脹係數與材料性質安定 (C)密度高與質量重 (D)加工容易與研磨效果佳。

( )108. 下列有關量表使用之敘述，何者錯誤？ (A)齒桿主軸或槓桿式量表的樞軸，要加油潤滑以確保其動作順暢無礙 (B)測量前用細軟布擦淨磁力座底面及工件或機械基準面 (C)量表可應用於工件的長度、平面度與垂直度之檢測 (D)量表必須與受測工件表面垂直以避免餘弦誤差。

(　)109. 下列有關空氣量規之敘述，何者錯誤？ (A)利用空氣壓力或流量變化感測工件尺寸的微差 (B)可測出孔或軸之斜度 (C)非接觸性測量與工件間無磨損 (D)可測出工件之眞正尺寸，精度高。

(　)110. 使用分厘卡以量測工作物之厚度，下列何者錯誤？ (A)不得握套筒搖轉卡架 (B)外分厘卡不用時，砧座或主軸端分開保持一小距離，不得扣緊 (C)分厘卡上污物要用壓縮空氣清除 (D)工件轉動未停止時，不可進行量測。

(　)111. 有一公制游標卡尺，本尺刻度(1mm)49 格對游尺 50 格，游尺最小讀數爲 1/50mm，游尺零刻度對應在本尺 9 和 10 之間，游尺第 13 格刻度線和本尺刻度線對準，求其讀數爲若干？ (A)9.13 (B)9.26 (C)13.00 (D)13.10 mm。

(　)112. 有關分厘卡之敘述，下列何者錯誤？ (A)外分厘卡通常每 25mm 的範圍有一支 (B)棒形分厘卡與三點式分厘卡都是屬於內側分厘卡 (C)附量表分厘卡可用來作大量產品之檢驗 (D)孔距分厘卡可直接測量兩孔間之中心距。

(　)113. 精測塊規扭合後可以連接在一起的主要原因是 (A)其密接的接觸面間不再存有空氣，因此大氣壓力可將塊規壓住 (B)兩塊規面上有極微薄油膜，其所發生的分子力使塊規黏貼 (C)兩光滑金屬面間密壓在一起所產生的分子吸力 (D)以上皆非。

(　)114. 下列何種塊規組含有兩片碳化鎢保護塊規？ (A)S45S (B)S45 (C)S45E (D)S45P。

(　)115. 量測用之雷射通常用 (A)He-Ne (B)CO_2 (C)Cd (D)紅寶石 雷射。

(　)116. 分厘卡之心軸節距$P = 0.5$mm，則心軸轉$\alpha = 0.72°$，前進距離爲 (A)$\frac{\alpha}{2\pi} \times P$ (B)$\frac{2\pi}{\alpha} \times P$ (C)$\frac{360°}{\alpha} \times P$ (D)0.001 mm。

(　)117. 使用游標卡尺，當兩外側測爪閉合後可露出光線之最小間隙約爲 (A)3～5μm (B)5～8μm (C)0.01mm (D)0.002mm。

( )118. 如右圖所示之車床加工階級元件，圖示尺寸之量測最適合之量具是 (A)游標角度儀 (B)分厘卡 (C)單腳卡與鋼尺 (D)游標卡尺。

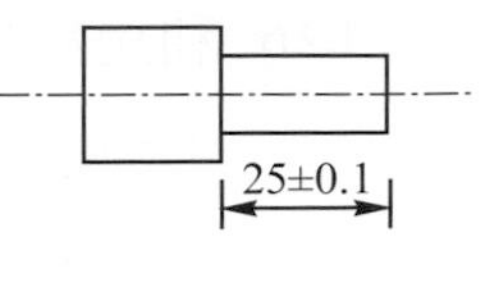

( )119. 如右圖所示之內側分厘卡讀數爲 (A)12.39 (B)12.89 (C)7.89 (D)7.39。

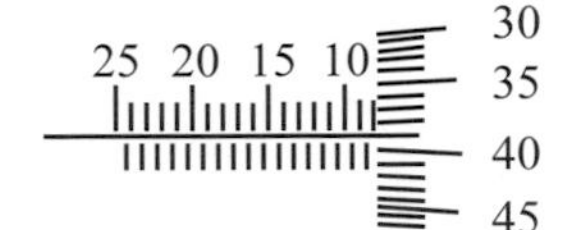

( )120. 下列敘述何者錯誤？ (A)在車床上車削階級直徑時，適合用單腳卡劃線 (B)使用游標卡尺時應右手握持本尺，拇指壓住並控制副尺，使副尺能左右移動 (C)車床加工時，工件轉動中不可用外卡量測直徑 (D)游標卡尺量測時應先扭緊副尺上的固定螺絲後再讀出尺寸。

( )121. 關於分厘卡量測器，下列敘述何者不正確？ (A)分厘卡量測器之固定砧面與主軸砧面須檢驗其平面度及平行度 (B)分厘卡量測器的工作原理，是根據螺紋的圓周運動，使主軸向產生長度位移 (C)檢驗分厘卡量測器時，可使用游標卡尺 (D)分厘卡量測器尾端之棘輪彈簧鈕，可防止量測時壓力過大造成誤差。

( )122. 在機械工廠中進行製造加工及檢驗工件時，選用下列何種等級塊規較適宜？ (A)00 級 (B)0 級 (C)1 級 (D)2 級。

( )123. 有一公制的分厘卡，其量測範圍爲 0～25mm，導程爲 1mm，而外套筒刻劃爲 100 等分，此分厘卡之精度爲多少？ (A)0.004mm (B)0.01mm (C)0.05mm (D)0.25mm。

( )124. 下列何種量測儀器，較容易發生嚴重的阿貝(Abbe)誤差？ (A)阿貝測長儀 (B)游標卡尺 (C)精密塊規 (D)水平儀。

( )125. 某一分厘卡的螺桿節距爲 0.5mm，當外套筒旋轉 180°時，則主軸量測面移動距離爲何？ (A)0.05mm (B)0.25mm (C)0.5mm (D)1.0mm。

( )126. 利用精度0.02mm的游標卡尺來量測某一工件時，其主尺、副尺刻線如下圖所示，則該游標卡尺正確讀數應為何？ (A)11.32mm (B)11.34mm (C)28.00mm (D)28.32mm。

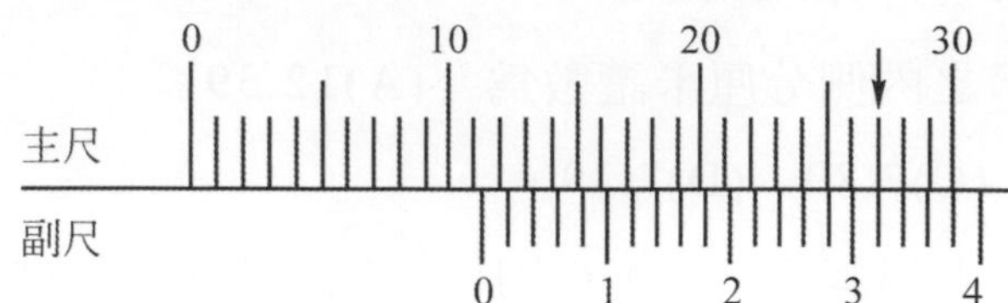

( )127. 關於一般的球形測頭槓桿式指示量表，下列敘述何者不正確？ (A)可與精密塊規相配合而對工件進行高度轉移比較量測 (B)量表本身基於槓桿原理，其測桿擺動被局限於 90°範圍內 (C)機械工廠的操作人員可用其來校正工件中心或檢驗同心度 (D)測桿與工件表面的夾角應盡量縮小，以免發生量測誤差。

( )128. 下列那一種分厘卡最適合用來量測具有五個刃邊的鉸刀外徑？ (A)深度分厘卡 (B)V 溝分厘卡 (C)圓盤分厘卡 (D)尖頭分厘卡。

( )129. 關於高度規，下列敘述何者不正確？ (A)高度規除了可量測高度外，若裝上劃刀亦可當作零件加工時的劃線工具 (B)高度規在使用之前，必須先作高度的歸零檢查步驟，以免發生量測誤差 (C)量表式高度規在歸零時，必須將表盤後的指針旋鈕慢慢地旋轉至歸零點 (D)若將高規裝上測深附件，則可以用來進行孔深、凹槽深、階級差之量測。

( )130. 下列有關塊規之選用與組合原則，何者最不正確？ (A)組合所需塊規數愈少愈佳 (B)先選用較薄尺寸者 (C)可用於校驗量具精度 (D) 組合應由最薄尺寸者開始且應採用旋轉密接法。

( )131. 下列有關雷射干涉儀配合各類折射鏡與反射鏡之量測及檢驗應用，何者不正確？ (A)適用於量測真直度與誤差 (B)適用於量測真圓度與誤差 (C)適用於量測垂直度與誤差 (D)適用於量測平行度與誤差。

( )132. 欲利用塊規歸零校對範圍由 20 mm 至 50 mm 之分厘卡，最適宜選用之塊規尺寸為下列何者？ (A)10 mm (B)15 mm (C)20 mm (D)25 mm。

( )133. 欲選用 2 mm 基數、112 塊規組中之塊規，組合 58.125 mm 之尺寸，則宜最先選擇的塊規尺寸爲下列何者？ (A)0.025 mm (B)2.005 mm (C)0.125 mm (D)50 mm。

( )134. 若以 12.00 mm 塊規組合校驗游標卡尺之外測測爪精度，得知其讀值爲 11.86 mm。如果以此游標卡尺量測某一工件，得知其長度讀值爲 58.16 mm，則此工件的正確尺寸應爲下列何者？ (A)58.30 mm (B)58.16 mm (C)58.02 mm (D)58.46 mm。

( )135. 游標卡尺之結構中，下列何者最適於量測下圖標示 18 mm 之尺寸？(A)外測測爪 (B)內測測爪 (C)階段測爪 (D)深度測桿。

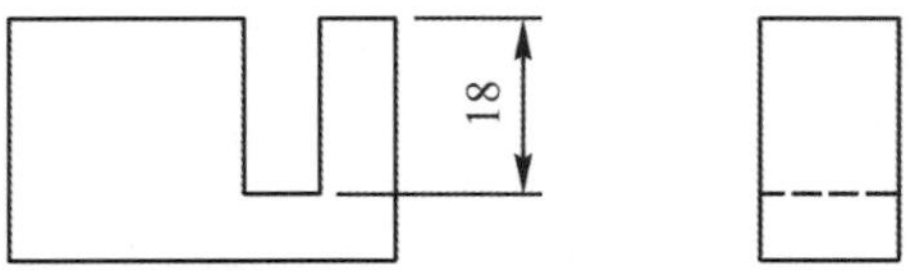

( )136. 若欲以一般游標卡尺量測如下圖所示工件之兩孔中心距離X。可行方法爲先量取量測部位L、M、P、Q之尺寸，再計算X尺寸，最不適合之計算式爲下列何者？ (A)$X=(L+M)/2$ (B)$X=(P+Q)/2$ (C)$X=L-12$ (D)$X=M+12$。

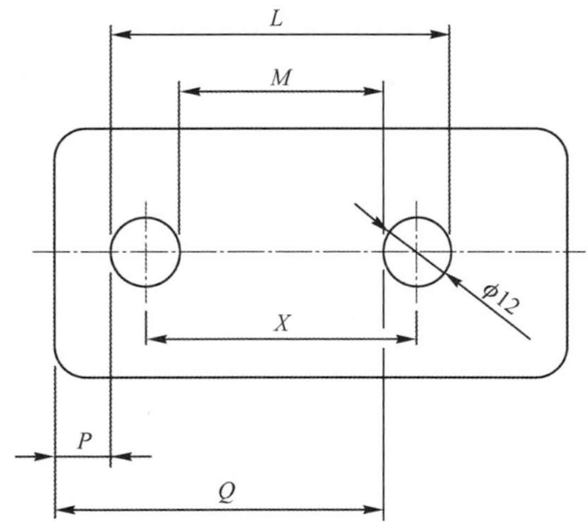

Chapter 4 角度與錐度

角度量測爲最基本的量測之一，許多的機械製品都是以角度爲構成形狀的主要因素，例如：錐度、螺紋、齒輪及凸輪等。角度量測通常是根據工件的外型尺寸及角度大小，用以決定使用適當的量測設備及其方法。本章將就角度的單位與測量方法加以討論，目的在於認識各種角度與錐度之量具的構造、原理、功能及使用方法，並瞭解各種角度量具之能力與限制。

4-1 角度量測方法的分類

角度量測依照其測量方式可以分爲直接量測、比較量測及間接量測三種：

1. **直接量測**

   利用量具直接接觸工件進行量測，此類量具通常具有直接刻劃，可以將正確的尺寸直接判讀出來，如：量角器、直角規、萬能量角器、組合角尺等。

2. **比較量測**

   利用量具進行間接比較量測，此類量具沒有直接的刻劃，必須經過計算或換算才可以得知正確的尺寸，如：角度塊規、角度量規、角尺、直角規等。

3. **間接量測**

   利用輔助量具，藉著平面幾何的換算，或是利用光學放大原理，推算或量測出所求的角度，如：正弦桿、正弦平板、工具顯微鏡、光學投影機等。

4-2 角度直接量測

一、量角器

量角器(Protractor)是由一個半圓形分度器及可以旋轉的直尺組成，如圖4-2.1(a)所示。半圓形分度器的角度刻劃精度爲1°，精度不高，量測時要將旋轉的直尺平貼於工件的基準參考面上，然後旋轉分度器與另一邊貼齊，在此量角

器上所獲得的角度讀數值，即是測量的工件尺寸。量角器測量工件之銳角與鈍角的方法，如圖 4-2.1(b)所示。

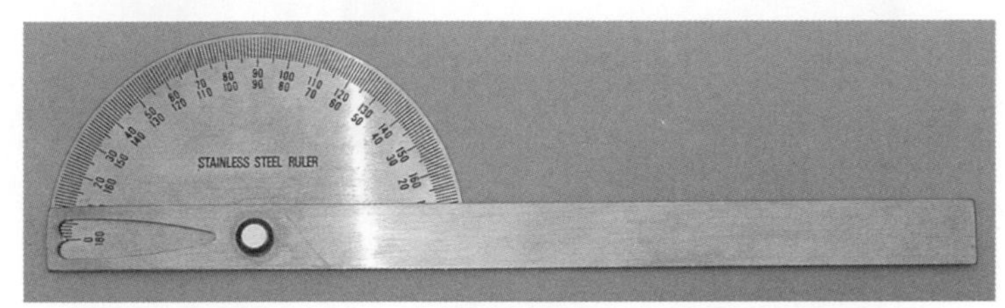

(a) 量角器

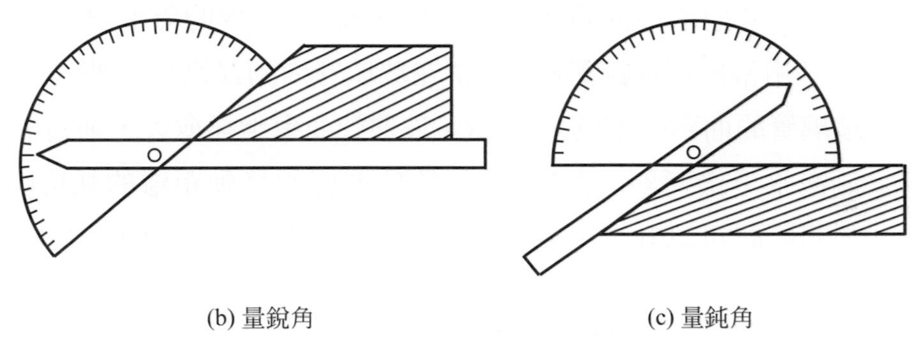

(b) 量銳角　　(c) 量鈍角

圖 4-2.1　量角器測量銳角與鈍角

二、水平儀

1. 氣泡水平儀

氣泡水平儀(Spirit Level)量測角度的範圍不大，主要用於**校正各類機械、儀器設備在安裝時是否是水平**，或是**調整平面的水平狀況**，以及**測知平面的傾斜方向或角度**。

(1) 氣泡水平儀的構造及原理：氣泡水平儀(如圖 4-2.2 所示)其框架是由經過平面研磨的鋼材所製成，因此底面非常平整，沿著縱軸方向裝置具有弧度的玻璃管，玻璃管內部裝入流動性良好的液體，如：酒精、醚等，並殘留少許的空氣，此空氣所形成的氣泡會停留在玻璃管內的最高處；判讀方式為右正左負。

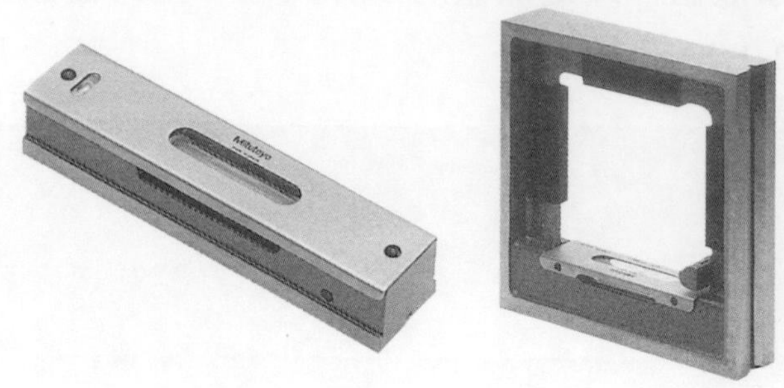

圖 4-2.2　氣泡水平儀

當氣泡水平儀傾斜一個小角度θ時，管內的氣泡會移動一段弧長S，S相當於直線距離K，停留在玻璃管內的最高處。假設氣泡水平儀玻璃管的曲率(或圓弧)半徑R，玻璃管曲率半徑愈大，則靈敏度愈高，氣泡水平儀傾斜的角度θ相當於玻璃管的移動距離的弧度ϕ，由此移動的距離可以計算出氣泡水平儀傾斜的角度θ，如圖 4-2.3 所示。

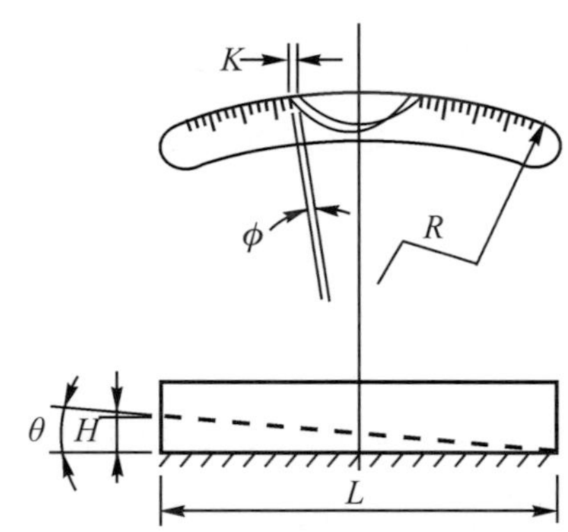

圖 4-2.3　氣泡水平儀的原理

$$\phi=\frac{S}{R}\cong\frac{K}{R}$$

$$\theta\cong\tan\theta=\frac{H}{L}$$

$$\theta=\phi$$

S：氣泡移動的弧長

K：氣泡移動的距離

R：玻璃管的曲率半徑

H：高度差

L'：工件長度

⑵ 氣泡水平儀的感度：氣泡水平儀的感度通常是以靈敏度來代表，靈敏度一般決定於玻璃管內部的彎曲率以及管內氣泡移動的能力，所謂靈敏度是指水平儀氣泡移動一個刻度時，所產生的傾斜角度，常用的氣泡水平儀的感度有 0.02mm/m(4")、0.05mm/m(10")及 0.1mm/m(20")。

⑶ 氣泡水平儀的應用

① 氣泡水平儀在使用前，應放置於水平的標準平板上面檢驗氣泡是否居中，中心位置如圖 4-2.4 所示；然後將氣泡水平儀旋轉 180°，如果氣泡位置不變，則水平儀本身正確，可以用於平面的校正。

② 將氣泡水平儀放置於待測的平面上，觀察氣泡水平儀的氣泡位置。假設氣泡水平儀的感度為 0.05mm/m，若氣泡向左偏移 1 刻劃，表示左邊平面較高 0.05mm/m；若氣泡向右偏移 2 刻劃，表示右邊平面較高 0.10mm/m，同時左右方向的決定，以觀察者的左右方向為準，與氣泡水平儀的方向無關，如圖 4-2.5 所示。調整機器或儀器設備的水平狀況直到氣泡居中。

③ 將氣泡水平儀旋轉 90°，調整垂直方向的水平狀況。

④ 重複步驟⑵及⑶，直到兩個方向都達到眞正的水平狀況。

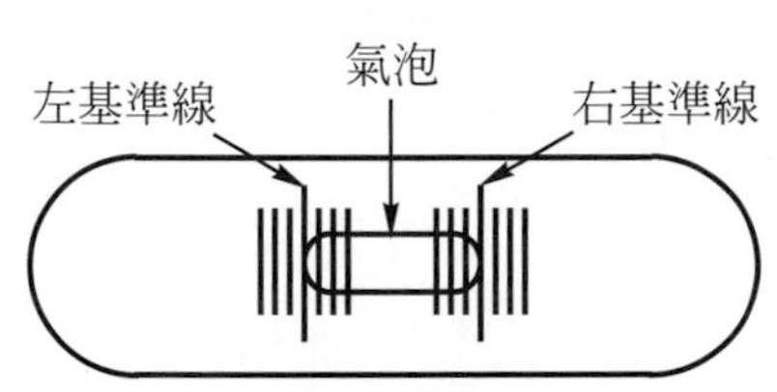

圖 4-2.4　氣泡水平儀的中心位置

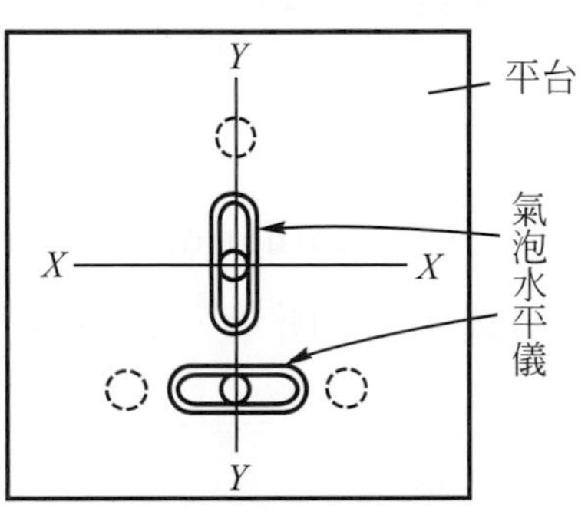

圖 4-2.5　氣泡水平儀調整水平

2. 電子水平儀

電子水平儀(如圖 4-2.6 所示)主要分成電感式和電容式兩種，電感式水平儀的原理，主要是當水平儀傾斜時，鐵心在感應線圈內移動，感應線圈感應出微小的電壓變化量，此電壓變化量與鐵心的移動距離成正比。電容式水平儀的原理，主要是當水平儀傾斜時，細線上的小擺錘也會因爲地心引力的作用而產生歪斜，在兩端所產生的電容並不相等，進而感應出角度的變化量。

一般電子水平儀之感度可達 0.001mm/m(0.2")；其用途除了測量角度外，另有：檢則水平度、眞平度、眞直度、平行度及直角度。

圖 4-2.6 電子水平儀[6]

註 水平儀用於量測小角度。

三、組合角尺

組合角尺(Combination Square Sets)是由**直尺**、**角度規**、**中心規**及**直角規**所組成，如圖 4-2.7 所示。其各部份之組成及功用如下：

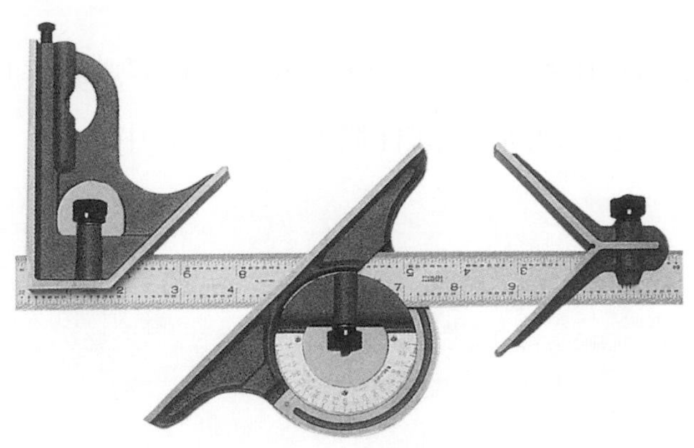

圖 4-2.7　組合角尺

1. 直尺

如圖 4-2.8 所示，正面中央有凹槽，可用於裝角度規、直角規和中心規，此三者可在直尺上做左右移動，並具有固定螺絲以供固定，用來量長度、深度、寬度及劃線，其精度爲 0.5mm，規格有 150mm、300mm、450mm 和 600mm。

圖 4-2.8　直尺

2. 角度規

如圖 4-2.9 所示，角度規基座爲平準面，具有角度刻劃之量角器，可以用來直接測量 180°以內的角度，而精度爲 0.5°。

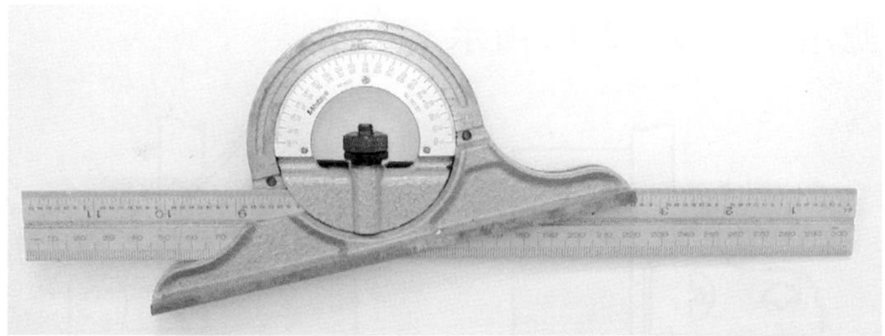

圖 4-2.9　角度規

3. 中心規

如圖 4-2.10 所示，中心規的夾角爲 90°，當與直尺組合時會將角度等分爲 45°，用於求方形、圓柱體及八角形的中心。

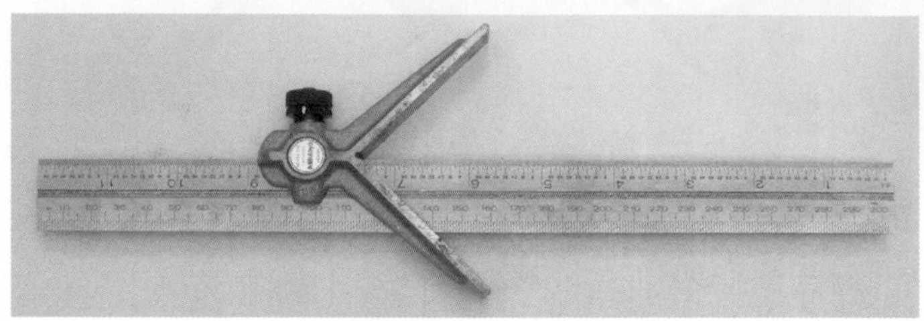

圖 4-2.10 中心規

4. 直角規

如圖 4-2.11 所示，直角規的基座有一直槽，當直尺裝入一側成 45°，與另一側成 90°並且具有水平儀，此水平儀用以檢驗機具的水平，其垂直端有一枝鋼針可用於劃線，而直角規也可作高度及深度量測用。

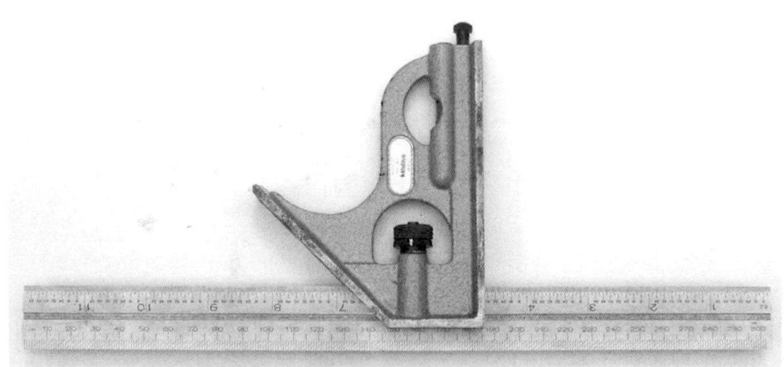

圖 4-2.11 直角規

組合角尺的應用，如圖 4-2.12 所示。

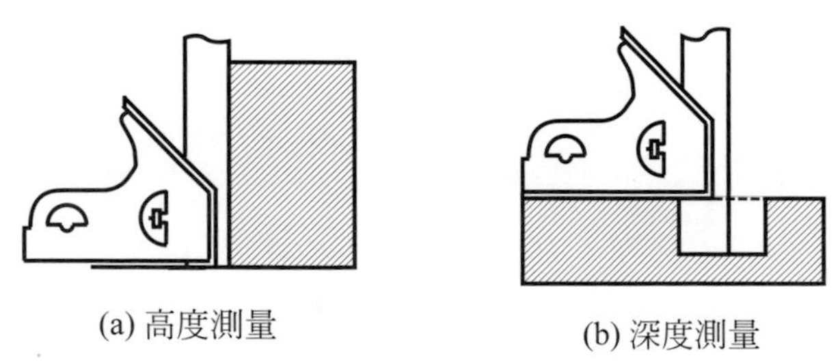

圖 4-2.12 組合角尺的應用

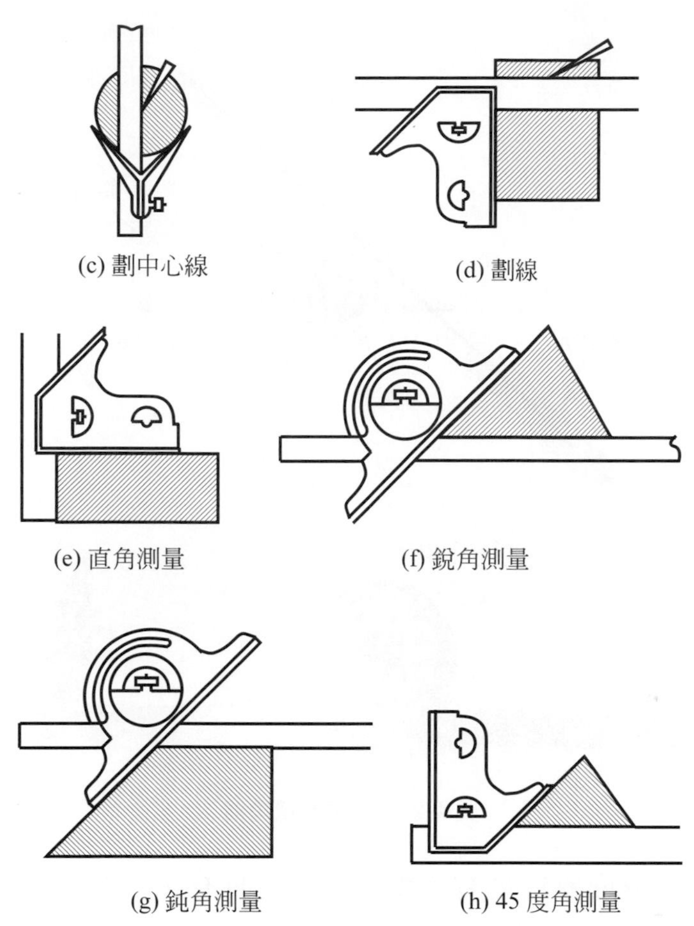

(c) 劃中心線

(d) 劃線

(e) 直角測量

(f) 銳角測量

(g) 鈍角測量

(h) 45 度角測量

圖 4-2.12　組合角尺的應用(續)

註　組合角尺的用途除了測量角度外，另有：測量長度、深度、角度、直角度及求圓桿端面之中心。

四、萬能量角器

萬能量角器(Universal Bevel Protractor，又稱游標角度規)之原理與游標卡尺類似，差別只是將游標(微分)原理應用在圓周上，目前量測精度可達 5'；一般採用**長游標微分原理**製成，以達成尺寸判讀容易及精密測量角度的目的。

1. 萬能量角器的構造

萬能量角器(如圖 4-2.13 所示)主要是由以下幾個部份所構成：

(1) 活動直尺：活動直尺爲無刻度的鋼尺，直尺的兩端各爲 30°及 45°，一面有槽便於與圓盤結合，可隨之滑動或是轉動，規格有 150mm 和 300mm。

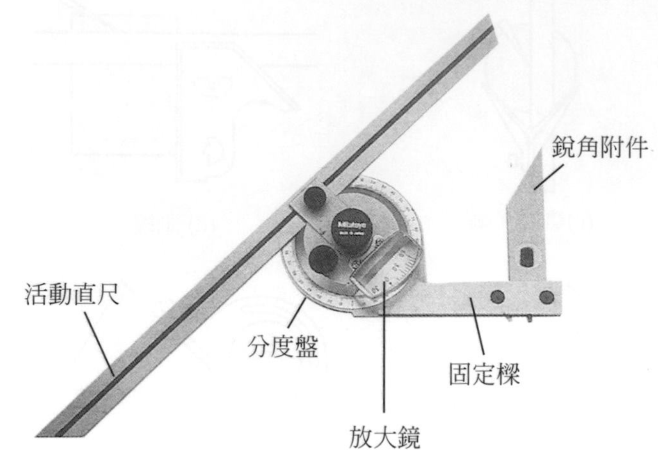

圖 4-2.13　**萬能量角器**

⑵　分度盤：分度盤爲具有刻劃的圓盤，具有本尺及副尺，本尺圓盤分爲四大等分，每個等分爲 90°；圓盤中心有大小固定螺釘，大的固定螺釘用於固定副尺圓盤，使其不轉動，小的固定螺釘用於固定直尺，使其不滑動，還有一個微調鈕用以微調副尺。

⑶　銳角附件：銳角附件與固定樑成 90°，可在空間狹小的地方測量很小的銳角；可增大量測功能。

2. 萬能量角器的游標(微分)原理

萬能量角器的分度盤具有本尺及副尺，將本尺圓盤分爲 360 等分，因此每一刻劃爲 1°，本尺圓盤分成四大等分，刻劃的標註從 0°到 90°，再從 90°回到 0°，而副尺圓盤取本尺圓盤 23 刻劃(23°)之弧長等分爲 12 等分，如圖 4-2.14 所示，因此，

本尺上a格之長度＝aS＝ $2\times1°$＝ $2°$ (a＝ 2，長游標原理)

$$副尺上每格之長度=\frac{aN-1}{N}S=\frac{2\times 12-1}{12}\times 1°=\frac{23°}{12}$$

最小讀數＝本尺上a格之角度－副尺上每格之角度

$$=2°-\frac{23°}{12}=\frac{1°}{12}=5'$$

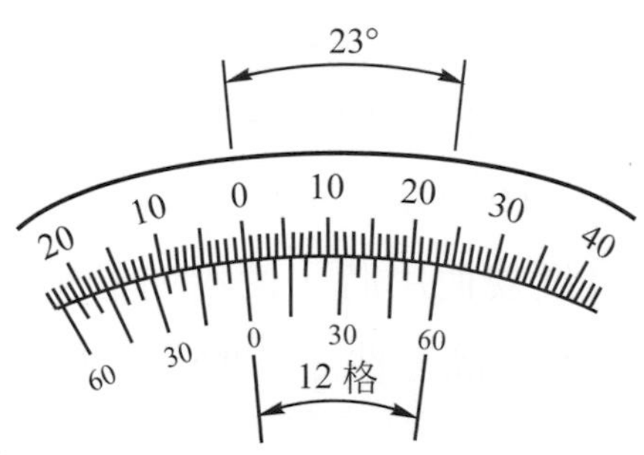

圖 4-2.14　萬能量角器的游標(微分)原理

3. 萬能量角器的尺寸判讀

要讀出量角器角度時，首先讀出本尺圓盤的度數，即副尺零點所對應的本尺刻度，且必須注意 0 度的起始方向，每一刻劃爲 1°；副尺圓盤度數的方向必須和本尺圓盤方向一致，即副尺零刻度線在本尺零刻度線的右邊時就讀出零刻度線右邊的游標，副尺零刻度線在本尺零刻度線的左邊時就讀出零刻度線左邊的游標，再找出本尺和副尺相對齊的刻劃，每一刻劃爲 5'，如圖 4-2.15 所示。因此，量角器讀法爲：

⑴ **正向測量**

	本尺度數值	61°
+)	副尺度數值	20'
	總合度數值	61°20'

⑵ **反向測量**

	本尺度數值	18°
+)	副尺度數值	50'
	總合度數值	18°50'

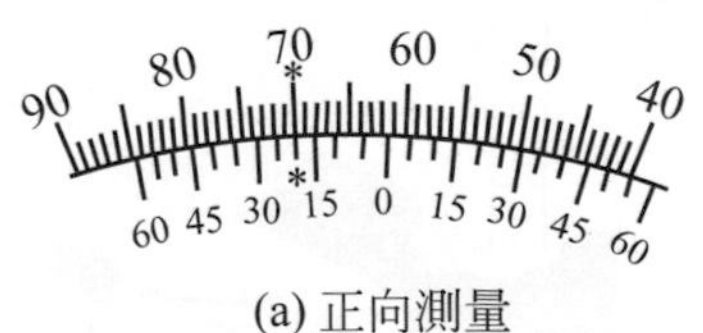

(a) 正向測量

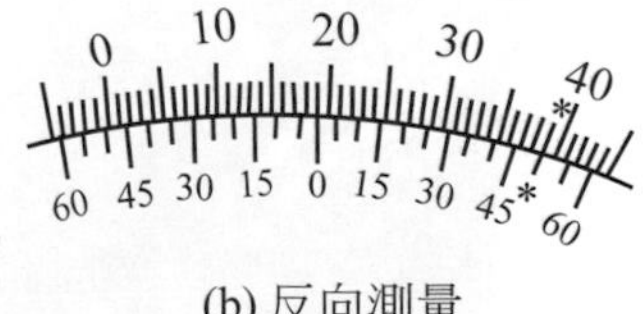

(b) 反向測量

圖 4-2.15　萬能量角器的讀法

4. 萬能量角器使用注意事項

⑴ 量測前必須先將活動直尺與固定樑擦拭乾淨，並且檢查是否有毛邊。

⑵ 觀察本、副尺游標之零點是否對齊。

⑶ 量測時必須調整活動直尺的長度，使活動直尺與工件接觸的長度越長越好，以減少量測誤差。

⑷ 量測時萬能量角器測量面應與工件角度面平行或重合，否則就不符合量測原理，如圖 4-2.16 所示。

⑸ 萬能量角器配合高度規使用時，使用前必須先利用塊規進行歸零校正工作，用以量測高度較高工件之角度，如圖 4-2.17 所示。

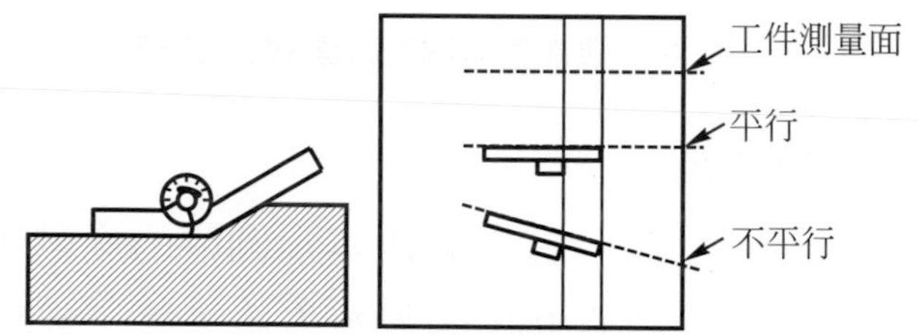

圖 4-2.16　萬能量角器測量面應與工件角度面平行

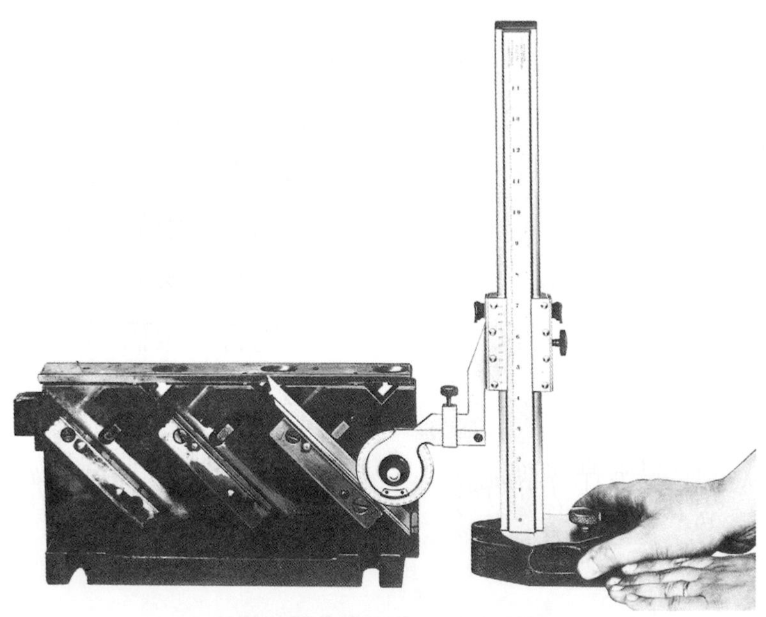

圖 4-2.17　萬能量角器配合高度規使用[2]

(6) 當萬能量角器使用受到限制時，可以配合銳角附件來使用，所得之角度爲工件之餘角，如圖 4-2.18 所示。測量鈍角的情形，如圖 4-2.19 所示。

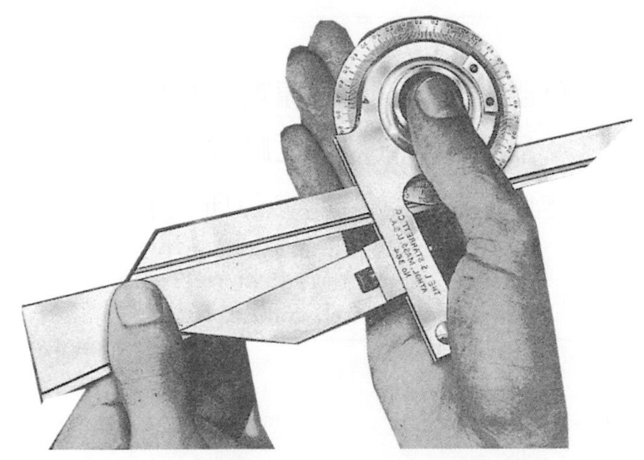

圖 4-2.18　萬能量角器配合銳角附件使用[3]

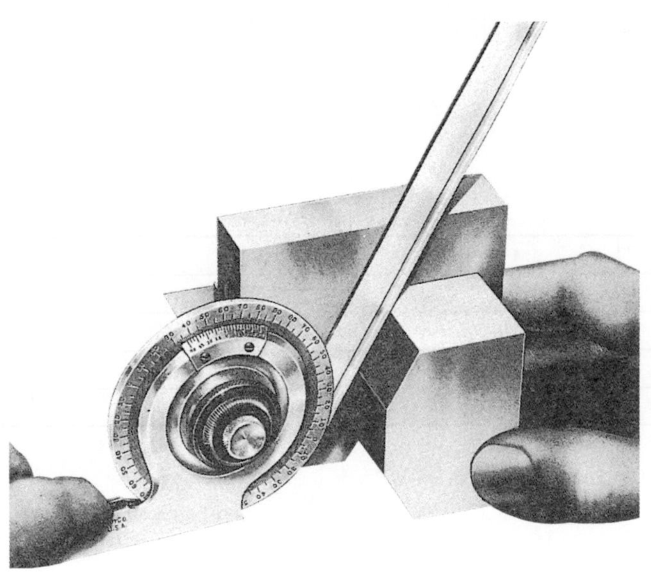

圖 4-2.19　萬能量角器測量鈍角[3]

實習 4-2.1 量角器

實習目的

1. 使學習者認識量角器之構造、量測原理、功能及正確的使用方法。
2. 對量角器之規格及量測範圍有初步之瞭解。
3. 從實際的量測工作中，認識各量測參數所代表之意義，體會量角器之功用與限制。

實習設備

量角器(圖 4-2.1)。

實習原理

請參照 4-2 節之第一小節。

實習結果

工件：________________

	1	2	3	平均
角度				

實習 4-2.2 組合角尺

實習目的

1. 使學習者認識組合角尺之構造、量測原理、功能及正確的使用方法。
2. 對組合角尺之規格及量測範圍有初步之瞭解。
3. 從實際的量測工作中，認識各量測參數所代表之意義，體會組合角尺之功用與限制。

實習設備

組合角尺(圖 4-2.7)。

實習原理

請參照 4-2 節之第三小節。

實習結果

工件：________________

	1	2	3	平均
角度				
長度				
深度				

實習 4-2.3 萬能量角器

實習目的

1. 瞭解萬能量角器之構造與量測原理。
2. 對萬能量角器之功能及使用程序有正確的認識。
3. 從實際的量測工作中體會萬能量角器之功用與限制。

實習設備

萬能量角器(圖 4-2.13)。

實習原理

請參照 4-2 節之第四小節。

實習結果

工件：________________

	1	2	3	平均
角度				

4-3 角度比較量測

角度比較量測是利用工件和標準角度量具的已知角度進行比較，而角度檢驗的工作，在於檢驗工件和標準角度量具間的角度差異。應用角度比較量測的測量方法，例如：角度塊規、角度量規、角尺及直角規等。

一、角度塊規

角度塊規(Angle Gage Blocks)，如圖 4-3.1 所示，是角度測量的基準規，它提供一個標準角度以作為角度量測的標準，主要用於**檢驗和調整各種量測角度儀器和工具、校正其它的角度量規、設置工件於床台上、設定工作台的傾斜角度**等。角度塊規結合面積較大，為 17.5mm×90mm，比一般塊規組合容易，而且使用範圍較廣，垂直或水平都可使用，準確性為角度量測中最好的。

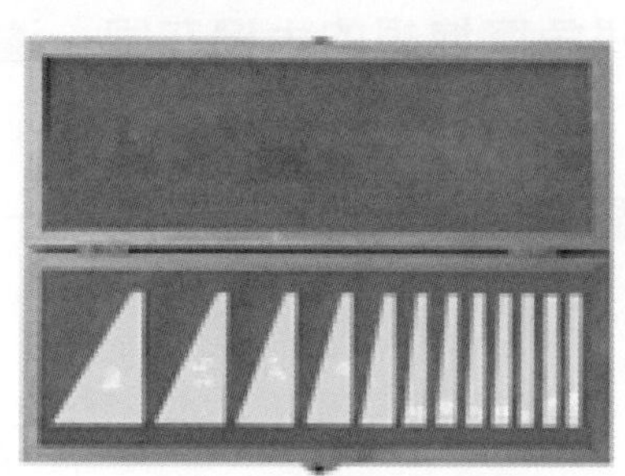

圖 4-3.1　角度塊規

1. 角度塊規的規格

使用方法與一般塊規類似，通常是以成組角度塊規來使用，每塊塊規上面均註明其角度的大小和正負符號，通常在大端標註“+”號，小端標註“−”號，以作為組合標準角度的依據，可以組合 0～90°之間的任何角度，角度精度為 1"，其規格如表 4-3.1 所示。

表 4-3.1　角度塊規的規格

測量精度	塊數	每塊角度
1 度	6 塊組	1°，3°，5°，15°，30°及 45°
1 分	11 塊組	1°，3°，5°，15°，30°及 45°
		1'，3'，5'，20'及 30'
1 秒	16 塊組	1°，3°，5°，15°，30°及 45°
		1'，3'，5'，20'及 30'
		1"，3"，5"，20"及 30"

2. 角度塊規的組合

角度塊規在進行角度組合時，方法如下：

(1) **正向組合**：若**兩個角度塊規的大邊在同一邊時**，則兩個角度**相加**，如圖 4-3.2(a)所示。

(2) **負向組合**：若**兩個角度塊規的大邊在不同一邊時**，則兩個角度**相減**，如圖 4-3.2(b)所示。

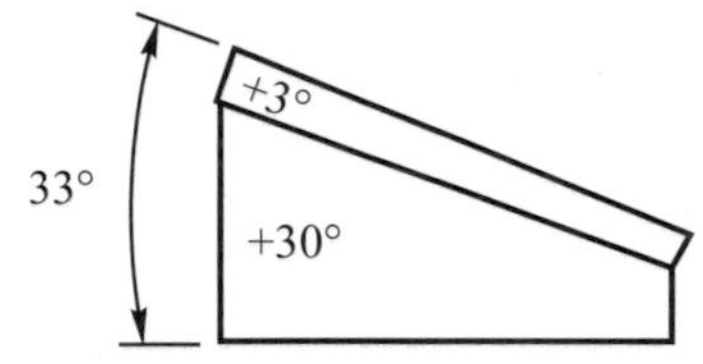

圖 4-3.2　(a)角度塊規正向組合

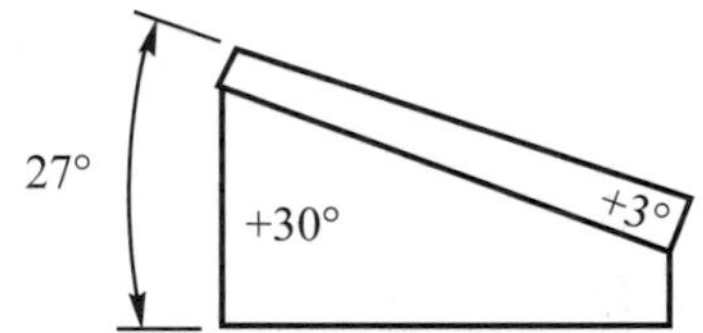

圖 4-3.2　(b)角度塊規負向組合

(3) **任意角度組合**：若利用 11 塊組測量精度 1 分之角度塊規，來組合角度 27°25'，則組合知尺寸及塊規數如下：

(30°)－(3°)＋(20')＋(5')＝27°25'　共 4 塊

組合方式如圖 4-3.3 所示。

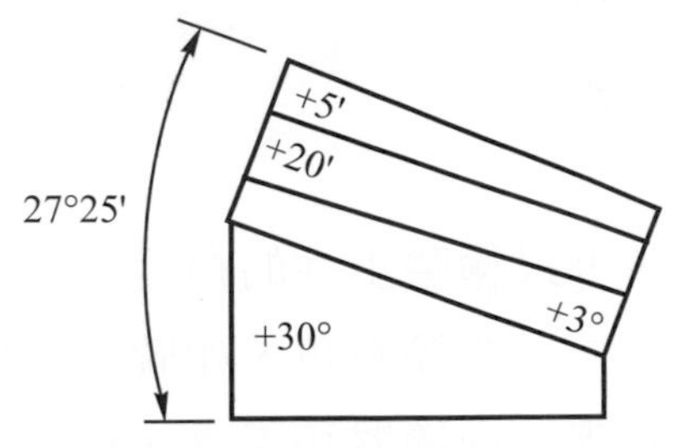

圖 4-3.3　角度塊規角度組合

註　若利用 13 塊組測量精度 0.05'之角度塊規(規格 1°，3°，9°，27°，41°；1'，3'，9'，27'；0.05'，0.10'，0.30'，0.50')，來組合 7°25'之角度尺寸，則其最少角度塊規數組合之尺寸如下：

9° − 1° = 8°

27' + 9' − 1' = 35'

組合角度 8° − 35' = 7°25'

故共有 5 塊，分別為 9°，1°，27'，9'及 1'。

3. 角度塊規的組合方法

首先依照角度塊規組合原則，選取適當的角度塊規按照順序整齊地放於平台上，然後將測量面的油污完全擦拭乾淨，並使用清潔液清潔塊規測量表面，再檢查角度塊規表面是否有毛邊。角度塊規的組合方法以旋轉法爲主，首先將角度塊規垂直地靠在一起，輕施壓力並作圓周方向旋轉，在 1/3～1/2 疊合後，確認兩個塊規結合穩固後，再予以推送使兩角度塊規貼齊重疊密接，如圖 4-3.4 所示。

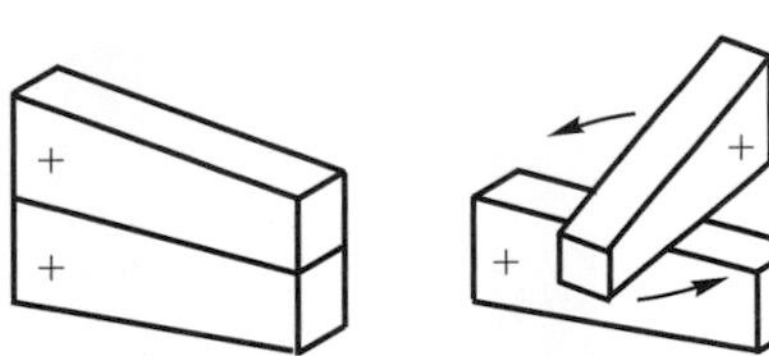

圖 4-3.4　角度塊規的組合

4. 角度塊規的優點

(1) 應用範圍大。

(2) 不受角度限制。

(3) 不須經過查表和計算。

(4) 所得量測值相當準確。

5. 角度塊規的應用

(1) 配合平台與量表，可以檢驗工件的角度。

(2) 配合量表，設定工作台的傾斜角，如圖 4-3.5 所示。

(3) 檢驗和調整各種量測角度儀器和工具、校正其它的角度量規。

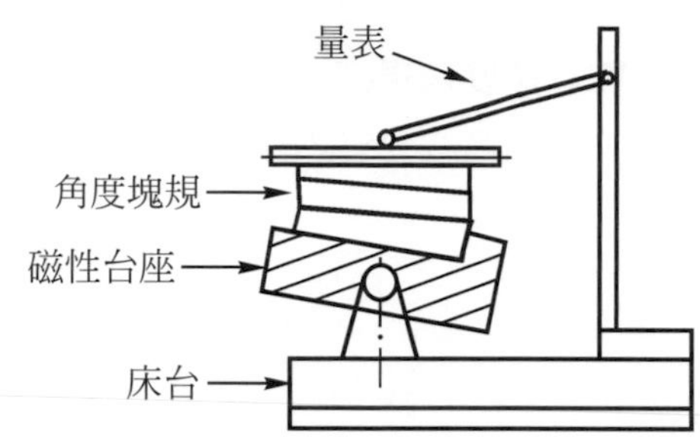

圖 4-3.5　角度塊規設定工作台的傾斜角

二、直角規

直角規主要用於劃線、直角度檢查、工件直角設定等工作，一般又可以分爲角尺、精密量表直角規及圓柱直角規。

1. 精密直角規

精密直角規(Precision Square)爲直角度標準量具之一，又稱爲**角尺**，主要用於**量測工件或是組合件是否成直角**、**劃垂直線**等工作，如圖 4-3.6 所示。

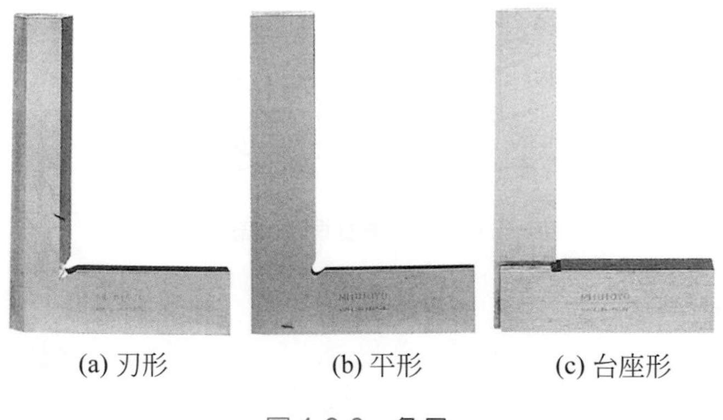

(a) 刃形　(b) 平形　(c) 台座形

圖 4-3.6　角尺

2. 精密量表直角規

精密量表直角規(Precision Dial Square) 主要用於**檢驗直角度**，可藉著調整分厘卡來調整直角度，直角尺和垂直邊的垂直情形可以由量表指示出來，如圖 4-3.7 所示。

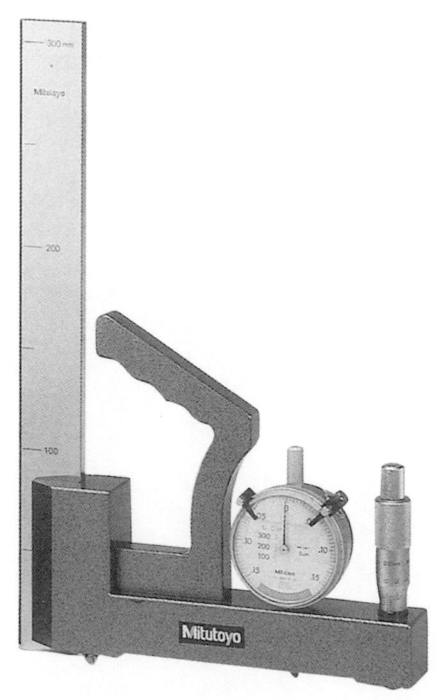

圖 4-3.7　精密量表直角規

3. 圓柱直角規

圓柱直角規(Cylinder Square) 又稱爲**基準直角規**，體積大、重量大且穩固，圓柱面與底平面構成標準直角，用於**檢驗角尺類量具的直角度或是工件的垂直度**；使用時放置於平台上，將待測工件與圓柱直角規的表面接觸，由接觸面的間隙大小來判斷直角度的正確與否，如圖 4-3.8 所示。

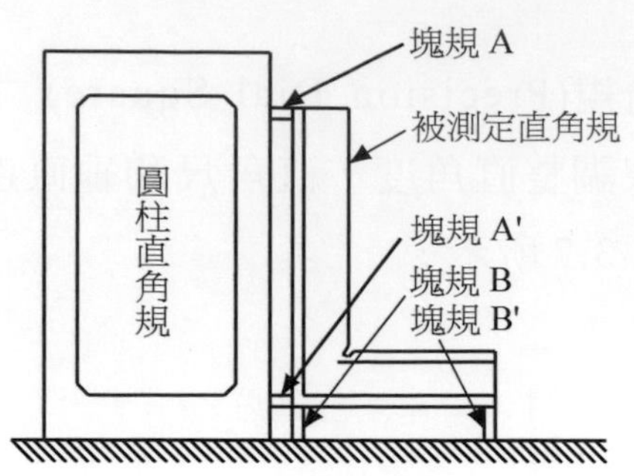

圖 4-3.8　圓柱直角規檢驗直角度

實習 4-3.1　角度塊規

實習目的

1. 瞭解角度塊規之構造與量測原理。
2. 對角度塊規之功能及使用程序有正確的認識。
3. 從實際的量測工作中體會角度塊規之功用與限制。

實習設備

角度塊規(圖 4-3.1)。

實習原理

請參照 4-3 節之第一小節。

實習結果

工件：________________

	1	2	3	平均
角度				

實習 4-3.2 直角規

實習目的

1. 使學習者認識直角規之構造、量測原理、功能及正確的使用方法。
2. 對直角規之規格及量測範圍有初步之瞭解。
3. 從實際的量測工作中，認識各量測參數所代表之意義，體會直角規之功用與限制。

實習設備

直角規(圖 4-3.6)。

實習原理

請參照 4-3 節之第二小節。

實習結果

工件：________________

	1	2	3	平均
角度				

4-4 角度間接量測

一、正弦桿

正弦桿(Sine Bars)是測量角度的精密量具之一，主要是**應用三角函數的關係**，配合量表、塊規以及平台，將角度和長度的關係求出，或是應用正弦桿原理製成正弦虎鉗、正弦平台，作爲傾斜面的加工或夾持用。

1. 正弦桿的構造

由一個直桿及兩個短圓柱組成，如圖 4-4.1 所示，直桿爲經過表面研磨、非常平整的長方形桿；兩圓柱與直桿成垂直，圓柱必須經過研磨且其直徑必須相同，兩圓柱裝置位置之中心連線必須和正弦桿的上下平面平行，中心距離必須準確，正弦桿的規格即以兩圓柱之中心距離表示，有 100mm、200mm 及 300mm，如圖 4-4.2 所示。

圖 4-4.1　正弦桿

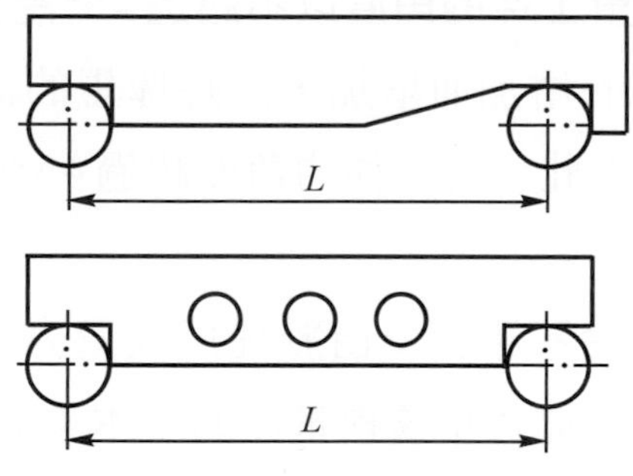

圖 4-4.2　正弦桿的規格

2. 正弦桿原理

正弦桿測量角度的原理是利用三角學中斜邊與對邊的正弦函數關係，角之正弦等於直角三角形之對邊除以斜邊之長，斜邊之長即爲兩圓桿之中心距離L，此中心距離就是正弦桿的規格，為一個定值，角之對邊高H可以由塊規堆疊求得，如圖4-4.3所示，因此夾角θ與H、L的關係如下：

$$\sin\theta=\frac{H}{L}\quad \therefore\theta=\sin^{-1}\left(\frac{H}{L}\right)$$

或是 $H=L\times\sin\theta$

θ：正弦桿與平面的夾角

H：塊規堆疊的高度

L：正弦桿兩圓柱的中心距離

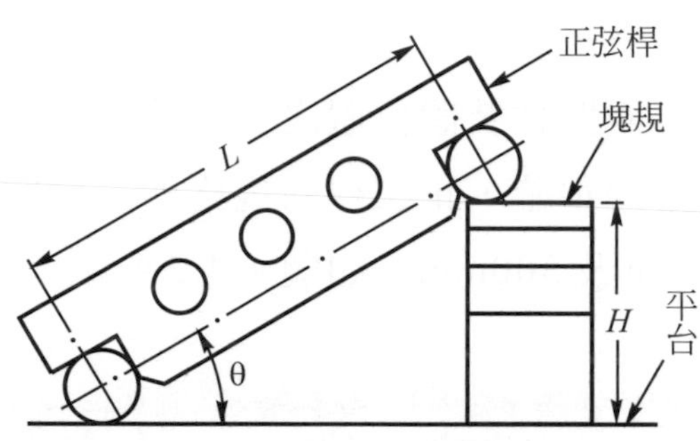

圖4-4.3 正弦桿原理

3. 正弦桿的應用

正弦桿在使用時必須配合平台、塊規及量表來使用，以求得角度的差異大小。通常**測量工件的角度以不超過45°為宜**，這是因為正弦桿量測的誤差會隨著角度的增加而增加，同時塊規的高度也隨之增加，組合塊規的誤差也增加；因此，當工件的角度超過45°時，宜採用餘角來測量。

4. 正弦桿的量測誤差

(1) **工件量測面與平台不平行**：由於塊規或量表使用不當，造成工件量測面與平台不平行，違背正弦桿量測的基本架設，測量誤差因此產生。

(2) **塊規高度誤差**：塊規的高度增加時，塊規在堆疊時的組合誤差也會增加，所產生的累計高度誤差也會增加。

(3) **正弦桿本身誤差**：正弦桿本身平面磨耗、圓柱鬆動、兩圓柱之中心連線和正弦桿的上下平面不平行，或是正弦桿變形所產生的誤差。

(4) **量測角度過大所產生的誤差**：正弦桿一般量測 45°以下的角度，角度超過 45°時，量測的誤差會隨著角度的增加而增加；因此，當工件的角度超過 45°時，宜採用餘角來測量。

(5) **溫度所產生的誤差**：由於熱脹冷縮的效應，造成正弦桿長度或塊規高度產生變化，測量誤差因此產生。

二、正弦平台

正弦平台(Sine Plate)的原理與正弦桿類似，正弦平台的寬度較大，適用於大型工件的測量。正弦平台的一端設有與正弦平台面垂直的端板，作爲基準面或是防止工件滑落；正弦平台的一邊圓桿作爲旋轉軸，另一邊的圓桿放於塊規上面，正弦平台面設有 T 型槽、螺絲孔，或是具有磁性，或是裝置虎鉗，用以夾置工件，如圖 4-4.4 所示。

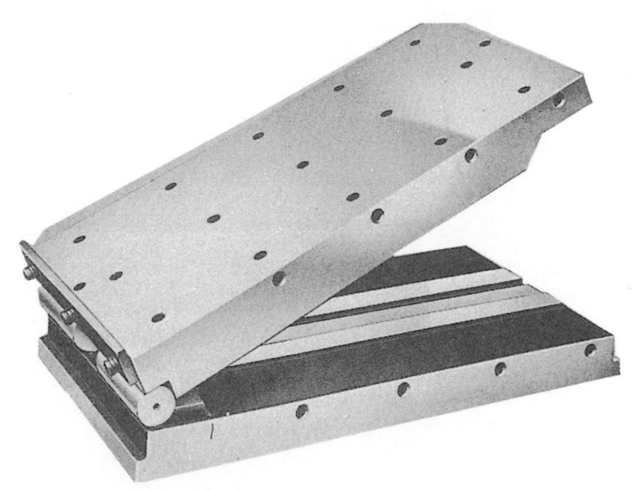

圖 4-4.4　正弦平台[3]

三、複合正弦平台

複合正弦平台(Compound Sine Plate)是由兩個互相垂直的正弦平台所組成，用以架設空間斜面，如圖 4-4.5 所示。

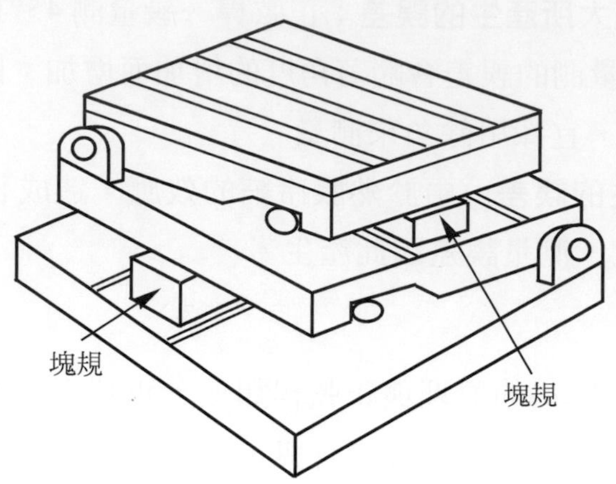

圖 4-4.5　複合正弦平台

實習 4-4　正弦桿

實習目的

1. 瞭解正弦桿之構造與量測原理。
2. 對正弦桿之功能及使用程序有正確的認識。
3. 從實際的量測工作中體會正弦桿之功用與限制。

實習設備

正弦桿(圖 4-4.1)。

實習原理

請參照 4-4 節之第 1 小節。

實習步驟

1. 檢測工件角度

首先求出塊規堆疊高度，再將塊規依照組合原則及組合方法加以堆疊完成，將正弦桿的一邊圓桿放於平台上，另一邊的圓桿放於塊規上面，將待測工件置於正弦桿上，再利用量表在待測工件上進行檢驗，實習 4-4-1 所示。

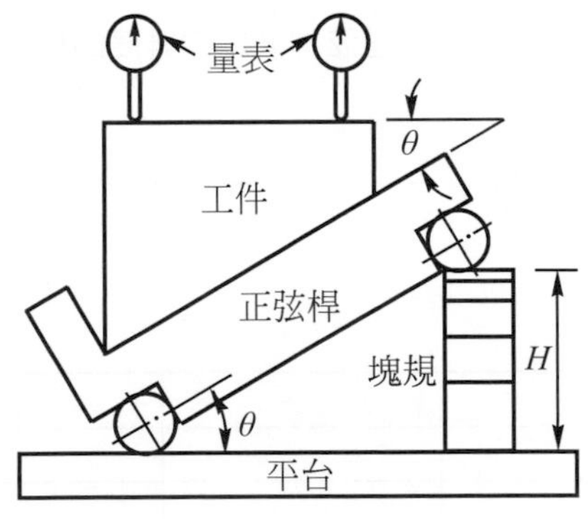

實習 4-4.1　正弦桿檢測工件角度

2. 錐度的檢驗

首先求出圓錐角θ，塊規堆疊高度，再將塊規依照組合方法堆疊完成，將正弦桿的一邊圓桿放於平台上，另一邊的圓桿放於塊規上面，將待測錐度的工件置於正弦桿上，再利用量表進行檢驗，如實習 4-4.2 所示。內錐度的檢驗，如實習 4-4.3 所示。

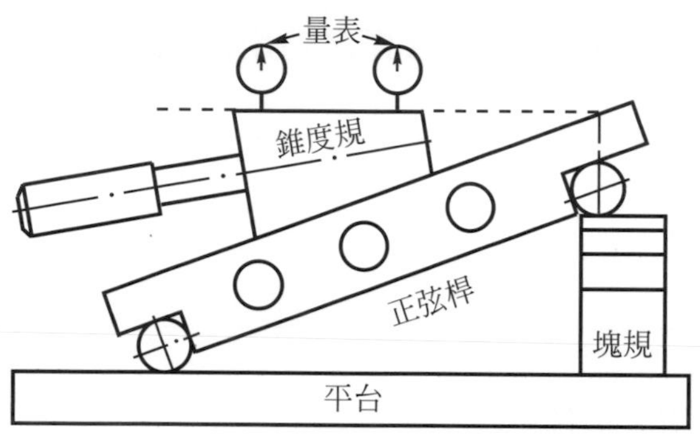

實習 4-4.2　正弦桿進行外錐度的檢驗

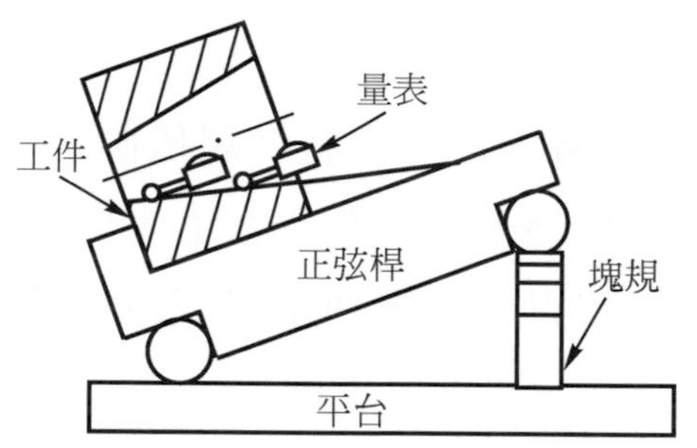

實習 4-4.3　正弦桿進行內錐度的檢驗

實習結果——正弦桿

工件：________________

	1	2	3	平均
角度				
錐度				

4-5 錐度的定義與種類

一、錐度的定義

錐度(Taper)是指圓柱形的工作物，其直徑沿一軸線的方向增加或減少，錐度的定義如下：

$$T=\frac{D-d}{\ell}$$

其中T爲錐度大小，D爲錐度大徑(mm)，d爲錐度小徑(mm)，ℓ爲錐度長(mm)，如圖 4-5.1 所示。

圓錐角θ與錐度的關係如下：

$$\tan\left(\frac{\theta}{2}\right)=\frac{\frac{(D-d)}{2}}{\ell}=\frac{T}{2}$$

$$\therefore \theta=2\tan^{-1}\left(\frac{T}{2}\right)$$

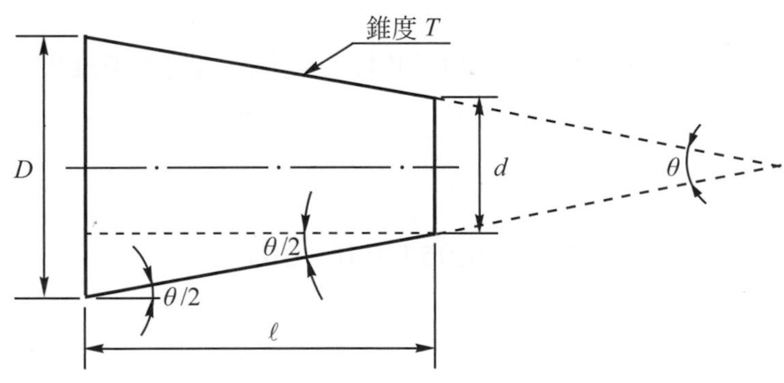

圖 4-5.1　錐度的定義

以尾座偏置法車錐度時，尾座偏置量S，如圖 4-5.2 所示，計算如下：

$$S=L\cdot\tan\frac{\theta}{2}=L\cdot\frac{T}{2}=L\cdot\frac{D-d}{2\ell}$$

註 其中L為工件總長。

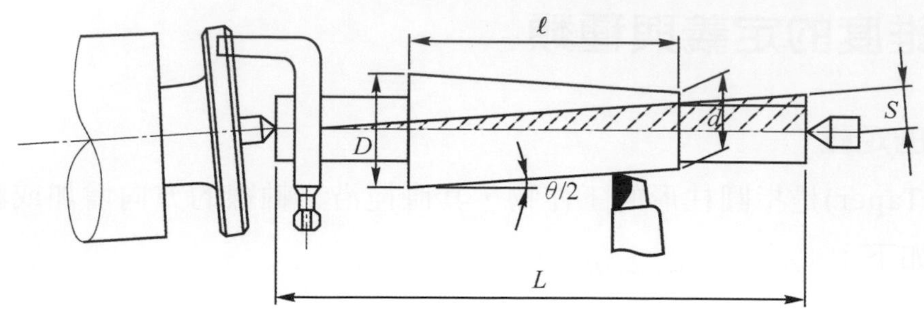

圖 4-5.2　尾座偏置法

二、錐度的種類

1. 莫氏錐度(MT)

規格以號數表示之，從 0# ～ 7#共八種，每一種的錐度皆有稍微不同，一般爲 1/20。

2. 布朗夏潑錐度(B&S)

規格以號數表示從 1# ～ 18#共 18 種，除 10#錐度爲 0.5161T.P.F，其餘均爲 1/2T.P.F。

3. 銑床錐度(NT)

錐度值爲 3.5T.P.F(或 7/24T.P.I)，是屬於自離式錐度，共有 6 號(自 10#～60#)。

4. 嘉諾錐度(JT)

錐度值均爲 0.6T.P.F 即 0.05T.P.I(1/20)。

5. 標準錐度銷(Taper Pins)

錐度值英制爲 1/4T.P.F，公制爲 1/50。

4-6 錐度的量測

錐度的量測方法依照其檢測錐度之數量而分爲大量生產及小量生產兩種：

一、大量生產

檢測之量具有錐度量規(錐度環規及錐度塞規)、錐度測量機及量表等

1. 錐度量規

錐度量規或稱**錐度樣規，分為錐度環規**(或樣規 Taper Ring Gage)**及錐度塞規**(或樣柱 Taper Pluge Gage)，如圖 4-6.1 所示。量規上有通過與不通過刻線，用以區分合格與不合格工件。使用方法爲：將紅丹(或粉筆)均勻地塗抹於工件表面，再將工件與量規接觸後分開，若紅丹(或粉筆)均勻分布，則表示錐度正確，再檢查錐度長度尺寸是否落於通過與不通過刻線之間。

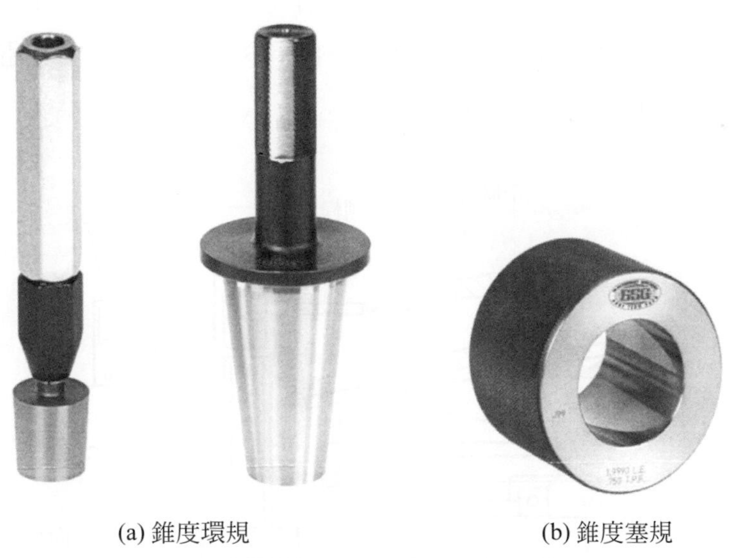

(a) 錐度環規　　(b) 錐度塞規

圖 4-6.1　錐度量規

註　環規是用來檢驗外錐度，設有標註線；塞規是用來檢驗內錐度，設有階級缺口。圖 4-6.2 為錐度量規之使用情形。

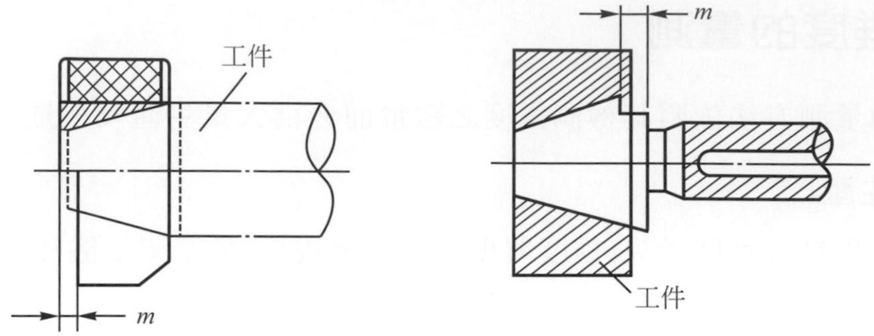

圖 4-6.2　錐度量規之使用情形

2. 錐度測量機

錐度測量機(Taper Testing Machine)如圖 4-6.3 所示，是由正弦桿、夾持待測物之傾斜台或夾具、測頭及量表等所組成的；其測量方法(內錐度)為：將待測物置於平台上，測頭先接觸待測物內孔上方，當測頭水平方向移動，同時須調整螺絲使量表為零，即內錐度的一邊與平台平行。再將測頭調整至接觸待測物內孔下方，若要使測頭水平方向移動時，量表指針保持不動，則需藉由組合不同尺寸之塊規置於正弦桿下，故可由正弦桿及塊規尺寸算出錐度大小。

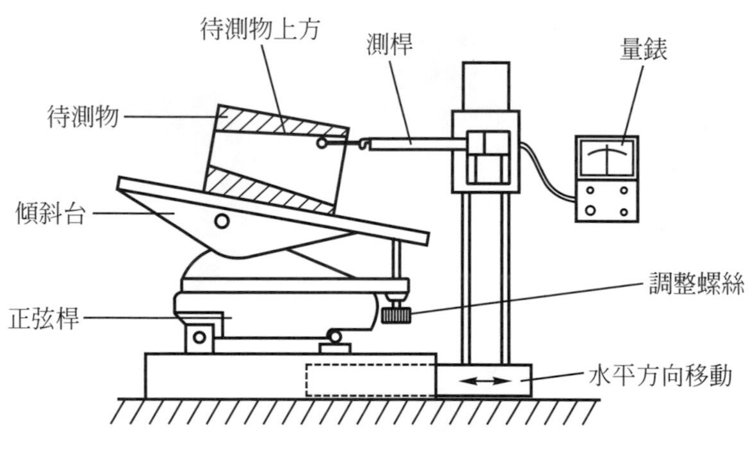

圖 4-6.3　錐度測量機之構造簡圖

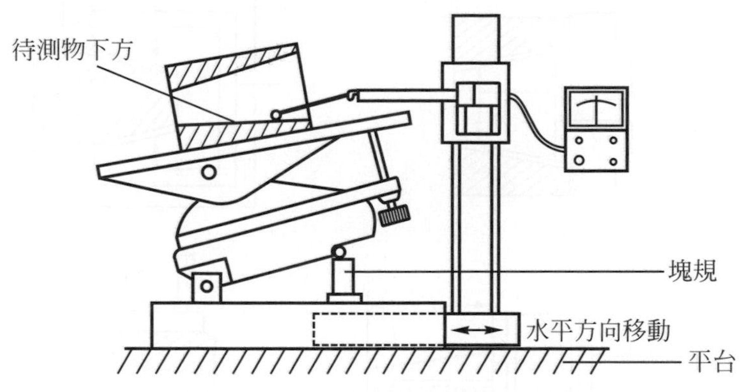

圖 4-6.3　錐度測量機之構造簡圖(續)

3. 量表

如圖 4-6.4 所示，量錐度用的量表大致分為機械式量表、電子式量表及氣壓式量表三種，其量測原理均相同，即測量前須用一塊或一組標準規先校正，再作比較量測。

機械式量表與電子式量表須同時用兩支測頭，經一標準圓柱或一已知錐度校正，因兩測頭間的距離可先設定，故由兩量表的差異即可算出錐度大小。而電子式量表功能更好，可進行統計製程管制(SPC)。氣壓式量表須用錐度量規來歸零，再把量規換成待測物，而兩組空氣噴嘴間所造成的不同壓力差，會顯示於量表上。

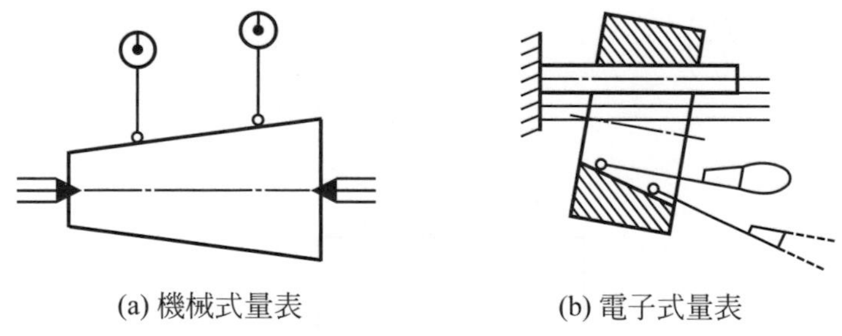

(a) 機械式量表　　(b) 電子式量表

圖 4-6.4　量表量錐度

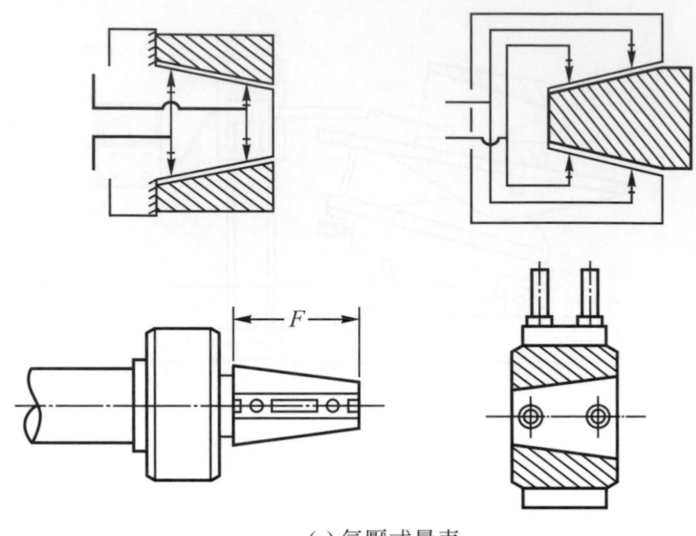

(c) 氣壓式量表

圖 4-6.4　量表量錐度(續)

二、小量生產

檢驗之量具有錐度分厘卡、正弦桿或正弦平台、標準圓柱或圓球、雙量表及三次元測量機等。

1. 錐度分厘卡

錐度分厘卡的構造如圖 4-6.5 所示，固定砧座爲平行的，活動砧座可以調整傾斜的角度θ，假設活動砧座的中心距爲L，分厘卡的讀數爲H，則由三角函數的關係可以得知工件的角度θ：

$$\theta = \sin^{-1}\left(\frac{H}{L}\right)$$

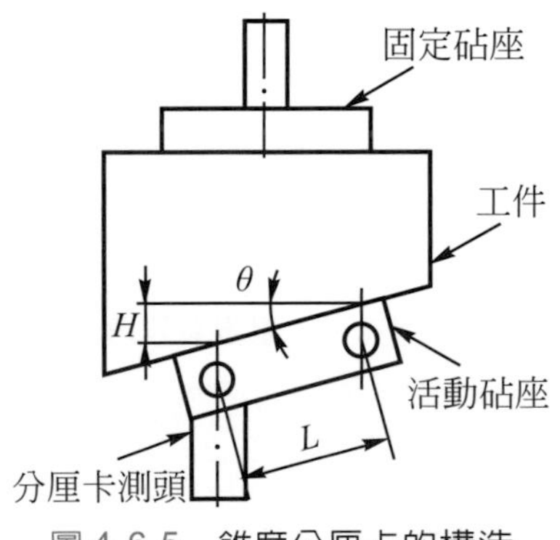

圖 4-6.5　錐度分厘卡的構造

錐度分厘卡測量外錐度如圖 4-6.6 所示，測量內錐度如圖 4-6.7 所示。

圖 4-6.6　錐度分厘卡測量外錐度[2]

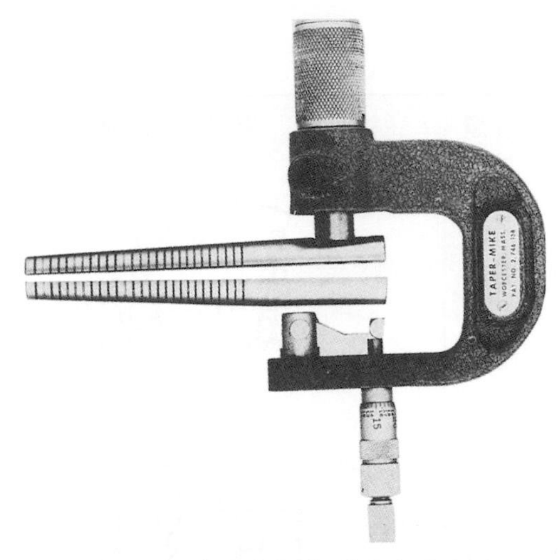

圖 4-6.7　錐度分厘卡測量內錐度[2]

2. 間接量測

間接量測法是推導出平面幾何的關係，是利用標準圓柱、標準圓球、塊規、游標卡尺與分厘卡等量具量出間接尺寸，再由推導公式算出工件的錐度或是錐角，如表 4-6.1 所示。

表 4-6.1 錐度(T)間接量測法

θ：圓錐角

$T = 2\tan\frac{\theta}{2}$

測量種類	平面幾何狀況	換算公式	使用量具
錐柱測量 (外錐度)		$\tan\frac{\theta}{2}=\frac{D_1-D_2}{2(H_1-H_2)}=\frac{T}{2}$	圓柱規、塊規、外側分厘卡
錐孔測量 (內錐度)		$\tan\frac{\theta}{2}=\frac{D_1-D_2}{2H}=\frac{T}{2}$	圓柱規、塊規、外側分厘卡
錐孔測量 (內錐孔)	註：若大鋼球低於孔頂面，則H_1為負值。	$\sin\frac{\theta}{2}=\frac{d_1-d_2}{2(H_1+H_2)-(d_1-d_2)}=\frac{T}{2}$	圓球、深度規
錐孔測量 (內錐孔)		$\sin\frac{\theta}{2}=\frac{D_1-D_2}{2(H_1-H_2)}$	圓球、圓柱規、深度規

3. 正弦桿、量表及平台

如實習 4-4.2 及實習 4-4.3。

實習 4-6　錐度分厘卡

實習目的

1. 使學習者認識錐度分厘卡之構造、量測原理、功能及正確的使用方法。
2. 對錐度分厘卡之規格及量測範圍有初步之瞭解。
3. 從實際的量測工作中，認識各量測參數所代表之意義，體會錐度分厘卡之功用與限制。

實習設備

錐度分厘卡。

實習原理

請參照 4-6 節之第二小節。

實習結果

工件：＿＿＿＿＿＿＿＿＿

	1	2	3	平均
錐度				

討　　論

1. 利用量角器測量角度時，精確度可到幾度？
2. 萬能量角器乃採用一般游標原理還是長游標原理？
3. 何項量具的準確性爲角度量測中最好的？
4. 運用正弦桿量測工件時，以不超過幾度爲宜？
5. 正弦桿的規格以何項表示？

練習題

( )1. 長度 100 公厘之工件，其二端直徑若車削成 30 公厘與 25 公厘，則其錐度爲何？ (A)1/5 (B)1/10 (C)1/15 (D)1/20。 (96 年二技)

( )2. 下列何者不是組合角尺(Combination Square Set)的構件？ (A)樣規 (B)中心規 (C)直角規 (D)角度規(量角器)。 (96 年二技)

( )3. 正弦桿利用塊規疊合成適當高度時，以量表檢驗待測工件斜面使保持水平，將此高度除以正弦桿兩圓柱中心距，即爲此待測工件角度之正弦值。若是正弦桿兩圓柱之半徑不相等時，此角度量測即會有誤差發生，試問此項誤差發生原因來自下列何者？ (A)量具設計誤差 (B)量具功能誤差 (C)量具調整誤差 (D)量具製造誤差。 (96 年二技)

( )4. 下列對角度塊規之敘述，何者不正確？ (A)組合操作方法與長度塊規類似 (B)作正向組合時，角度相加 (C)作負向組合時，角度相減 (D)可用來進行角度之直接量測。

( )5. 萬能量角器(Universal Bevel Protractor，又稱游標角度規)之量測精度與功能，優於一般量角器。下列敘述，何者不正確？ (A)有二尺片，可穩固依靠於待測工作夾角之兩邊線 (B)有應用短游標微分原理，來製作本量具 (C)有裝置放大鏡，方便觀察量測讀數 (D)有銳角附件，可增大量測功能。 (97 年二技)

( )6. 爲提高氣泡式水平儀的量具靈敏度，下列作法，何者正確？ (A)增大玻璃管圓弧半徑 (B)縮小玻璃管圓弧半徑 (C)增長量具框架長度 (D)縮小量具框架長度。 (97 年二技)

( )7. 利用如圖方式測量錐度，塊規墊高 10 公厘及墊高 20 公厘，所量得之M尺寸相差 1 公厘，則此工件錐度爲 (A)1/20 (B)1/15 (C)1/10 (D)1/5。

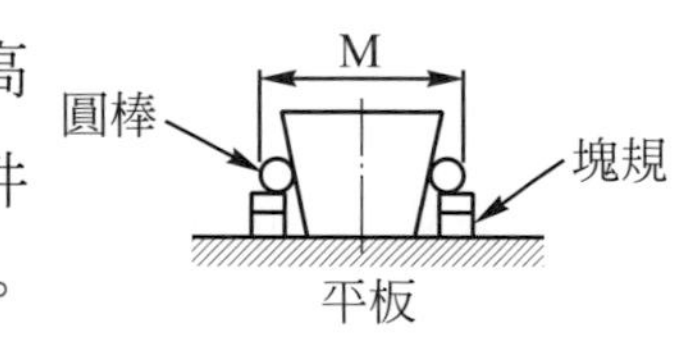

( )8. 工件錐度長 30 公厘，其二端直徑差爲 6 公厘，則錐度爲 (A)1/10 (B)1/8 (C)1/6 (D)1/5。

(　)9. 錐度 1：6，錐度長為 30 公厘，如大徑為 36 公厘，則其小徑應為 (A)31 (B)30 (C)26 (D)24 公厘。

(　)10. 以尾座偏置法車錐度 $T=1/5$，工件錐度長 50mm，工件全長 200mm，則尾座應偏置多少 mm？ (A)20mm (B)5mm (C)10mm (D)40mm。 (90 年二技)

(　)11. 下列何者，無法檢測角度或錐度？ (A)電子水平儀 (B)正弦桿 (C)刀邊直規 (D)雷射量測儀。 (91 年二技)

(　)12. 下列儀器中，何者不屬於小角度量測？ (A)雷射干涉儀 (B)自動視準儀 (C)光學平鏡 (D)水平儀。 (91 年二技)

(　)13. 若以公稱尺寸為 300mm 的正弦桿，量測角度為 30° 的工件，則須墊高的塊規高度為多少？($\tan 30° = 0.577$，$\cos 30° = 0.866$，$\sin 30° = 0.500$) (A)86.600mm (B)129.900mm (C)150.000mm (D)173.100mm。 (92 年二技)

(　)14. 下列敘述何者正確？ (A)水平儀氣泡向右偏為正值 (B)電子式水平儀可測水平度、□、—、//、⊥、◎、⊕ (C)組合角度是由直尺、中心規、角度儀及氣體規組成 (D)光學平鏡之主要用途為塊規之定期檢驗，其兩面之平行度要求，比塊規高。

(　)15. 欲在圓柱形鐵棒面中心鑽一孔，須先定出其中心位置，則使用下列那一種器具劃線比較合適？ (A)組合角尺 (B)圓規 (C)精密高度規(Height Master) (D)分厘卡。 (92 年二技)

(　)16. 用正弦桿量測角度時，下列何者不正確？ (A)正弦桿應置於精測塊規上使其形成所需之角度 (B)所量測之角度愈大，塊規高度即使微量改變，影響角度精密量測的變化卻很大 (C)工件置於正弦桿上後即可用游標卡尺量出角度 (D)角度超過 45° 時宜測量餘角。

(　)17. 下列敘述何者錯誤？ (A)公制錐銷之錐度為 1：48 (B)尾座偏置法適用於車削長度大而錐度小之工件 (C)成型車刀可用 HSS 製造 (D)正弦桿可檢驗公件之內、外錐度。

( )18. 有關樣規之敘述，下列何者錯誤？ (A)不通過之樣圈再外環有一凹槽以玆識別 (B)樣柱之通過端較長 (C)卡板可用於檢驗工件之外徑、厚度、角度等尺寸 (D)樣圈與樣柱可檢驗錐度。

( )19. 生產線上較簡便檢驗錐桿或錐孔的方法是 (A)分厘卡夾圓桿配合塊規檢查 (B)使用指示量表 (C)使用錐度分厘卡 (D)使用錐度樣柱與樣圈。

( )20. 大量測量錐孔時，應使用 (A)三點式分厘卡 (B)錐度樣柱 (C)游標卡尺 (D)槓桿示量表。

( )21. 利用精密高度規測量工件直角時，配合的量具是 (A)游標角度儀 (B)萬能量角器 (C)角度塊規 (D)槓桿式量表。

( )22. 通過樣圈可控制軸之 (A)最小尺寸 (B)最大尺寸 (C)公稱尺寸 (D)實測尺寸。

( )23. 工件高度爲 80mm，其角度公差爲 $90°\pm25'$，則垂直度爲 (A)0.5 (B)0.58 (C)1.16 (D)1.2 mm。

( )24. 量規(Gage)之通過端尺寸所允許的誤差量爲其所量測公差的 (A)10 % (B)5 % (C)1 % (D)0 %。

( )25. 下列何者不能量測角度？ (A)正弦桿 (B)分厘卡 (C)組合角尺 (D)分度頭。

( )26. 下列敘述何者正確？ (A)角度塊規可用相加或相減組合法組合角度 (B)正弦桿之規格以全長表示 (C)正弦桿長L，塊規高度H及佈置高度A，三者關係爲：$L=H\sin A$ (D)正弦桿之檢驗角度不宜超過 10°。

( )27. 下列敘述何者錯誤？ (A)校對量規之精度比檢驗量規高 (B)受測工件爲ϕ10H7，則校對量規爲塞規 (C)受測工件爲$\phi10\pm0.1$之孔其檢驗塞規之通過端尺寸爲ϕ10.1 (D)塞規的通過端比不通過端長。

( )28. 下列有關角度之量測敘述，何者錯誤？ (A)利用角度塊規做比較式測量，其配合的量具是分厘卡 (B)測量鳩尾座的座寬除用兩支等徑圓桿外還要用分厘卡 (C)正弦桿測量角度的精度可達 5 分 (D)角度塊規所能組合的度數是 0 至 90 之任何角度。

(　)29. 利用正弦桿量測工件錐度，須配合之量具為　(A)塊規　(B)塊規、平台　(C)塊規、平台、指示量表　(D)塊規、平台、指示量表、直錶規。

(　)30. 萬能量角器能測量的最小角度值是　(A)10 分　(B)5 分　(C)1 分　(D)30 秒。

(　)31. 用最少的角度塊規組合成 32°26'6"，需幾塊？規格：1°，3°，9°，27°，41°；1'，3'，9'，27'及 0.05'，0.10'，0.30'，0.50'。　(A)4　(B)5　(C)6　(D)7　塊。

(　)32. 以ϕ30mm 及ϕ26mm 之兩鋼球量測內孔錐度，小鋼球低於孔頂面 10mm，大鋼球高出孔頂面 5mm，則工件錐度為？　(A)0.207　(B)0.289　(C)0.311　(D)0.348。

(　)33. 下列敘述何項不正確？　(A)組合角尺之直尺配中心規可量深度　(B)雷射視準儀之反射鏡傾斜θ角，反射線以2θ角折回　(C)光線射入五角稜鏡及反射鏡之夾角為兩鏡面夾角之 2 倍　(D)雷射準直儀可精測及角度。

(　)34. 下列敘述何項正確？　(A)深孔量測宜選用缸徑規　(B)缸徑規之量測原理為：弦之垂線通過圓心　(C)缸徑規只能用環規歸零　(D)缸徑規量測量時應讀取最大值。

(　)35. 正弦桿是用來測量　(A)長度　(B)角度　(C)深度　(D)表面粗糙度。

(　)36. 氣壓量規或工具量規不可用於　(A)量測氣壓　(B)作比較量測　(C)組成複合量具，一次測多個尺寸　(D)量測內孔。

(　)37. 以 1°、3°及 8°三片角度塊規，可組成之角度為　(A)4°、6°、10°、11°　(B)4°、5°、6°、7°　(C)8°、9°、10°、11°、12°　(D)1°～12°。

(　)38. 通常樣圈為通過與不通過兩個為一組，如何區分之？　(A)不通過之樣圈外有壓花　(B)不通過之樣圈外有一條細槽　(C)通過之樣圈外有壓花　(D)通過之樣圈外有一條細槽。

(　)39. 下列敘述何者正確？　(A)萬能量角器係利用游標的原理，才能量測至 1 分的角度　(B)萬能量角器主尺圓盤上度數的標註是從 0°至 360°　(C)角度塊規與精測塊規的密接原理與組合方式相同　(D)鳩尾座測量時所用之兩圓桿或球不一定要等徑。

(　)40. 若以中心距為 100mm 之正弦桿，在平台上配合塊規及量表，檢驗一工件具有 21°36' 之斜面，則塊規之組合高度為(已知 sin21°40' = 0.3692、sin21°30' = 0.3665) (A)36.92 (B)36.65 (C)36.81 (D)42.38 mm。

(　)41. 萬能量角器是應用游標卡尺原理於圓周上，一般而言，其最小讀數為 5 分，其副尺刻度為 (A)取主尺圓盤 23 刻度弧長等分為 12 刻度 (B)取主尺圓盤 49 刻度弧長等分為 50 刻度 (C)取主尺圓盤 15 刻度弧長等分為 16 刻度 (D)取主尺圓盤 24 刻度弧長等分為 25 刻度。

(　)42. 直角規的用途是 (A)檢查平度 (B)劃垂直線 (C)檢查直角度 (D)以上皆是。

(　)43. 有一工件錐度為 1/16，公差±0.0005，以 0.01mm 的量表走 20mm 距離應走幾格，可允許的誤差為幾格？ (A)125 格正負 1 格 (B)62.5 格正負 1 格 (C)62.5 格正負 0.5 格 (D)62.5 格正負 1/4 格。

(　)44. 以兩頂心間車削一圓錐工件之大徑為 50mm，小徑為 47mm，錐度區長度為 60mm，其總長為 200mm，則下列何者錯誤？ (A)此工件錐度為 1：2 (B)若以尾座偏置法切削錐度時，應偏置量為 5mm (C)刀尖位置要對準中心以免得到不正確錐體 (D)利用錐度附件切削錐度時尾座不需偏置。

(　)45. " —▷ MT3"是表示 (A)錐度銷 (B)錐度為 1：3 (C)錐度上有公制螺紋 (D)莫氏錐度三號。

(　)46. 下列何者屬於比較式角度量測法？ (A)量角器 (B)正弦桿 (C)組合角尺 (D)分度頭。

(　)47. 水平儀不可測 (A)水平度 (B)真圓度 (C)真直度 (D)真平度。

(　)48. 大量生產時卡規是用來檢驗 (A)孔的內徑 (B)圓柱的外徑 (C)角度 (D)錐度。

(　)49. 下列何者是 CNS 尺度標註之斜度的符號？ (A)◺ 1：5 (B)◿ 1：5 (C)▷ 1：5 (D)◁ 1：5。

( )50. 下列關於柱塞式限界量規的敘述，何者錯誤？ (A)通過端用於檢驗最大材料情況(MMC) (B)不通過端用於檢驗最小材料情況(LMC) (C)量規不通過端不需考慮磨耗公差 (D)對一雙端塞規，較短者爲通過端，較長者爲不通過端。

( )51. 以鳩尾座銑刀加工之鳩尾座，可用何種方法測得正確尺寸？ (A)以圓柱方式輔助量測 (B)以分厘卡直接量測 (C)以直尺量測 (D)以游標卡尺直接量測。

( )52. 下列何者是組合角尺的構件之一？ (A)游標卡尺 (B)中心規 (C)指示量表 (D)塊規。 (94 年二技)

( )53. 將一底座長 200mm、靈敏度爲 0.02mm/m 的水平儀放置於一剛性平台上，若水平儀氣泡從中心位向左漂移三刻線，欲使氣泡回到中心位，下列敘述何者正確？ (A)以水平儀底座左端爲支點，將水平儀底座右端提昇 0.06mm (B)以水平儀底座右端爲支點，將水平儀底座左端提昇 0.06mm (C)以水平儀底座左端爲支點，將水平儀底座右端提昇 0.12mm (D)以水平儀底座右端爲支點，將水平儀底座左端提昇 0.12mm。 (94 年二技)

( )54. 利用正弦桿測量角度時，H爲塊規規疊的高度、L爲正弦桿兩端圓柱的中心距離，若正弦桿與平面之夾角爲θ，則下列關係式何者正確？ (A) $\sin\theta = H/L$ (B) $\sin\theta = L/H$ (C) $\cos\theta = H/L$ (D) $\cos\theta = L/H$。 (94 年二技)

( )55. 一工作物長 150mm，兩端直徑分別爲 30mm 及 20mm，錐度部分長 100mm，則車製此工件時，其尾座偏置量爲何？ (A)5mm (B)7.5mm (C)10mm (D)15mm。 (94 年二技)

( )56. 利用僅有的 1°、3°、5°、15°這四塊角度塊規並依標準程序來組成 22°這個角度時，下列那一塊角度塊規的堆疊方向與其他三片不同？ (A)1° (B)3° (C)5° (D)15°。 (95 年二技)

( )57. 下列量具中，何者無法直接讀出所量測之角度值？ (A)組合角尺 (B)正弦桿 (C)萬能量角器 (D)直角尺。 (98 年二技)

( )58. 欲以 100mm 正弦桿量測 30°角度，若其中一端放置高度 25mm 塊規，則另一端之塊規尺寸為何？(sin30° = 0.5、cos30° = 0.866、tan30° = 0.577、cot30° = 1.732) (A)198.2mm (B)111.6mm (C)82.7mm (D)75mm。 (98 年二技)

( )59. 下列有關組合角尺應用之敘述，何者不正確？ (A)適用於定位圓形工件端面的近似中心 (B)適用於量測深度與高度 (C)適用於量測 30 ± 0.1° (D)適用於量測 45°角或直角。 (98 年二技)

( )60. 使用固定於比較式檢驗台的指示量表進行下述量測工作：先量測 E 工件並將表面刻度歸零；再量測 F 工件，結果量表指針顯示值為 0.08mm。此兩工件之尺寸關係應為下列何者？ (A)E > F (B)E = F (C)E = F − 0.08 (D)F = E − 0.08。 (98 年二技)

( )61. 將精密度 0.1mm/m 之氣泡式水平儀放置在 1m 長的平面上，量測結果顯示氣泡偏右兩格。若將水平儀拿起且原地旋轉 180° 再放回原位置，量測結果為偏右 1 格。試問下列敘述何者最正確？ (A)平面兩端無高度差 (B)平面之左側較高 (C)平面兩端高度差 0.15mm (D)平面兩端高度差 0.2mm。 (98 年二技)

Chapter 5 輪　廓

輪廓(Contour)係指工件之斷面二度空間的形狀曲線，而輪廓測量就是檢驗工件是否符合設計之形狀，對於複雜工作物如：齒輪、凸輪、渦輪機葉片、切削刀具、模具等複雜形狀，不易量測得到正確之輪廓形狀，唯有使用輪廓測量儀才可得欲測工件的輪廓形狀。

5-1 輪廓的測量方法

一、樣規比對法

樣規比對法是**以標準成型樣規與工件接觸比對**，如有間隙表示輪廓不準，依其輪廓間隙透光程度判定其誤差大小，如：螺紋節距規(Pitch Gage，俗稱牙規)、半徑規(Radius Gage，又稱圓角規)及齒形規等，如圖 5-1.1 及圖 5-1.2 所示。

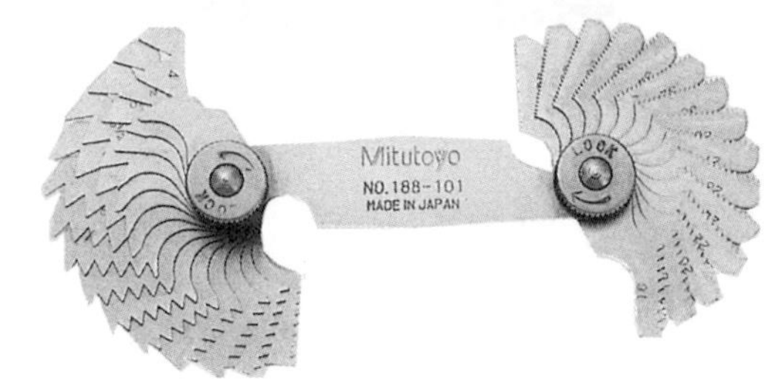

圖 5-1.1　螺紋節距規

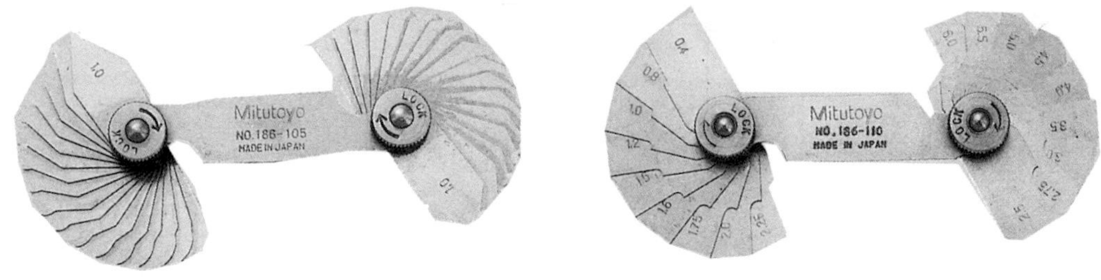

圖 5-1.2　半徑規

二、量表檢驗法

以**一次元量具組合成所欲檢測的輪廓**，例如將數個量表架設沿著輪廓外型進行量測，並與標準模型進行比對，用來做比較式的輪廓測量，如圖 5-1.3 所示。

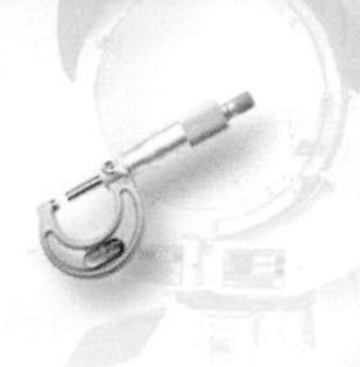

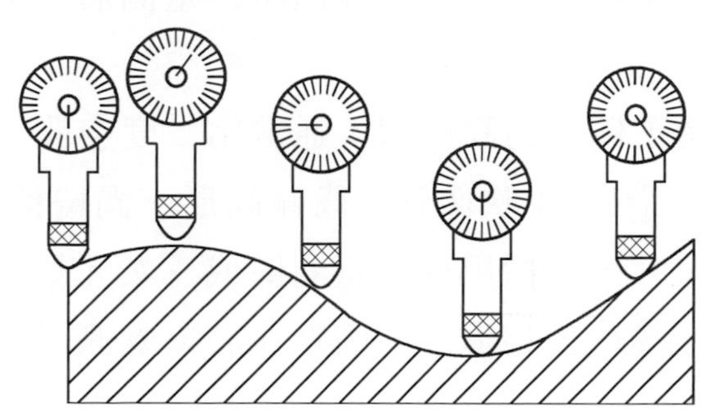

圖 5-1.3　組合量表檢驗法

三、輪廓測量儀

輪廓測量儀是以電子式的探針測頭掃描工件輪廓形狀，將探針測頭微小的移動量轉換成感應電流，利用電子裝置將量測結果放大，再以繪圖機將量測結果繪出。

四、非接觸式比較量測

光學測量儀器，如：**光學投影機**(圖 8-2.3～圖 8-2.5)、**工具顯微鏡**(圖 8-3.2)等非接觸性測量的儀器，先將工件實體放大呈像後，以標準比對片做比較式檢驗，檢測其偏差量，此種方法以較複雜之外型爲主。

五、特殊量測

對於特殊輪廓形狀之工件，如：齒輪、螺紋、凸輪等，則必須使用專用量測儀來量測，如：**三次元測量機**(如圖 10-2.4 所示)、**齒形測量機**、**凸輪形狀測量儀**等。

5-2　輪廓測量儀

輪廓測量儀(Contour Measuring Instruments)之量測原理是以電子式的探針測頭與待測工作物的輪廓形狀相接觸，掃描工件輪廓形狀，將探針測頭微小的移動變化量利用差動變壓器(LVDT)轉換成感應電流，利用電子介面裝置將量測結果放大，電子放大器提供多種放大倍率，將量測結果放大，再由以繪圖機將量測結果繪出，再設定的放大倍率換算出所得量測值，輪廓測量儀之量測原理如圖 5-2.1 所示。

輪廓測量儀是測量工件的剖面形狀，通常爲二度空間下的斷面狀況。對於複雜工件之輪廓或是內形(如：映像管、齒輪齒形、渦輪機葉片、模具等)，爲求得精確輪廓形狀及尺寸，非採用專業量測儀或三次元量測不可。輪廓測量儀之測量原理與表面粗度儀極爲相似，不同點在於輪廓測量儀的探針量測角度較大、移動範圍較長。

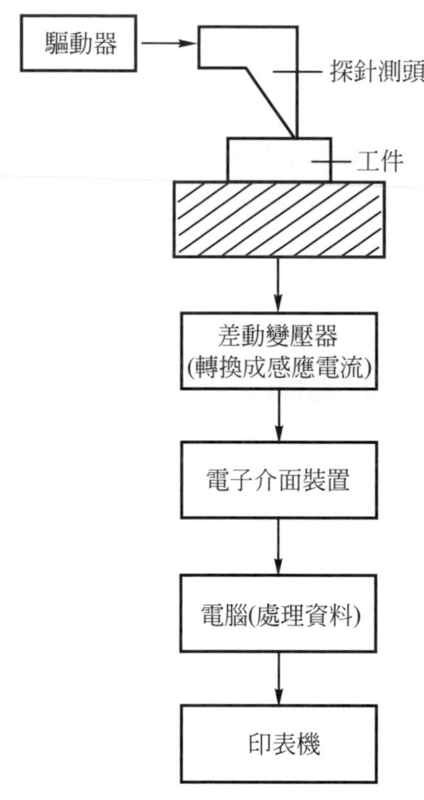

圖 5-2.1　輪廓測量儀之量測原理

一、輪廓測量儀的構造

輪廓測量儀的基本組件有：基座、驅動器、探針、控制箱、電子介面裝置、電腦配備(含軟體)及夾具組等部份，如圖 5-2.2 所示。

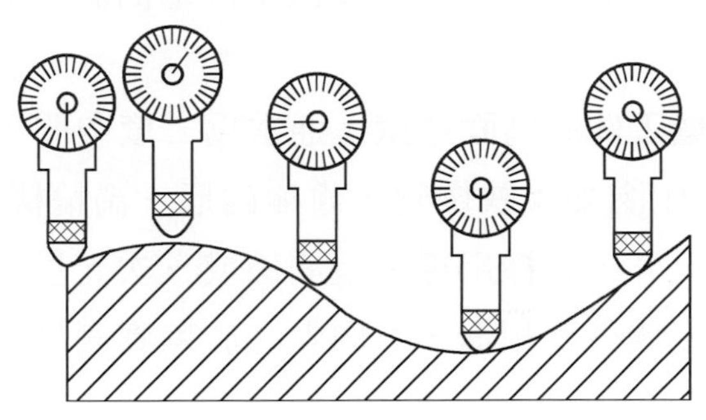

圖 5-1.3 組合量表檢驗法

三、輪廓測量儀

輪廓測量儀是以電子式的探針測頭掃描工件輪廓形狀，將探針測頭微小的移動量轉換成感應電流，利用電子裝置將量測結果放大，再以繪圖機將量測結果繪出。

四、非接觸式比較量測

光學測量儀器，如：**光學投影機**(圖 8-2.3～圖 8-2.5)、**工具顯微鏡**(圖 8-3.2)等非接觸性測量的儀器，先將工件實體放大呈像後，以標準比對片做比較式檢驗，檢測其偏差量，此種方法以較複雜之外型爲主。

五、特殊量測

對於特殊輪廓形狀之工件，如：齒輪、螺紋、凸輪等，則必須使用專用量測儀來量測，如：**三次元測量機**(如圖 10-2.4 所示)、**齒形測量機**、**凸輪形狀測量儀**等。

5-2 輪廓測量儀

輪廓測量儀(Contour Measuring Instruments)之量測原理是以電子式的探針測頭與待測工作物的輪廓形狀相接觸，掃描工件輪廓形狀，將探針測頭微小的移動變化量利用差動變壓器(LVDT)轉換成感應電流，利用電子介面裝置將量測結果放大，電子放大器提供多種放大倍率，將量測結果放大，再由以繪圖機將量測結果繪出，再設定的放大倍率換算出所得量測值，輪廓測量儀之量測原理如圖 5-2.1 所示。

輪廓測量儀是測量工件的剖面形狀，通常爲二度空間下的斷面狀況。對於複雜工件之輪廓或是內形(如：映像管、齒輪齒形、渦輪機葉片、模具等)，爲求得精確輪廓形狀及尺寸，非採用專業量測儀或三次元量測不可。輪廓測量儀之測量原理與表面粗度儀極爲相似，不同點在於輪廓測量儀的探針量測角度較大、移動範圍較長。

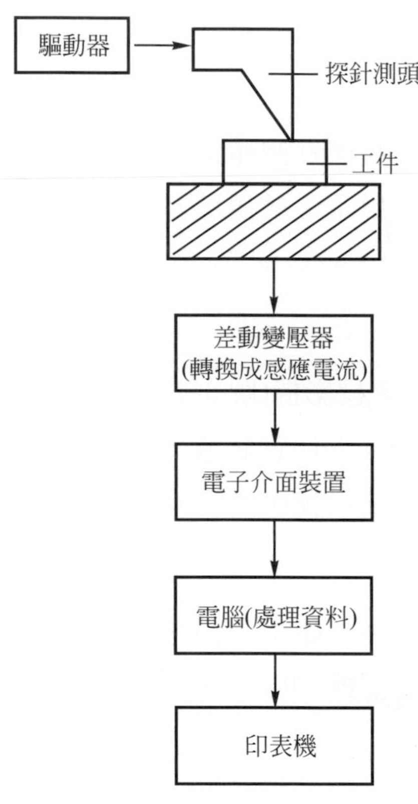

圖 5-2.1　輪廓測量儀之量測原理

一、輪廓測量儀的構造

輪廓測量儀的基本組件有：基座、驅動器、探針、控制箱、電子介面裝置、電腦配備(含軟體)及夾具組等部份，如圖 5-2.2 所示。

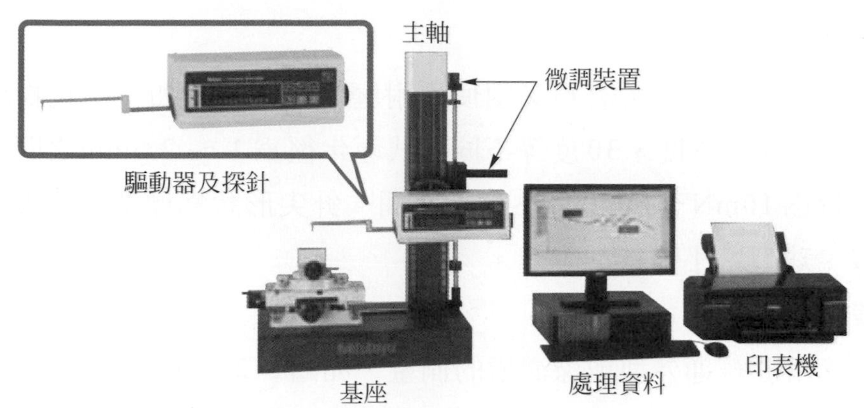

圖 5-2.2 輪廓測量儀各部位名稱[1]

1. 基座

基座組爲一具有 T 型槽之長方形平台，通常利用虎鉗或配合 V 型枕將量測工件固定，或直接夾持大型工件。

2. 驅動器

以直流伺服馬達驅動探針測頭作多段變速移動，探針測頭作橫向(X 軸) 移動，其移動量由進給螺紋與旋轉式編碼器來測得。又探針測頭的上下(Z軸)位移量由差動變壓器檢測出探測器上下的位移量，探針測頭的上下運動並非眞正的直線運動，而是圓弧運動，因此會產生微小的量測誤差。

3. 電子介面裝置

利用電子介面裝置將量測結果信號放大，將放大值輸出至電腦，同時可設定量測移動範圍、設定速率。

4. 處理資料及印出

從電子介面裝置接收到的數值，經軟體處理，可及時在電腦螢幕上繪出工件輪廓，並由印表機印出；且此量測圖檔亦可顯示於AutoCAD。

5. 夾具組

如圖 6-7.7 所示，此夾具是用來固定於工件基座上的。

二、探針類型

輪廓測量儀的探針針尖材料必須使用耐磨耗之材料，如：碳化物或鑽石。探針針尖的角度可由6度、30度等不同型式，半徑爲1 ～ 2.5mm之間。探針接觸工件之力量爲10mN至60mN(1～6gf)之間。針尖形狀爲標準型、楔型、圓錐型、刀口型、球型、小孔針型等等。

1. 標準型

適用於普通外型或深溝槽的測量，如圖5-2.3(a)所示。

2. 楔型

適用於複雜之曲面的測量，如圖5-2.3(b)所示。

3. 圓錐型

適用於複雜形狀的立體表面、扭轉表面的測量，如圖5-2.3(c)所示。

4. 刀口型

刀口較寬，適用於尖銳形狀之表面，如圖5-2.3(d)所示。

5. 球型

粗加工表面的測量，如圖5-2.3(e)所示。

6. 小孔針型

適用於小孔孔內輪廓之測量，如圖5-2.3(f)所示。

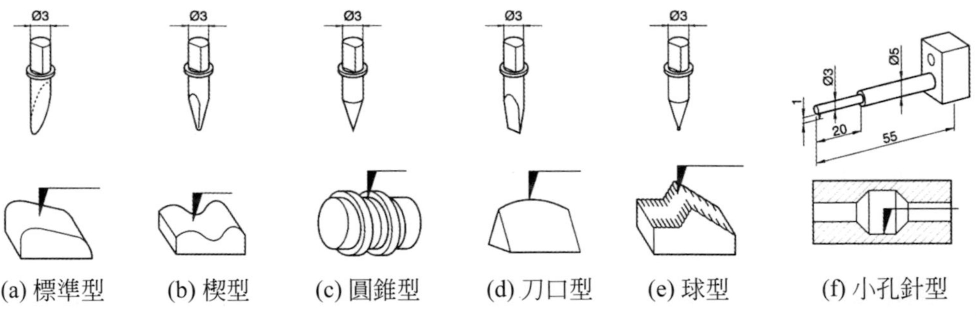

圖5-2.3　探針的形狀與適用情形

三、測臂的形狀及適用範圍

1. 標準臂

適用於普通公件的測量，如圖 5-2.4(a)所示。

2. 偏心臂

適用於內孔輪廓的測量，如圖 5-2.4(b)所示。

3. 小孔臂

適用於小孔內部輪廓的測量，如圖 5-2.4(c)所示。

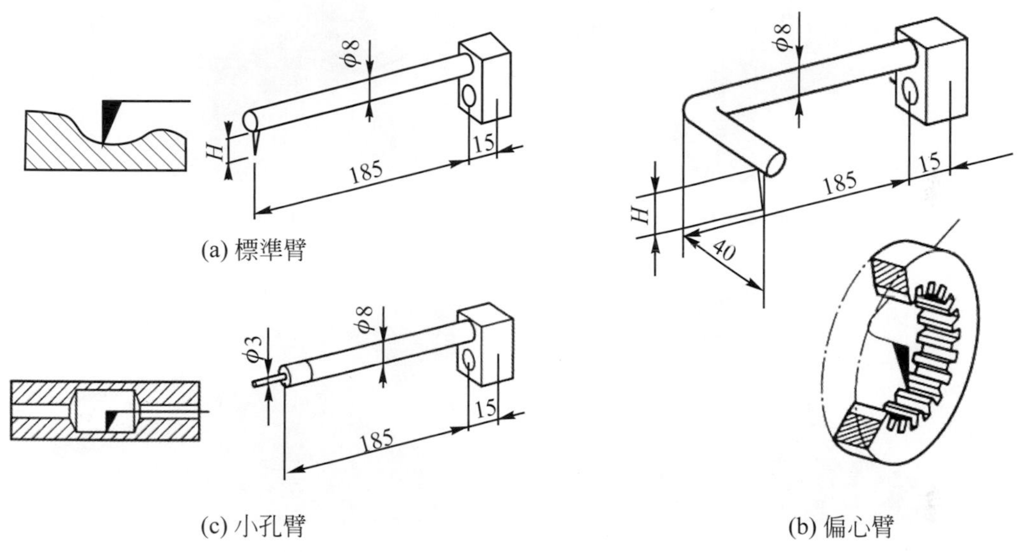

圖 5-2.4　測臂的形狀與適用情形

5-3 輪廓測量儀之應用

輪廓測量的目的就是檢驗工件之輪廓曲線是否符合設計之形狀，主要用於**複雜形狀工件的輪廓測量**，如使用輪廓測量儀來量測樣規、內齒輪、渦輪葉片、軸承、切削刀具、內螺紋及滾珠導螺桿等，應用實例如圖 5-3.1 所示。

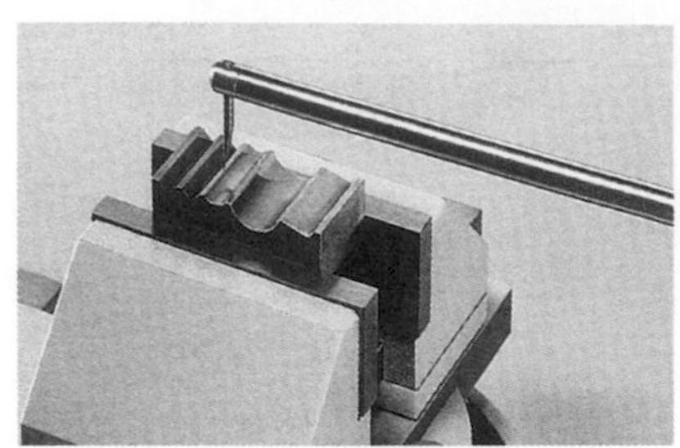

(a) 樣規

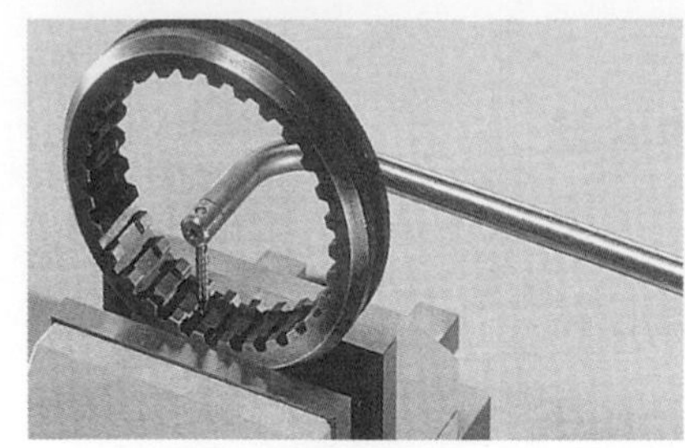

(b) 內齒輪

(c) 渦輪葉片

(d) 軸承

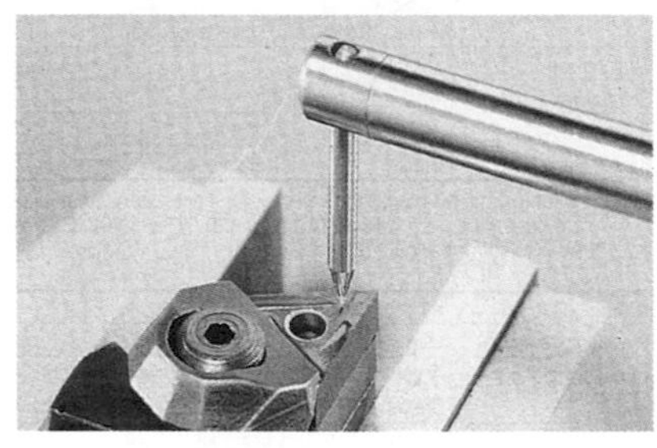

(e) 切削刀具

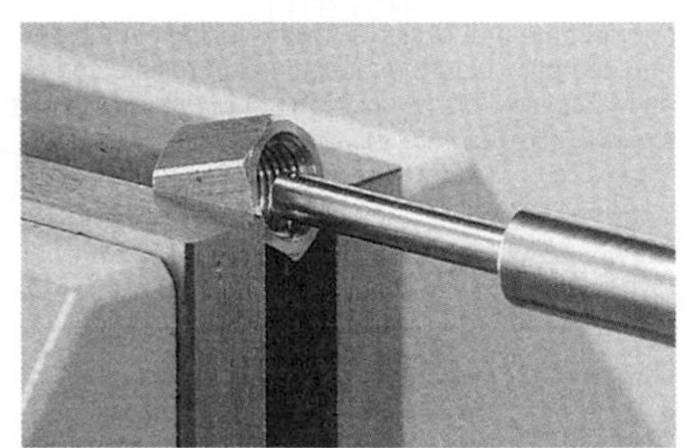

(f) 內螺紋

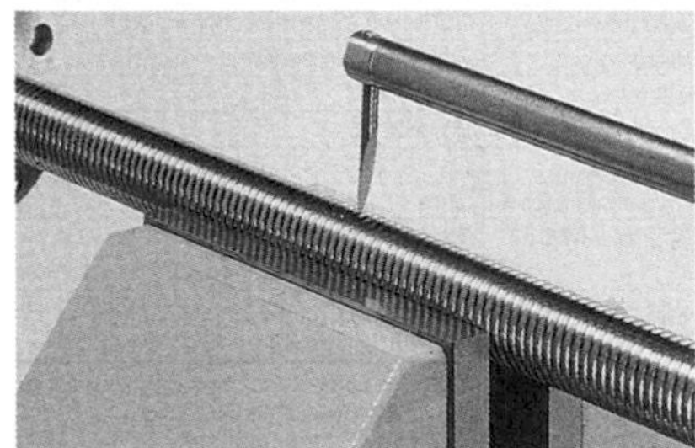

(g) 滾珠導螺桿

圖 5-3.1 輪廓測量儀的應用實例

實習 5-3 輪廓測量儀

實習目的

1. 學習如何量測複雜工件，如：凸輪、輪機葉片、模具及電視映像管等。
2. 學習如何操作與保養輪廓測量儀。

實習設備

1. 輪廓測量儀(圖 5-2.2)。
2. 虎鉗夾置具。
3. 電腦及周邊設備。
4. 軟體 FORMPAK-1000。

實習原理

請參照 5-2 節。

實習步驟

1. 啓動輪廓測量儀、電腦及周邊設備的電源，且注意電壓之變動率應在 10% 以下，以免影響測量精度；進入軟體 FORMPAK-1000。
2. 裝置待測物，請參考 5-3 節—輪廓測量儀之應用。
3. 選擇適當探針，並於控制箱上設定探針的測量型式；且探針上升角度最好在 75°以下、下降角度在 85°以下，否則可能導致探針損毀。
4. 設定量測長度。
5. 於控制箱上，調整 X 軸、Y 軸與 Z 軸至適當量測位置。
6. 啓動控制箱上的開始鍵(START)，即可進行測量；若欲中斷測量，則按停止鍵(STOP)。
7. 測量結束，按控制箱上的回歸鍵(RETURN)，則使探針回到原點。
8. 使用完畢，應將保養油擦拭於易生銹的部份。

實習結果

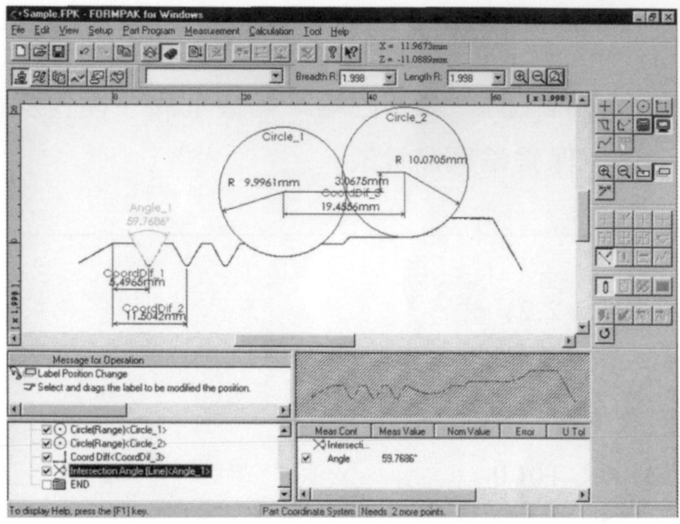

實習 5-3.1　即時量測畫面

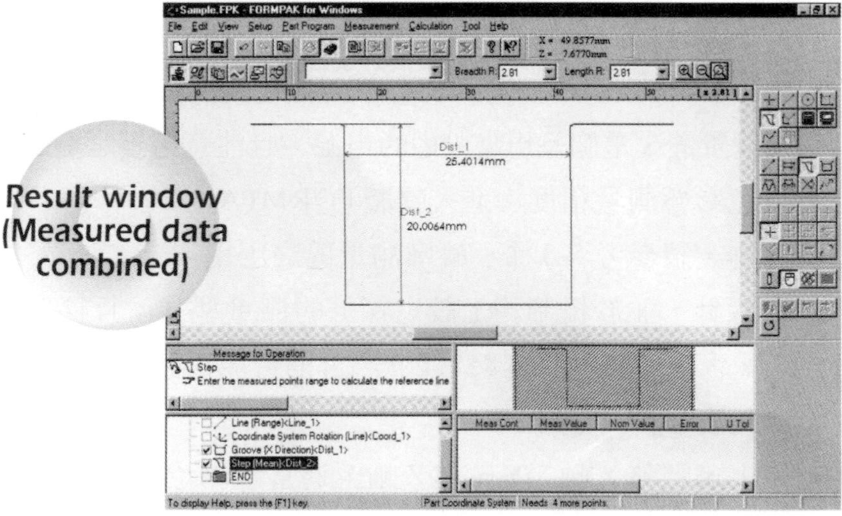

實習 5-3.2　分析結果之視窗

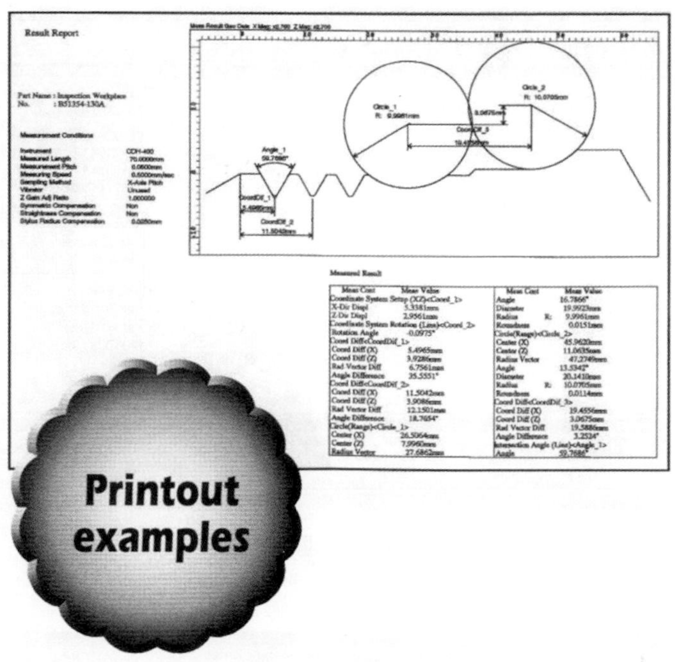

實習 5-3.3　編輯量測結果圖

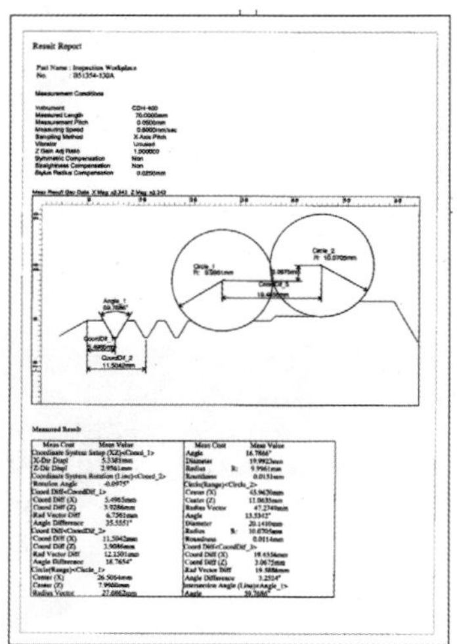

實習 5-3.4　印出量測結果

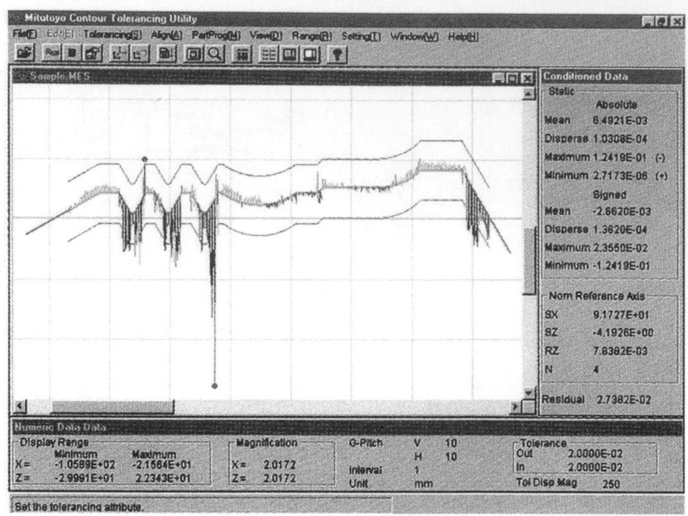

實習 5-3.5　顯示公差

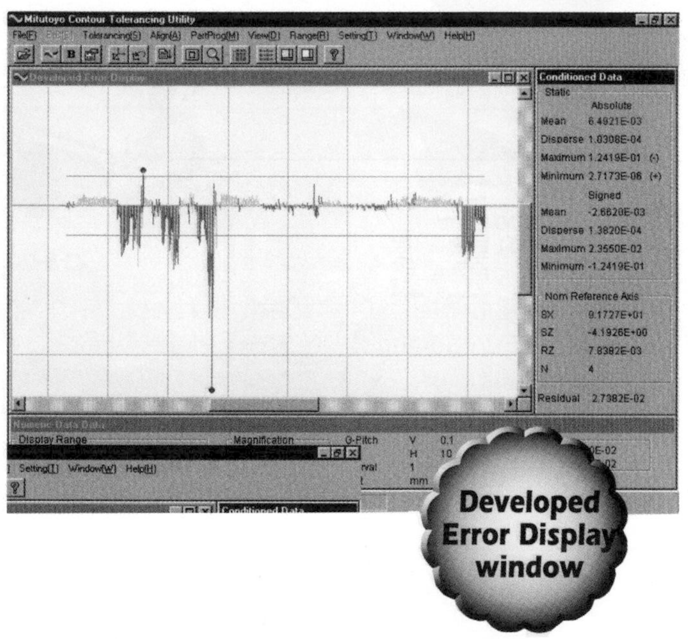

實習 5-3.6　顯示所產生的誤差

討　論

1. 何種材料的工件輪廓是輪廓測量儀無法量測的？
2. 請比較輪廓測量之圖形與表面粗糙度之圖形有何差異？

練習題

( )1. 凸輪量測必須能測出其旋轉角度與從動件移動距離之關係，故下列量具何者較不適合進行凸輪之量測？ (A)分度頭與量表 (B)游標卡尺 (C)輪廓量測儀 (D)光學投影機。 (96 年二技)

( )2. 下列何者可以取代凸輪量測儀以進行凸輪量測？ (A)頂心支架與量表 (B)塊規與量表 (C)正弦桿與量表 (D)精密虎鉗與量表。 (97 年二技)

( )3. 下列何者不屬於使用樣規比對法之輪廓量具？ (A)圓角規(半徑規) (B)螺紋節距規(螺牙規) (C)塊規 (D)齒形規。 (97 年二技)

( )4. 下列何者屬於非接觸式輪廓測量儀？ (A)齒輪測量儀 (B)牙形規 (C)圓弧規 (D)工具顯微鏡。

( )5. 下列何者不屬於輪廓量具？ (A)半徑規 (B)牙形規 (C)厚度規 (D)齒形規。

( )6. 關於輪廓測量儀，下列敘述何者錯誤？ (A)以電子式的探針測頭與待測物的輪廓形狀相接觸，掃描工件輪廓形狀 (B)可以測量工件的三度空間的斷面狀況 (C)用電子介面裝置將量測結果放大，再以繪圖機將量測結果繪出 (D)將探針測頭微小的移動變化量利用差動變壓器轉換成感應電流。

( )7. 凸輪量測儀中的分度頭的作用，在於能準確旋轉下列何者？ (A)量測頭 (B)凸輪軸 (C)尾座 (D)基座。 (94 年二技)

( )8. 利用輪廓量測儀來進行工件的輪廓量測時，下列何項工件實際值要以放大倍率算出？ (A)平行度 (B)角度 (C)半徑 (D)形狀。(95 年二技)

( )9. 使用凸輪量測儀時，若待測凸輪之從動件爲平板型從動件，則應採用何種形態之測頭砧座較適合？ (A)圓盤形 (B)刀邊形 (C)直邊形 (D)尖頭形。 (95 年二技)

Chapter 6 表面織構

6-1 表面織構的定義

6-2 測定表面織構粗糙度的表示法

6-3 表面織構符號中之圖形

6-4 限界之標註

6-5 影響表面織構之因素

6-6 表面織構的測量方法

6-7 表面粗度儀

由於現在的加工技術一直在提昇，產品的精度也不斷的提高，而表面加工狀況對於工件的工件的外觀品質、潤滑效果、磨損狀況、工件的黏著性、耐腐蝕性、耐荷重性、使用壽命等，具有非常重要的影響，特別是在兩互相配合或有相對運動之平面，如：軸承、齒輪、塊規等，表面織構影響工件表面摩擦狀況，甚至對於使用壽命有決定性的影響。

機械元件表面之狀況，取決於不同之加工方式(如：車削、銑削、鉋削、輪磨、拋光等)、機器之精度、切削時的狀況、刀具的種類等。瞭解表面織構的目的，是爲了知道工件在製造過程時，表面狀況是否達到我們所要求的標準，另一方面也可以進行品質管制，而這些在工業發展中佔著非常重要的地位，所以表面織構的實習是非常重要的。

本章之目的在於認識表面織構的定義、相關名詞及量測原理，並瞭解表面粗度儀之構造、功能及正確的使用方法。

6-1 表面織構的定義

表面織構(Surface Roughness)相關名詞的定義，如圖 6-1.1 所示，以下分別說明：

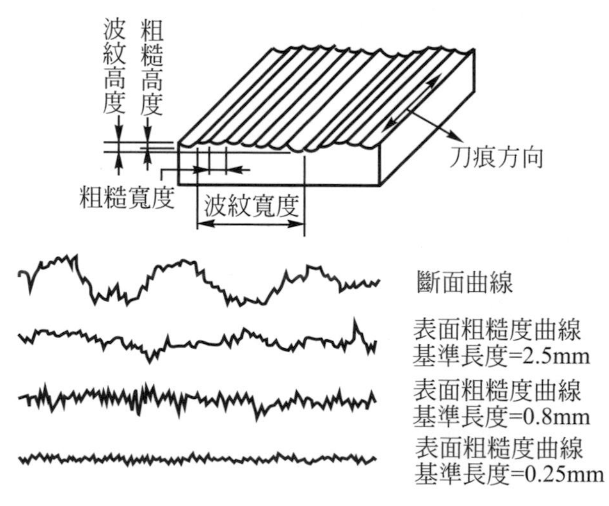

圖 6-1.1　表面織構相關名詞

一、刀痕方向

依照不同的加工方式，在工件表面上所留下的切削加工痕跡。

二、粗糙高度

工件表面上切削加工痕跡的高度。

三、粗糙寬度

工件表面上切削加工痕跡的寬度。

四、表面波紋

由於機器振動或刀具磨耗抖動，切削加工表面所留下之長週期性的不規則波浪。

五、形狀

由於受力或熱而引起機器、工件之變形，所產生之誤差。

六、斷面曲線

斷面曲線又稱爲**實際輪廓曲線**，如果將工作物橫剖面放大觀察，就會發現工件表面有高低起伏的輪廓曲線，這個輪廓曲線即爲表面的斷面曲線，而此斷面曲線是測量表面織構的基準。

七、基準長度

基準長度又稱爲**截斷値**(Cut-Off Value)，可以分爲 0.08mm、0.25mm、0.8mm、2.5mm、8mm、25mm 六種，爲測量表面織構時，在斷面曲線上所選取的統計長度，作爲求粗糙度範圍，此被選取的統計長度即稱基準長度。

八、測量長度

測量長度就是表面織構測量時的實際長度，**測量長度通常為基準長度的 3 倍左右**。

九、粗糙度曲線

斷面曲線若除去外形、波形較大及頻率較低的成分，則稱爲粗糙度曲線。

十、表面織構

顧名思義就是工件加工後得到的表面狀況，也就是指工件表面高低起伏的程度。當工件加工完成後會覺得加工面很平順，但是用精密儀器觀察就會發現表面有許多高高低低的不規則痕跡，這就是表面織構。

十一、平均線

工件表面的斷面曲線，取其一段而在曲線之間設一條直線，若直線至上和下曲線偏差距離平方的總和爲最接近時，此設定直線叫平均線。

十二、中心線

畫一條直線平行於粗糙度曲線之平均線，若該直線與粗糙度曲線兩側所包圍的面積是相等的，則此直線稱爲粗糙度曲線中心線或簡稱中心線。

6-2 測定表面織構粗糙度的表示法

一般測定表面粗糙度的計算方法常用者有下列二種，其數值以爲μm單位($1\mu m = 1\times10^{-6}m = 1\times10^{-3}mm$)，即：

一、算術平均偏差：

又稱爲中心線平均粗糙度，此法乃以粗糙度曲線之中心線爲基準，該中心線恰將該曲線分隔成上、下兩部分相等的面積，如圖 6-2.1 所示。以表面輪廓特徵參數代號 a 表示，如 Ra、Wa 或 Pa。

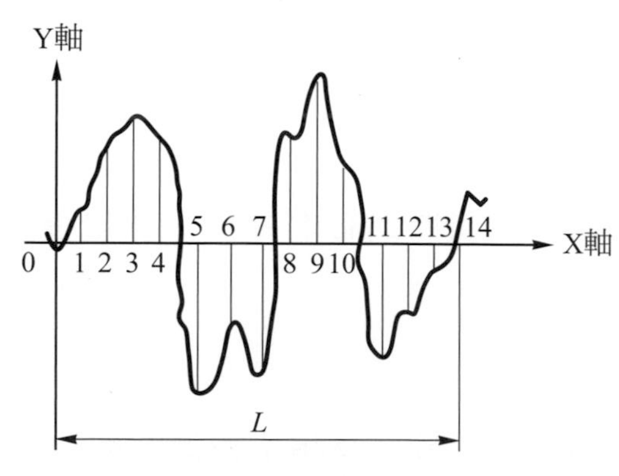

圖 6-2.1　算術平均偏差

二、最大高度粗糙度：

簡稱最大粗度法，此法乃在基準長度內，曲線最高峰至最低谷之垂直距離，如圖 6-2.2 所示。以表面輪廓特徵參數代號 z 表示，如 Rz、Wz 或 Pz。

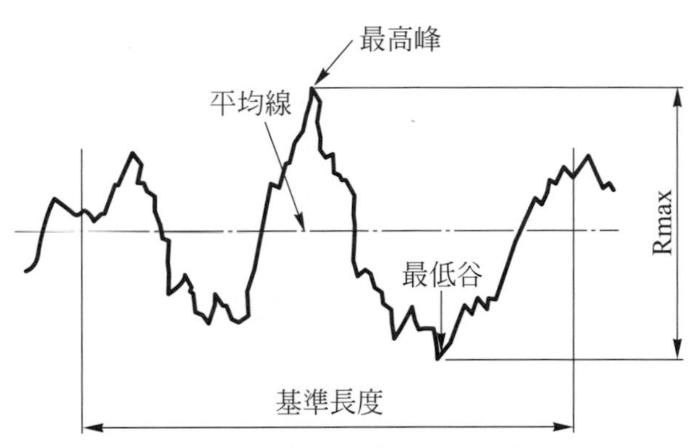

圖 6-2.2　最大高度粗糙度

6-3 表面織構符號中之圖形

一、通則

利用許多種不同的圖形來標示技術產品文件上對表面織構的要求，每一圖形有其特別的意義。規定的圖形必須增加數值、符號、文字等形式來補足對表面織構的要求。但事實上必須注意，在特殊事例中，符號可以單獨被用在技術圖面上來表示特別的意義。

二、基本符號

基本符號包含兩條不等長且與指定表面成 60 度之兩直線，如圖 6-3.1 所示。圖 6-3.1 之基本符號不能單獨使用(缺補充資料)。假如基本符號有補充資料，則不需討論一指定表面，是否必須去除材料或不得去除材料。

圖 6-3.1　表面織構符號的基本符號。

三、完整符號

根據中華民國國家標準(CNS)中規定，表面符號之組成如圖 6-3.2 所示，其各部分標註所代表之意義如下。

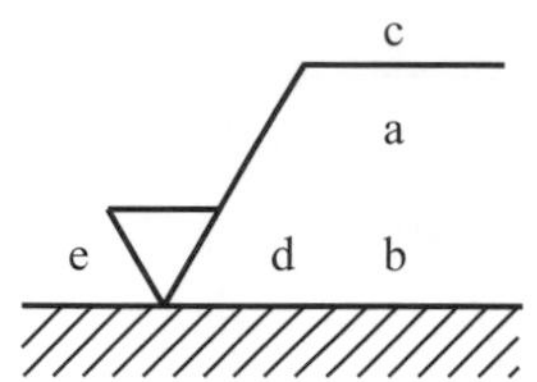

位置 a：單一表面織構要求
位置 b：對 2 個或更多表面織構之要求事項
位置 c：加工方法及相關資訊之標註
位置 d：紋理及方向
位置 e：加工裕度

圖 6-3.2　表面符號之組成

1. 切削加工符號

當必要補充說明表面織構特徵時，必須在圖任一符號中長邊加一水平線，如圖 6-3.3 所示。若圖中之符號以文字表示時－例如在報告或合約中，(a)為 APA(Any process allowed)允許任何加工方法，(b)為 MRR (Material removal required)必須去除材料，(c)為 NMR(No material removed)不得去除材料。

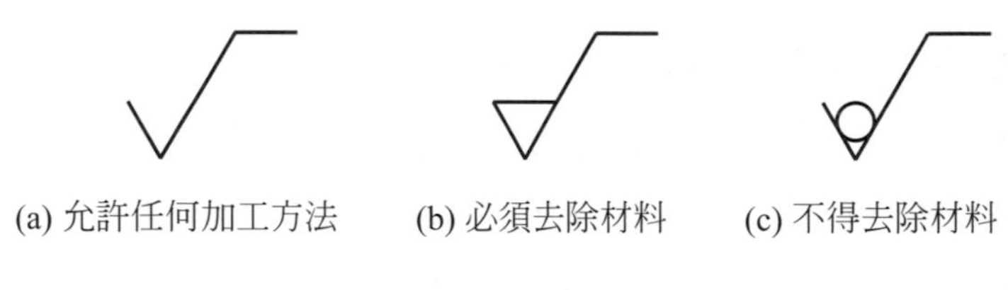

(a) 允許任何加工方法　(b) 必須去除材料　(c) 不得去除材料

圖 6-3.3　完整符號

2. 表面織構符號的完整符號之組成

完整符號中可以加註表面織構要求事項的指定位置，如圖 6-3.4 所示。

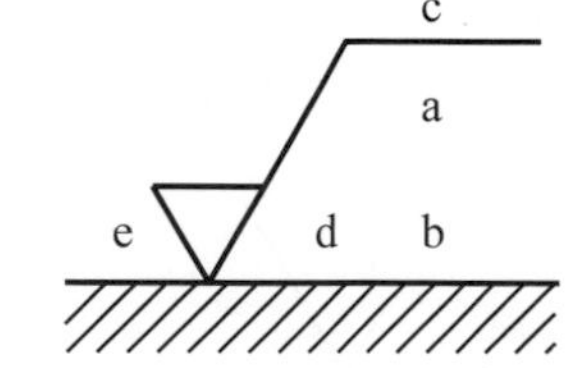

圖 6-3.4　補充要求事項(a-e)的位置

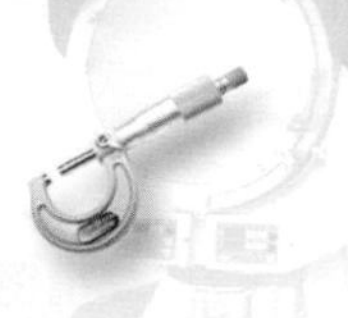

⑴　位置 a 單一項表面織構要求

標出之表面參數代號，限界數值和傳輸波域/取樣長度。為了避免誤解，應該在參數代號和限界數值之間空兩格

MRR Ra 0.7; Rz1 3.3

Ra　0.7
Rz1　3.3

通常，此位置用一組字串表示，傳輸波域和取樣長度後面應該緊接著斜線(/)，接著為表面參數代號，最後為數值

MRR 0.0025-0.8 / Rz 3.0

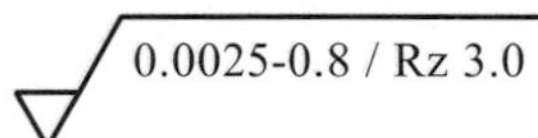

例 1：0.0025-0.8/Rz6.8　(標示傳輸波域 0.0025-0.8)

例 2：-0.8/Rz 6.8　　　(僅標示取樣長度 0.8)

尤其對於圖形參數，傳輸波域應該被標出，緊接著斜線(/)，接著為評估長度(evaluation length)值，接著為另一個斜線，最後為表面參數代號以及數值。

例 3：0.008-0.5/16/R 10

⑵　位置 b 對兩個或更多表面織構之要求事項

第一個表面織構要求事項加註在位置“a”，如(a)中所述。第二個表面織構要求事項加註在位置“b”。假如有第三個或更多表面織構要求事項要加註，為了有足夠空間放置多條線，在符號的垂直方向必須加長。當圖形加長時，“a”　“b”位置須上移。

⑶　位置 c 加工方法

對於指定表面之加工方法、處理、披覆或加工方法之要求事項等的加註。例如：車削、研磨、電鍍。

例如：表面之加工方法和粗糙度要求的標註

MRR turned Rz 3.1

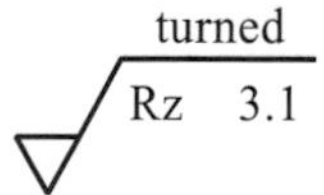

例如：披覆和粗糙度要求的標註。

NMR Fe / Ni15p Cr r; Rz 0.6

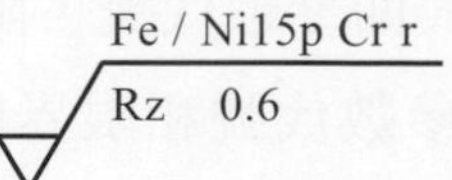

表 6-3.1 CNS 之加工法代號

項目	加工方法	代號	項目	加工方法	代號
1	車削(Turning)	車	19	鍛造(Forging)	鍛
2	鉋削(Planing Shaping)	刨	20	落鎚鍛造(Drop Forging)	落鍛
3	搪孔(Boring)	搪	21	壓鑄(Die Casting)	壓鑄
4	鑽孔(Drilling)	鑽	22	超光製(Super Finishing)	超光
5	絞孔(Reaming)	絞	23	鋸切(Sawing)	鋸
6	銑削(Milling)	銑	24	焰割(Flame Cutting)	焰割
7	拉削(Broaching)	拉	25	擠製(Extruding)	擠
8	輪磨(Grinding)	輪磨	26	壓光(Burnishing)	壓光
9	搪光(Horning)	搪光	27	抽製伸(Drawing)	抽製
10	研光(Lapping)	研光	28	衝製(Drowning)	衝製
11	拋光(Polishing)	拋光	29	衝孔(Piercing)	衝孔
12	擦光(Buffing)	擦光	30	放電加工(EDM)	放電
13	砂光(Sanding)	砂光	31	電化加工(E.CM)	電化
14	滾筒磨光(Tumbling)	滾磨	32	化學銑(C ・ Milling)	化銑
15	鋼絲刷光(Brushing)	鋼刷	33	化學切削(C ・ Mechining)	化削
16	銼削(Filing)	銼	34	雷射加工(Laser)	雷射
17	刮削(Scraping)	刮	35	電化磨光(ECG)	電化磨
18	鑄造(Casting)	鑄	36	攻螺紋(Tapping)	攻

(4)　位置 d 表面紋理和方向

表面紋理和方向之符號的加註(若有需要)，例如：“=”、“X”、“M”。

例如：紋理方向之圖案代表垂直於圖面。

milled
Ra　0.7
⊥ Rz1　3.1

表面紋理的標註

表 6-3.2　刀痕符號的種類

符號	意義	圖例
=	紋理方向與其所指加工面之邊緣平行	紋理方向
⊥	紋理方向與其所指加工面之邊緣垂直	紋理方向
X	紋理方向與其所指加工面之邊緣成兩方向傾斜交叉	紋理方向
M	紋理呈多方向	
C	紋理呈同心圓狀	

表 6-3.2　刀痕符號的種類(續)

符號	意義	圖例
R	紋理呈放射狀	
P	表面紋理呈凸起之細粒狀	

如使用本表中未定義的符號，則必須在圖面另加註解。

⑸　位置 e 加工裕度

加工裕度的加註(若有需要)，單位爲 mm。

例如：表面織構符號各要求項目標註在工件最後形貌上，其中加工裕度爲 3.0mm。

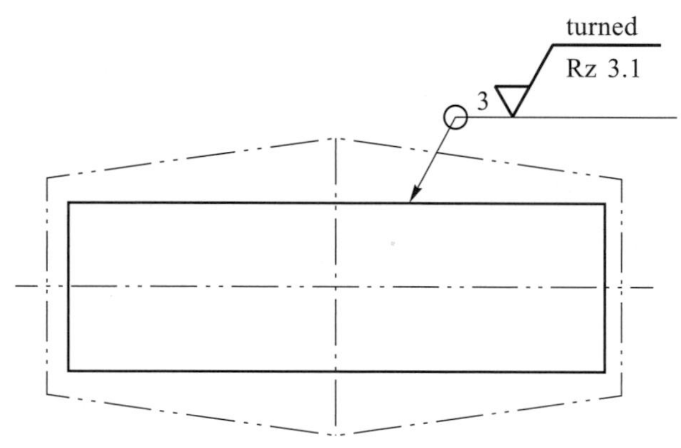

6.4 限界之標註

一、通則

有兩種不同方法來標註和說明表面織構的限界規格。

1. “16% -規則”；
2. “最大-規則”。

“16%-規則”被定義成所有表面織構要求事項的預設規則。其意義爲當一個參數代號的運用時，則“16%-規則”適用於表面織構要求事項(參照圖 6-4.1)。假如“最大-規則”被使用於表面織構要求時，“max”應該加註在參數代號上(參照圖 6-4.2)。“最大-規則”不適用於圖形參數。

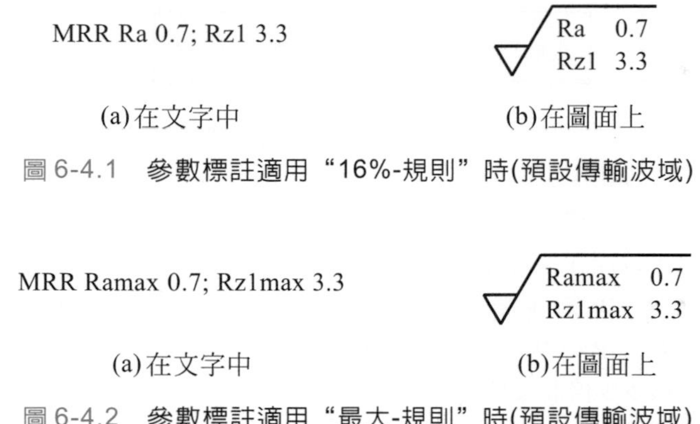

圖 6-4.1　參數標註適用“16%-規則”時(預設傳輸波域)

圖 6-4.2　參數標註適用“最大-規則”時(預設傳輸波域)

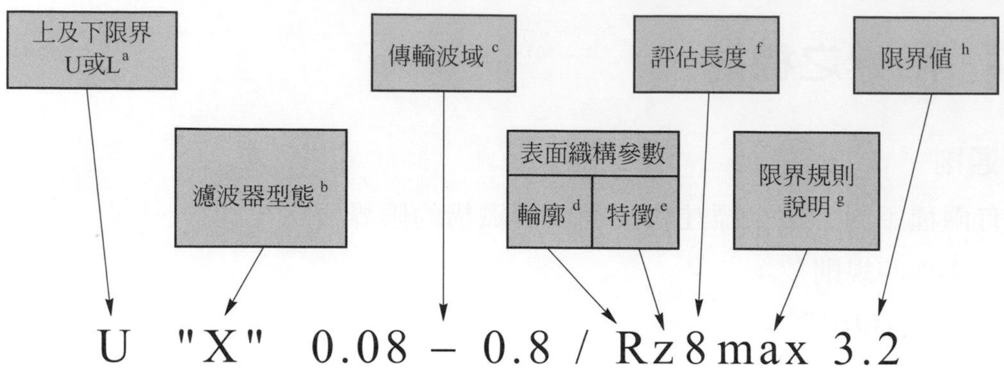

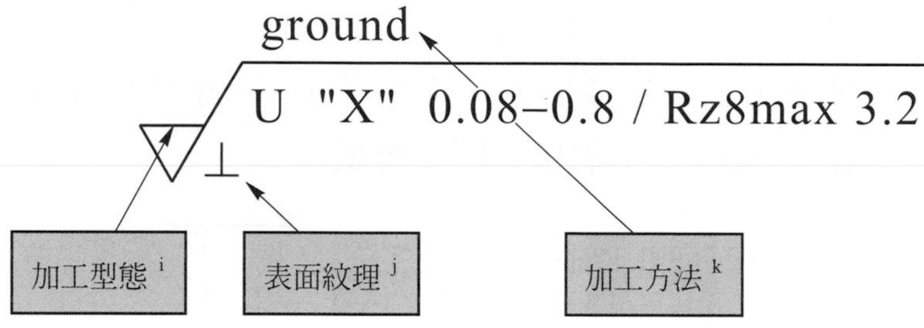

a.上(U)、下(L)限界之標註。

b.濾波器型態可以標註成“Gaussia”或“2RC”。

c.傳輸波域可以標註成短波濾波器或長波濾波器。

d.表面輪廓(R、W或P中擇一項)。

e.特徵／參數(如Ra、Wz、Pv……等)。

f.評估長度爲多少倍取樣長度。

g.限界規則說明(“16%-規則”或“最大-規則”)。

h.限界值單位爲μm。

i.加工型態。

j.表面紋理。

k.加工方法。

圖 6-4.3　工程圖中表面織構符號的控制元素

6-5 影響表面織構之因素

一、切削加工方法

加工表面織構之狀況，主要取決於不同之加工方式，如：車削、銑削、鉋削、輪磨、拋光等，各種加工法可達成之表面織構表如表 6-5.1 所示。

表 6-5.1　各種加工法可達成之中心線平均粗糙度(R_a)

加工方法	中心線平均粗糙度R_a (μm) 50–25	25–12.5	12.5–6.3	6.3–3.2	3.2–1.6	1.6–0.8	0.8–0.4	0.4–0.2	0.2–0.1	0.1–0.05	0.05–0.025	0.025–0.015
火焰切斷	□	■	□									
砂模鑄造	□	■	□									
熱軋	□	■	□									
鋸切	□	■	■	■	■							
刨削	□	■	■	■	■	■	□					
鍛造		□	■	■	□							
銑削		□	□	■	■	■	□	□				
車削		□	□	■	■	■	■	□	□	□		
搪孔		□	□	■	■	■	■	□	□	□		
鑽孔			□	■	■	□						
化學銑			□	■	■	□						
放電加工			□	■	■	□						
擠製			□	■	■	■	□					
拉削				□	■	■	□					
鉸孔				□	■	■	□					
輪磨				□	□	■	■	■	■	□	□	
永久磨鑄法				□	■	□						
蠟模鑄造				□	■	□	□					
冷軋				□	■	■	□	□				
引伸				□	■	■	□	□				
滾筒磨光					□	□	■	■	□	□		
壓鑄					□	■	□					
搪光						□	■	■	■	□	□	
電化磨光							□	■	□			
壓光							□	■	□			
拋光							□	■	■	□	□	□
研光							□	■	■	■	□	□
超光							□	□	■	■	□	□

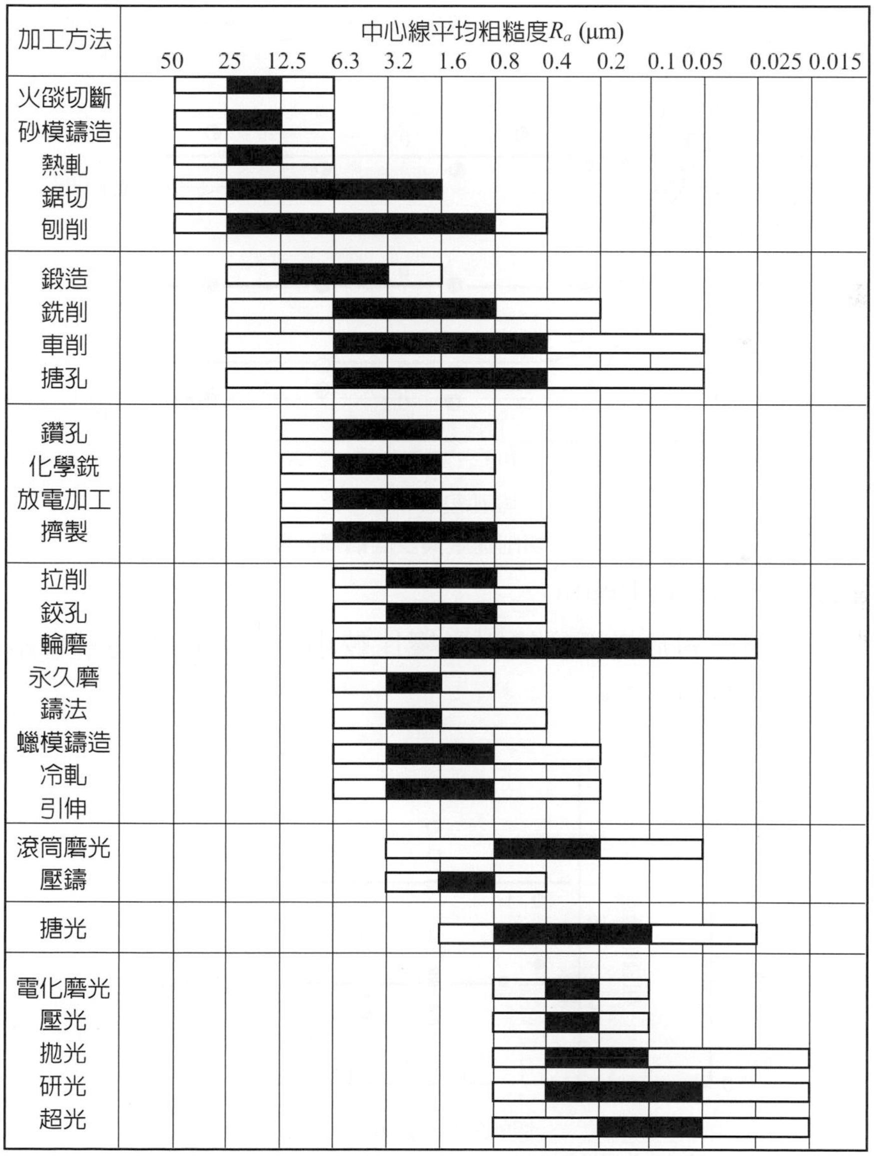

表中之"■"及"□"係分別表示在一般情況下及罕見情況下能達到之表面織構值。

二、切削條件

1. 切削速度(Cutting Speed)

在低速切削時，表面織構較大；隨著切削速度提高，**積屑刃口**(Built-Up Edge)縮小，表面織構會逐漸減小；切削速度再提高，積屑刃口消失，產生**進給痕跡**(Feed Mark)，最後表面織構會到達一個定值，如圖 6-5.1 所示。

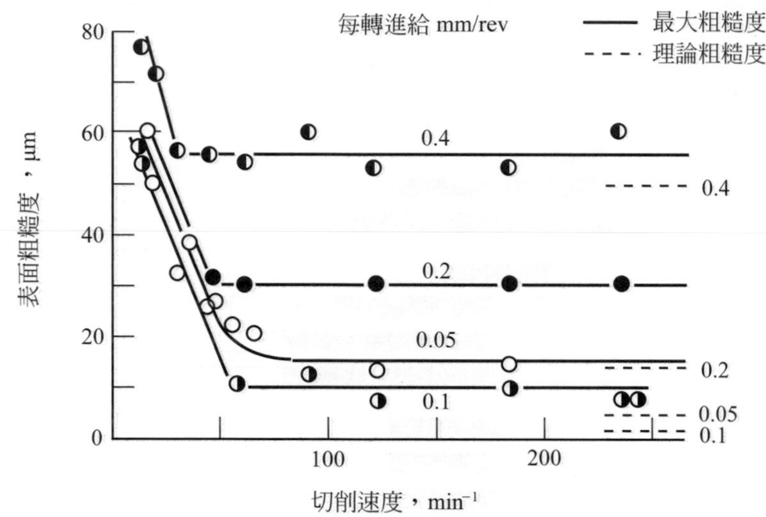

圖 6-5.1　切削速度與表面織構的關係[7]

2. 切削深度(Cutting Depth)

切削深度對於表面織構對影響比較小，表面織構通常會維持一個定值，如圖 6-5.2 所示。

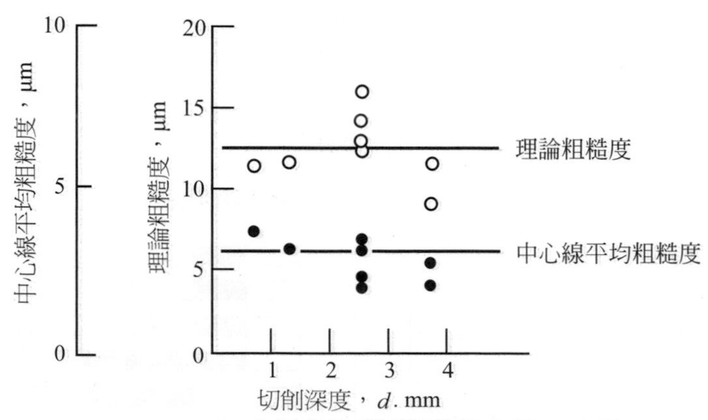

圖 6-5.2　切削深度與表面織構的關係[7]

3. 進給速率(Feed Rate)

進給速率相當於粗糙寬度，也就是工件表面上切削加工痕跡的寬度。通常表面織構會隨著進給速率的增加而增加，如圖 6-5.3 所示。

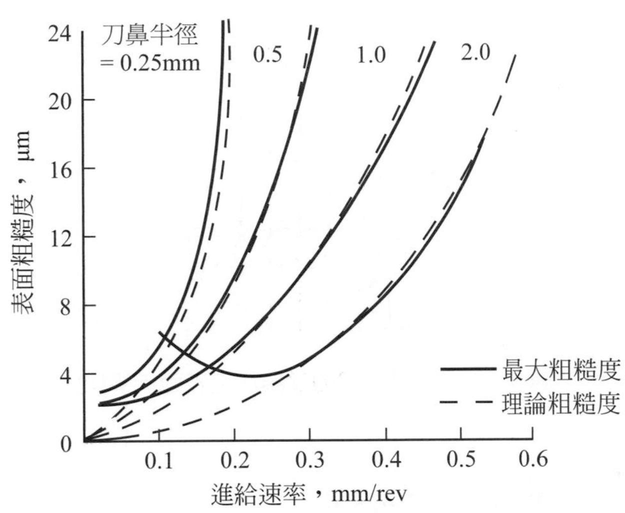

圖 6-5.3　進給速率與表面織構的關係[7]

三、刀具幾何形狀

1. 單點車刀

若單點車刀之邊切角為θ_s，端刃角為θ_e，進給速率為f，則根據刀具幾何條件，可以推導出理論的加工表面織構R_{max}(如圖 6-5.4 所示)為：

$$R_{max} = \frac{f}{\cot\theta_s + \cot\theta_e}$$

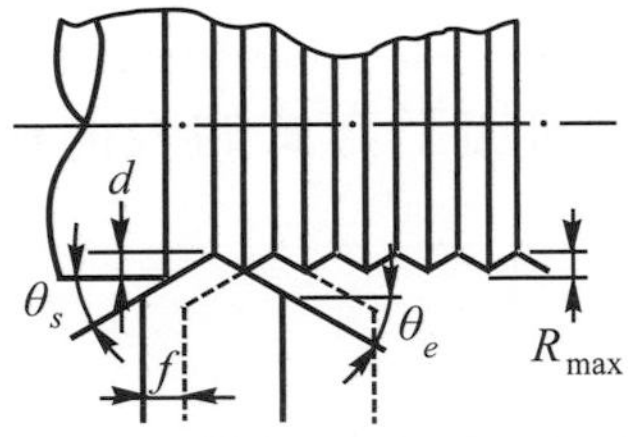

圖 6-5.4　單點車刀的理論加工表面織構

2. 圓鼻車刀

若圓鼻車刀之圓鼻半徑爲R(mm)，進給速率爲f(mm/rev)，則根據幾何條件，可以推導出理論的加工表面織構R_z(如圖 6-5.5 所示)爲：

$$R_z = \frac{f^2}{8R}$$

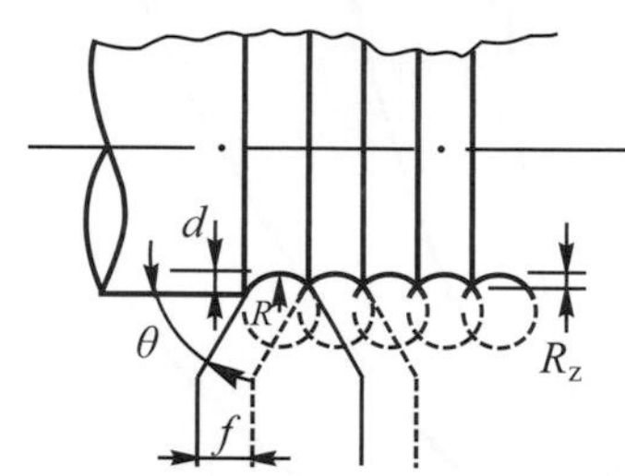

圖 6-5.5 圓鼻車刀的理論加工表面織構[7]

6-6 表面織構的測量方法

粗糙度的量測方法有很多，例如：粗糙度標準片、工具顯微鏡、光線切斷，光波干涉測定法，表面粗度儀、電容量測定法及放射性同位素測定法等。

一、比較測量法

比較測量法係利用**表面織構標準片**與加工工件表面進行比較，通常標準片已預先製成從 4 至 8 個不同等級的R_a值，或相對等級的N符號，不同的加工方式有不同的表面織構標準片，如：車、銑、鉋、磨、研磨等的種類。比較測量法通常分爲視覺、聽覺、觸覺方式判斷。

1. 視覺法

將加工工件置於相同加工方式的表面織構標準片旁邊，利用肉眼或放大鏡進行比較判斷。

2. 觸覺法

利用手指觸摸加工工件與相同加工方式的表面織構標準片，由手指感覺表面高低不平的狀況進行比較判斷。

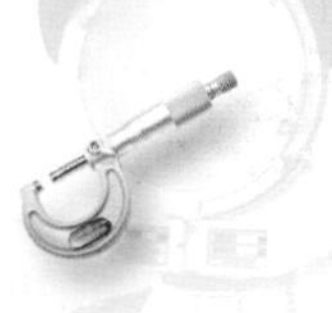

3. 放大鏡比對法

利用肉眼和觸摸的感覺來判斷表面織構的狀況，這種只靠測量感覺的測量方法，測量比對人員的經驗非常重要；爲了增進視覺的判斷能力，發展出放大鏡比對法，利用低倍率放大鏡及比對片對表面進行觀察，如圖 6-6.1 所示。

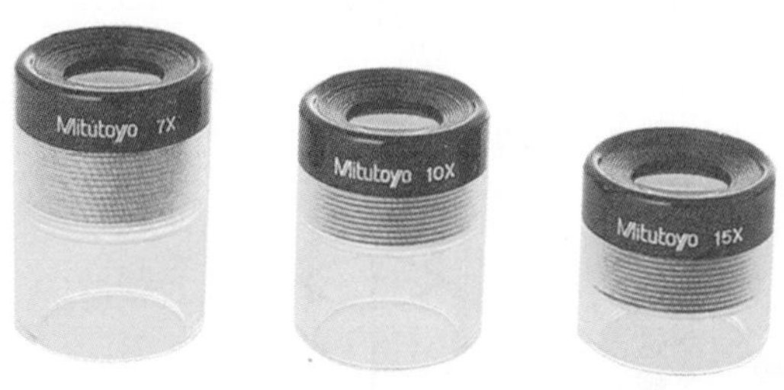

圖 6-6.1　比對放大鏡

二、光學測量法

利用光線傾斜照射量測表面，再利用高倍放大顯微鏡、光波干涉、光波反射等方法，將表面高低不平的狀況顯現出來，常用的方法有光線切斷測定法與光波干涉測定法。

1. 光線切斷測定法

光線切斷法測量表面織構的原理，爲將光譜傾斜照射測量表面，再以高倍率的放大顯微鏡，將測量面與光譜產生之斷面交線反射出來，經由放大顯微鏡上的測量裝置，測量出表面織構。此種方法在測量時不接觸被測工件表面，對於軟材料的測量較方便，如圖 6-6.2 所示。

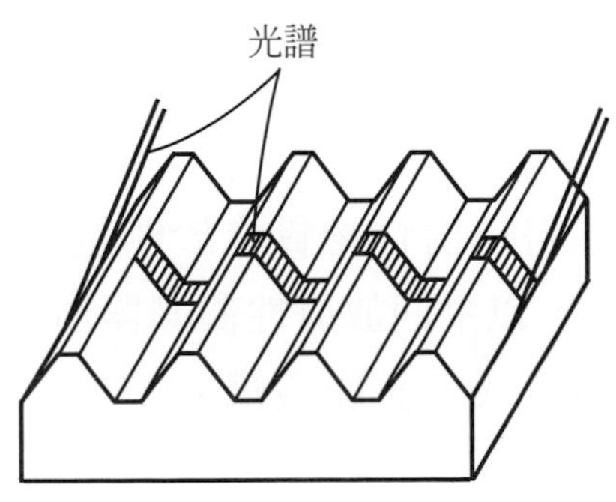

圖 6-6.2　光線切斷測定法

2. 光波干涉測定法

由標準反射鏡及測定面反射之光波，形成相位差而產生光波干涉條紋，此條紋的狀況可以顯示出表面織構的狀況。本方法藉光學平鏡於被測物體表面反射光的相位差，所產生的干涉條紋數，測量出表面織構。此種方法適用於極爲精密的平面測量，如：精密塊規、分厘卡砧座平面等粗糙度的檢驗，如圖 6-6.3 所示。

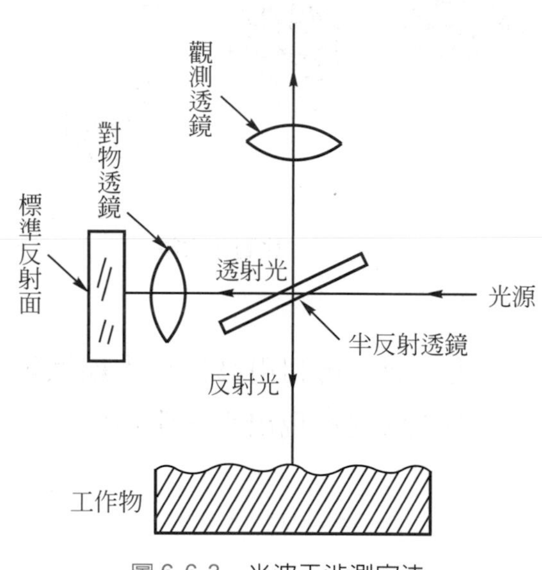

圖 6-6.3　光波干涉測定法

三、電子探針式測量法

表面粗度儀爲利用驅動設備來帶動電子探針在工件表面滑動，探針將工件表面狀況轉變成感應電流，經過放大器放大後，將斷面曲線輸入**解析器**，計算出表面織構測量值。

四、放射線同位素測定法

放射線同位素測定法爲將放射性物質塗於測量工件表面上，測量工件表面凹下部份填充的放射性物質，以平面放射性偵測器偵測工件表面的放射線強度，此放射線強度的分佈狀況即可代表表面織構。

五、電容測定法

本方法是測量標準感應板與待測工件金屬板之間的電容量，由電容量來判定表面織構，所測量出來的爲**波峰中心線粗糙度(R_p)**，電容量必須在金屬板之間產生，因此被測工件必須是金屬才可以測量電容，如圖 6-6.4 所示。

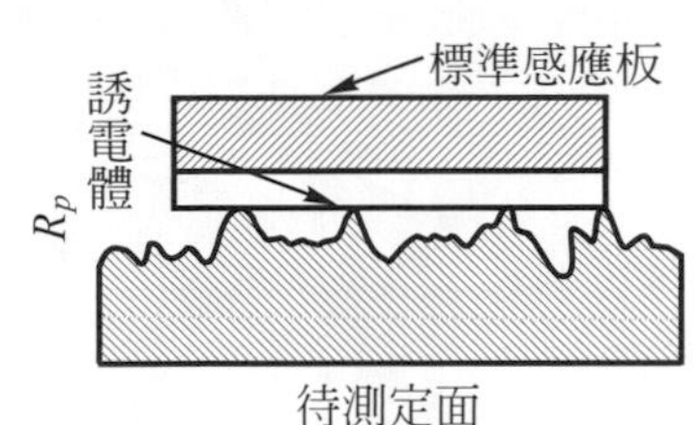

圖 6-6.4　電容測定法

6-7 表面粗度儀

表面織構測定方法中，以電子探針式斷面測定法爲原理的表面粗度儀最爲實用，此儀器之全名爲表面織構檢測儀(Surface Roughness Tester)，可以很快速的將各種不同表示方法的表面織構值分析出來。

一、表面粗度儀的測量原理

表面粗度儀的測量原理(如圖 6-7.1 所示)爲利用驅動設備來驅動電子探針移動，電子探針沿著待測工件表面滑動，探針將工件表面狀況轉變成微小的感應電流，經過放大器放大之後，將測量工件斷面的放大感應電流傳輸給解析器，將斷面曲線依照不同的表面織構表示法，計算出粗糙度測量值，再由記錄器印出表面織構測量值、表面織構曲線或斷面曲線。

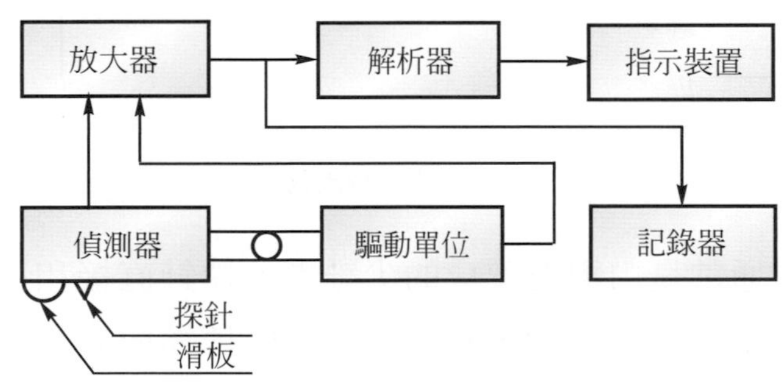

圖 6-7.1　表面粗度儀的測量原理

二、表面粗度儀之構造

表面粗度儀之構造包括檢出器、驅動／顯示單位、解析器、參考樣規、基架座及夾具組等部分，如圖 6-7.2 所示。

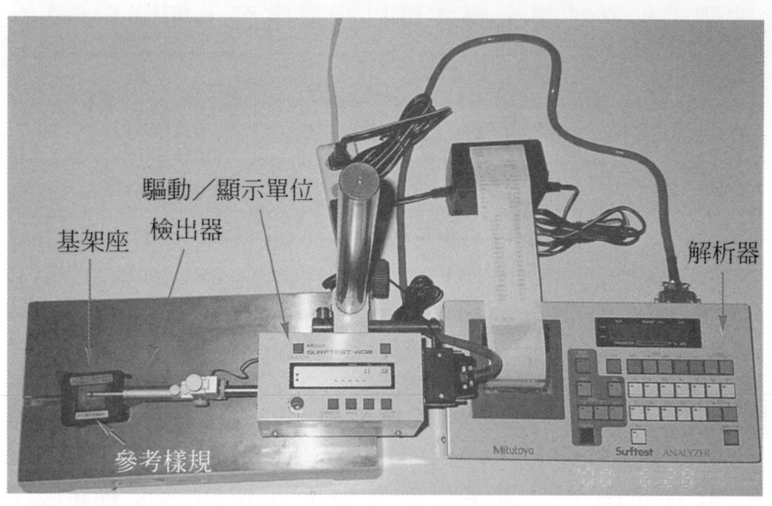

圖 6-7.2　表面粗度儀之構造

1. 檢出器

如圖 6-7.3 所示，檢出器包含鼻端、滑塊及探針，其中滑塊是用來保護探針的。

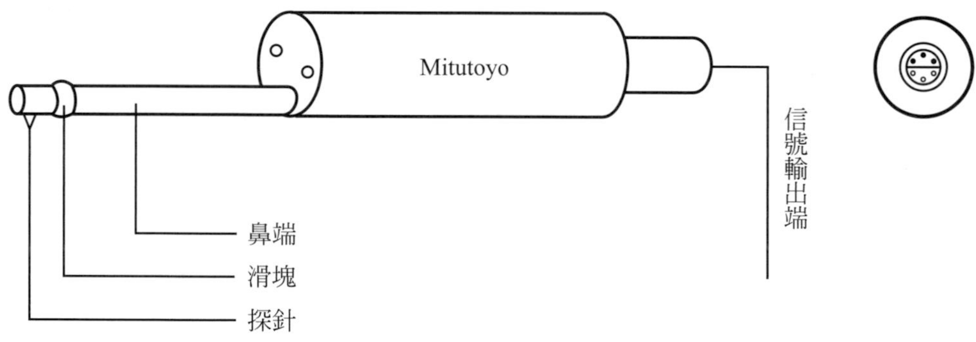

圖 6-7.3　檢出器

探針頭通常是由**鑽石**製成的尖錐體，探針直接和工件表面接觸，將工件表面高低起伏的狀況，利用感應線圈轉換成微小的感應電流，如圖 6-7.4 所示。

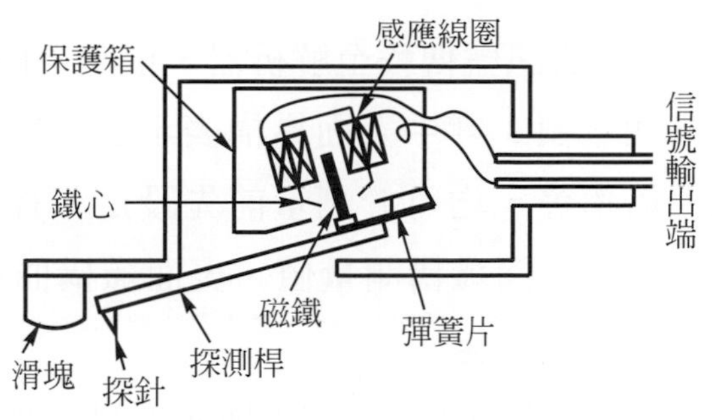

圖 6-7.4　探針組

2. 驅動／顯示單位

利用馬達來帶動檢出器，使檢出器沿著工件表面移動，完成測量工作，測量完畢回復到原來的位置，且行程範圍及探針移動速率皆可進行控制，如圖 6-7.5 所示。

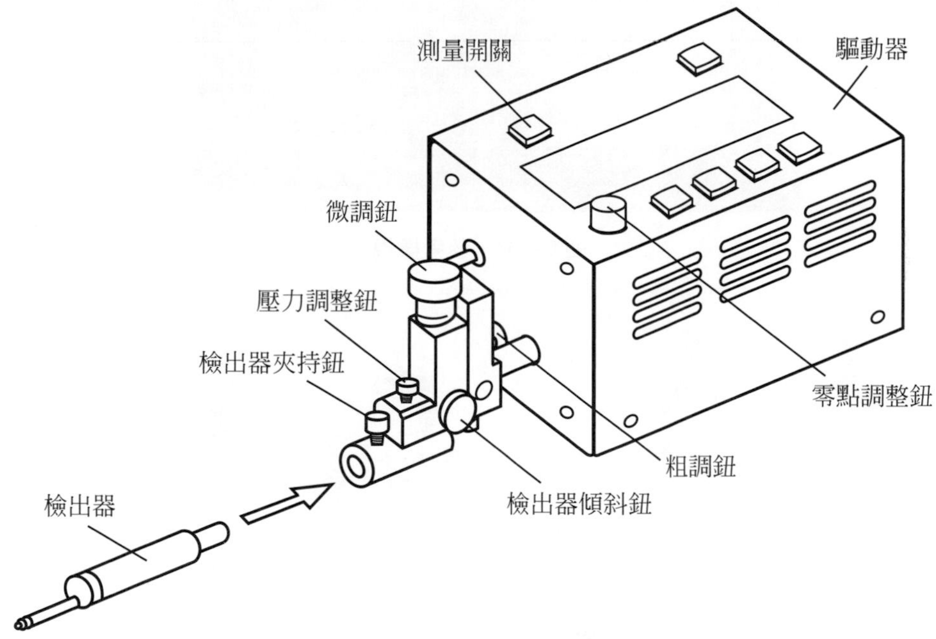

圖 6-7.5　驅動／顯示單位

3. 解析器

將放大器放大後的訊號傳輸至解析器，依照不同的表面織構表示法，計算出表面織構測量值；其中表面織構表示法、測量範圍、基準長度、測量長度、放大倍率等，均可於測量前先設定。經過解析器分析後的資料，可由紀錄器印出表面織構測量值、表面織構曲線或斷面曲線。

4. 參考樣規、基架座及夾具組

參考樣規或稱標準片，如圖 6-7.6 所示，是一個用來校正並調整表面粗度儀精度的基準。基架座是用來架持夾具組、檢出器、驅動／顯示單位、解析器等表面粗度儀設備。而夾具組是用來夾持工件的，如圖 6-7.7 所示，包括 V 型枕夾持具、旋轉虎鉗座、微動載物台、頂心支架、壓板夾持具、旋轉中心支架及垂直夾持具等。

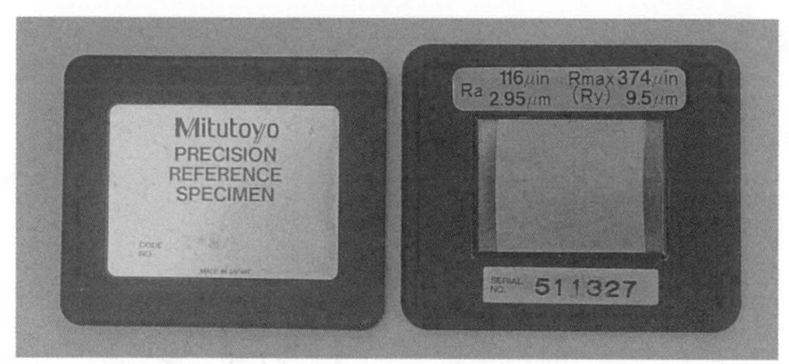

圖 6-7.6　參考樣規

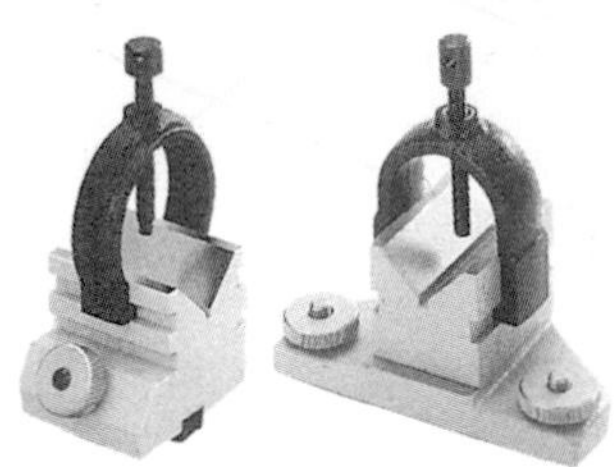

(a) V 型枕夾持具

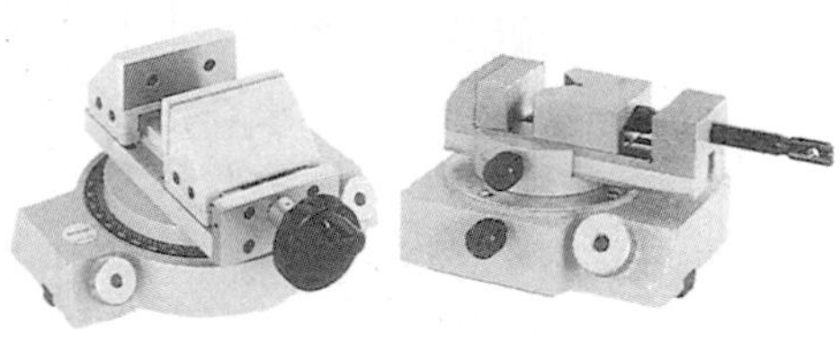

(b) 旋轉虎鉗座

圖 6-7.7　基架座及夾具組

(c) 十字微動載物台

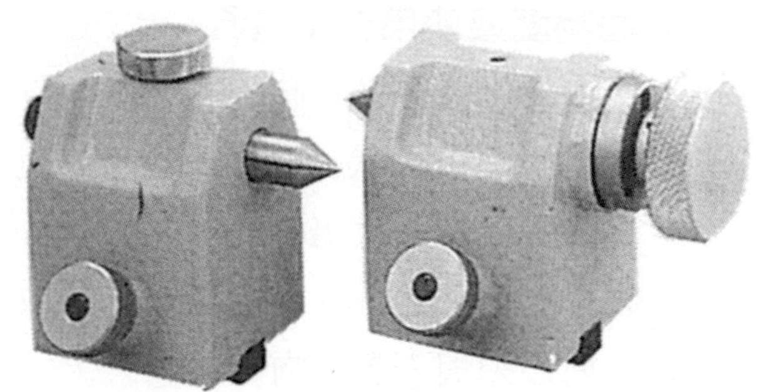

(d) 頂心支架

(e) 壓板夾持具

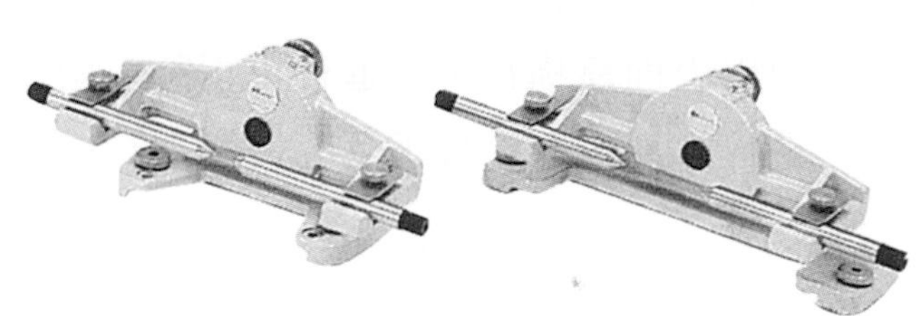

(f) 旋轉中心支架

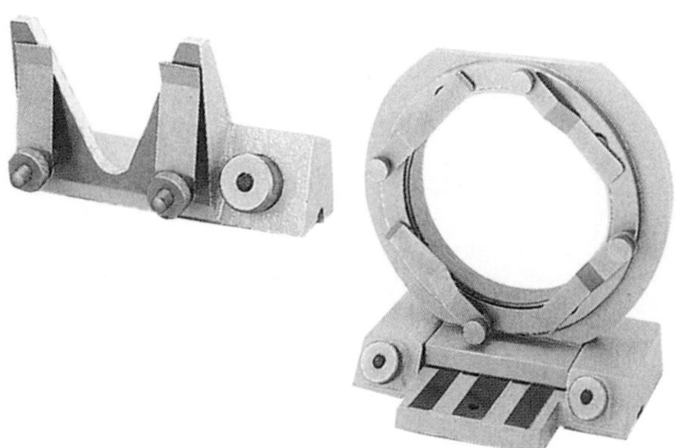

(g) 垂直夾具

圖 6-7.7　基架座及夾具組(續)

三、表面粗度儀使用注意事項

1. 使用前必須先進行暖機30分鐘以上。
2. 依照工件表面狀況選擇適當的表面織構表示法、測量範圍、基準長度、測量長度及放大倍率。
3. 將待測工件放在工作台上而且要放平行，不可一高一低；並且探針移動方向必須與刀痕方向垂直。
4. 調整探針接觸在工件上，注意探針不可壓的太低以免探針測頭損傷，應該用微調調整，並且調整儀器處於可測量的狀態。
5. 測量時工件必須要放平，否則測量誤差量會非常的大。
6. 使用表面織構標準片進行校正時，避免在同一個位置重複校正，以免標準片磨損，影響校正值。

實習 6-7　表面粗度儀

實習目的

1. 使瞭解表面織構之基本術語及表示方法。
2. 認識表面織構儀的量測原理及熟悉其操作方法。
3. 從實際的操作過程中，體會量測之意義及限制。

實習設備

1. 表面粗度儀(圖 6-7.2)。
2. 參考樣規(圖 6-7.6)。
3. 基架座及夾具組(圖 6-7.7)。

實習原理

請參照 6-2 節及 6-7 節。

實習步驟

1. 考慮量測需求，包含待測定的工件、所需的參數、量測條件的假設和粗糙度的假設。
2. 條件設定
   (1) 設定 R 或 P 模式。
   (2) 在 R 模式時，設定λ_c(切斷值)和$n\lambda_c$(切斷值之倍數)；在 P 模式時，設定 L(基準長度)。
   (3) 設定範圍。
   (4) 必要時，設定平均模式。
3. 設定列印條件及項目，分自動及手動列印。
   (1) 資料列印(按 PRINT 鍵)。
   (2) 圖形列印(按 L 或 H 鍵)。

4. 置放工件和調整工件位置。

⑴ 工件置放：將工件與402測定儀同時置於平台上；測定儀配合 V 型角架量測大直徑；測定儀配合升降台量測工件。

⑵ 調整檢出器位置

① 放鬆粗部升降調整鈕，將滑塊移至適當位置後，鎖緊粗部升降調整鈕。

② 調整細部升降調整鈕，接近工件測定面。

③ 調整檢出器傾斜鈕，使檢出器平行於測定面。

④ 調整零點調整鈕至可量測狀態。

5. 按下 START/STOP 鍵，執行量測。

6. 列印結果

⑴ 手動列印一

① 量測前，按下 DISP、R_a、R_z、$R_{\max}$。

② 量測後，按 PRINT 鍵。

③ 僅列印顯示內容。

⑵ 手動列印二

① 量測前，按下R_a、R_z、$R_{\max}$。

② 量測後，按 PRINT 鍵。

③ 設定的參數會全部列印。

⑶ 自動列印

① 量測前，按下所有參數設定鍵，除DISP外，再按PRINT、BAC、H鍵。

② 量測後會自動列印。

實習結果

1. 工件名稱：________________。

2. 表面織構圖及參數值等，如實習6-7.1所示。

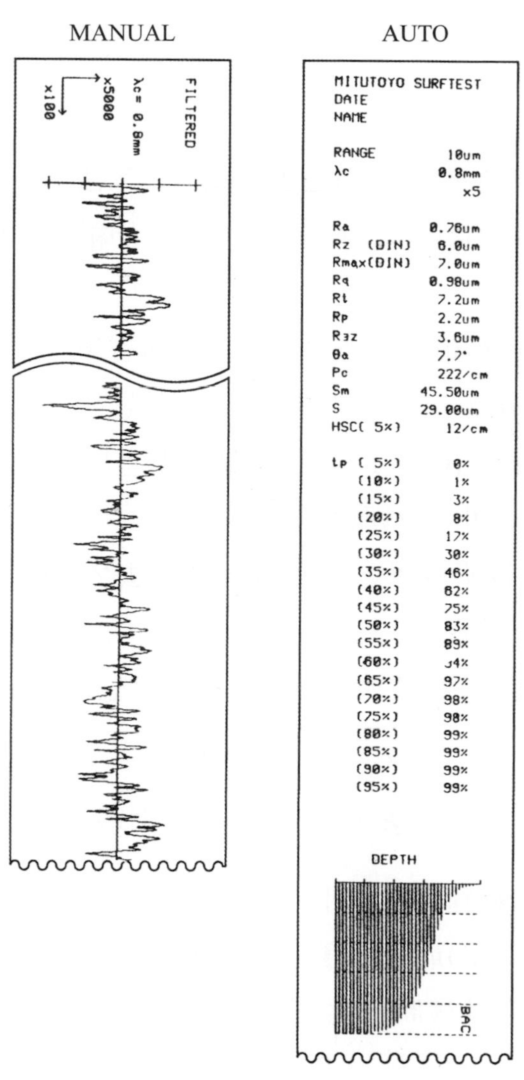

實習 6-7.1

討　　論

1. 何謂粗糙度曲線中心線？
2. 表面織構量測時，若探針磨損嚴重時，使尖端直徑增加，會使量測值變大或變小？
3. 當表面織構量測時，截斷值設定不當，會造成怎樣的結果？

練習題

一、選擇題

( )1. 下列何者不屬於振幅參數類之表面織構表示法？ (A)中心線平均粗糙度 R_a (B)最大粗糙度高度 R_y 或 R_{max} (C)十點平均粗糙度 R_z (D)承壓比值BAC。(96年二技)

( )2. 下列關於表面粗度儀操作方法之敘述，何者不正確？ (A)探針接觸工件表面之壓力應適當 (B)須根據工件表面織構之狀況，設定合適之切斷值(Cut-off Value) (C)須以粗糙度標準片進行表面粗度儀之校正 (D)待測工件表面髒污可不予理會。 (97年二技)

( )3. 下列何者屬於較不科學之表面織構量測法？ (A)粗糙度標準片比較法 (B)表面粗度儀量測法 (C)光波干涉量測法 (D)目測法。 (97年二技)

( )4. 「中心線平均粗糙度」的代表符號是 (A) R_{max} (B) R_z (C)RMS (D) R_a。 (90年二技)

( )5. 粗糙度標示，√Ra 6.3 表示 (A)中心線平均粗糙度之最大界限爲6.3μm (B)中心線平均粗糙度之最小界限爲 6.3μm (C)最大高度粗糙度之最大界限爲6.3μm (D)最大高度粗糙度之最小界限爲6.3μm。

( )6. 使用表面織構量測儀時，應將工件表面之刀痕方向與探針運動方向呈何種方式放置？ (A)平行 (B)45° (C)垂直 (D)放置方式對量測結果沒有影響。 (92年二技)

( )7. 量測表面織構時，下列敘述何者正確？ (A)若 R_a 値相同，則 R_{max} 値必定相同 (B)若切斷值(Cut-Offvalue)愈小，則 R_a 値愈大 (C) R_a 値相同的兩個表面，其表面外形(Surface Profile)必定相同 (D)量測加工件表面時，探針移動方向與表面加工方向成90°，可獲得最大的 R_a 値。

(93年二技)

(　)8. 有一工件用圓鼻車刀在精車時，刀端半徑爲0.8mm，進刀量爲0.2mm/rev，試求工件表面最大粗度爲若干？　(A)0.06　(B)0.006　(C)0.08　(D)0.008　mm。

(　)9. 量測表面織構時，下列敘述何者錯誤？　(A)截斷值愈小則R_a值愈小　(B)R_a值相同的兩個表面，其$R_{\max}$值不一定相同　(C)RMS 值相同則$R_{\max}$值一定相同　(D)量測較粗糙表面所使用的截斷值，應比量測較光滑表面大。

(　)10. 下列那一種加工法所得之表面織構最小？　(A)車削　(B)刨削　(C)銑削　(D)磨削。

(　)11. 表面織構量測時，使用中心線平均粗糙度表示法(R_a)的最大缺點爲　(A)一個地方的凹與凸就會影響全部的量測值　(B)非常不同的表面外形可能會有相同之R_a值　(C)不易計算　(D)僅取部分點計算，無法完整表示表面粗度。

(　)12. 表面織構的單位是　(A)m　(B)cm　(C)mm　(D)μm。

(　)13. 有關量測工件表面粗度之敘述，何項不正確？　(A)探針移動方向應與刀痕方向成90°　(B)將斷面曲線中的高頻部分濾去，可得粗糙度曲線　(C)量$R_{\max}$ 時，測定長度應含有 3～5 個基準長　(D)基準長越小，則$R_{\max}$值越小。

(　)14. 下列敘述何者正確？　(A)R_z＝CLA　(B)RMS(R_g)之值約爲R_a之 1.1～1.3 倍　(C)CNS 制定之標準粗度爲$R_{\max}$　(D)受測面有一個地方凹或凸，對R_a值之影響比$R_{\max}$大。

(　)15. 關於傳統的滑塊和觸針式的表面織構分析儀中，滑塊的主要功能下列何者錯誤？　(A)可減低振動效應，而可增加量測精度　(B)檢測並進而可濾掉表面波形　(C)防止觸針進入深窄槽　(D)支撐觸針，以免觸針受到損壞。

(　)16. 生產工廠最常使用之表面粗度量測法爲　(A)光線反射法　(B)光線切斷法　(C)觸針法(表面粗度儀)　(D)觸摸法。

(　)17. 「十點平均粗糙度」的代表符號是　(A)R_a　(B)$R_{\max}$　(C)R_z　(D)RMS。

(　)18. 下列敘述何者錯誤？　(A)游標卡尺測小孔徑時易生誤差　(B)$0.8S = 0.8Z = 0.2a$　(C)刀痕方向"O"表同心圓　(D)多向刀痕以"M"表示。

(　)19. 下列敘述何者正確？　(A)一般工廠較常用之表面粗度量測法為比較法及觸針法　(B)表面粗度儀單滑片探測頭適用於圓軸表面粗度之量測　(C)表面粗度儀量測精細面時，觸針之移動速度應調為快速　(D)以粗度標準片校正粗度儀時，觸針應在同一位置來回測試多次，以免失真。

(　)20. 下列敘述何者錯誤？　(A)細表面之承壓比值比粗表面大　(B)$0.8S = 0.8$ μm R_{max}　(C)同一工作面，採用的基準長愈大，所得之R_{max}值愈大　(D)測定工件之R_{max}值，測定長度應含10～20個基準長。

(　)21. 表面粗度儀上的觸針材料是　(A)銅　(B)鋼　(C)鑽石　(D)寶石。

(　)22. 下列敘述何項正確？　(A)量測工件表面織構時，粗度儀探針之移動方向應與表面方位(刀痕方向)平行　(B)粗度曲線濾去波度曲線可得斷面曲線　(C)ϕ10H8/m7為基孔制過渡配合　(D)基軸制之軸公差上限為0。

(　)23. 下列敘述何項正確？　(A)切削面之理想粗度比自然粗度大　(B)切速快，則理想粗度小　(C)影響粗度最大之因素為進刀量　(D)精切削之工件條件為：進刀小，切速快，刀鼻半徑大，切邊角大，刀端角大。

(　)24. 若將表面織構以「粗糙度等級」標示時，須在數值前加上哪一個英文字母？　(A)R　(B)N　(C)X　(D)Y。

(　)25. 表面織構量測時，如果探針發生磨耗，造成尖端直徑增大，則對表面織構量測的結果有何種影響？　(A)使量測的R_a值變大　(B)使量測的R_a值變小　(C)不影響R_a的量測值　(D)R_z值變大。

(　)26. 工件表面刀痕符號標註為「＝」是代表　(A)刀痕之方向與其所指加工面之邊緣平行　(B)刀痕之方向與其所指加工面之邊緣垂直　(C)刀痕成同心圓狀　(D)刀痕成放射狀。

(　)27. 工件表面織構比較法檢驗之輔助設備是　(A)袋式放大鏡　(B)探測器　(C)驅動器　(D)紀錄器。

(　)28. 表示表面織構的符號有R_a、$R_{\max}$、R_z等三種，這三種參數間的關係大約爲 (A)$R_a = R_{\max} = R_z$　(B)$R_a = R_{\max} = 2R_z$　(C)$R_a = R_{\max} = 4R_z$　(D)$2R_a = R_{\max} = R_z$。

(　)29. 下列四種加工方法中，最容易得到最小的中心線平均粗糙度者爲　(A)鋸切　(B)火焰切割　(C)刮花　(D)砂模鑄造。　(94 年二技)

(　)30. 表面織構表示法所用之R_z值，代表下列何者？　(A)均方根值粗糙度　(B)十點平均粗糙度　(C)中心線平均粗糙度　(D)最大粗糙度。　(94 年二技)

(　)31. 下列何項量測方式，不適合量測表面織構？　(A)光學投影法　(B)光線切斷測定法　(C)探針斷面測定法　(D)光波干涉測定法。　(94 年二技)

(　)32. 關於表面織構之量測分析，下列敘述何者不正確？　(A)斷面曲線(Profile Curve)是量測表面織構的基準，亦稱爲實際輪廓曲線　(B)透過濾波器將斷面曲線之高頻率部份濾掉，剩餘之曲線，稱爲粗糙度曲線(Roughness Curve)　(C)切斷值(Cut-off Value)的大小會影響量測結果，其值愈小，則R_a值愈小　(D)對斷面曲線進行濾波處理，除去波長較短的波紋，剩餘之曲線，稱爲波度曲線(Waviness Curve)。　(95 年二技)

(　)33. 下列有關表面粗度儀與輪廓量測儀之敘述，何者最不正確？　(A)表面粗度係表示工件之低頻不規則表面與亮度　(B)兩者可合併在同一機台上使用　(C)使用之探針與量測範圍均不同　(D)量測角度與放大倍率均不同。　(98 年二技)

二、簡答題

1. 量工件表面之平均粗糙度R_a之中心線(Center Line)應滿足之條件爲何？
2. 中華民國國家標準表示加工面的方法如圖 6-3.2，圖中各英文符號的位置表示加工面的狀況，試問數字 a 到 e 依次各代表什麼？

Chapter 7 螺紋與齒輪

螺紋(Thread)具有螺旋線溝槽的圓柱或圓孔，溝槽上面具有固定的牙型，內、外螺紋可以互相配合，如：螺帽與螺釘。螺紋應用非常廣泛，主要功用為：

1. **傳達動力或運動**

   利用螺紋的斜面原理，達到省力傳達動力或運動的目的，通常使用**方形螺紋**或**梯形螺紋**，如：車床的導螺桿、千斤頂的螺桿等。

2. **固定或連接機件**

   當兩種機件必須結合時，使用螺栓和螺帽配合來固定或連接機件，是一種非常方便的方式，通常使用 **V 形螺紋**，螺紋旋緊產生摩擦力，使得機件不至於鬆脫。

3. **精密微調**

   精密微調所使用的螺紋必須具備摩擦力小、內、外螺紋精密配合及餘隙小等優點，如：分厘卡的測軸螺桿、NC 工具機的滾珠導螺桿等。

齒輪(Gear)上具有固定的齒形曲線，主要之功用為**傳達動力**或**運動**，一對彼此互相嚙合的齒輪，可以將主動齒輪的運動情形傳到被動齒輪，為機械元件中不可或缺的元件，利用的範圍包括汽車的變速箱、減速機構及鐘錶工業等。

本章的目的在於瞭解螺紋與齒輪的種類、各部份名稱及規格，並且認識各種螺紋與齒輪之測量方法，並瞭解各種測量方法之能力與限制。

7-1 螺紋各部分的名稱

螺紋是根據**斜面原理**，將斜面盤捲於圓柱體上而形成螺旋線，如圖 7-1.1 所示；螺旋線於圓柱體外者為外螺紋，於圓內孔面者為內螺紋。螺紋各部分的名稱，如圖 7-1.2 所示。

1. **外螺紋**(Outside Thread)

   螺旋線溝槽位於圓柱的外緣則為外螺紋，例如：螺栓。

2. **內螺紋**(Inside Thread)

   螺旋線溝槽位於圓孔的內緣則為內螺紋，例如：螺帽。

3. 牙頂(Crest)

或稱牙峰，螺牙的頂面。

4. 牙底(Root)

或稱牙根，螺牙的底面。

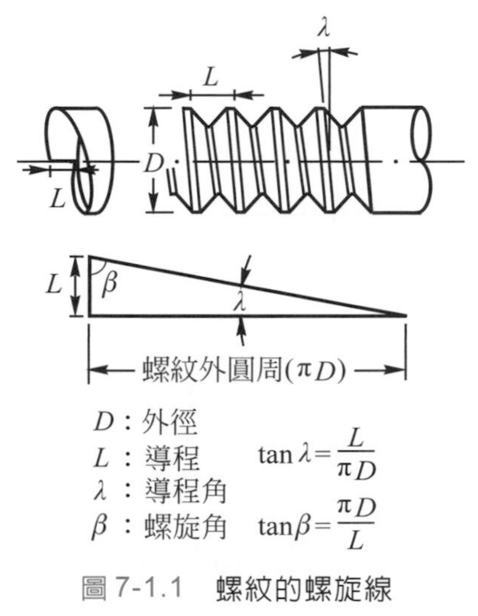

圖 7-1.1　螺紋的螺旋線

內螺紋　外螺紋

D	：外徑	λ	：導程角
E	：節圓直徑	c	：牙頂
B	：底徑	r	：牙底
α	：螺紋角	h	：牙深
P	：節距	f	：牙面

圖 7-1.2　螺紋各部分的名稱

5. 牙深(Depth)

螺紋牙頂到牙底的垂直距離。

6. 牙面(Face)

螺(紋)牙頂與牙底所形成的平面。

7. 螺紋角(Thread angle)

或稱牙角，相鄰兩螺牙所形成之角度。

8. 外徑(Major Diameter)

或稱大徑，螺紋的最大直徑，爲螺紋的**標註尺寸**。

9. 底徑(Minor Diameter)

或稱小徑，螺紋的最小直徑。

10. 節圓直徑(Pitch Diameter)

簡稱爲**節徑**，爲一理想直徑，節徑位於外徑與底徑之間，使牙間距與牙厚相等。

11. 節距(Pitch)

或稱**螺距**，相鄰兩螺牙之間的距離。

12. 每英吋牙數(Tooth Per Inch)

每一英吋的螺紋牙數。

13. 導程(Lead)

螺紋旋轉一圈前進的距離。

14. 導程角(Lead Angle)

$\tan\lambda = \frac{L}{\pi D}$，其中$\lambda$為導程角，$L$為導程，$D$為外徑。

15. 螺旋角(Helix Angle)

$\tan\beta = \frac{\pi D}{L}$，其中$\beta$為螺旋角。

7-2 螺紋的標註法

完整的螺紋標註法包括螺旋線方向、螺旋線條數、螺紋種類符號、螺紋外徑、螺紋節距及螺紋配合等級等六項，茲分述如下：

一、螺旋線方向

1. 右旋螺紋(Right-Handed Thread)

螺紋順時針旋轉時前進，或是將螺紋立起來，右邊螺旋線比左邊高，如圖 7-2.1(a)所示。

2. 左旋螺紋(Left-Handed Thread)

螺紋逆時針旋轉時前進，或是將螺紋立起來，左邊螺旋線比右邊高，如圖 7-2.1(b)所示。

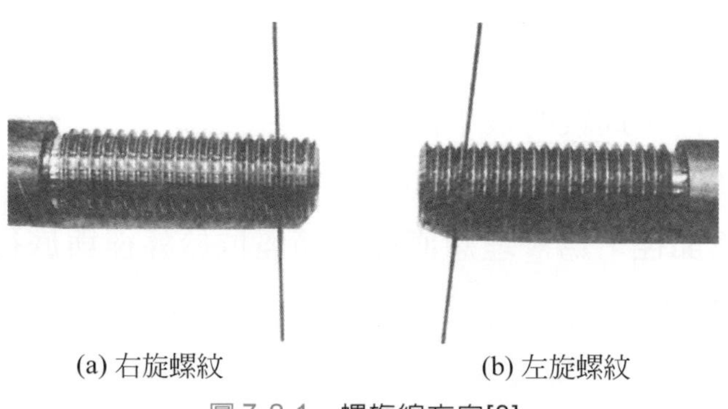

(a) 右旋螺紋　　(b) 左旋螺紋

圖 7-2.1　螺旋線方向[3]

二、螺旋線條數

1. 單線螺紋(One-line Thread)

螺紋導程等於節距，$L = P$，如圖 7-2.2(a)所示。

2. 雙線螺紋(Two-line Thread)

螺紋導程等於兩倍節距，$L = 2P$，如圖 7-2.2(b)所示。

3. 三線螺紋(Three-line Thread)

螺紋導程等於三倍節距，$L = 3P$，如圖 7-2.2(c)所示。

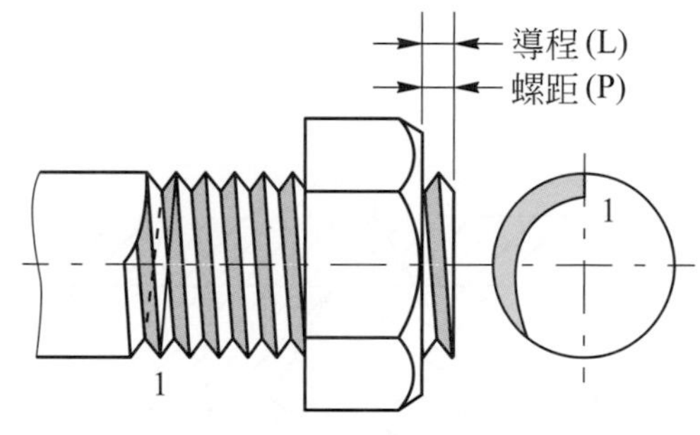

(a) 單線螺紋

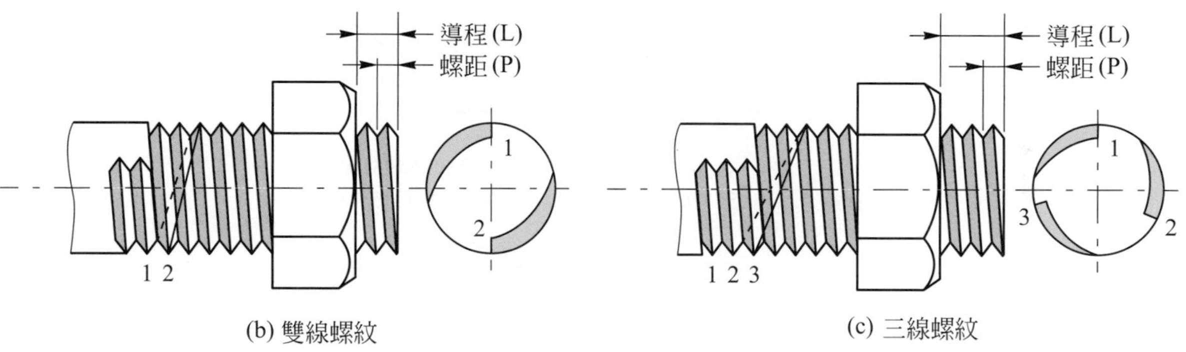

(b) 雙線螺紋　　(c) 三線螺紋

圖 7-2.2　螺旋線條數

三、螺紋種類符號

由於提倡大量生產及零件的互換性，螺紋大都已經標準化，常用螺紋的種類如下：

1. **公制螺紋**(Metric Thread)

又稱為**國際標準螺紋**(ISO Thread)，螺紋角為60°，斷面形狀為三角形，或稱為**V型螺紋**，節距的單位為mm，外螺紋牙頂削平成牙深的1/8，牙底削成圓弧面，如圖 7-2.3 所示。可以分成**粗牙**和**細牙**，兩者的外徑相同，細牙的節距較小，相同的長度內，細牙的牙數較多。公制螺紋的規格如表 7-2.1 所示。

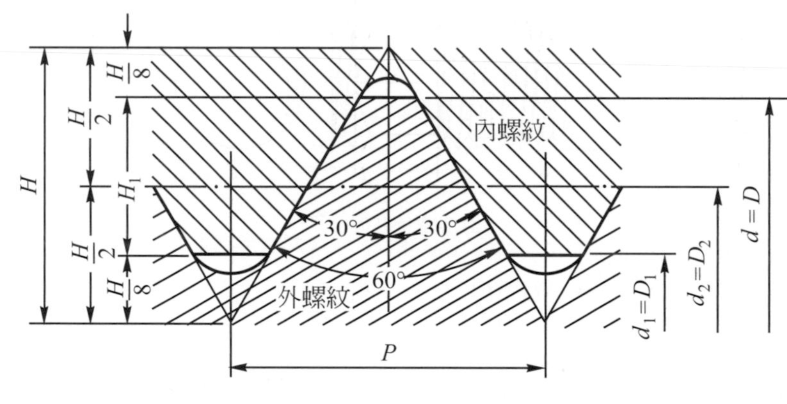

$H=0.866025P$　節徑 $D_2=d_2=D-0.649519P$

接觸深 $H_1=0.541266P$　小徑 $D_1=d_1=D-1.082532P$

大徑 $D=d$

圖 7-2.3　公制螺紋

2. **統一標準螺紋**(Unified Thread)

與公制螺紋類似，為英國、美國與加拿大所協定的英制螺紋，牙頂削成平面或是圓弧面，牙底削成圓弧面，只是螺紋深度較小，如圖 7-2.4 所示。分為**粗牙(UNC)**與**細牙(UNF)**規格，以**每吋牙數(t.p.i.)**表示相鄰兩螺牙間的距離，兩者的外徑相同，細牙每吋牙數較多。統一標準螺紋的規格如表 7-2.2 所示。

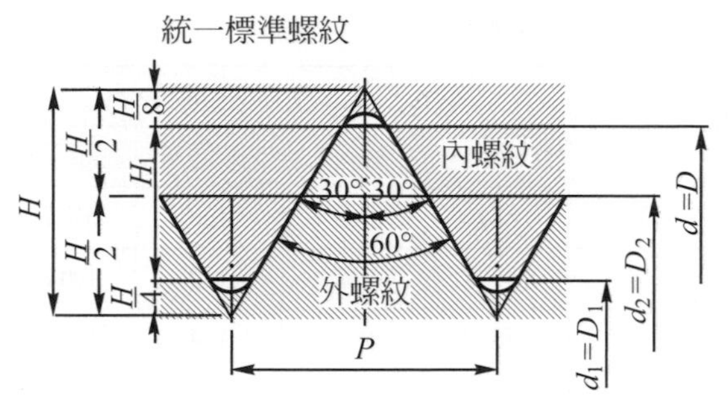

圖 7-2.4　統一標準螺紋

3. 惠氏螺紋(Whitworth Thread)

螺紋角度爲 55°，牙頂與牙底削成圓弧面，如圖 7-2.5 所示。

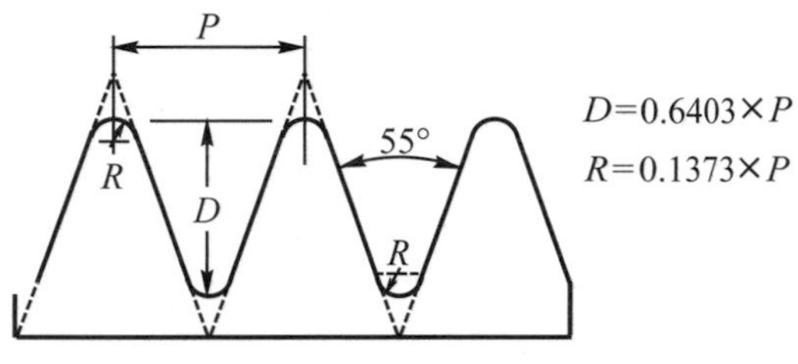

圖 7-2.5　惠氏螺紋

4. 公制梯形螺紋

牙型爲梯形，螺紋角度爲 30°，代號爲 Tr，螺紋的有效斷面積較大，適用於動力傳送之螺桿，如圖 7-2.6 所示。公制梯形螺紋的規格如表 7-2.3 所示。

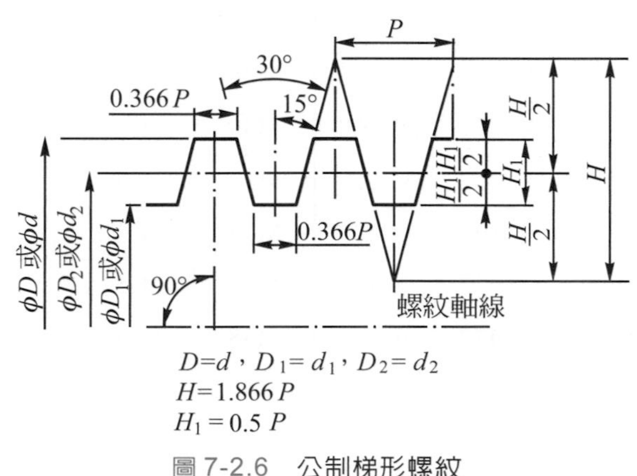

圖 7-2.6　公制梯形螺紋

表 7-2.1　公制螺紋的規格

公制螺紋粗牙					公制螺紋細牙				
公稱尺寸	節距P	外徑d	節徑d_2	底徑d_1	公稱尺寸	節距P	外徑d	節徑d_2	底徑d_1
M1	0.25	1.000	0.838	0.703	M1	0.2	1.0	0.870	0.762
M1.2	0.25	1.200	1.038	0.903	M1.2	0.2	1.2	1.070	0.962
M1.4	0.3	1.400	1.205	1.042	M1.4	0.2	1.4	1.270	1.162
M2	0.4	2.000	1.740	1.523	M2	0.25	2	1.838	1.703
M3	0.6	3.000	2.610	2.285	M3	0.35	3	2.773	2.584
M3.5	0.6	3.500	3.110	2.785	M3.5	0.35	3.5	3.273	3.084
M4	0.75	4.000	3.513	3.107	M4	0.5	4	3.675	3.404
M4.5	0.75	4.500	4.013	3.607	M4.5	0.5	4.5	4.175	3.904
M5	0.9	5.000	4.415	3.927	M5	0.5	5	4.675	4.404
M6	1	6.000	5.350	4.808	M6	0.75	6	5.513	5.107
M8	1.25	8.000	7.188	6.511	M8	1	8	7.350	6.808
M10	1.25	10	9.188	8.511	M10	1.25	10	9.188	8.511
M12	1.75	12.000	10.863	9.915	M12	1.5	12	11.026	10.214
M14	2	14.000	12.701	11.619	M14	1.5	14	13.026	12.214
M16	2	16.000	14.701	13.619	M16	1.5	16	15.026	14.214
M18	2.5	18.000	16.376	15.023	M18	1.5	18	17.026	16.214
M20	2.5	20.000	18.376	17.023	M20	1.5	20	19.026	18.214
M22	2.5	22.000	20.376	19.023	M22	1.5	22	21.026	20.214
M24	3	24.000	22.051	20.427	M24	1.5	24	23.026	22.214
M27	3	27.000	25.051	23.427	M26	1.5	26	25.026	24.214
M30	3.5	30.000	27.727	25.833	M28	1.5	28	27.026	26.214
M33	3.5	33.000	30.727	28.0833	M30	1.5	30	29.026	28.214
M36	4	36.000	33.402	31.237	M32	1.5	32	31.026	30.214
M39	4	39.000	36.402	34.237	M34	1.5	34	33.026	32.214
M42	4.5	42.000	39.077	36.641	M36	1.5	36	35.026	34.214
M45	4.5	45.000	42.077	39.641	M38	1.5	38	37.026	36.214
M48	5	48.000	44.752	42.045	M40	1.5	40	39.026	38.214
					M42	1.5	42	41.026	40.214

表 7-2.2　統一標準螺紋的規格

公稱尺寸		外徑	節徑	内徑
UNC 粗牙	UNF 細牙	$D=d$	D_2	D_1
	#0-80	1.524	1.318	1.181
#1-64		1.854	1.598	1.425
	#172	1.854	1.626	1.473
#2-56		2.184	1.890	1.694
	#2-64	2.184	1.928	1.755
#3-48		2.515	2.172	1.941
	#3-56	2.515	2.220	2.024
#4-40		2.845	2.433	2.156
	#4-48	2.845	2.502	2.271
#5-40		3.175	2.764	2.487
	#5-44	3.175	2.700	2.551
#6-32		3.505	2.990	2.647
	#6-40	3.505	3.094	2.817
#8-32		4.166	3.650	3.307
	#8-36	4.166	3.708	3.401
#10-24		4.826	4.138	3.680
	#10-32	4.826	4.310	3.967
#12-24		5.486	4.798	4.341
	#12-28	5.486	4.897	4.503
1/4-20		6.350	5.524	4.970
	1/4-28	6.350	5.761	5.367
5/16-18		7.938	7.021	6.411
	5/16-24	7.938	7.249	6.792
3/8-16		9.525	8.494	7.805
	3/8-24	9.525	8.837	8.379
7/16-14		11.112	9.934	9.149
	7/16-20	11.112	10.287	9.738
1/2-13		12.700	11.430	10.584
	1/2-20	12.700	11.874	11.326
9/16-12		14.288	12.913	11.996
	9/16-18		13.371	12.761
5/8-11		15.875	14.376	13.376
	5/8-18	15.875	14.958	14.348

公稱尺寸		外徑	節徑	内徑
UNC 粗牙	UNF 細牙	$D=d$	D_2	D_1
3/4-10		19.050	17.399	16.301
	3/4-16	19.050	18.019	17.337
7/8-9		22.225	20.391	19.169
	7/8-14	22.225	21.046	20.265
1-8		25.400	23.338	21.963
	1-12	25.400	24.026	23.109
1 1/8-7		28.575	26.218	24.648
	1 1/8-12	28.575	27.201	26.284
1 1/4-7		31.750	29.393	27.823
	1 1/4-12	31.750	30.376	29.459
1 3/8-6		34.925	32.174	30.343
	1 3/8-12	34.925	33.551	32.634
1 1/2-6		38.100	35.349	33.518
	1 1/2-12	38.100	36.726	35.809
1 3/4-5		44.450	41.151	38.951
2-4 1/2		50.800	47.135	44.690
2 1/4-4 1/2		57.150	53.485	51.039
2 1/2-4		63.500	59.375	56.626
2 3/4-4		69.850	65.725	62.976
3-4		76.200	72.075	69.326
3 1/4-4		82.550	78.425	75.676
3 1/2-4		88.900	84.775	82.026
3 3/4-4		95.250	91.125	88.376
4-4		101.600	97.475	94.726

表 7-2.3　公制梯形螺紋的規格

公稱尺寸	節距P	節徑 $d_2=D_2$	外螺紋		內螺紋		螺旋角λ
			外徑d	內徑d_1	大徑D	內徑D_1	
Tr10	2	9.0	10	7.5	10.5	8.5	3°39'
Tr12	2	11.0	12	9.5	12.5	10.5	3°02'
Tr14	3	12.5	14	10.5	14.5	11.5	3°54'
Tr16	3	14.5	16	12.5	16.5	13.5	3°25'
Tr18	4	16.0	18	13.5	18.5	14.5	4°03'
Tr20	4	18.0	20	15.5	20.5	16.5	3°39'
Tr22	5	19.5	22	16.5	22.5	18.0	4°16'
Tr25	5	22.5	25	19.5	25.5	21.0	3°38'
Tr28	5	25.5	28	22.5	28.5	24.0	3°15'
Tr32	6	29.0	32	25.5	32.5	27.0	3°25'
Tr36	6	33.0	36	29.5	36.5	31.0	3°02'
Tr40	6	37.0	40	33.5	40.5	35.0	1°24'
Tr45	8	41.0	45	36.5	45.5	38.0	3°14'
Tr50	8	46.0	50	41.5	50.5	43.0	2°55'
Tr55	8	51.0	55	46.5	55.5	48.0	2°39'
Tr62	10	57.0	62	51.5	62.5	53.0	2°56'
Tr70	10	65.0	70	59.5	70.5	61.0	2°36'
Tr80	10	75.0	80	69.5	80.5	71.0	2°17'
Tr90	12	84.0	90	77.5	90.5	79.0	2°26'
Tr100	12	94.0	100	87.5	100.5	89.0	2°11'
Tr110	12	104.0	110	97.0	110.5	99.0	1°59'
Tr125	16	117.0	125	108.0	126.0	111.0	2°20'
Tr140	16	132.0	140	123.0	141.0	126.0	2°05'
Tr160	16	152.0	160	143.0	161.0	146.0	1°49'
Tr180	20	170.0	180	159.0	181.0	162.0	2°01'
Tr200	20	190.0	200	179.0	201.0	182.0	1°49'

5. 愛克姆螺紋(Acme Thread)

牙型與梯形螺紋類似，螺紋角度爲 29°，代號爲 TW，爲英制梯形螺紋，如圖 7-2.7 所示。

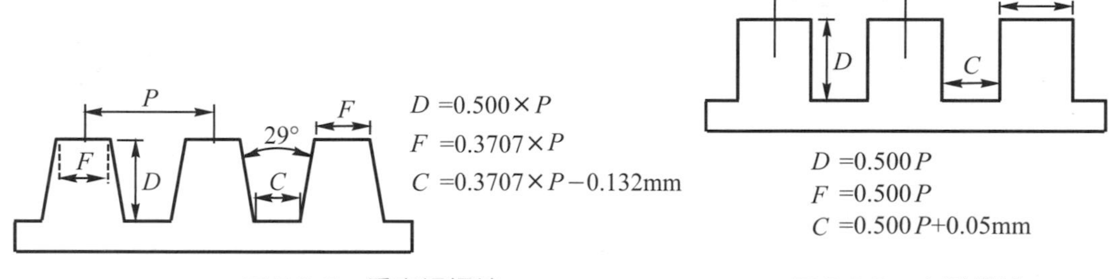

圖 7-2.7　愛克姆螺紋　　　圖 7-2.8　方形螺紋

6. 方形螺紋(Square Thread)

牙型爲方形，牙頂、牙底、牙深均相等，方形螺紋傳達動力或運動時，摩擦面積最小，傳動效率最高，如圖 7-2.8 所示。

7. 管螺紋(Pipe Thread)

管螺紋用於管子之間的連結，管子的尺寸以內徑爲標準，螺牙和螺紋直徑方向呈垂直，可以分爲**錐度管螺紋(PT)**及**平行管螺紋(PS)**。錐度管螺紋錐度爲 1：16，用於耐高壓的管子；平行管螺紋用於一般的管子，管螺紋如圖 7-2.9 所示。錐度管螺紋的規格如表 7-2.4 所示，平行管螺紋的規格如表 7-2.5 所示。

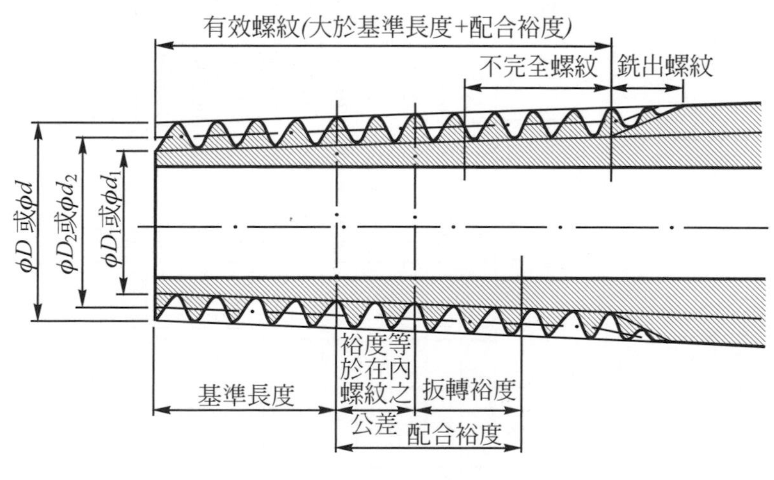

圖 7-2.9　管螺紋

表 7-2.4　錐度管螺紋的規格

螺紋之公稱尺寸	螺紋			基準徑			基準徑之位置	有效螺旋部之長度(最小)				配管用碳鋼鋼管之尺寸(參考)	
	螺紋數(每 25.4 mm) n	螺紋高度 h	圓角 r 或 r'	外螺紋：大徑 d；內螺紋：大徑 D	外螺紋：有效徑 d_2；內螺紋：有效徑 D_2	外螺紋：小徑 d_1；內螺紋：小徑 D_1	外螺紋 自管端 基準長度 a	外螺紋 由基準徑之位置向大徑側 f	內螺紋 有不完全螺旋部時 維度內螺紋 由基準徑之位置向小徑 1	內螺紋 有不完全螺旋部時 平行內螺紋 由管或管接頭之端部 (1')	內螺紋 無不完全螺旋部時 維度或平行內螺紋 由基準徑或管接頭之端部	外徑	厚度
PT 1/8	28	0.581	0.12	9.728	9.147	8.566	3.97	2.5	6.2	7.4	4.4	10.5	2.0
PT 1/4	19	0.856	0.18	13.157	12.301	11.445	6.01	3.7	9.4	11.0	6.7	13.8	2.3
PT 3/8	19	0.856	0.18	16.662	15.806	14.950	6.35	3.7	9.7	11.4	7.0	17.3	2.3
PT 1/2	14	1.162	0.25	20.955	19.793	18.631	8.16	5.0	12.7	15.0	9.1	21.7	2.8
PT 3/4	14	1.162	0.25	26.441	25.279	24.117	9.53	5.0	14.1	16.3	10.2	27.2	2.8
PT 1	11	1.479	0.32	33.249	31.770	30.291	10.39	6.4	16.2	19.0	11.5	34	3.2
PT 1 1/4	11	1.479	0.32	41.910	40.431	38.952	12.70	6.4	18.5	21.4	13.4	42.7	3.5
PT 1 1/2	11	1.479	0.32	47.803	46.324	44.845	12.70	6.4	18.5	21.4	13.4	48.6	3.5
PT 2	11	1.479	0.32	59.614	58.135	56.656	15.88	7.5	22.8	25.7	16.9	60.5	3.8
PT 2 1/2	11	1.479	0.32	75.184	73.705	72.226	17.46	9.2	26.7	30.2	18.6	76.3	4.2
PT 3	11	1.479	0.32	87.884	86.405	84.926	20.64	9.2	29.9	33.3	21.1	89.1	4.2
PT 3 1/2	11	1.479	0.32	100.330	98.851	97.372	22.23	9.2	31.5	34.9	22.4	101.6	4.2
PT 4	11	1.479	0.32	113.030	111.551	110.072	25.40	10.4	35.8	39.3	25.9	114.3	4.5
PT 5	11	1.479	0.32	1383.430	136.951	135.472	28.58	11.5	40.1	43.6	29.3	139.8	4.5
PT 6	11	1.479	0.32	163.830	162.351	160.872	28.58	14.0	40.1	43.6	29.3	165.2	5.0
PT 7	11	1.479	0.32	189.230	187.751	186.272	34.93	14.0	48.9	45.0	35.1	190.7	5.3
PT 8	11	1.479	0.32	214.630	213.151	211.672	38.10	14.0	52.1	57.2	37.6	216.3	5.8
PT 9	11	1.479	0.32	240.030	238.551	237.072	38.10	14.0	52.1	57.2	37.6	214.8	6.2
PT 10	11	1.479	0.32	265.430	263.951	262.472	41.28	14.0	55.2	60.3	40.1	267.4	6.6
PT 12	11	1.479	0.32	316.230	314.751	313.272	41.28	17.5	58.7	65.1	41.9	318.5	6.9

註：1.PT 代表錐度管螺紋，PS 代表平行管螺紋如錐形外螺紋配平行內螺紋時內螺紋可用 PS 註明。　2.牙型垂直於管中心軸線。
3.有效螺紋爲完整的牙型部份螺紋，但管端倒角應算於有效螺紋。　4.平行內外螺紋的管配合，基本尺寸相同，但容許差和本表數字略不同。

表 7-2.5　平行管螺紋的規格

螺紋之公稱尺寸	每英吋螺紋數 (N)	外螺紋		
		外徑 d	有效徑 d_2	根徑 d_1
		內螺紋		
		根徑 D	有效徑 d_2	內徑 D_1
PF 1/8	28	9.728	9.147	8.566
PF 1/4	19	13.157	12.301	11.445
PF 3/8	19	16.662	15.806	14.950
PF 1/2	14	20.955	19.793	18.631
(PF 5/8)	14	22.911	21.749	20.587
PF 3/4	14	26.441	25.279	24.117
(PF 7/8)	14	30.201	29.039	27.877
PF 1	11	33.249	31.770	30.291
(PF 1 1 1/4	11	37.891	36.418	34.939
PF 1 1/4	11	41.910	40.431	38.952
PF 1 1/2	11	47.803	46.324	44.845
(PF 1 3/4)	11	53.746	52.267	50.788
PF 2	11	59.614	58.135	56.656
(PF 2 1/4)	11	65.710	64.231	62.752
PF 2 1/2	11	75.184	73.705	72.226
(PF 2 3/4)	11	81.534	80.055	78.576
PF 3	11	87.884	86.405	84.926
PF 3 1/2	11	100.330	98.851	97.372
PF 4	11	113.030	111.551	110.072
(PF 4 1/2)	11	125.730	124.251	122.772
PF 5	11	138.430	136.951	135.472
(PF 5 1/2)	11	151.130	149.651	148.172
PF 6	11	163.830	162.351	160.872
PF 7	11	189.230	187.751	186.272
PF 8	11	241.630	213.151	211.672
PF 9	11	240.030	238.551	237.072
PF 10	11	265.430	263.951	262.472
PF 12	11	316.230	314.751	313.272

四、螺紋外徑

螺紋的最大直徑，爲螺紋的標註尺寸。

五、螺紋節距

相鄰兩螺牙之間的距離。

六、螺紋的配合等級

螺紋製造時必須有適當的公差，嚴格的公差等級會造成製造成本的增加，鬆的公差等級會造成螺紋的配合不良。公制螺紋的公差等級，如表 7-2.6 所示；**外螺紋的公差位置選擇e、g、h，內螺紋的公差位置選擇G、H**，如圖 7-2.10 所示。外螺紋的公差分級如表 7-2.7 所示，內螺紋的公差分級如表 7-2.8 所示。選擇螺紋公差的優先順序依序爲：加方框的公差等級、正體字的公差等級、斜體字的公差等級。

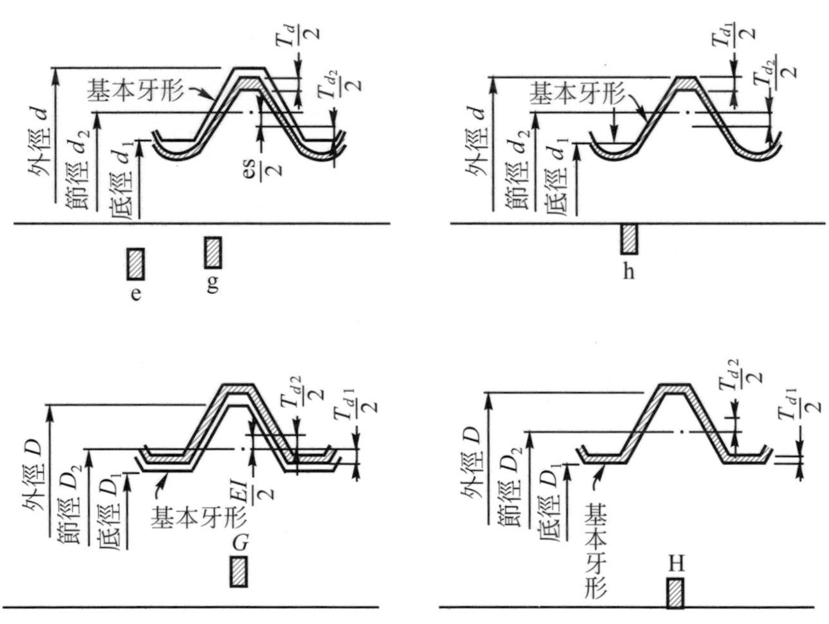

圖 7-2.10　螺紋的公差域

表 7-2.6　公制螺紋的公差等級

螺紋的部位名稱	公差等級
內螺紋之底徑	4，5，6，7，8
外螺紋之底徑	4，6，8
內螺紋之節徑	4，5，6，7，8
外螺紋之節徑	3，4，5，6，7，8，9

表 7-2.7　外螺紋的公差分級

公差品質	公差位置 e			公差位置 g			公差位置 h		
	S	*N*	*L*	*S*	*N*	*L*	*S*	*N*	*L*
精							3h4h	4h	5h6h
中		6e	7e7e	5g6g	6g	7g6g	5h4h	6h	7h6h
粗					8g	9g8g			

表 7-2.8　內螺紋的公差分級

公差品質	公差位置 G			公差位置 H		
	S	*N*	*L*	*S*	*N*	*L*
精				4H	5H	6H
中	5G	6G	7G	4H	6H	7H
粗			8G		7H	8H

螺紋的配合是指內外螺紋配合時的鬆緊程度，公制螺紋與統一標準螺紋的配合等級可以分為三級，如表 7-2.9 所示。

表 7-2.9　螺紋的配合等級

螺紋種類	精密配合	中級配合	一般配合
公制螺紋	1	2	3
統一標準螺紋(外螺紋)	3A	2A	1A
統一標準螺紋(內螺紋)	3B	2B	1B

公制螺紋的配合公差，如表 7-2.10～7-2.12 所示，統一標準螺紋的配合公差，如表 7-2.13～7-2.15 所示。

舉例說明螺紋的表示法

1. 簡單標註

⑴ M20×2.5

M：公制粗螺紋(粗牙)

20：外徑 20mm

2.5：節距 2.5mm(見表 7-2.1)

⑵ 3/8-24UNF

3/8：外徑 3/8 英吋

24：每英吋 24 牙

UNF：統一標準螺紋細牙

表 7-2.10 公制螺紋的配合公差(一級或精密配合) 單位：mm

公稱尺寸	外徑	一級外螺紋				內徑	一級內螺紋				節徑
		外徑公差		節徑公差			內徑公差		節徑公差		
公制粗牙		－	－	－	－			＋		＋	
M3×0.5	3.000	0.0	0.067	0.0	0.048	2.459	0.0	0.112	0.0	0.080	2.675
M3.5×0.6	3.500	0.0	0.080	0.0	0.050	2.850	0.0	0.125	0.0	0.050	3.110
M4×0.7	4.000	0.0	0.090	0.0	0.056	3.242	0.0	0.140	0.0	0.095	3.545
M4.5×0.75	4.500	0.0	0.090	0.0	0.060	3.688	0.0	0.150	0.0	0.060	4.013
M5×0.8	5.000	0.0	0.095	0.0	0.060	4.134	0.0	0.160	0.0	0.100	4.480
M6×1	6.000	0.0	0.100	0.0	0.070	4.917	0.0	0.190	0.0	0.070	5.350
M7×1	7.000	0.0	0.100	0.0	0.070	5.917	0.0	0.190	0.0	0.080	6.350
M8×1.25	8.000	0.0	0.110	0.0	0.080	6.647	0.0	0.212	0.0	0.080	7.188
M9×1.25	9.000	0.0	0.110	0.0	0.080	7.647	0.0	0.212	0.0	0.080	8.188
M10×1.5	10.000	0.0	0.120	0.0	0.080	8.376	0.0	0.236	0.0	0.080	9.026
M11×1.5	11.000	0.0	0.150	0.0	0.085	9.376	0.0	0.236	0.0	0.140	10.026
M12×1.75	12.000	0.0	0.130	0.0	0.090	10.106	0.0	0.236	0.0	0.090	10.863
M14×2	14.000	0.0	0.140	0.0	0.100	11.835	0.0	0.300	0.0	0.100	12.701
M16×2	16.000	0.0	0.140	0.0	0.100	13.835	0.0	0.300	0.0	0.100	14.701
M18×2.5	18.000	0.0	0.160	0.0	0.110	15.294	0.0	0.355	0.0	0.110	16.376
M20×2.5	20.000	0.0	0.160	0.0	0.110	17.294	0.0	0.355	0.0	0.110	18.376
M22×2.5	22.000	0.0	0.160	0.0	0.110	19.294	0.0	0.355	0.0	0.110	20.276
M24×3	24.000	0.0	0.170	0.0	0.120	20.752	0.0	0.400	0.0	0.120	22.376
M27×3	27.000	0.0	0.170	0.0	0.120	23.752	0.0	0.400	0.0	0.120	25.051
M30×3.5	30.000	0.0	0.190	0.0	0.130	26.211	0.0	0.450	0.0	0.130	27.727
M33×3.5	33.000	0.0	0.190	0.0	0.130	29.211	0.0	0.450	0.0	0.130	30.727
M36×4	36.000	0.0	0.200	0.0	0.130	31.670	0.0	0.475	0.0	0.130	33.402
M29×4	39.000	0.0	0.200	0.0	0.130	31.670	0.0	0.475	0.0	0.130	36.042
M42×4.5	42.000	0.0	0.210	0.0	0.140	37.129	0.0	0.530	0.0	0.140	39.077
M45×4.5	45.000	0.0	0.210	0.0	0.140	40.129	0.0	0.530	0.0	0.140	42.077
M48×5	48.000	0.0	0.230	0.0	0.150	42.587	0.0	0.560	0.0	0.150	44.752
M52×5	52.000	0.0	0.335	0.0	0.160	46.587	0.0	0.560	0.0	0.265	48.752
M56×5.5	56.000	0.0	0.355	0.0	0.170	50.046	0.0	0.600	0.0	0.280	52.428
M60×5.5	60.000	0.0	0.355	0.0	0.170	54.046	0.0	0.600	0.0	0.260	56.428
M64×6	64.000	0.0	0.375	0.0	0.180	57.505	0.0	0.630	0.0	0.300	60.103
M68×6	68.000	0.0	0.375	0.0	0.180	61.505	0.0	0.630	0.0	0.300	64.103

表 7-2.11　公制螺紋的配合公差(二級或中級配合)　　單位：mm

公稱尺寸	外徑	二級外螺紋				內徑	二級內螺紋				節徑
		外徑公差		節徑公差			內徑公差		節徑公差		
公制粗牙		－	－	－	－			＋		＋	
M3×0.5	3.000	0.020	0.126	0.020	0.095	2.459	0.0	0.140	0.0	0.100	2.675
M3.5×0.6	3.500	0.030	0.140	0.030	0.100	2.850	0.0	0.160	0.0	0.090	3.110
M4×0.7	4.000	0.022	0.162	0.022	0.112	3.242	0.0	0.180	0.0	0.118	3.545
M4.5×0.75	4.500	0.030	0.160	0.030	0.115	3.688	0.0	0.190	0.0	0.100	4.013
M5×0.8	5.000	0.024	0.174	0.024	0.119	4.134	0.0	0.200	0.0	0.125	4.480
M6×1	6.000	0.030	0.180	0.030	0.130	4.917	0.0	0.236	0.0	0.120	5.350
M7×1	7.000	0.030	0.180	0.030	0.130	5.917	0.0	0.236	0.0	0.120	6.350
M8×1.25	8.000	0.040	0.210	0.040	0.150	6.647	0.0	0.265	0.0	0.130	7.188
M9×1.25	9.000	0.040	0.210	0.040	0.150	7.647	0.0	0.265	0.0	0.130	8.188
M10×1.5	10.000	0.040	0.230	0.040	0.160	8.376	0.0	0.300	0.0	0.140	9.026
M11×1.5	11.000	0.032	0.268	0.032	0.164	9.376	0.0	0.300	0.0	0.180	10.026
M12×1.75	12.000	0.050	0.240	0.050	0.180	10.106	0.0	0.335	0.0	0.160	10.863
M14×2	14.000	0.050	0.360	0.050	0.190	11.835	0.0	0.375	0.0	0.170	12.701
M16×2	16.000	0.050	0.360	0.050	0.190	13.835	0.0	0.375	0.0	0.170	14.701
M18×2.5	18.000	0.050	0.290	0.050	0.210	15.294	0.0	0.450	0.0	0.190	16.376
M20×2.5	20.000	0.050	0.290	0.050	0.210	17.294	0.0	0.450	0.0	0.190	18.376
M22×2.5	22.000	0.050	0.290	0.050	0.210	19.294	0.0	0.450	0.0	0.190	20.276
M24×3	24.000	0.060	0.320	0.060	0.230	20.752	0.0	0.500	0.0	0.200	22.376
M27×3	27.000	0.060	0.320	0.060	0.230	23.752	0.0	0.500	0.0	0.200	25.051
M30×3.5	30.000	0.060	0.340	0.060	0.250	26.211	0.0	0.560	0.0	0.220	27.727
M33×3.5	33.000	0.060	0.340	0.060	0.250	29.211	0.0	0.560	0.0	0.220	30.727
M36×4	36.000	0.070	0.370	0.070	0.270	31.670	0.0	0.600	0.0	0.230	33.402
M29×4	39.000	0.070	0.370	0.070	0.270	31.670	0.0	0.600	0.0	0.230	36.042
M42×4.5	42.000	0.070	0.390	0.070	0.280	37.129	0.0	0.670	0.0	0.250	39.077
M45×4.5	45.000	0.070	0.390	0.070	0.280	40.129	0.0	0.670	0.0	0.250	42.077
M48×5	48.000	0.071	0.410	0.071	0.300	42.587	0.0	0.710	0.0	0.260	44.752
M52×5	52.000	0.071	0.601	0.071	0.321	46.587	0.0	0.710	0.0	0.335	48.752
M56×5.5	56.000	0.075	0.635	0.075	0.340	50.046	0.0	0.750	0.0	0.335	52.428
M60×5.5	60.000	0.075	0.635	0.075	0.340	54.046	0.0	0.750	0.0		56.428
M64×6	61.000	0.080	0.680	0.080	0.360	57.505	0.0	0.800	0.0	0.375	60.103
M68×6	68.000	0.080	0.680	0.080	0.360	61.505	0.0	0.800	0.0	0.375	64.103

表 7-2.12　公制螺紋的配合公差(三級或一般配合)　　單位：mm

公稱尺寸	外徑	三級外螺紋				內徑	三級內螺紋				節徑
		外徑公差		節徑公差			內徑公差		節徑公差		
公制粗牙		−	−	−	−			+		+	
M5×0.8	5.000	0.024	0.260	0.024	0.174	4.134	0.0	0.250	0.0	0.160	4.480
M6×1	6.000	0.030	0.230	0.030	0.170	4.917	0.0	0.300	0.0	0.170	5.350
M7×1	7.000	0.030	0.230	0.030	0.170	5.917	0.0	0.300	0.0	0.170	6.350
M8×1.25	8.000	0.040	0.260	0.040	0.190	6.647	0.0	0.335	0.0	0.190	7.188
M9×1.25	9.000	0.040	0.260	0.040	0.190	7.647	0.0	0.335	0.0	0.190	8.188
M10×1.5	10.000	0.040	0.290	0.040	0.210	8.376	0.0	0.375	0.0	0.210	9.026
M11×1.5	11.000	0.032	0.407	0.032	0.244	9.376	0.0	0.375	0.0	0.224	10.026
M12×1.75	12.000	0.050	0.310	0.050	0.220	10.106	0.0	0.425	0.0	0.220	10.863
M14×2	14.000	0.050	0.330	0.050	0.240	11.835	0.0	0.475	0.0	0.240	12.701
M16×2	16.000	0.050	0.330	0.050	0.240	13.835	0.0	0.475	0.0	0.240	14.701
M18×2.5	18.000	0.050	0.370	0.050	0.270	15.294	0.0	0.560	0.0	0.270	16.376
M20×2.5	20.000	0.050	0.370	0.050	0.270	17.294	0.0	0.560	0.0	0.270	18.376
M22×2.5	22.000	0.050	0.370	0.050	0.270	19.294	0.0	0.560	0.0	0.270	20.376
M24×3	24.000	0.060	0.410	0.060	0.280	20.752	0.0	0.630	0.0	0.280	22.051
M27×3	27.000	0.060	0.410	0.060	0.280	23.752	0.0	0.630	0.0	0.280	25.051
M30×3.5	30.000	0.060	0.440	0.060	0.310	26.211	0.0	0.710	0.0	0.310	27.727
M33×3.5	33.000	0.060	0.440	0.060	0.310	29.211	0.0	0.710	0.0	0.310	30.727
M36×4	36.000	0.070	0.470	0.070	0.034	31.670	0.0	0.750	0.0	0.340	33.402
M39×4	39.000	0.070	0.470	0.070	0.034	34.670	0.0	0.750	0.0	0.340	36.402
M42×4.5	42.000	0.070	0.500	0.070	0.360	37.129	0.0	0.850	0.0	0.360	39.077
M45×4.5	45.000	0.070	0.500	0.070	0.360	40.129	0.0	0.850	0.0	0.360	42.077
M48×5	48.000	0.070	0.520	0.070	0.380	42.587	0.0	0.900	0.0	0.380	44.752
M52×5	52.000	0.071	0.921	0.071	0.471	46.587	0.0	0.900	0.0	0.425	48.752
M56×5.5	56.000	0.075	0.975	0.075	0.500	50.046	0.0	0.950	0.0	0.450	52.428
M60×5.5	60.000	0.075	0.975	0.075	0.500	54.046	0.0	0.950	0.0	0.450	56.428
M64×6	64.000	0.080	1.030	0.080	0.530	57.505	0.0	1.000	0.0	0.475	60.103
M68×6	68.000	0.080	1.030	0.080	0.530	61.505	0.0	1.000	0.0	0.475	64.103

表 7-2.13　統一標準螺紋的配合公差(精密配合或 1A、1B)　　單位：mm

公稱尺寸	外徑	1A 級外螺紋				內徑	1B 級內螺紋				節徑
		外徑公差		節徑公差			內徑公差		節徑公差		
公制粗牙		–	–	–	–			+		+	
1/4-20	6.350	0.028	0.337	0.028	0.169	4.976	0.0	0.281	0.0	0.185	5.524
5/8-18	7.938	0.031	0.363	0.031	0.185	6.411	0.0	0.320	0.0	0.200	7.021
3/8-16	9.525	0.034	0.393	0.034	0.198	7.805	0.0	0.348	0.0	0.214	8.494
7/16-14	11.112	0.036	0.448	0.036	0.215	9.449	0.0	0.401	0.0	0.233	9.934
1/2-13	12.700	0.038	0.452	0.038	0.226	10.584	0.0	0.439	0.0	0.246	11.430
9/16-12	14.288	0.041	0.478	0.041	0.238	11.996	0.0	0.450	0.0	0.259	12.913
5/8-11	15.875	0.042	0.502	0.042	0.251	13.376	0.0	0.487	0.0	0.271	14.376
3/4-10	19.050	0.046	0.538	0.046	0.269	16.301	0.0	0.539	0.0	0.292	17.399
7/8-9	22.225	0.050	0.576	0.050	0.289	19.169	0.0	0.592	0.0	0.312	20.391
1-8	25.400	0.052	0.622	0.052	0.307	21.963	0.0	0.643	0.0	0.334	23.338
1 1/8-7	28.575	0.056	0.680	0.056	0.332	24.648	0.0	0.701	0.0	0.358	26.218
1 1/4-7	31.750	0.056	0.680	0.056	0.337	27.823	0.0	0.701	0.0	0.366	29.393
1 3/8-6	34.925	0.061	0.754	0.061	0.365	30.343	0.0	0.772	0.0	0.394	32.174
1 1/2-6	38.100	0.061	0.754	0.061	0.368	33.518	0.0	0.772	0.0	0.401	35.349
1 3/4-5	44.450	0.069	0.850	0.069	0.409	38.951	0.0	0.876	0.0	0.441	41.151
2-4 1/2	50.800	0.074	0.911	0.074	0.431	44.690	0.0	0.903	0.0	0.472	47.135
2 1/4-4 1/2	57.150	0.074	0.911	0.074	0.444	51.039	0.0	0.904	0.0	0.482	53.485
2 1/2-4	63.500	0.079	0.985	0.079	0.472	56.626	0.0	0.955	0.0	0.513	59.375
2 3/4-4	69.850	0.082	0.988	0.082	0.482	62.976	0.0	0.955	0.0	0.523	65.725
3-4	76.200	0.082	0.988	0.082	0.490	69.326	0.0	0.955	0.0	0.530	72.075
3 1/4-4	82.550	0.084	0.990	0.084	0.491	75.676	0.0	0.955	0.0	0.538	78.425
3 1/2-4	88.900	0.084	0.990	0.084	0.505	82.026	0.0	0.955	0.0	0.546	84.775
3 3/4-4	95.250	0.087	0.993	0.087	0.513	88.376	0.0	0.955	0.0	0.553	91.125
4-4	101.600	0.087	0.993	0.087	0.518	94.726	0.0	0.955	0.0	0.561	97.475

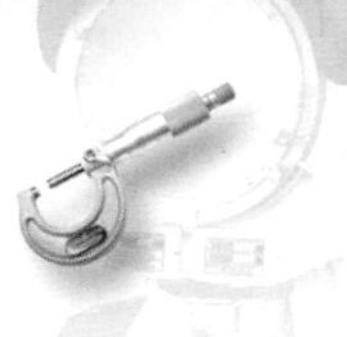

表 7-2.14　統一標準螺紋的配合公差(中級配合或 2A、2B)　　單位：mm

公稱尺寸	外徑	2A 級外螺紋				內徑	2B 級內螺紋				節徑
		外徑公差		節徑公差			內徑公差		節徑公差		
公制粗牙		－	－	－	－			＋		＋	
1/4-20	6.350	0.028	0.233	0.028	0.122	4.976	0.0	0.274	0.0	0.122	5.524
5/8-18	7.938	0.031	0.251	0.031	0.132	6.411	0.0	0.275	0.0	0.134	7.021
3/8-16	9.525	0.034	0.271	0.034	0.144	7.805	0.0	0.277	0.0	0.144	8.494
7/16-14	11.112	0.036	0.296	0.036	0.154	9.449	0.0	0.292	0.0	0.154	9.934
1/2-13	12.700	0.038	0.314	0.038	0.165	10.584	0.0	0.297	0.0	0.165	11.430
9/16-12	14.288	0.041	0.330	0.041	0.172	11.996	0.0	0.305	0.0	0.172	12.913
5/8-11	15.875	0.042	0.347	0.042	0.180	13.376	0.0	0.317	0.0	0.182	14.376
3/4-10	19.050	0.046	0.373	0.046	0.195	16.301	0.0	0.323	0.0	0.195	17.399
7/8-9	22.225	0.050	0.401	0.050	0.208	19.169	0.0	0.340	0.0	0.208	20.391
1-8	25.400	0.052	0.431	0.052	0.223	21.963	0.0	0.381	0.0	0.223	23.338
1 1/8-7	28.575	0.056	0.472	0.056	0.238	24.648	0.0	0.434	0.0	0.238	26.218
1 1/4-7	31.750	0.056	0.472	0.056	0.243	27.823	0.0	0.434	0.0	0.243	29.393
1 3/8-6	34.925	0.061	0.523	0.061	0.264	30.343	0.0	0.507	0.0	0.26	32.174
1 1/2-6	38.100	0.061	0.523	0.061	0.266	33.518	0.0	0.507	0.0	0.266	35.349
1 3/4-5	44.450	0.069	0.589	0.069	0.295	38.951	0.0	0.609	0.0	0.294	41.151
2-4 1/2	50.800	0.074	0.632	0.074	0.315	44.690	0.0	0.676	0.0	0.315	47.135
2 1/4-4 1/2	57.150	0.074	0.632	0.074	0.320	51.039	0.0	0.677	0.0	0.320	53.485
2 1/2-4	63.500	0.079	0.683	0.079	0.342	56.626	0.0	0.762	0.0	0.342	59.375
2 3/4-4	69.850	0.082	0.685	0.082	0.348	62.976	0.0	0.762	0.0	0.348	65.725
3-4	76.200	0.082	0.685	0.082	0.353	69.326	0.0	0.762	0.0	0.353	72.075
3 1/4-4	82.550	0.084	0.688	0.084	0.360	75.676	0.0	0.762	0.0	0.358	78.425
3 1/2-4	88.900	0.084	0.688	0.084	0.363	82.026	0.0	0.762	0.0	0.363	84.775
3 3/4-4	95.250	0.087	0.690	0.087	0.370	88.376	0.0	0.762	0.0	0.368	91.125
4-4	101.600	0.087	0.690	0.087	0.373	94.726	0.0	0.762	0.0	0.373	97.475

表 7-2.15　統一標準螺紋的配合公差(一般配合或 3A、3B)　　單位：mm

公稱尺寸	外徑	3A 級外螺紋				內徑	3B 級內螺紋				節徑
		外徑公差		節徑公差			內徑公差		節徑公差		
公制粗牙		－	－	－	－			＋		＋	
1/4-20	6.350	0.0	0.205	0.0	0.070	4.976	0.0	0.274	0.0	0.091	5.524
5/8-18	7.938	0.0	0.220	0.0	0.076	6.411	0.0	0.275	0.0	0.098	7.021
3/8-16	9.525	0.0	0.238	0.0	0.084	7.805	0.0	0.277	0.0	0.108	8.494
7/16-14	11.112	0.0	0.261	0.0	0.087	9.449	0.0	0.292	0.0	0.116	9.934
1/2-13	12.700	0.0	0.276	0.0	0.094	10.584	0.0	0.297	0.0	0.121	11.430
9/16-12	14.288	0.0	0.290	0.0	0.099	11.996	0.0	0.305	0.0	0.129	12.913
5/8-11	15.875	0.0	0.307	0.0	0.103	13.376	0.0	0.317	0.0	0.137	14.376
3/4-10	19.050	0.0	0.327	0.0	0.111	16.301	0.0	0.323	0.0	0.144	17.399
7/8-9	22.225	0.0	0.353	0.0	0.119	19.169	0.0	0.340	0.0	0.155	20.391
1-8	25.400	0.0	0.381	0.0	0.130	21.963	0.0	0.381	0.0	0.167	23.338
1 1/8-7	28.575	0.0	0.416	0.0	0.137	24.648	0.0	0.434	0.0	0.180	26.218
1 1/4-7	31.750	0.0	0.416	0.0	0.139	27.823	0.0	0.434	0.0	0.182	29.393
1 3/8-6	34.925	0.0	0.462	0.0	0.152	30.343	0.0	0.507	0.0	0.198	32.174
1 1/2-6	38.100	0.0	0.462	0.0	0.154	33.518	0.0	0.507	0.0	0.200	35.349
1 3/4-5	44.450	0.0	0.520	0.0	0.170	38.951	0.0	0.609	0.0	0.220	41.151
2-4 1/2	50.800	0.0	0.558	0.0	0.180	44.690	0.0	0.676	0.0	0.236	47.135
2 1/4-4 1/2	57.150	0.0	0.558	0.0	0.185	51.039	0.0	0.677	0.0	0.241	53.485
2 1/2-4	63.500	0.0	0.604	0.0	0.198	56.626	0.0	0.762	0.0	0.256	59.375
2 3/4-4	69.850	0.0	0.604	0.0	0.200	62.976	0.0	0.762	0.0	0.261	65.725
3-4	76.200	0.0	0.604	0.0	0.203	69.326	0.0	0.762	0.0	0.264	72.075
3 1/4-4	82.550	0.0	0.604	0.0	0.208	75.676	0.0	0.762	0.0	0.269	78.425
3 1/2-4	88.900	0.0	0.604	0.0	0.210	82.026	0.0	0.762	0.0	0.274	84.775
3 3/4-4	95.250	0.0	0.604	0.0	0.213	88.376	0.0	0.762	0.0	0.276	91.125
4-4	101.600	0.0	0.604	0.0	0.214	94.726	0.0	0.762	0.0	0.281	97.475

2. 完整標註

(1) L-2N-M8×1-6H7H/5g6g

L：左旋螺紋(一般而言，右螺紋不標註)

2N：雙線螺紋

M：公制螺紋

8：外徑 8mm

1：節距 1mm，爲細牙(見表 7-2.1)

6H7H/5g6g：6H7H 爲內螺紋公差等級，節徑級 6 級，底徑 7 級，公差位置在H；5g6g爲外螺紋公差等級，節徑 5 級，外徑 6 級，公差位置在 g。

(2) 1/4-20UNC-2A/2B

1/4：外徑 1/4 英吋

20：每英吋 20 牙

UNC：統一標準螺紋粗牙

2A/2B：中級外螺紋和中級內螺紋配合(見表 7-2.9)。

7-3 螺紋的測量方法

螺紋檢測項目有外徑、節距或每吋牙數、節圓直徑、底徑、導程、螺紋角度、螺紋外觀及形狀等，通常測量分法有光學式及機械式等。光學式專爲量測螺紋輪廓、節距、外徑、螺紋角度，小螺紋經放大後可得較高精度。機械式量測法較常用者有利用鋼尺、游標卡尺、螺紋節距規、螺紋分厘卡、三線測量法及比測法來檢測。

一、外徑(大徑)的測量

外徑對螺紋品質相當重要，外徑太大或太小均會影響螺紋品質以及造成螺紋配合上的困難。

1. M 型游標卡尺或圓盤分厘卡

將**標準型游標卡尺**之外側測爪靠於外螺紋的牙頂，或是將內側測爪靠於內螺紋的牙頂，可以測量得到螺紋的外徑，如圖 7-3.1 所示。或是使用**圓盤分厘卡**靠於外螺紋的牙頂，可以得到正確的接觸面。

2. **工具顯微鏡或光學投影機**

詳見本節(7-3)第六項螺紋綜合檢驗。

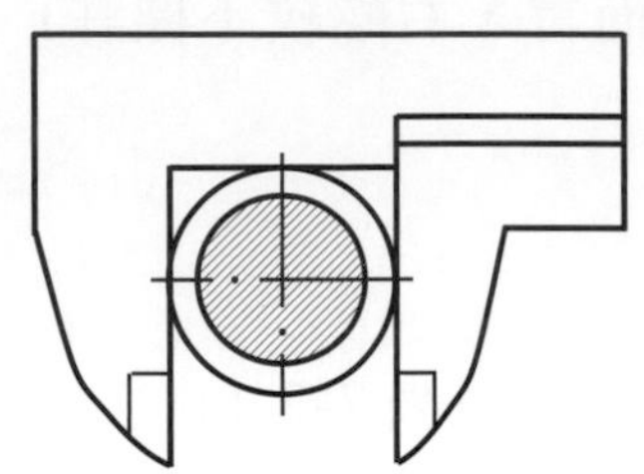

圖 7-3.1 游標卡尺測量螺紋的外徑

二、節距或每吋牙數

螺紋節距為相鄰兩螺牙之間的距離，單線螺紋導程等於節距，**檢驗螺紋之節距可以確認螺紋規格，公制以節距(mm)來表示，而英制以每吋牙數(t.p.i.)表示**。螺紋節距誤差將影響節徑大小，在三線測量法中，若節距太小，則量測尺寸(M)與節圓直徑尺寸(D)之測量值將會太大，若節距太大時，則M與D之量測尺寸值將會太小。

1. **鋼尺**

將鋼尺刻度線之邊緣置於螺牙上，計算單位長度內的螺牙數，可以得到螺牙距離的平均值，如圖 7-3.2 所示為每英吋 8 牙的螺紋。

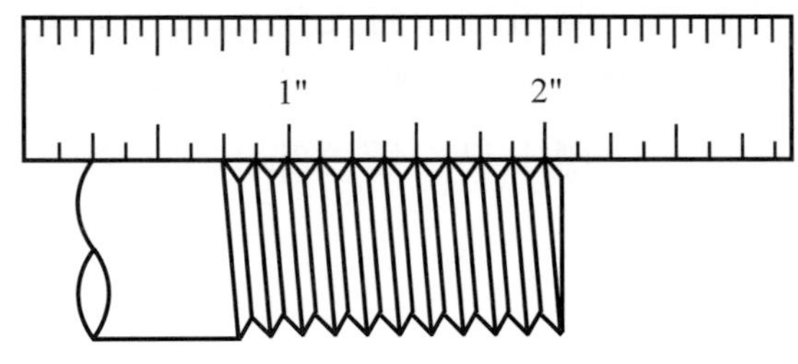

圖 7-3.2 鋼尺測量節距

2. **螺紋節距規**

使用標準節距的螺紋節距規，如圖 5-1.1 所示，直接靠於螺牙上，可以快速且正確的檢驗螺紋的節距，假設螺紋的節距正確，則螺紋節距規可以和螺牙緊密的接觸，如圖 7-3.3 所示。

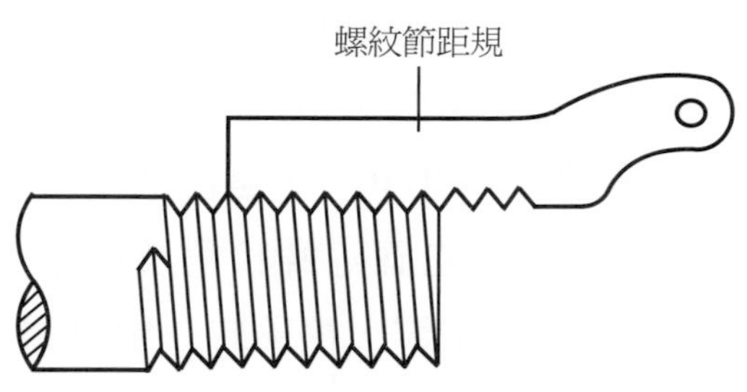

圖 7-3.3　螺紋節距規測量節距

註　量節距之量具或儀器，尚有：塊規配附件、光學投影機、工具顯微鏡。

三、節徑

節徑爲螺紋最重要的檢驗項目，常用的量具有螺紋分厘卡、三線測量法、螺紋樣規、工具顯微鏡、光學投影機等；其中三線測量法最精準，螺紋樣規最迅速。

1. 螺紋分厘卡

螺紋分厘卡量測外螺紋節徑時，先根據螺距大小，選擇合適之測砧，再利用歸零校正規歸零後，直接將分厘卡置於螺紋上，分厘卡上所得之讀數即爲節徑，可以分爲三種：

⑴　固定型螺紋分厘卡：固定型螺紋分厘卡的構造與一般外徑分厘卡類似，其測量砧座不可更換，其適用於固定節距範圍內的螺紋，如圖 7-3.4 所示。

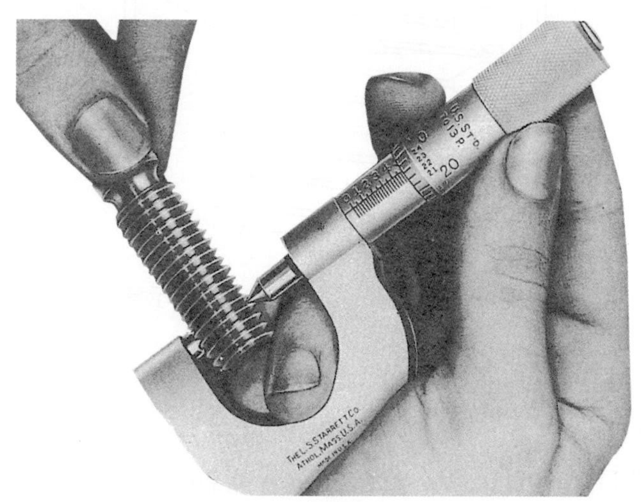

圖 7-3.4　固定型螺紋分厘卡[3]

⑵ 可換測砧螺紋分厘卡：可換測砧螺紋分厘卡其 V 形測砧可以更換，依照節徑的大小選用適當的V形測砧，如圖 7-3.5 所示。其測量直徑範圍可達 125mm，**準確度為 0.01mm，適用於 30°、55°及 60°螺紋角度的測量**。使用螺紋分厘卡需先確定螺紋角及節距大小，測量前應先將螺紋分厘卡利用歸零校正規歸零，檢驗時一定要將測砧與螺牙完全接觸，否則易產生誤差，如圖 7-3.6 所示。

(a) 可換 V 型測砧

(b) 歸零校正規

圖 7-3.5 可換 V 形測砧及歸零校正規

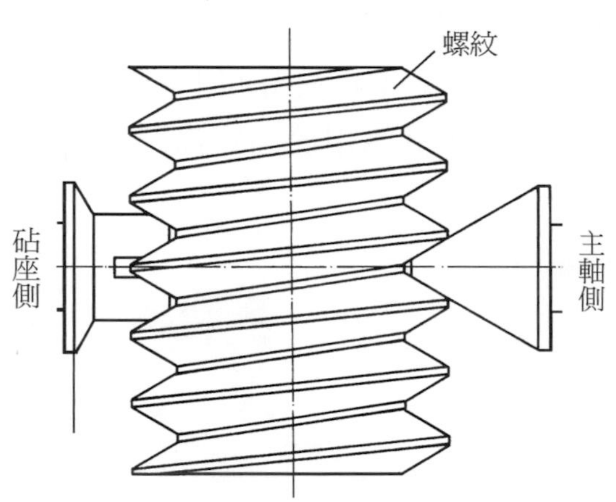

圖 7-3.6 可換測砧螺紋分厘卡測量示意圖

⑶ 內側螺紋分厘卡：內側螺紋分厘卡外觀與內側分厘卡相似，其 V 形測砧為可更換式，以作為測量內螺紋之節徑。測量方式與一般外螺紋相似，其測量範圍從 20～300mm，節距從 0.4～7mm，準確度可達 0.01mm，如圖 7-3.7 所示。

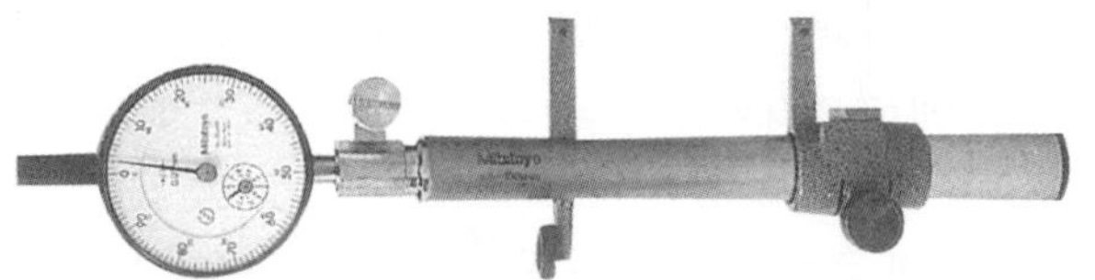

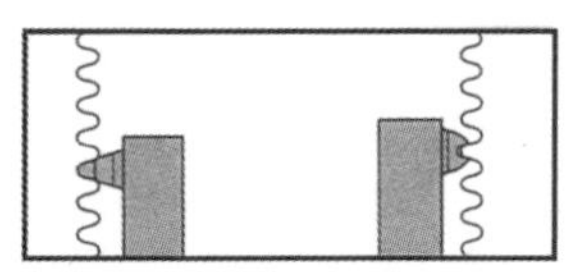

圖 7-3.7　內側螺紋分厘卡

註　量內螺紋節徑之量具或儀器，另有：內螺紋量表、測長儀、螺紋量規及特殊工具顯微鏡。

2. 三線測量法

三線測量法(Three Wires Method)之原理，爲利用三支相同直徑鋼線配合外側分厘卡(如圖 7-3.8 所示)、萬能測長儀或裝有量表之測量台等，作螺紋節徑之測量，使用前必須先確定**螺紋節距**及**螺紋角**是否正確。三線測量法測量節徑時，先將兩支鋼線置於相鄰的螺紋溝槽中，另外一支置於相對的一側，三支鋼線必須和牙面相切接觸，其最佳鋼線直徑應與節圓直徑接觸。

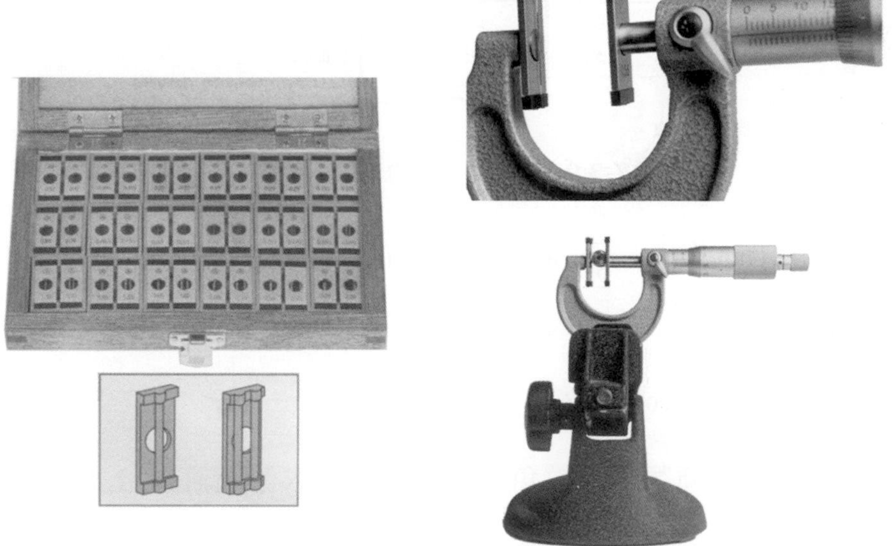

圖 7-3.8　三線測量法量節徑

利用待測螺紋、鋼線及分厘卡所構成的平面幾何關係，如圖 7-3.9 所示，可以得到下列的關係式：

$$E = M + \frac{P}{2}\cot\frac{\alpha}{2} - G\left(1 + \csc\frac{\alpha}{2}\right) - \frac{G}{2}\left(\tan\frac{\alpha}{2}\right)^2\cos\frac{\alpha}{2}\cot\frac{\alpha}{2}$$

E ：節圓直徑

M ：分厘卡測量值

P ：節距

α ：螺紋角

G ：鋼線直徑

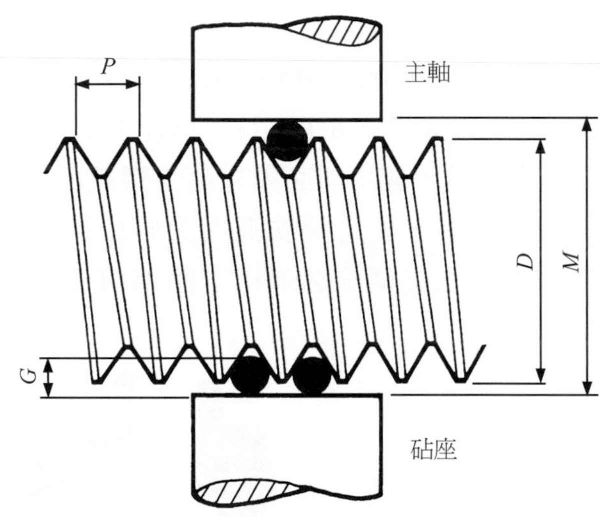

圖 7-3.9　三線測量法的平面幾何關係

其中$\frac{G}{2}\left(\tan\frac{\alpha}{2}\right)^2\cos\frac{\alpha}{2}\cot\frac{\alpha}{2}$爲螺紋角的修正量，通常此修正量小於 3.8μm 時可以忽略不計，因此關係式可以化簡爲：

$$E = M + \frac{P}{2}\cot\frac{\alpha}{2} - G\left(1 + \csc\frac{\alpha}{2}\right)$$

不同的螺紋種類其螺紋角不同；因此，求節圓直徑公式如表 7-3.1 所示。

表 7-3.1　求節圓直徑公式

螺紋種類	螺紋角度	節圓直徑公式
V 形螺紋	60°	$E = M + 0.86602P - 3G$
惠氏螺紋	55°	$E = M + 0.9604P - 3.1657G$
愛克姆螺紋	29°	$E = M + 1.99334P - 4.9939G$
梯形螺紋	30°	$E = M + 1.866P - 4.8637G$

三線測量法量測螺紋之節徑時，各種不同種類的螺紋角，其所需的**鋼線直徑 *G*** 必須介於最小尺寸與最大尺寸之間，分別敘述如下：

(1) **最佳線徑**：最佳線徑爲鋼線與螺牙的接觸點在節圓直徑位置時，可表示爲：

$$G = \frac{P}{2}\sec\frac{\alpha}{2}$$

其中P爲節距，α螺紋角，如圖 7-3.10(a)所示。

(2) **最小線徑**：最小線徑爲鋼線頂端與牙頂切齊，可表示爲：

$$G = (D - f) \times \frac{\cos\frac{\alpha}{2}}{1 + \sin\frac{\alpha}{2}}$$

其中P爲節距，α螺紋角，f爲牙頂的寬度，如圖 7-3.10(b)所示。

(3) **最大線徑**：最大線徑爲鋼線與最高的牙面接觸位置，可表示爲：

$$G = (P - f) \times \sec\frac{\alpha}{2}$$

其中P爲節距，α螺紋角，f 爲牙頂的寬度，如圖 7-3.10(c)所示。

因此，利用三線測量法量測螺紋之節徑時，各種螺紋角度的適合鋼線直徑如表 7-3.2 所示。

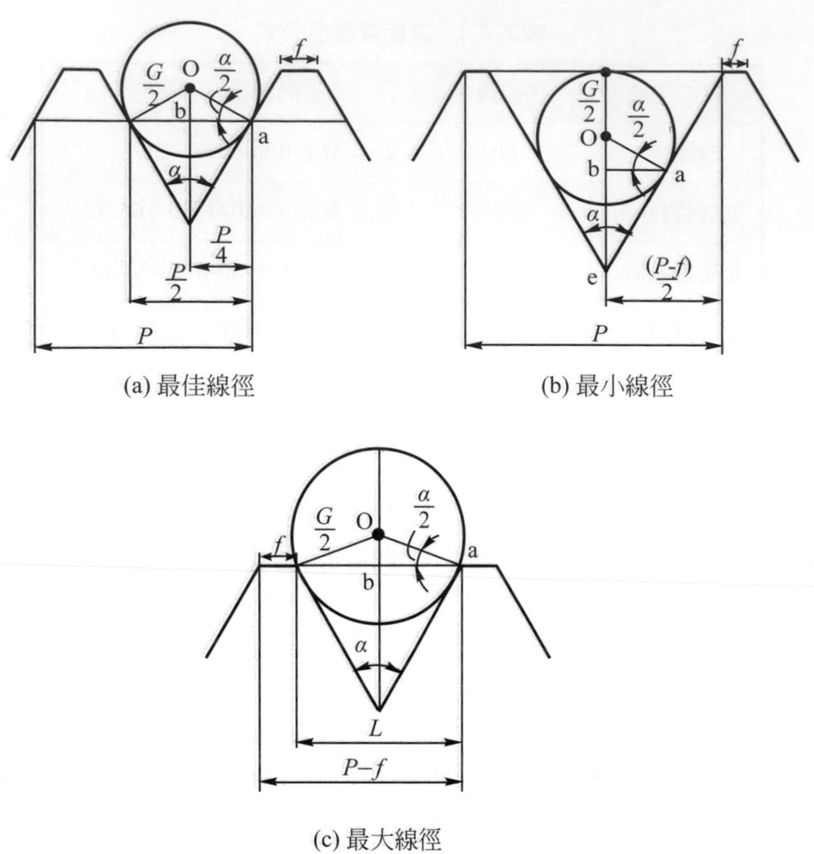

(a) 最佳線徑　(b) 最小線徑

(c) 最大線徑

圖 7-3.10　三線測量法的鋼線直徑

表 7-3.2　各種螺紋角之鋼線直徑

鋼線直徑(G) ＼ 螺紋角(°)	60°	55°	30°	29°
最大尺寸	1.010362P	0.82573P	0.656365P	0.650013P
最佳尺寸	0.57735P	0.56369P	0.517638P	0.51645P
最小尺寸	0.505182P	0.50568P	0.486485P	0.487263P

三線測量法受到**螺旋角**的影響，**若螺旋角越大則測量的誤差越大**，除非螺紋軸線與測砧軸心成垂直，否則將會造成少許的誤差。爲防止此種偏差，測量儀器之測砧移動方向必須和螺紋軸線方向垂直，如圖 7-3.11 所示。

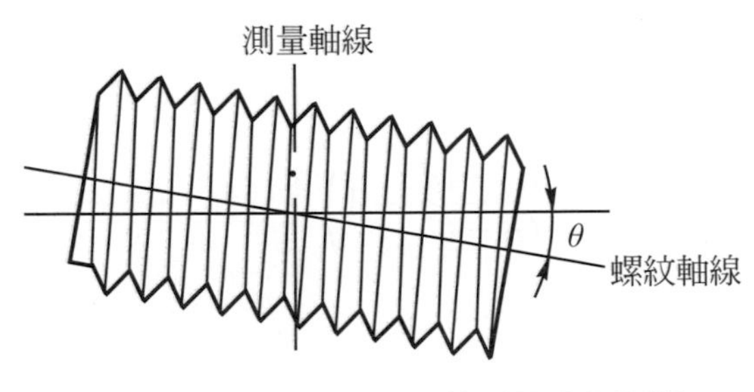

圖 7-3.11　螺旋角對三線測量法的影響

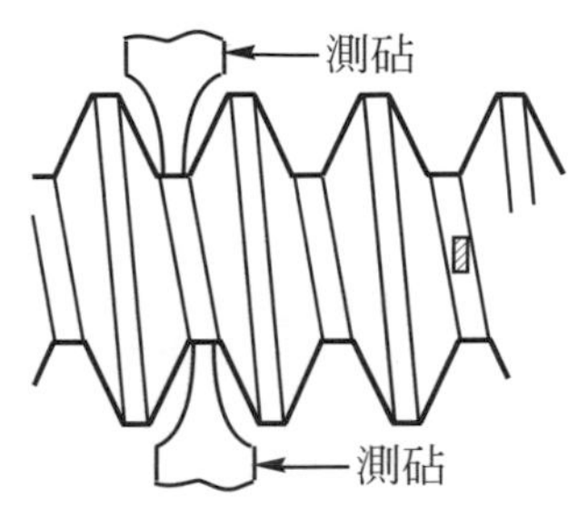

圖 7-3.12　分厘卡測量螺紋底徑

註　量外螺紋節徑之量具或儀器，尚有：螺紋量規、光學投影機、工具顯微鏡。

四、底徑

底徑對螺紋強度極爲重要，尤其是動力傳送之螺桿，常利用**分厘卡**做螺紋底徑測量。而量測底徑時須注意測砧必須小於牙底寬度，可使用針型或刀刃型測砧的分厘卡，且測砧寬度不可接觸螺牙兩側面，否則會造成誤差，如圖 7-3.12 所示。分厘卡所得到的測量值，必須經過以下公式的換算才可以得到底徑。

$$d = M - \frac{P^2}{8M} + \frac{rP^2}{4M}$$

d ：底徑

M ：分厘卡讀數值

P ：節距

r ：牙底的圓弧半徑

五、螺紋角(牙角)

1. 螺紋節距規

使用螺紋節距規直接靠於螺牙上，可以快速且正確的檢驗螺紋的螺紋角度，假設螺紋角正確，則螺紋節距規可以和螺牙緊密的接觸。

2. 三線測量法

使用兩組不同鋼線直徑 G_1 、 G_2 ，量測同一個螺紋，分別可以得到分厘卡的量測值 M_1 、 M_2 ，兩組三線測量法測量會得到相同的節徑，最終可得螺紋角，即：

$$E_1 = E_1$$

$$M_1 + \frac{P}{2}\cot\frac{\alpha}{2} - G_1\left(1 + \csc\frac{\alpha}{2}\right) = M_2 + \frac{P}{2}\cot\frac{\alpha}{2} - G_2\left(1 + \csc\frac{\alpha}{2}\right)$$

$$\csc\frac{\alpha}{2} = \frac{M_1 - M_2}{G_1 - G_2} - 1 \qquad \therefore \alpha = 2\csc^{-1}\left(\frac{M_1 - M_2}{G_1 - G_2} - 1\right)$$

α：螺紋角

P：節距

$E_1(E_2)$：第1(2)組節圓直徑

$M_1(M_2)$：第1(2)組分厘卡測量值

$G_1(G_2)$：第1(2)組鋼線直徑

註 光學投影機、工具顯微鏡亦可量測外螺紋之螺紋角。

六、螺紋綜合檢驗

1. 螺紋樣規

螺紋樣規檢驗之主要目的，在於確定兩配合之內、外螺紋，檢驗螺紋之外徑、節距、節徑、底徑、螺紋角度等是否正確，螺紋能否旋入與正常使用，可以快速且正確的檢測螺紋是否正確，爲大量生產時來檢測螺紋是否具有互換性。螺紋樣規由兩個標準牙型的螺紋組成，具有**通過端(GO)**與**不通過端(NOT GO)**，通過端通常長度較大；用螺紋樣規不能測出外徑、節距、節徑、底徑的大小，例如螺紋樣規之通過端不能旋入或套入之原因，可能是螺紋節徑、節距、螺紋角等不正確，可爲製造螺紋時之修正依據。使用螺紋樣規檢驗之主要缺點通過端會發生較大磨耗量，所以必須經常校核或加以整修，對其使用與保養之要求嚴格，檢驗者如將螺紋樣規有少許位置上或施力錯誤，則檢驗結果將不會準確，螺紋樣規可以分爲下列三種：

(1) 螺紋塞規：螺紋塞規又稱爲**螺紋樣柱**，具有通過端與不通過端，通過端牙數較多，用以**檢驗內螺紋**，如圖 7-3.13 所示。

(2) 螺紋環規：螺紋環規具有通過端與不通過端，用以**檢驗外螺紋**，如圖 7-3.14 所示。

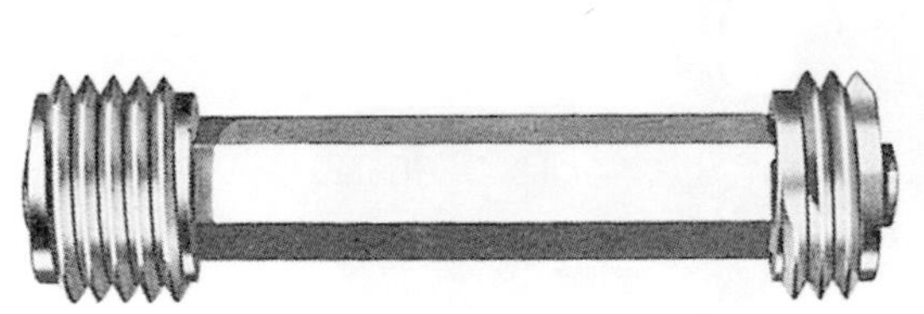

圖 7-3.13　螺紋塞規[3]

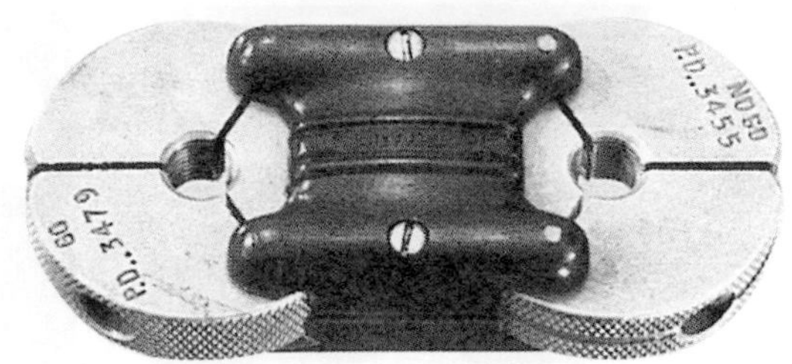

圖 7-3.14　螺紋環規[3]

(3) 螺紋卡規：螺紋卡規具有兩對滾動式螺紋卡規，可以快速的檢驗外螺紋，外側為通過端，內側為不通過端，如圖 7-3.15 所示。

圖 7-3.15　螺紋卡規[4]

2. 量表螺紋樣規

量表螺紋樣規用於測量的節圓直徑、外徑及底徑，它有二個可調整的螺紋滾子，上方的螺紋滾子可移動，並且帶動量表以指示偏差量，螺紋滾子可以配合各種螺紋形狀及節距做更換，此種螺紋量表應用廣泛、量測快速、磨耗小、測量壓力固定、直接顯示誤差量等優點，適合大量檢驗同一尺寸的螺紋，準確度可達 0.01mm，可以分為**量表螺紋塞規及量表螺紋環規**，如圖 7-3.16 所示。

(a) 量表螺紋塞規

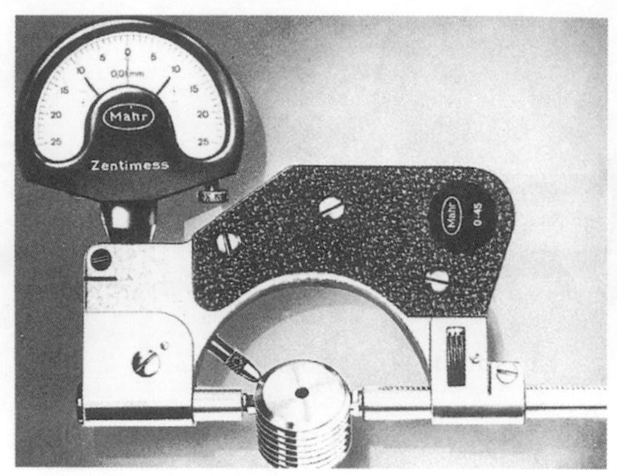

(b) 量表螺紋環規

圖 7-3.16 量表螺紋樣規[2]

3. 比較式放大鏡

將放大鏡配合比對片進行比對，可以測量螺紋之螺紋牙型、角度、節距、外徑、底徑等，如圖 7-3.17 所示。

圖 7-3.17 比較式放大鏡

4. 工具顯微鏡

將工具顯微鏡配合目鏡標線片進行比對，可測量螺紋之牙型、螺紋角、節距、節圓直徑、外徑、底徑；工具顯微鏡用以檢驗較小的螺紋，檢驗的螺紋節距在 0.25～2.0mm。

5. 光學投影機

光學投影機用以檢驗較大的螺紋，可檢驗螺紋之牙型、角度、節距、節圓直徑、外徑、底徑。將螺紋裝置於中心架的兩頂心間，利用光學投影原理將螺紋形狀尺寸放大投影成像，如圖 7-3.18 所示，用以測量：

⑴　**螺紋角**：旋轉投影幕上十字中心線可以量測螺紋角度。

⑵　**節距、外徑及底徑**：移動載物台，可以從測微器的讀數量測螺紋的節距、外徑及底徑。

⑶　**螺紋之牙型**：配合螺紋標準比對片進行比對，如圖 7-3.19 所示。

圖 7-3.18　光學投影機檢驗螺紋

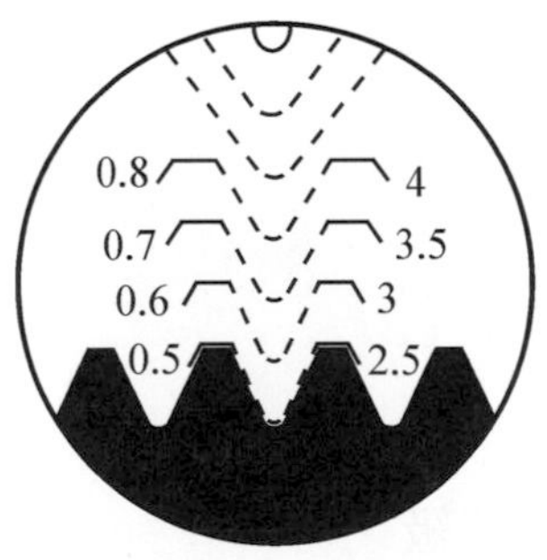

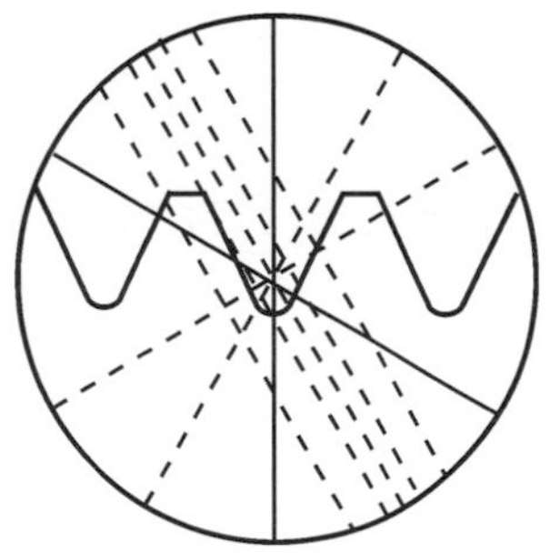

圖 7-3.19　光學投影機檢驗螺紋牙型及螺紋角

實習 7-3 螺紋檢測

實習目的

1. 了解螺紋的相關名詞及規格，包括公英制、節距、節徑及牙形等。
2. 學習如何使用螺紋分厘卡與螺紋三線規。
3. 學習利用計算公式，間接測量螺紋節徑。

實習設備

1. 螺紋分厘卡。
2. 螺紋三線規。
3. 外側分厘卡。
4. 分厘卡夾持座。
5. 螺紋節距規。
6. 標準型游標卡尺或圓盤分厘卡。
7. 花崗石平台。

實習原理

1. 螺紋各部分名稱

　　螺紋是根據斜面原理，將斜面盤捲於圓柱體上而形成螺旋線；螺旋線於圓柱體外者為外螺紋，於圓內孔面者為內螺紋。螺紋各部分的名稱，如圖 7-1.2 所示。

2. 螺紋的標註法

　完整的螺紋標註法包括下列六項：

(1) 螺旋線方向。
(2) 螺旋線條數。
(3) 螺紋種類符號。
(4) 螺紋外徑。
(5) 螺紋節距。
(6) 螺紋配合等級。

例：L-2N-M8×1-6H7H/5g6g，表示此為一左旋(L)，雙線(2N)，公制(M)螺絲，外徑為 8mm，節距為 1mm，內螺紋之底徑 7 級、節徑 6 級且公差位置在 H，外螺紋之外徑 6 級、節徑 5 級且公差位置在 g。

3. 螺紋量測項目

螺紋的主要量測項目包含下列五項：⑴外徑；⑵節距；⑶節徑；⑷底徑；⑸螺紋角，茲分述如下：

⑴ 外徑：用標準型游標卡尺或圓盤分厘卡，可直接讀出螺紋外徑，如圖 7-3.1 所示。

⑵ 節距：利用鋼尺(如圖 7-3.2)或節距規(如圖 5-1.1 及 7-3.2)，即可直接量得。

⑶ 節徑：常用來量測螺紋節徑的量具爲螺紋分厘卡及螺紋三線規。

① 螺紋分厘卡：此型分厘卡是附可換測砧的，如圖 7-3.5 所示；需依其節距，選用不同的測砧，如實表 7-3.1 所示。再利用歸零校正規歸零後，直接將螺紋分厘卡置於螺紋上，如圖 3-2.8 所示，即可直接讀出螺紋節徑。

實表 7-3.1　螺紋分厘卡測砧選用表

測砧(一組)	M1	M2	M3	M4	M5	M6
節距(mm)	0.40～0.50	0.60～0.90	1.00～1.75	2.00～3.00	3.50～5.00	5.50～7.00

② 螺紋三線規：此爲三線測量法，利用三線規配合外側分厘卡及分厘卡支座，以間接量測的方式，求出螺紋節徑；此原理將於步驟中詳述。

⑷ 底徑：利用針型或刀刃型測砧分厘卡來測量底徑，如實習 7-3.1 所示，由下列所式之幾何關係式及分厘卡讀值，求出螺紋底徑。

$$d=M-\frac{P^2}{8M}+\frac{rP^2}{4M}$$

其中d爲底徑，M爲分厘卡讀數值，P爲節距，r爲牙底的圓弧半徑。

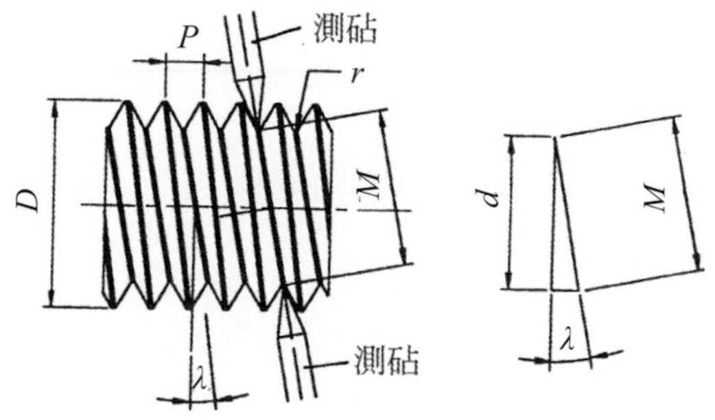

實習 7-3.1　分厘卡測量螺紋底徑

⑸ 螺紋角

① 三線測量法：使用兩組不同鋼線直徑G_1、G_2，量測同一個螺紋，分別可以得到分厘卡的量測值M_1、M_2，兩組三線測量法測量會得到相同的節徑，也就是：

$$E_1 = E_2$$

$$M_1+\frac{P}{2}\cot\frac{\alpha}{2}-G_1\left(1+\csc\frac{\alpha}{2}\right)=M_2+\frac{P}{2}\cot\frac{\alpha}{2}-G_2\left(1+\csc\frac{\alpha}{2}\right)$$

$$\csc\frac{\alpha}{2}=\frac{M_1-M_2}{G_1-G_2}-1$$

$$\therefore \alpha=2\csc^{-1}\left(\frac{M_1-M_2}{G_1-G_2}-1\right)$$

其中α為螺紋角，P為節距，$E_1(E_2)$為第1(2)組節圓直徑，$M_1(M_2)$為第1(2)組分厘卡測量值，$G_1(G_2)$ 為第1(2)組鋼線直徑。

② 光學投影機：藉由光學投影機之旋轉投影幕上的十字中心線即可得螺紋角，如實習7-3.2所示。

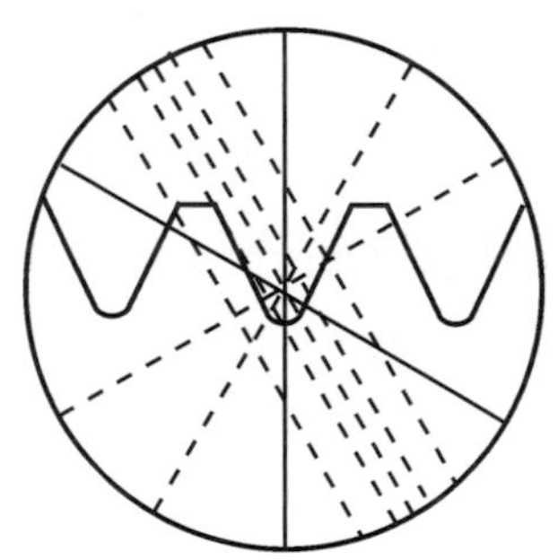

實習 7-3.2　光學投影機檢驗螺紋角

實習步驟

此步驟只針對量測螺紋節徑的三線測量法。

1. 選適當的鋼線直徑 G

⑴ 最佳線徑

$$G=\frac{P}{2}\sec\frac{\alpha}{2}$$

(2) 最小線徑

$$G=(P-f)\times\frac{\cos(\alpha/2)}{1+\sin(\alpha/2)}$$

(3) 最大線徑

$$G=(P-f)\times\sec\frac{\alpha}{2}$$

其中P爲節距，α爲螺紋角，f爲牙頂，如圖 7-3.10 所示。各種螺紋角的適當鋼線直徑，如表 7-3.2 所示。

2. 先把外側分厘卡安裝於夾持座，且夾持座應立於花崗石平台，然後將三線規裝置在外側分厘卡上，如圖 7-3.8 所示，再讀出分厘卡讀數M。
3. 代入下式，求出螺紋節徑E。

$$E=M+\frac{P}{2}\cot\frac{\alpha}{2}-G\left(1+\csc\frac{\alpha}{2}\right)$$

其中E爲節徑，M：分厘卡測量值，P：節距，α：螺紋角，G：鋼線直徑。各種螺紋角的節徑公式，如表 7-3.1 所示。

實習結果——螺紋檢測

名稱＼次數		1	2	3	平均
外徑 D					
螺紋角 α					
節距 P					
底徑 B					
節徑 E	螺紋分厘卡				
	螺紋三線規				
外觀					

討　　論

1. 螺紋分厘卡可用於那幾種螺紋角的測量？
2. 如何判別螺紋的公、英制？
3. 使用螺紋分厘卡測量前，需先知道那兩個參數值？
4. 使用螺紋分厘卡檢測時一定要接觸在節圓直徑的位置，否則會發生何種現象？

7-4 齒輪的種類

齒輪(Gear)種類繁多計算式也複雜，尤其製程中精度之控制，將直接影響到齒輪品質。齒輪可以下列方式加以分類：

一、依照兩傳動軸間之相對位置

1. 兩軸互相平行之齒輪

(1) 正齒輪(Spur Gears)：正齒輪齒面和齒輪軸線互相平行，可分爲外正齒輪與內正齒輪，如圖 7-4.1 所示。

(a) 外正齒輪

(b) 內正齒輪

圖 7-4.1 正齒輪[3]

(2) 螺旋齒輪(Helical Gears)：螺旋齒輪齒面和齒輪軸線成一螺旋角，齒輪囓合時接觸的齒數大於一齒，齒輪強度較大，而且傳動順暢、安靜，不過會產生側向推力的缺點，必須加裝止推軸承，如圖 7-4.2 所示。

(3) 人字齒輪(Herringbone Gears)：人字齒輪又稱爲雙螺旋齒輪，兩個螺旋齒輪旋向相反，一爲左旋一爲右旋，可將側向推力抵銷，如圖 7-4.3 所示。

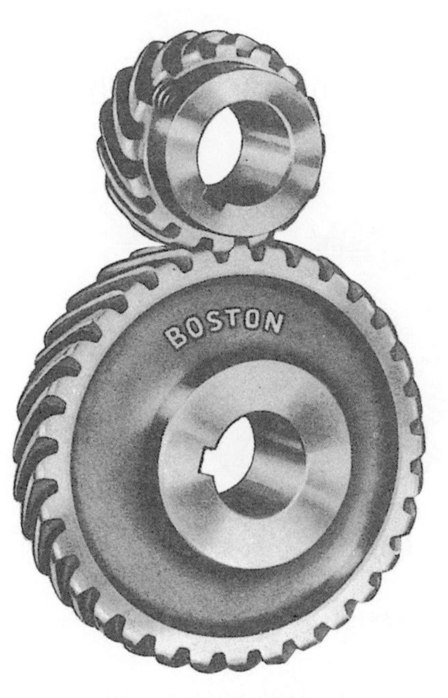

圖 7-4.2　螺旋齒輪[3]

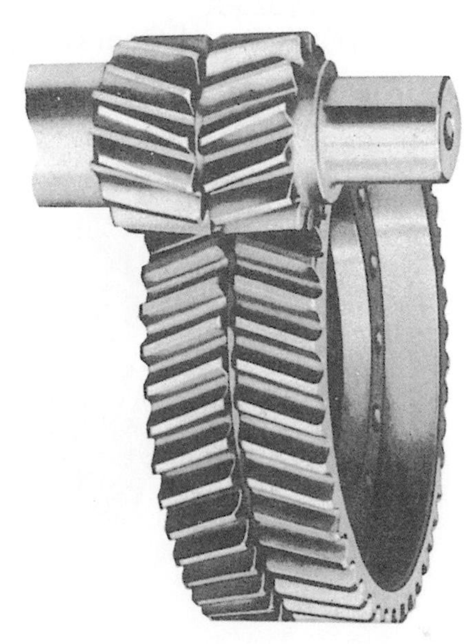
圖 7-4.3　人字齒輪[3]

(4)　小齒輪與齒條(Rack and Pinion)：齒條爲直線形狀，可將旋轉運動轉換成直線運動，如圖 7-4.4 所示。

圖 7-4.4　小齒輪與齒條[3]

2. 兩軸相交之齒輪

(1) 直齒斜齒輪(Bevel Gears)：齒輪軸線成 90°，動力可以沿著直角方向傳遞，如圖 7-4.5 所示。

圖 7-4.5 直齒斜齒輪[3]

(2) 螺旋斜齒輪(Helical Bevel Gears)：嚙合齒輪軸線成 90°，齒面和齒輪軸線成一螺旋角，如圖 7-4.6 所示。

圖 7-4.6 螺旋斜齒輪

圖 7-4.7 斜交斜齒輪[3]

(3) 斜交斜齒輪(Angular Bevel Gears)：嚙合齒輪軸線不等於 90°，如圖 7-4.7 所示。

3. 兩軸不平行且不相交之齒輪

(1) 交叉螺旋齒輪(Right-Angle Helical Gears)：兩個螺旋齒輪軸線成 90° 但不相交，齒面和齒輪軸線成一螺旋角，如圖 7-4.8 所示。

圖 7-4.8　交叉螺旋齒輪[3]

圖 7-4.9　蝸桿與蝸輪[3]

⑵ 蝸桿與蝸輪(Worm and Worm Gears)：蝸桿為主動，蝸輪為被動，主要用於減速機構，如圖 7-4.9 所示。

⑶ 戟齒輪(Hypoid Gears)：戟齒輪的節面為雙曲線，如圖 7-4.10 所示。

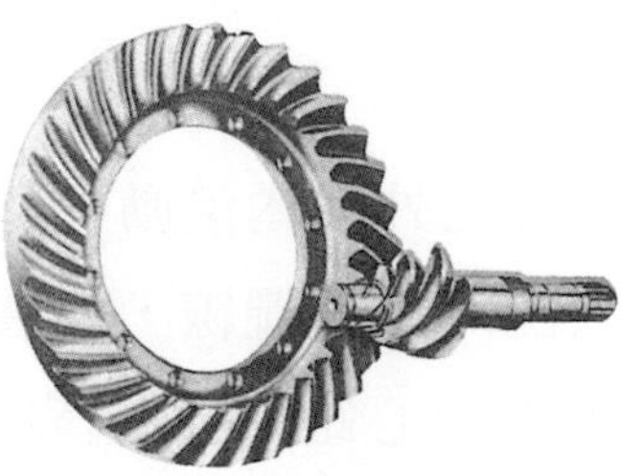

圖 7-4.10　戟齒輪[3]

二、齒形曲線

1. 漸開線齒輪

漸開線為繞於基圓直徑外的直線展開，端點所產生的弧線，如圖 7-4.11 所示。漸開線上任何一點的法線必定與基圓相切，加工製造容易，只要壓力角和周節相同即可嚙合，因此互換性良好。

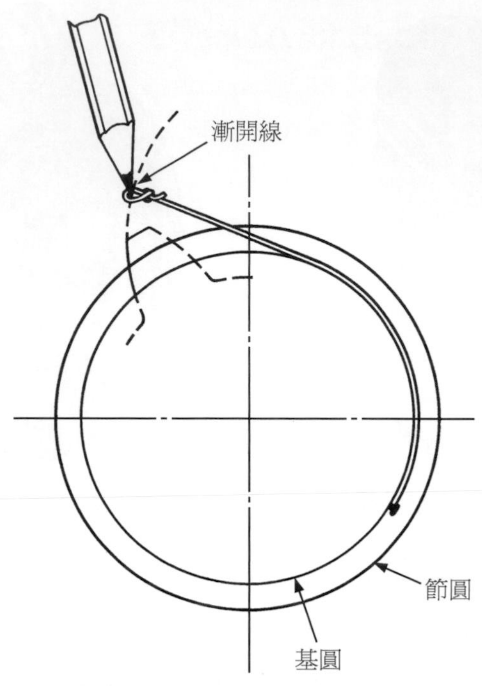

圖 7-4.11　漸開線齒輪的形成

2. 擺線齒輪

擺線為一滾圓在節圓之外或內滾動，此滾圓上面任意一點的軌跡就是擺線，在節圓之外滾動的為外擺線，節圓之內滾動的為內擺線，如圖 7-4.12 所示。嚙合齒輪的中心距離要保持固定，否則無法嚙合，因此鐘錶工業使用最為廣泛。

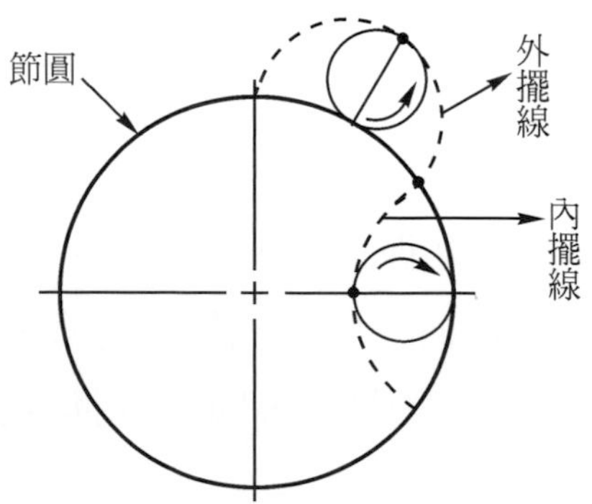

圖 7-4.12　擺線齒輪的形成

7-5 齒輪各部分的名稱及規格

一、齒輪各部分的名稱

欲檢驗齒輪之前，必須先了解檢驗項目、使用何種儀器或量具、檢驗齒輪那些部位等，齒輪各部分的名稱，如圖 7-5.1 所示。

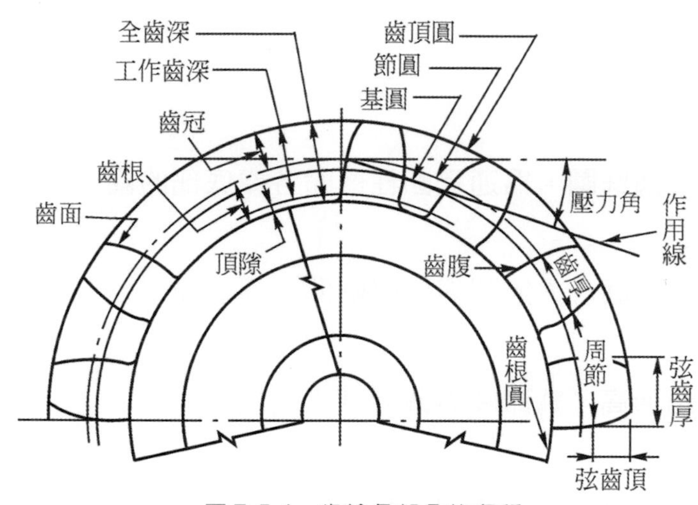

圖 7-5.1　齒輪各部分的名稱

1. 基圓

與壓力線相切之圓，形成漸開線的基本圓。

2. 節圓

即**嚙合圓**。當一對齒輪嚙合時，節圓爲節線在圓周上之軌跡，即互相嚙合兩齒輪間假想互爲滾動之圓。

3. 節圓直徑(d)

爲節圓之直徑，亦爲齒輪設計與製造上主要之數據，爲模數與齒數的乘積。

$$d = mZ$$

其中m爲模數、Z爲齒數。

4. 節線

係指節面與垂直於大小齒輪軸線之截面上的交線。

5. 節點

兩相互嚙合之齒輪運轉時，齒輪在節圓上相接觸的切點。

6. 齒廓

齒廓面之斷面曲線，又稱爲**齒形**。

7. 齒頂圓(d_0)

又稱爲齒冠圓，爲通過圓柱齒輪各齒頂端的直徑，也就是**齒輪的外徑**。

$d_0 = m \times (Z + 2)$

8. 齒根圓

又稱爲**齒底圓**，爲通過圓柱齒輪各齒底部的圓。

9. 齒冠面

又稱**齒頂面**，爲節圓與齒冠圓間輪齒曲面。

10. 齒冠

又稱**齒頂高**，爲節圓與齒冠圓之高度差。

11. 齒根

又稱**齒底高**，爲節圓與齒根圓之高度差。

12. 全齒深(h)

即全齒之高，爲齒冠與齒根之和。

$h = 2m + c$

13. 工作齒深(h')

又稱**有效齒深**，爲一輪齒所能伸進與其配合之齒輪齒間之最大深度，即一對嚙合齒輪齒冠之和。

$h' = 2m$

14. 齒頂間隙(c)

又稱**頂隙**，爲從一個齒輪的齒冠圓與嚙合齒輪齒根圓的距離。

15. 齒面寬

又稱**齒寬**，爲沿輪齒基圓上之軸線所測得之距離。

16. 齒厚

爲齒輪沿節圓所測得之厚度。

17. 齒腹

又稱**齒根面**，爲節圓柱面與齒根圓柱面間齒之表面。

18. 接觸點

一對齒輪嚙合時相接觸的點。

19. 作用線

一對漸開線齒輪嚙合時，接觸點的軌跡。

20. 壓力角

一對嚙合齒輪之間的壓力作用線與節圓，在節點之公切線所夾之角度，通常用α來表示。常用壓力角有 14.5°、20°、22.5°等三種。

21. 模數(m)

每一齒所分配之節圓直徑，用以表示公制齒輪上齒的大小，模數越大，齒形也就越大。

$$m=\frac{d}{Z}$$

22. 徑節(P_d)

用以表示英制齒輪上齒的大小，徑節越大，齒形也就越小。

$$P_d=\frac{Z}{d}$$

23. 周節(P_c)

在節圓或節線上所測得相鄰齒之對應部份間之弧線距離。

$$P_c=\frac{\pi d}{Z}=\pi m$$

24. 嚙合長度

即指一對漸開線齒輪嚙合時，接觸點軌跡內的長度。實際上也是兩個齒輪進行嚙合部份的長度。

25. 齒隙

又稱爲**背隙**，爲一對齒輪嚙合時，在兩個齒側面之間存在的間隙。

26. 有效齒高

在一對嚙合齒輪中，參與嚙合的齒高方向的長度。它相當於兩個齒輪的齒頂高和。一旦嚙合深度發生變化，有效齒高也隨之改變。

27. 基圓直徑(d_b)

齒輪之基圓直徑(d_b)與節圓直徑有密切關係為

$$d_b = d \times \cos\alpha$$

二、齒輪的規格

齒輪的計算公式依照齒輪的種類和規格而有所不同，正齒輪的規格如表 7-5.1 所示；螺旋齒輪的規格如表 7-5.2 所示；蝸桿與蝸輪的規格如表 7-5.3 所示。

表 7-5.1　正齒輪的規格

號碼	項目	小齒輪	大齒輪
1	齒輪齒形	標準	
2	模數	m	
3	壓力角	α	
4	齒數	Z_1	Z_2
5	有效齒深	$h' = 2m$	
6	全齒深	$h = 2m + c$	
7	齒頂隙	c	
8	基準節圓直徑	$d_1 = Z_1 m$	$D_2 = Z_2 m$
9	外徑	$d_{01} = (Z_1 + 2)m$	$d_{02} = (Z_2 + 2)m$
10	齒底圓直徑	$d_{r1} = (Z_1 - 2)m - 2c$	$d_{r2} = (Z_2 - 2)m - 2c$
11	基圓直徑	$d_{b1} = Z_1 m\cos\alpha$	$d_{b2} = Z_2 m\cos\alpha$
12	周節	$P_c = \pi m$	
13	法線節距	$P_a = \pi m\cos\alpha$	
14	圓弧齒厚	$S_0 = \pi m/2$	
15	弦齒厚	$S_{c1} = Z_1 m\sin\dfrac{\pi}{2Z_1}$	
16	齒輪游標尺齒高	$A_{c1} = \dfrac{Z_1 m}{2}\left(1 - \cos\dfrac{\pi}{2Z_1}\right) + m$	
17	跨齒數	$Z_{m1} = \dfrac{\alpha Z_1}{180} + 0.5$	
18	跨齒厚	$S_{m1} = m\cos\alpha\{\pi(Z_{m1} - 0.5) + Z_1 \cdot inv\alpha\}$	

表 7-5.2　螺旋齒輪的規格

號碼	項目	小齒輪	大齒輪
1	齒輪齒形	標準	
2	齒形基準斷面	齒直角	
3	模數	$m_c = m_n$	
4	壓力角	$\alpha_e = \alpha_o = \alpha_n$	
5	齒數	Z_1	Z_2
6	螺旋角	β_{01}	β_{02}
7	有效齒深	$h' = 2m_n$	
8	全齒深	$h = 2m_n + c$	
9	正面壓力角	$\tan\alpha_s = \tan\alpha_n / \cos\beta_0$	
10	中心距離	$d = (Z_1 + Z_2)m_n / 2\cos\beta_0$	
11	節圓直徑	$d_{01} = Z_1 m_n / \cos\beta_0$	
12	外徑	$d_{k1} = d_{01} + 2m_n$	$d_{k2} = d_{02} + 2m_n$
13	齒底圓直徑	$d_{r1} = d_{01} - 2(m_n + c)$	
14	基圓直徑	$d_{g1} = Z_1 m_n \cos\alpha_n / \cos\beta_g$	
15	基圓螺旋角	$\sin\beta_g = \sin\beta_0 \cos\alpha_n$	
16	導程	$L_1 = \pi d_{01} \cot\beta_{01}$	$L_2 = \pi d_{02} \cot\beta_{02}$
17	周節	$P_c = \pi m_n$	
18	法線節距	$P_s = \pi m_n \cos\alpha_n$	
19	圓弧齒厚(齒直角)	$S_{on} = \frac{\pi m_n}{2}$	
20	相當正齒輪齒數	$Z_{v1} = \frac{Z_1}{(\cos^3\beta_0)}$	$Z_{v2} = \frac{Z_2}{(\cos^3\beta_0)}$
21	弦齒厚	$S_{c1} = Z_{v1} m_n \sin\frac{\pi}{2Z_{v1}}$	
22	齒厚游標卡尺齒高	$A_{c1} = \frac{Z_{v1} m_n}{2}\left(1 - \cos\frac{\pi}{2Z_{v1}}\right) + m_n$	
23	跨齒數	$Z_{m1} = \frac{\alpha\alpha_n Z_{v1}}{180} + 0.5$	$Z_{m2} = \frac{\alpha\alpha_n Z_{v2}}{180} + 0.5$
24	跨齒厚	$S_{m1} = m_n \cos\alpha_n \{\pi(Z_{m1} - 0.5) + Z_1 \cdot inv\alpha_s\}$	

表 7-5.3　渦桿與渦輪的規格

號碼	項目	蝸桿	渦輪
1	齒形基準斷面	軸直角	
2	模數	m_s	
3	節距(周節)	$t_a = t_s = \pi m_s$	
4	條數(齒數)	Z_1	Z_2
5	壓力角	α_n	
6	節圓直徑	d_{01}	$d_{01} = Z_2 m_s$
7	齒頂隙	c	
8	齒頂高	$h_k = m_s$	
9	齒底高	$h_f = m_s + c$	
10	導程	$L = Z_1 t_a = \pi d_{01} \tan\gamma$	
11	導角	$\tan\gamma = L/\pi d_{01}$	
12	中心距離	$a = \frac{d_{01} + d_{02}}{2}$	
13	蝸輪喉部半徑	$R = \frac{d_{01}}{2} - h_k$	
14	蝸輪喉部直徑	$d_t = d_{02} + 2h_k$	
15	外徑	$d_{k1} = d_{01} + 2h_k$	$d_{k2} = d_{02} + 3.5h_k$
16	弦齒厚	$S_{c1} = \frac{t_s}{2}\cos\gamma$	$S_{c2} = Z_{v2} m_s \cos\gamma \times \sin\frac{\pi}{2Z_{v2}}$
17	齒厚游標卡尺齒高	$A_{c1} = m_s$	$A_{c2} = \frac{Z_{v2} m_s}{2}\left(1 - \cos\frac{\pi}{2Z_{v2}}\right) + \frac{d_t - d_{02}}{2}$

7-6 齒輪的測量方法

欲作爲齒輪檢驗人員，也必須先了解齒輪之種類、各部份名稱、製造流程及常用齒輪有關之數據等，然後才能依照齒輪精度要求作各種檢驗。

一、齒形測量

1. 光學投影機

光學投影機用來檢驗模數小於 3 的齒輪，利用光學投影原理將齒輪輪廓尺寸放大投影成像，配合齒輪標準片比對，可以檢驗齒輪之齒形是否正確，如圖 7-6.1 所示。

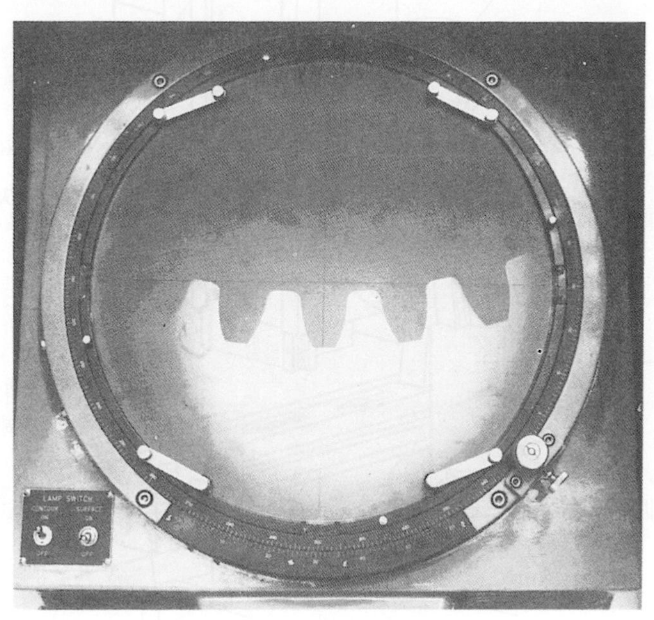

圖 7-6.1　光學投影機檢驗齒輪齒形[2]

2. 工具顯微鏡

利用工具顯微鏡將齒輪形狀尺寸放大，配合目鏡標線進行比對，可以測量齒輪之齒形，工具顯微鏡用以檢驗較小的齒輪。

3. 齒形測量機

齒形測量機用以檢驗模數大於 3 的齒輪，利用槓桿機構放大原理將齒形輪廓曲線放大，試驗所得的齒形和理想齒形曲線比較，可以檢驗齒輪之偏差量，再利用繪圖機將齒形曲線繪出，如圖 7-6.2 所示。在齒形測量範圍內，齒形誤差是以漸開線為標準，以正確齒形曲線之垂直方向所測量的正誤差與負誤差之和，如圖 7-6.3 所示。

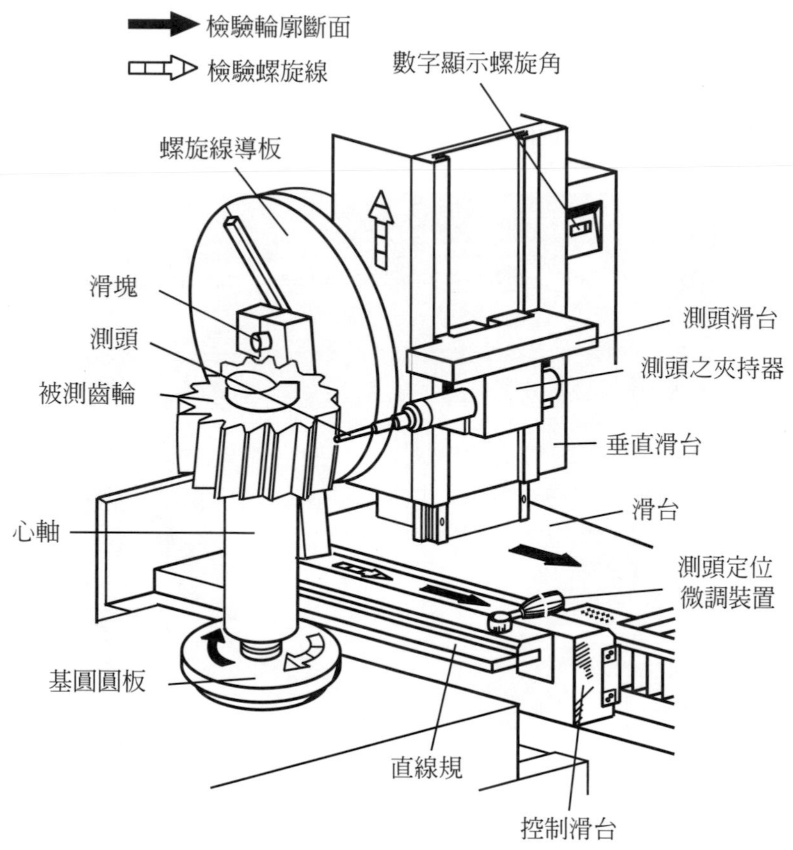

圖 7-6.2　齒形測量機檢驗齒輪

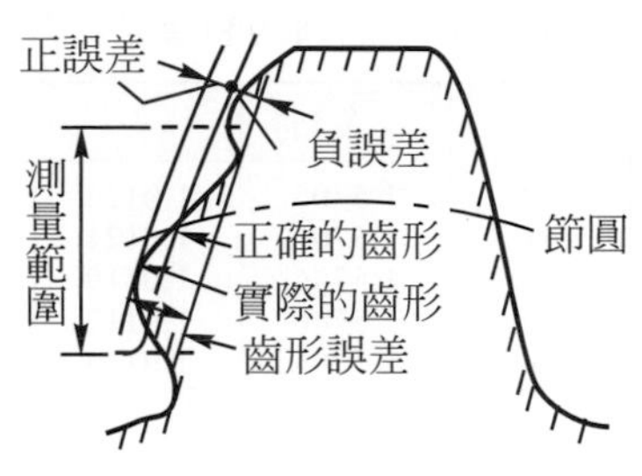

圖 7-6.3　齒形誤差

二、齒厚測量

利用齒輪游標卡尺、圓盤分厘卡及齒厚樣板等，經由換算公式可以求出正確的齒厚。

1. 弦齒厚測量法

齒厚游標卡尺是由兩個互相垂直的游標卡尺所組成，如圖 7-6.4 所示。測量時先調整垂直游標卡尺來測量齒頂高A_c，並且固定之；再調整水平游標卡尺來測量弦齒厚S_c，齒輪齒頂高A_c與弦齒厚S_c之測量原理示意圖，如圖 7-6.5 所示。模數$m = 1$的齒輪齒頂高A_c與弦齒厚S_c如表 7-6.1 所示，若是模數$m \neq 1$的齒輪，只須將查到的數值乘以模數m即可。

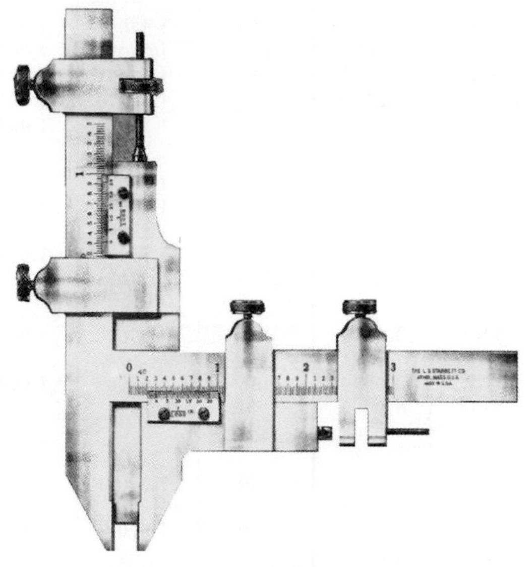

圖 7-6.4　齒厚游標卡尺[3]

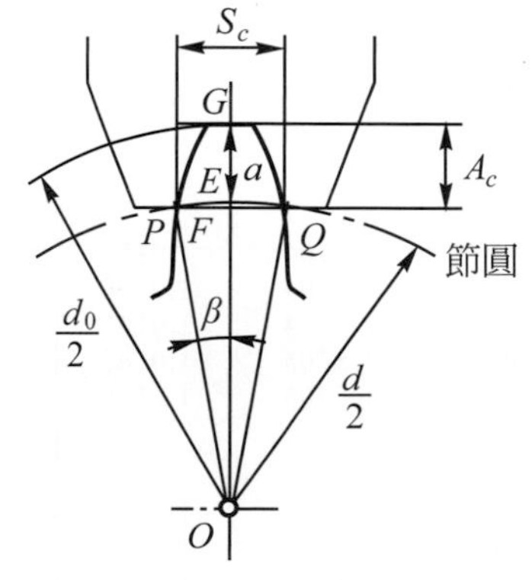

圖 7-6.5　齒厚游標卡尺測量弦齒厚S_c

表 7-6.1　模數$m=1$的齒輪齒頂高A_c與弦齒厚S_c

Z	S_c	A_c	Z	S_c	A_c	Z	S_c	A_c
			50	1.5705	1.0123	95	1.5707	1.0065
6	1.5529	1.1022	51	1.5706	1.0121	96	1.5707	1.0064
7	1.5568	1.0873	52	1.5706	1.0119	97	1.5707	1.0064
8	1.5607	1.0769	53	1.5706	1.0117	98	1.5707	1.0063
9	1.5628	1.0684	54	1.5706	1.0114	99	1.5707	1.0062
10	1.5643	0.0616	55	1.5706	1.0112	100	1.5707	1.0061
11	1.5654	1.0559	56	1.5706	1.0110	101	1.5707	1.0061
12	1.5663	1.0514	57	1.5706	1.0108	102	1.5707	1.0060
13	1.5670	1.0474	58	1.5706	0.0106	103	1.5707	1.0060
14	1.5675	1.0440	59	1.5706	0.0105	104	1.5707	1.0059
15	1.5678	1.0411	60	1.5706	1.0102	105	1.5707	1.0059
16	1.5683	1.0385	61	1.5706	1.0101	106	1.5707	1.0058
17	1.5686	1.0362	62	1.5706	1.0100	107	1.5707	1.0058
18	1.5688	1.0342	63	1.5706	1.0098	108	1.5707	1.0057
19	1.5690	1.0324	64	1.5707	1.0097	109	1.5707	1.0057
20	1.5692	1.0308	65	1.5706	1.0095	110	1.5707	1.0056
21	1.5694	1.0294	66	1.5706	1.0094	111	1.5707	1.0056
22	1.5695	1.0281	67	1.5706	1.0092	112	1.5707	1.0055
23	1.5696	1.0268	68	1.5706	1.0090	113	1.5707	1.0055
24	1.5697	1.0257	69	1.5707	1.0088	114	1.5707	1.0054
25	1.5698	1.0247	70	1.5707	1.0087	115	1.5707	1.0054
26	1.5698	1.0237	71	1.5707	1.0086	116	1.5707	1.0053
27	1.5699	1.0228	72	1.5707	1.0085	117	1.5707	1.0053
28	1.5670	1.0220	73	1.5707	1.0084	118	1.5707	1.0052
29	1.5670	1.0213	74	1.5707	1.0083	119	1.5707	1.0052
30	1.5701	1.0208	75	1.5707	1.0081	120	1.5707	1.0052
31	1.5701	1.0199	76	1.5707	1.0080	121	1.5707	1.0051
32	1.5702	1.0193	77	1.5707	1.0079	122	1.5707	1.0051
33	1.5702	1.0187	78	1.5707	1.0079	123	1.5707	1.0050
34	1.5702	1.0181	79	1.5707	1.0077	124	1.5707	1.0050
35	1.5702	1.0176	80	1.5707	1.0076	125	1.5707	1.0049
36	1.5703	1.0171	81	1.5707	1.0075	126	1.5707	1.0049
37	1.5703	1.0167	82	1.5707	1.0074	127	1.5707	1.0049
38	1.5703	1.0162	83	1.5707	1.0074	128	1.5707	1.0048
39	1.5704	1.0158	84	1.5707	1.0073	129	1.5707	1.0048
40	1.5704	1.0154	85	1.5707	1.0072	130	1.5707	1.0047
41	1.5704	1.0150	86	1.5707	1.0071			
42	1.5704	1.0147	87	1.5707	1.0070	135	1.5708	1.0046
43	1.5705	1.0143	88	1.5707	1.0069			
44	1.5705	1.0140	89	1.5707	1.0068			
						150	1.5708	1.0045
45	1.5705	1.0137	90	1.5707	1.0068			
46	1.5705	1.0134	91	1.5707	1.0067	250	1.5708	1.0025
47	1.5705	1.0131	92	1.5707	1.0067			
48	1.5705	1.0129	93	1.5707	1.0067		15708	1.000
49	1.5705	1.0126	94	1.5707	1.0067			

(1)　弦齒厚S_c

$$S_c = \overline{PQ} = 2\overline{PF} = 2\left(\frac{d}{2}\sin\beta\right) = d\sin\beta = mZ\sin\left(\frac{90°}{Z}\right)$$

d　：節圓直徑

m　：模數

Z　：齒數

β　：$\beta = \frac{360°}{4Z} = \frac{90°}{Z}$

(2)　齒頂高A_c

$$A_c = \overline{FG} = \overline{OC} - \overline{OF} = \frac{d_0}{2} - \frac{d}{2}\cos\beta$$

$$= \left(\frac{d}{2} + a\right) - \frac{d}{2}\cos\beta = a + \frac{d}{2}\left[1 - \cos\left(\frac{90°}{Z}\right)\right]$$

a　：齒冠長度＝齒輪外圓至節圓的距離

d_0：齒頂圓直徑

d　：節圓直徑

Z　：齒數

2. 跨齒厚測量法

利用**圓盤分厘卡**直接量測跨齒厚大小，選擇適當的跨齒數，將分厘卡兩個圓盤面接觸在齒輪的基圓切線與齒形曲線的交點，如圖 7-6.6 所示。跨齒厚測量原理示意圖，如圖 7-6.7 所示。模數$m = 1$的正齒輪的跨齒數及跨齒厚如表 7-6.2 所示，若是模數$m \neq 1$的齒輪，只須將查到的跨齒厚數值乘以模數m即可。計算公式如下：

$$S_m = m \times \cos\alpha \times [Z \times inv\alpha + \pi \times (N - 0.5)]$$

S_m：跨齒厚

m　：齒輪模數

α　：壓力角

Z　：齒數

N：圓盤分厘卡跨齒數，$N=\frac{\alpha Z}{180}+0.5$ 齒

$inv\alpha$：漸開線函數，$inv\alpha=\tan\alpha-\alpha$

圖 7-6.6 圓盤分厘卡測量跨齒厚

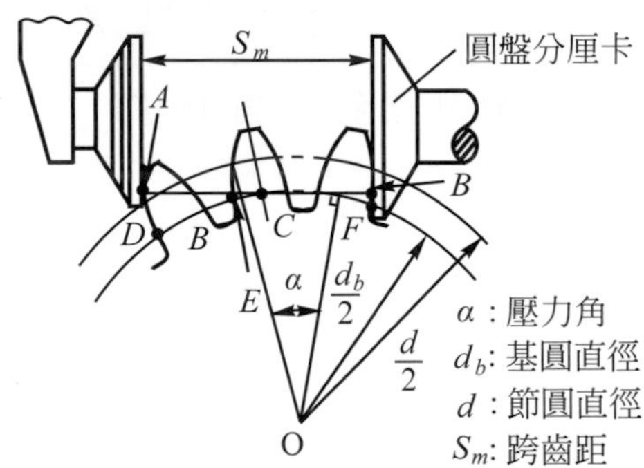

圖 7-6.7 跨齒厚測量原理示意圖

3. 齒厚樣板比對法

齒厚樣板比對法爲利用**齒厚樣板**和齒輪面相切，用於檢驗齒輪的齒厚，如圖 7-6.8 所示。

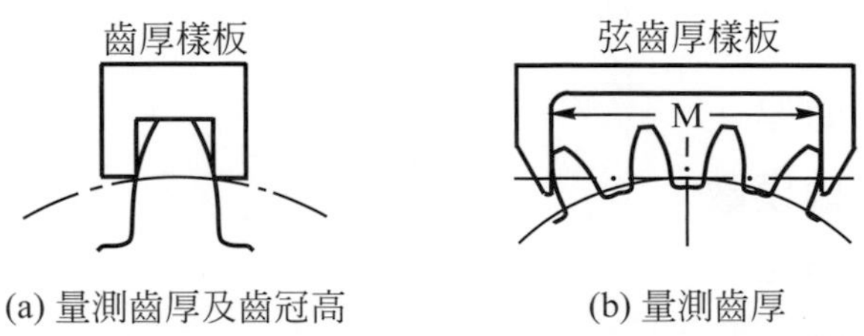

圖 7-6.8 齒厚樣板比對法

表 7-6.2　模數 m ＝ 1 的正齒輪的跨齒數(N)及跨齒厚(S_m)　　單位：mm

Z	α20°		α＝ 14.5°		Z	α20°		α＝ 14.5°		Z	α20°		α＝ 14.5°		Z	α20°		α＝ 14.5°	
	N	S_m	N	S_m		N	S_m	N	S_m		N	S_m	N	S_m		N	S_m	N	S_m
6	2	4.5122	2	4.5945	42	5	13.8728	4	10.8708	78	9	26.1855	8	20.1887	114	13	38.4983	10	29.5065
7	2	4.5262	2	4.5999	43	5	13.8865	4	10.8762	79	9	26.1996	8	20.1940	115	13	38.5123	10	29.5119
8	2	4.5402	2	4.6052	44	5	13.9008	4	10.8816	80	9	26.2136	8	20.1994	116	13	38.5263	10	29.5172
9	2	4.5542	2	4.6016	45	6	16.8670	4	10.8869	81	10	29.1797	8	20.2048	117	14	41.4924	10	29.5226
10	2	4.5683	2	4.6160	46	6	16.8810	4	10.8923	82	10	29.1937	8	20.2101	118	14	41.5064	10	29.5200
11	2	4.5823	2	4.6213	47	6	16.8950	4	10.8977	83	10	29.2077	8	20.2155	119	14	41.5204	10	29.5333
12	2	4.5963	2	4.6267	48	6	16.9090	4	10.9030	84	10	29.2217	8	20.2209	120	14	41.5344	10	29.5387
13	2	4.6103	2	4.6321	49	6	16.9230	4	10.9084	85	10	29.2357	8	20.2262	121	14	41.5484	10	29.5441
14	2	4.6243	2	4.6374	50	6	16.9370	5	13.9553	86	10	29.2497	8	20.2316	122	14	41.5624	10	29.5494
15	2	4.6383	2	4.6428	51	6	16.9510	5	13.9607	87	10	29.2637	8	23.2785	123	14	41.5765	10	29.5548
16	2	4.6523	2	4.6482	52	6	16.9650	5	13.9660	88	10	29.2777	8	23.2839	124	14	41.5905	11	32.6017
17	2	4.6663	2	4.6536	53	6	16.9790	5	13.9714	89	10	29.2917	8	23.2892	125	14	41.6045	11	32.6071
18	3	7.6324	2	4.6589	54	7	16.9452	5	13.9768	90	11	32.2579	8	23.2946	126	15	44.5706	11	32.6124
19	3	7.6464	2	4.6643	54	7	19.9592	5	13.9821	91	11	32.2719	8	23.3000	127	15	44.5846	11	32.6178
20	3	7.6604	2	4.6697	56	7	19.9732	5	13.9875	92	11	32.2859	8	23.3053	128	15	44.5986	11	32.6232
21	3	7.6744	2	4.6750	57	7	19.9872	5	13.9929	93	11	32.2999	8	23.3107	129	15	44.6126	11	32.6285
22	3	7.6884	2	4.6804	58	7	20.0012	5	13.9982	94	11	32.3139	8	23.3161	130	15	44.6266	11	32.6339
23	3	7.7025	2	4.6858	59	7	20.0152	5	14.0036	95	11	32.3279	8	23.3214	131	15	44.6406	11	32.6393
24	3	7.7165	2	4.6911	60	7	20.0292	5	14.0090	96	11	32.3149	8	23.3268	132	15	44.6546	11	32.6447
25	3	7.7305	3	7.7380	61	7	20.0432	5	14.0143	97	11	32.3559	8	23.3322	133	15	44.6686	11	32.6500
26	3	7.7445	3	7.7434	62	7	20.0572	6	17.0612	98	11	32.3699	8	23.3375	134	15	44.6826	11	32.6554
27	4	10.7106	3	7.7488	63	8	23.0233	6	17.0666	99	12	35.3361	9	26.3844	135	16	47.6488	11	32.6608
28	4	10.7246	3	7.7541	64	8	23.0373	6	17.0720	100	12	35.3501	9	26.3898	136	16	47.6628	12	35.7077
29	4	10.7386	3	7.7595	65	8	23.0513	6	17.0773	101	12	35.3641	9	26.3952	137	16	47.6768	12	35.7130
30	4	10.7526	3	7.7649	66	8	23.0653	6	17.0827	102	12	35.3781	9	26.4005	138	16	47.6908	12	35.7184
31	4	10.7666	3	7.7702	67	8	23.0794	6	17.0881	103	12	35.3921	9	26.4059	139	16	47.7048	12	35.7238
32	4	10.7806	3	7.7756	68	8	23.0934	6	17.0934	104	12	35.4061	9	26.4113	140	16	47.7188	12	35.7291
33	4	10.7946	3	7.7810	69	8	23.1074	6	17.0988	105	12	35.4201	9	26.4167	141	16	47.7328	12	35.7345
34	4	10.8086	3	7.7863	70	8	23.1214	6	17.1042	106	12	35.4341	9	26.4220	142	16	47.7468	12	35.7399
35	4	10.8227	3	7.7917	71	8	23.1354	6	17.1095	107	12	35.4481	9	26.4274	143	16	47.7608	12	35.7452
36	4	10.7888	3	7.7971	72	8	23.1015	6	17.1149	108	13	38.4142	9	26.4328	144	17	50.7270	12	35.7506
37	4	13.8028	4	10.844	73	8	26.1155	6	17.1203	109	13	38.4282	9	26.4381	145	17	50.7410	12	35.7560
38	5	13.8168	4	10.849	74	8	26.1295	7	20.1672	110	13	38.4422	9	26.4435	146	17	50.7550	12	35.7613
39	5	13.8308	4	10.854	75	8	26.1435	7	20.1725	111	13	38.4563	9	26.4489	147	17	50.7690	12	35.7667
40	5	13.8448	4	10.860	76	8	26.1575	7	20.1779	112	13	38.4703	10	29.4958	148	17	50.7830	12	35.7721
41	5	13.8588	4	10.865	77	8	26.1715	7	20.1833	113	13	38.4843	10	26.5011	149	17	50.7970	13	38.8190
															150	17	50.8110	13	38.8243

表 7-6.3 跨銷量測換算公式

量測齒輪		圓球量測位置	理論標準銷測量值計算式	
			直齒正齒輪	螺旋齒正齒輪
外接正齒輪	偶數齒	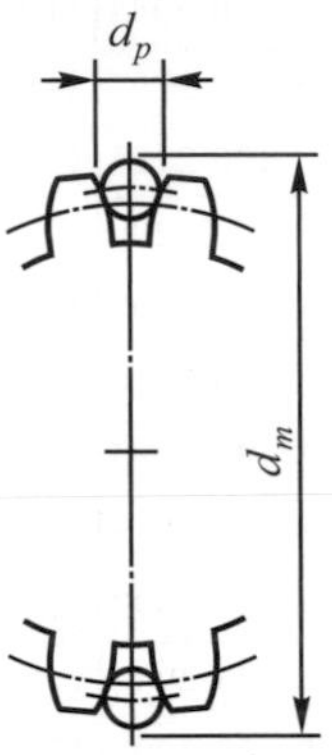 d_p, d_m	$d_m=\dfrac{mZ\cos\alpha}{\cos\phi}+d_P$	$d_m=\dfrac{m_sZ\cos\alpha_s}{\cos\phi}+d_P$
	奇數齒	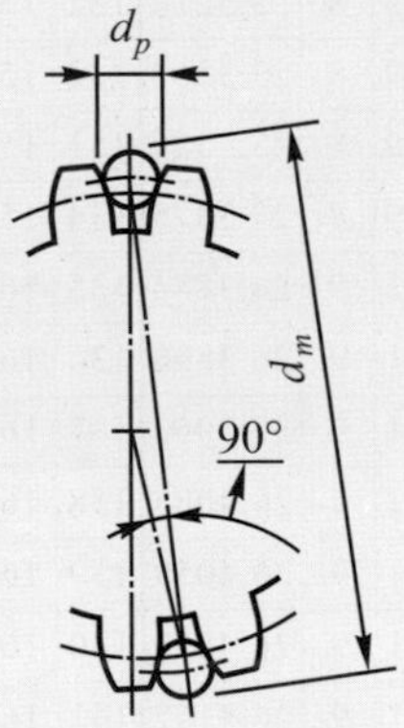 d_p, d_m, $90°$	$d_m=\dfrac{mZ\cos\alpha}{\cos\phi}\cos\dfrac{90°}{Z}+d_P$	$d_m=\dfrac{m_sZ\cos\alpha_s}{\cos\phi}\cos\dfrac{90°}{Z}+d_P$
附帶條件			$inv\phi=\dfrac{d_P}{mZ\cos\alpha}-\left(\dfrac{\pi}{2Z}-inv\alpha\right)+\dfrac{2x\tan\alpha}{Z}$	$inv\phi=\dfrac{d_P}{m_nZ\cos\alpha_n}-\left(\dfrac{\pi}{2Z}-inv\alpha_s\right)+\dfrac{2x_n\tan\alpha_n}{Z}$

註：1.當標準齒輪($x=0$)時，圓球之直徑$d_P=1.68m=1.68m_n$。

2.測量處應位於尺寬的中間，且分兩次互相垂直的直徑上測量。

表 7-6.3　跨銷量測換算公式(續)

量測齒輪		圓球量測位置	理論標準銷測量值計算式	
			直齒正齒輪	螺旋齒正齒輪
內接正齒輪	偶數齒	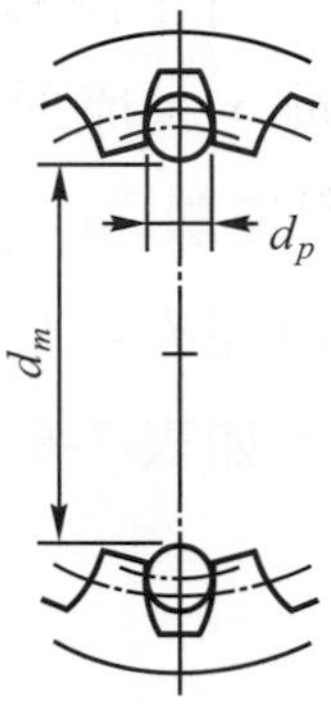	$d_m=\dfrac{mZ\cos\alpha}{\cos\phi}-d_P$	$d_m=\dfrac{m_sZ\cos\alpha_s}{\cos\phi}-d_P$
	奇數齒	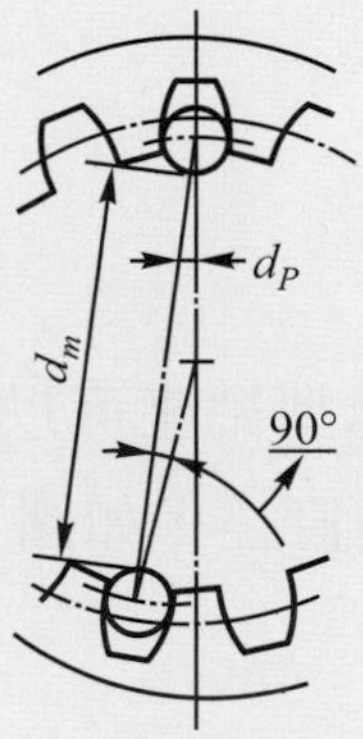	$d_m=\dfrac{mZ\cos\alpha}{\cos\phi}\cos\dfrac{90^\circ}{Z}-d_P$	$d_m=\dfrac{m_sZ\cos\alpha_s}{\cos\phi}\cos\dfrac{90^\circ}{Z}-d_P$
附帶條件			$inv\phi=\dfrac{-d_P}{mZ\cos\alpha}+\left(\dfrac{\pi}{2Z}+inv\alpha\right)+\dfrac{2x\tan\alpha}{Z}$	$inv\phi=\dfrac{-d_P}{m_nZ\cos\alpha_n}+\left(\dfrac{\pi}{2Z}-inv\alpha_s\right)+\dfrac{2x_n\tan\alpha_n}{Z}$

m：模數　Z：齒數　α：壓力角　d_m：測量值　d_p：圓球直徑
X：轉位係數　ϕ：節點之漸開角　m_s：正面模數　m_n：齒直角模數
α_s：正面壓力角　α_n：齒直角壓力角　X_n：齒直角轉位係數

三、節徑測量

1. 跨銷量測法

俗稱**二線量測法**，是利用適當直徑之標準銷(或珠)置於齒輪的對邊來量測節徑。測量時，分厘卡的心軸應與齒輪軸垂直，使用分厘卡將中間值讀數讀出，再由平面幾何導出換算公式，可求出齒輪的節徑，如圖7-6.9所示。此法適用於內、外接正齒輪的量測，其原理與三線測量法(螺紋節徑)類似。正齒輪標準銷(或珠)直徑(d_p)與模數(m)有關；外接正齒輪標準銷直徑$d_p = 1.728m$，內接正齒輪標準銷直徑$d_p = 1.440m$。跨銷量測法求得內、外接正齒輪節徑(mZ)之換算公式，如表7-6.3所示。

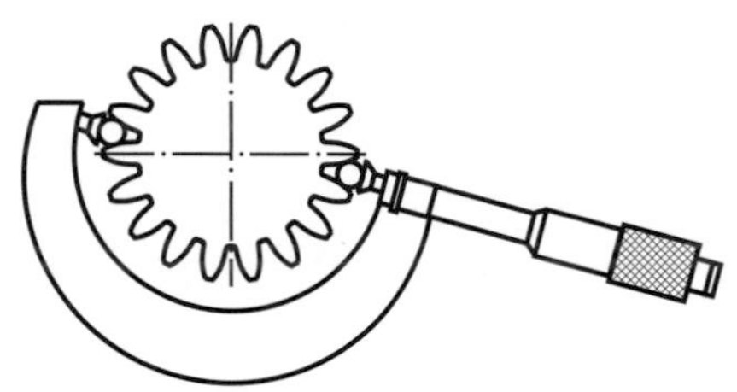

圖 7-6.9　跨銷量測法

2. 齒輪分厘卡 (Gear Micrometer)

齒輪分厘卡主要用以量測齒輪節徑，球型砧座可以更換，以適應不同模數的齒輪，可以直接測量出齒輪的節圓直徑，如圖7-6.10所示。

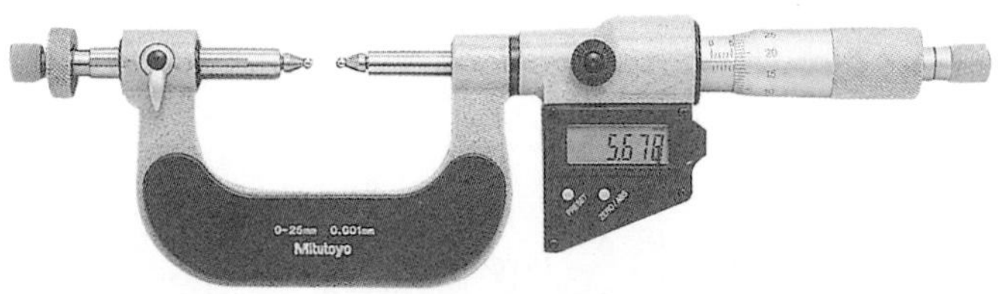

(a) 齒輪分厘卡

圖 7-6.10

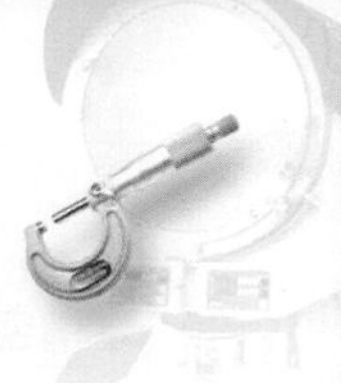

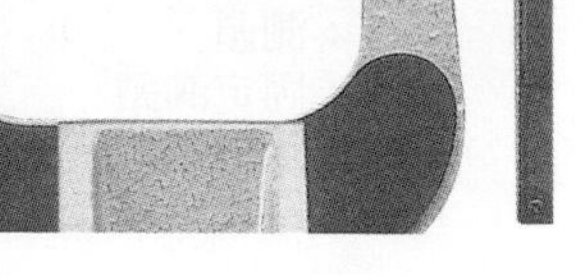

(b) 測量齒輪節徑　　(c) 球型砧座徑

圖 7-6.10　(續)

註　光學投影機、工具顯微鏡亦可量齒輪之節徑。

四、周節測量

齒輪的周節誤差是指實際量測值與理論值的偏差，理論周節爲$P_c=\frac{\pi d}{Z}=\pi m$，實際量測值則是沿著節圓，將一齒到相鄰齒的直線距離量測出來，可以分爲節圓周節測量及基圓周節測量兩種。

1. 節圓周節(P_c)測量

⑴ 直線測量法：根據齒輪的軸心、齒頂圓、齒根圓爲基準，配合測頭與量表，用來測量節圓上面相鄰兩齒的直線距離，如圖 7-6.11 所示。

⑵ 角度測量法：根據齒輪的軸心爲基準，將量測儀器的兩個探針設定在基圓的法線方向，用來測量節圓上面相鄰兩齒對於軸心的相對夾角，如圖 7-6.12 所示。

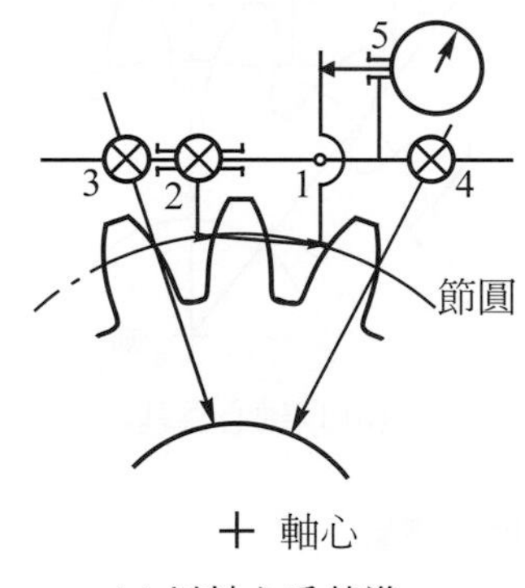

(a) 以軸心爲基準

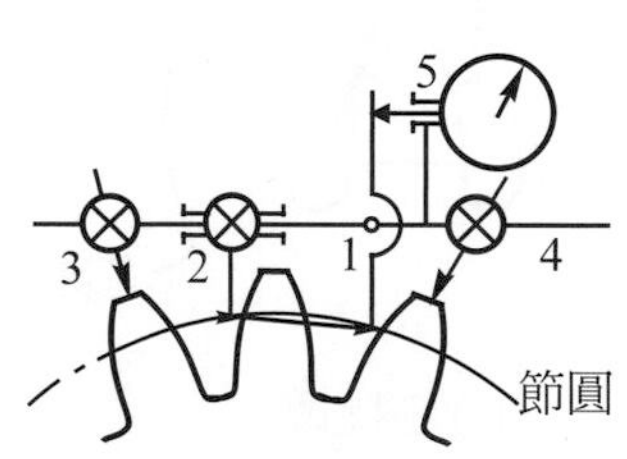

(b) 以齒頂圓爲基準

圖 7-6.11　節圓周節的直線測量法

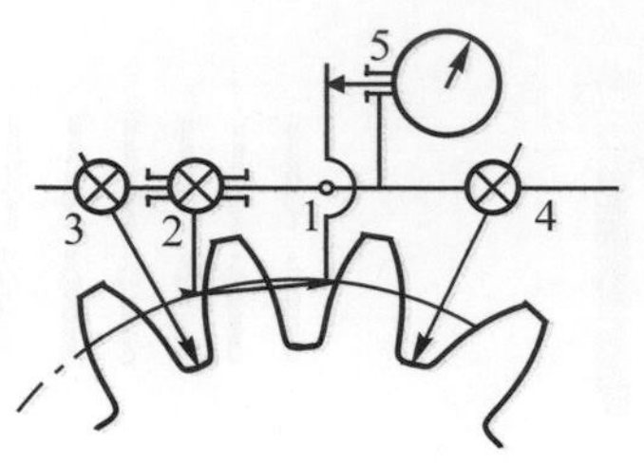

(c) 以齒根圓為基準

圖 7-6.11　節圓周節的直線測量法(續)

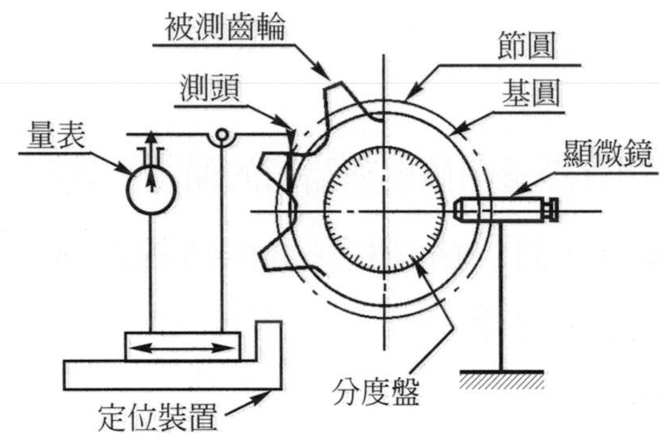

圖 7-6.12　節圓周節的角度測量法

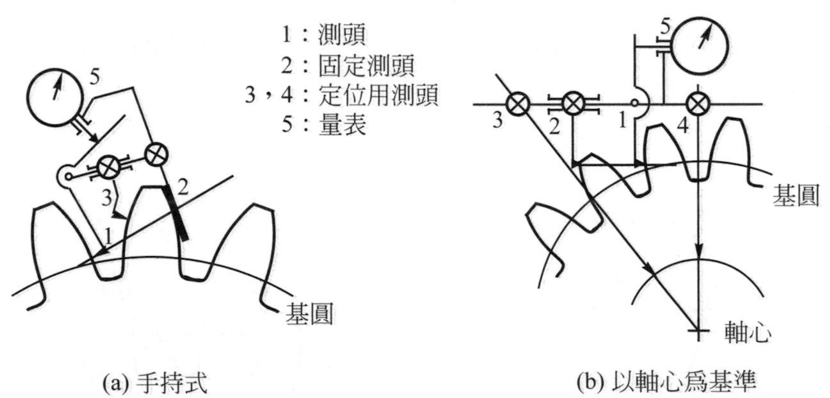

(a) 手持式　　(b) 以軸心為基準

圖 7-6.13　齒輪基圓周節的測量

2. 基圓周節(P_b)測量

在漸開線齒輪中，沿著齒輪直角平面齒形間共垂線所測量的距離，就是基圓周節。基圓周節(P_b)與節圓周節(P_c)之間的關係如下：

$$P_b = P_c \times \cos\alpha$$

其中α爲壓力角。根據齒輪的軸心爲基準，配合測頭與量表，可以測量基圓周節，如圖 7-6.13 所示。

五、齒輪動態試驗

齒輪動態試驗又稱爲**囓合試驗**，利用齒輪動態檢測將**模數相同**之待檢驗齒輪與標準齒輪(Master Gear)相互囓合，由標準齒輪來帶動檢驗齒輪，待檢驗齒輪的浮動變化量經由槓桿原理的放大作用，利用劃針將變化量輸出至記錄器；或是利用電子測頭將變化量感測出來，藉由放大記錄器將變化量繪出於圖表上面，如圖 7-6.14 所示。

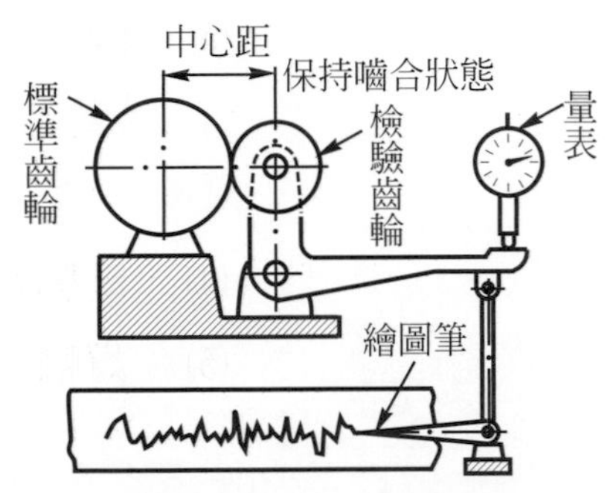

(a) 齒輪動態檢測機之構造簡圖

(b) 齒輪動態檢測機

圖 7-6.14　齒輪轉動試驗

齒輪動態試驗可檢驗齒輪之齒面粗糙度、壓力角誤差、節距誤差、偏心誤差及干涉。

實習 7-6 齒輪檢測

實習目的

齒輪爲機械元件中不可或缺的零件，種類繁多，計算也複雜，尤其是製程中精度之控制，將直接影響到齒輪品質；因此，齒輪爲精密量測的重要課程之一。本實習分爲兩部分，一部分爲靜態量測，包含齒形、齒厚及節徑等；另一部分爲動態檢測。

實習設備

1. 靜態量測
   (1) 光學投影機或工具顯微鏡。
   (2) 齒厚游標卡尺。
   (3) 圓盤測微器。
   (4) 齒輪測微器。
   (5) 圓柱(銷)組及分厘卡。
2. 動態檢測
   (1) 電動齒輪測定儀。
   (2) 標準及測試齒輪。
   (3) 電子量表。
   (4) 電腦及周邊設備。
   (5) 齒輪測試軟體。

實習原理

1. 靜態量測

   齒輪的靜態量測大致有齒形、齒厚及節徑的量測，請參照 7-6 節之第一、第二及第三小節等。

2. 動態檢測

   齒輪動態試驗又稱爲嚙合試驗，如圖 7-6.14 所示，將模數相同的測試齒輪與標準齒輪相互嚙合，在無齒隙狀況下測試；若兩齒輪間的相互嚙合有誤差，則引起中心距離的變化，再將變化之數據經軟體運算，得到綜合誤差、偏擺誤差、單齒誤差的數據。

實習步驟

此步驟是針對電動齒輪測定儀(動態檢測)作齒輪嚙合試驗。

1. 打開所有電源開關(馬達、量表、電腦、印表機)。
2. 將標準齒輪及測試齒輪安裝好。
3. 移動旋轉鈕使兩齒輪接觸，此動作不可太快，並避免碰撞。
4. 接觸時，量表位置指示約 0.5mm 即可，然後歸零。
5. 平移台上的調整鈕可調整測量力大小。
6. 進入電腦操控齒輪檢測主畫面，如實習 7-6.1 所示，有五個選項。

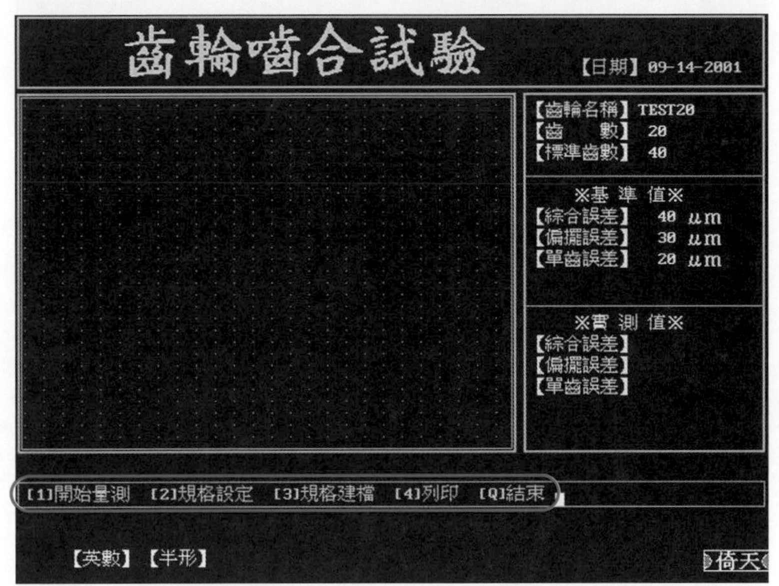

實習 7-6.1　齒輪檢測主畫面

7. 選擇"[3]規格建檔"得如實習 7-6.2，鍵入齒輪名稱，如：TEST20；欲刪除資料按[D]鍵。
8. 選擇"[2]規格設定"得實習 7-6.3，電腦會詢問是否要修改設定值？按[Y]或[N]；若按[Y]，則鍵入各項規格值。
9. 按"[1]開始測量"，即完成。
10. 最後，依上述步驟 3→2→1 的動作反向操作，恢復儀器與待測物的位置。

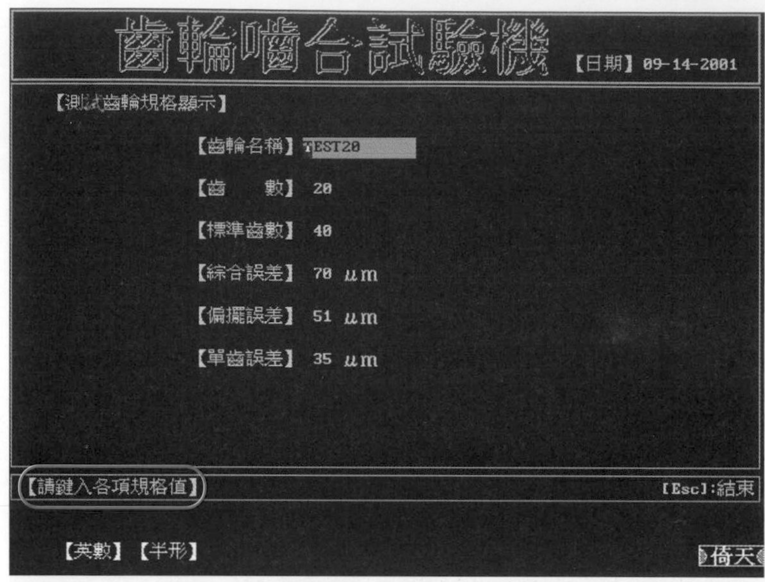

實習 7-6.2　規格建檔

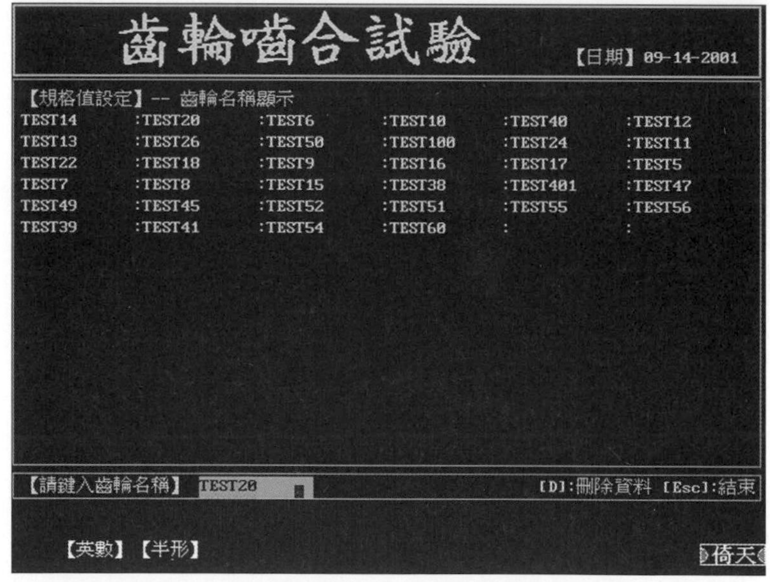

實習 7-6.3　規格設定

實習結果——齒輪檢測

1. 靜態量測結果

(1) 弦齒厚

<table>
<tr><th colspan="2">次數
名稱</th><th>1</th><th>2</th><th>3</th><th>平均</th></tr>
<tr><td colspan="2">齒數 Z</td><td></td><td></td><td></td><td></td></tr>
<tr><td colspan="2">外徑 d_0</td><td></td><td></td><td></td><td></td></tr>
<tr><td colspan="2">模數 m</td><td></td><td></td><td></td><td></td></tr>
<tr><td colspan="2">壓力角 α</td><td></td><td></td><td></td><td></td></tr>
<tr><td rowspan="2">理論值</td><td>弦齒厚 A_c</td><td></td><td></td><td></td><td></td></tr>
<tr><td>弦齒厚 S_c</td><td></td><td></td><td></td><td></td></tr>
<tr><td>測量值</td><td>弦齒厚 S_c'</td><td></td><td></td><td></td><td></td></tr>
</table>

(2) 跨齒厚

<table>
<tr><th colspan="2">次數
名稱</th><th>1</th><th>2</th><th>3</th><th>平均</th></tr>
<tr><td colspan="2">齒數 Z</td><td></td><td></td><td></td><td></td></tr>
<tr><td rowspan="4">齒輪</td><td>外徑 d_0</td><td></td><td></td><td></td><td></td></tr>
<tr><td>模數 m</td><td></td><td></td><td></td><td></td></tr>
<tr><td>壓力角 α</td><td></td><td></td><td></td><td></td></tr>
<tr><td>跨齒數 N</td><td></td><td></td><td></td><td></td></tr>
<tr><td rowspan="2">跨齒厚</td><td>理論值 S_m</td><td></td><td></td><td></td><td></td></tr>
<tr><td>測量值 S_m'</td><td></td><td></td><td></td><td></td></tr>
</table>

(3) 節徑

名稱 ＼ 次數		1	2	3	平均
	模數 m				
	壓力角 α				
	齒數 Z				
	標準銷直徑 d_p				
	節徑 d				
齒輪分厘卡 d					

2. 動態檢測結果

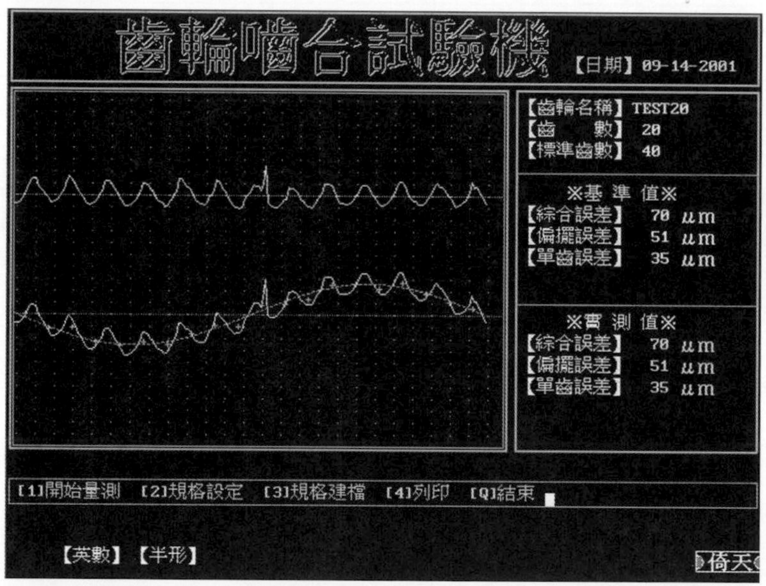

實習 7-6.4　量測結果

討　論

1. 測試齒輪的何種參數需與標準齒輪相同始可檢測？
2. 檢測塑膠齒輪時需注意調整什麼？
3. 若僅知齒輪的齒數，則如何得跨齒厚？
4. 何種儀器可檢驗齒輪周節？

練習題

( )1. 齒輪轉動試驗(又稱滾合試驗)為齒輪性能檢驗的重要方法，係將被檢測齒輪與標準齒輪相互嚙合，在無齒隙的狀況下進行轉動試驗；試問齒輪轉動試驗無法檢測下列何種誤差？ (A)跨齒厚 (B)節距 (C)偏擺 (D)壓力角。 (96年二技)

( )2. 下列量具何者無法量測外螺紋之螺距(或稱節距)？ (A)鋼尺(或稱直尺) (B)螺牙規(或稱節距量規) (C)螺紋測微器(或稱螺紋分厘卡) (D)光學投影機。 (96年二技)

( )3. 以三線規(或稱三線法)量測螺紋之節圓直徑時，尚須搭配下列何種量具才得以進行？ (A)螺紋分厘卡 (B)外側分厘卡 (C)深度分厘卡 (D)三點接觸分厘卡。 (96年二技)

( )4. 試問量測弦齒厚之齒輪游標卡尺，是由幾組游標卡尺組合組成？ (A)一 (B)二 (C)三 (D)四。 (97年二技)

( )5. 以螺紋分厘卡量測外螺紋之節圓直徑(節徑)時，下列何者不正確？ (A)須根據螺距大小選擇螺紋分厘卡之合適測砧 (B)須進行歸零校正 (C)量測所得之數據以多次量測之最大值為準 (D)須進行公式換算始得最終量測結果。 (97年二技)

( )6. 右列何種齒輪嚙合時兩軸夾角大於90°？ (A)直齒斜齒輪 (B)冠狀齒輪 (C)斜方齒輪 (D)人字齒輪。

( )7. 可測量公制螺紋節距者為 (A)螺紋分厘卡 (B)三線法 (C)角度儀 (D)節距規。

( )8. 大量檢驗欲得知螺紋是否正確，最簡便的方法是使用 (A)螺紋分厘卡 (B)三線法 (C)螺距規 (D)螺紋樣規。

( )9. 螺紋分厘卡的用途是測量螺紋的 (A)螺紋數 (B)牙角 (C)節距 (D)節徑。 (90年二技)

( )10. 螺紋公差之標註 M24×2-6H/5h6g，下列何者不正確？ (A)牙角 60° (B)外螺紋節徑公差 6g (C)內螺紋節徑公差 6H (D)為細牙螺紋。 (91年二技)

(　)11. 三線量法為量測外螺紋節徑的一種方法，下列何者不是三線量法可能使用的量測器具？ (A)三支尺寸適當且直徑相同之精密圓棒 (B)螺紋分厘卡(Screw Thread Micrometer) (C)分厘卡 (D)測長儀。(92 年二技)

(　)12. 利用跨銷量測法(二線量測法)可檢測齒輪之精度，當齒輪之齒數為偶數或奇數時，對於使用此種量測法有何影響？ (A)不論齒數為偶數或奇數之外接正齒輪，皆可使用此種量測法 (B)奇數齒數之內接正齒輪，因為沒有適當的相對齒而無法使用此種量測法 (C)奇數齒數之外接正齒輪，無法適用此種量測法 (D)不論齒數為偶數或奇數之內接正齒輪，皆不能適用此種量測法。 (92 年二技)

(　)13. 下列敘述何者正確？ (A)螺紋分厘卡及三線量測法可精測螺紋之節距 (B)三線量測法可量測任何規格之螺紋 (C)三線量測法之量測值M，節距E，半牙角α，及節距P之關係為：$M=E-0.866P+\frac{3}{2}P\sec\frac{\alpha}{2}$(設牙角為 60°) (D)測 M30 ×2.5 螺紋之理想線徑為ϕ1.44mm。

(　)14. 關於螺紋的量測，下列何者不正確？ (A)可用節距規來測量其每吋螺紋數 (B)用螺紋分厘卡量測時，節距愈大的螺紋，造成的角度誤差愈大 (C)利用投影機可精確檢驗螺紋之外徑、底徑及牙角 (D)螺紋樣柱可用以大量檢驗螺栓，螺紋樣圈可用以大量檢驗螺帽。

(　)15. 下列何者不是測量螺紋的常用方法？ (A)螺紋分厘卡 (B)螺紋樣圈或樣柱 (C)光學尺 (D)投影機。

(　)16. CNS 螺紋符號 Tr40×7 是 (A)公制粗螺紋 (B)公制梯形螺紋 (C)公制鋸齒形螺紋 (D)圓螺紋。

(　)17. 以三線量測法量測 M20×2.5 螺紋時，須選用的最佳線徑為 (A)0.98 (B)1.24 (C)1.44 (D)1.68 mm。

(　)18. 下列何種方式較不適合做齒輪節圓直徑量測？ (A)光學投影機 (B)高度規 (C)二個量表 (D)兩個鋼線架於齒輪對邊而利用測微器量測後再計算。

(　)19. 三線測量法允許三支鋼線直徑互相誤差為 (A)一條 (B)2.5 條 (C)一公微 (D)2.5 公微。

(　)20. $H = a + R\left[1 - \cos\left(\frac{90°}{T}\right)\right]$爲以齒輪游標卡尺量測齒輪時，所應用之式子($R$是節圓半徑，$T$是齒數，$a$是齒冠長度)，此式應用於量測　(A)齒根半徑　(B)漸開線　(C)弦齒厚　(D)弦齒頂。

(　)21. 測量螺紋每吋牙數其簡便的量具是　(A)鋼尺　(B)螺紋分厘卡　(C)投影機　(D)工具顯微鏡。

(　)22. 下列何者屬於計算式間接量測？　(A)游標卡尺　(B)三線量測法　(C)表面粗度標準片　(D)小孔規。

(　)23. 統一標準外螺紋精密等級的代號是　(A)4A　(B)3A　(C)2A　(D)1A。

(　)24. 測量螺紋每吋牙數其簡便的量具是　(A)鋼尺　(B)螺紋分厘卡　(C)投影機　(D)工具顯微鏡。

(　)25. 測量外螺紋節圓直徑最理想的量具是　(A)螺紋樣圈　(B)鋼尺　(C)節距規　(D)三線法。

(　)26. 有關螺紋公差之標註"L3NM8×1-5H6H/6g7g"，下列何者不正確？　(A)爲三線左螺紋　(B)內螺紋之大徑公差爲 6H　(C)外螺紋之節徑公差爲 6g　(D)公稱直徑 8mm。

(　)27. 下列敘述何者正確？　(A)齒輪的弦齒厚$S_c = MT\sin\left(\frac{90°}{T}\right)$　(B)量測弦齒厚宜選用齒輪測微器　(C)以跨銷法量測齒輪節徑時，不論齒數多少，量測值(F)均爲：$F = MT + \frac{\pi M}{2}\cos\phi$　(D)偶數凸圓之眞圓度應以三點法量測。

(　)28. 特製的齒輪游標卡尺是檢測齒輪的　(A)齒間　(B)弦齒厚　(C)齒根　(D)齒頂。

(　)29. 用三線法量測節圓直徑之公式中，$D = M + \frac{p}{2}\cot\theta - G(1 + \csc\theta)$，其中各符號的意義爲　(A)$M$是模數、$p$是螺紋距、$\theta$是螺旋角、$G$爲螺紋外徑　(B)$M$是量出値、$p$是螺紋距、$\theta$是螺紋半角、$G$爲鋼線直徑　(C)$M$是模數、$p$是螺紋距、$\theta$是螺紋半角、$G$爲量出値　(D)$M$是量出値、$p$是螺紋外徑、$\theta$是螺紋半角、$G$爲鋼線直徑。

(　)30. 下列敘述何項錯誤？　(A)量測螺紋之牙角宜選用投影機或工具顯微鏡　(B)環規之不通端有壓花、切槽、並塗紅漆　(C)塞規磨損可用鍍鎳法還法　(D)以錐度塞規檢驗錐孔，若小端接觸紅丹，則表示錐度太大。

(　)31. 下列敘述何項正確？　(A)模數小於 3 之齒輪，宜用齒形量測機測齒形　(B)以投影機作二次元之形狀量測，最能彰顯其特色　(C)投影機之主要功用爲觀測，而工具顯微鏡爲量測　(D)金相觀察可應用投影機。

(　)32. 圓盤分厘卡用於量測齒輪的　(A)節徑　(B)弦齒頂　(C)跨距齒厚　(D)弦齒厚。

(　)33. 量測$M=4$，$T=30$之齒輪，其半齒厚角爲　(A)1.5°　(B)3°　(C)4.5°　(D)6°。

(　)34. 承上題，弦齒頂爲　(A)$64-60\cos 3°$　(B)$64-60\sin 3°$　(C)$120\sin 3°$　(D)$120\cos 3°$。

(　)35. 承 33 題，弦齒厚爲　(A)$64-60\cos 3°$　(B)$64-60\sin 3°$　(C)$120\sin 3°$　(D)$120\cos 3°$。

(　)36. Tr25×5 螺紋的牙角是　(A)29°　(B)30°　(C)55°　(D)60°。

(　)37. 精確測量螺紋牙角的量具是　(A)光學投影機　(B)螺紋分厘卡　(C)螺紋快測規　(D)螺紋樣規。

(　)38. M10×1.5 螺紋的攻絲鑽頭尺寸爲　(A)9.0　(B)8.5　(C)8.0　(D)7.8　mm。

(　)39. 下列螺紋配合及公差敘述中，下列何者錯誤？　(A)3B 公差大於 1B 公差　(B)3A 爲英制外螺紋之配合等級　(C)3 級爲公制一般級螺紋之配合等級　(D)同等級中，直徑較大者，公差較大。

(　)40. 下列何者爲精確度檢驗螺紋牙角的量具？　(A)牙規　(B)螺紋分厘卡　(C)光學比較儀　(D)螺紋樣規。

(　)41. 三線量測法可用於量測 V 型螺紋之節徑，若螺紋之螺距爲p，螺紋角爲θ，最佳鋼線直徑爲　(A)$p\cdot\cos(\theta/2)$　(B)$\frac{1}{2}p\cdot\cos(\theta/2)$　(C)$p\cdot\sec(\theta/2)$　(D)$\frac{1}{2}p\cdot\sec(\theta/2)$。

( )42. 下列敘述何者錯誤？ (A)用三線測量法可測出各種螺紋節徑 (B)用三線測量法量測螺紋節徑需隨螺距不同而更換線徑 (C)螺紋分厘卡的測軸端成60°之錐角 (D)用三線測量法量測螺紋時，最佳直徑的鋼線其與測量螺紋相接觸是在節徑處。

( )43. 傳統車床導螺桿的螺紋是 (A)公制螺紋 (B)惠氏螺紋 (C)愛克姆螺紋 (D)方形螺紋。

( )44. 適用於慢速較大動力傳動的螺紋是 (A)愛克姆螺紋 (B)公制螺紋 (C)統一標準螺紋 (D)方形螺紋。

( )45. 在車床上車削螺紋，下列敘述何者錯誤？ (A)車削前先用牙規將車刀對準於中心線 (B)車削右內螺紋時車刀向右進刀 (C)車削雙線螺紋時一次只能切削一條 (D)切削錐度螺紋要先將尾座偏置。

( )46. 以跨銷法量測M=5，T=20，ϕ=20°之齒輪節徑，則理想之銷徑爲？ (A)7.85sin20° (B)7.85cos20° (C)10.73 (D)6.38 mm。

( )47. 承上題，分厘卡測值爲？ (A)100＋7.85sin20° (B)100cos45°＋7.85sin20° (C)100cos45°＋7.85cos20° (D)100＋7.85cos20°。

( )48. 關於螺紋節圓直徑之量測，下列何種方法最精準？ (A)光學投影測量法 (B)螺紋分厘卡測量法 (C)三線測量法 (D)螺紋樣規測量法。 (94年二技)

( )49. 下列那一種量測儀器，最適宜同時量測螺紋之節距、牙深及牙角？ (A)光學投影機 (B)游標卡尺 (C)光學平鏡 (D)分厘卡。 (94年二技)

( )50. 關於螺紋，下列敘述何者不正確？ (A)M5×0.8中，「5」表示螺紋的外徑 (B)可用於傳達動力或固定機件 (C)導程爲螺紋旋轉一圈前進的距離 (D)英制螺紋又稱ISO螺紋標準。 (94年二技)

( )51. 關於齒輪之齒厚量測，下列敘述何者不正確？ (A)跨齒厚法適用於小節距齒輪之量測 (B)跨齒厚法之量測值與外徑無關 (C)弦線齒法是以齒形游標尺進行量測 (D)弦線齒厚法適合大節距之大齒輪。 (94年二技)

( )52. 某一公制螺紋規格爲 L-2N-M20×2.5，則其導程爲何？ (A)2mm (B)2.5mm (C)5mm (D)20mm。 (95年二技)

(　)53. 關於齒輪游標卡尺的應用，其最主要的功能在於量測正齒輪的那一部份？
(A)節圓直徑　(B)壓力角　(C)弦齒厚　(D)齒隙。　(95 年二技)

(　)54. 下列有關三線測量法應用之敘述，何者最正確？　(A)可準確度量三角螺紋的節徑　(B)主要目的是可準確且直接讀出螺紋的牙角值　(C)螺紋角愈大，量測誤差愈小　(D)可以使用直徑不同之三支鋼線且直接讀出節徑值。　(98 年二技)

(　)55. 下列有關量具選用之敘述，何者最正確？　(A)節圓直徑適宜使用齒輪分厘卡量測　(B)只須考慮精度要求，不須考慮量測部位　(C)爲求高準確度，粗胚圓桿最適宜使用分厘卡量測　(D)弦齒厚最不適宜使用齒輪游標卡尺量測。　(98 年二技)

(　)56. 下列有關螺紋樣規應用之敘述，何者最不正確？　(A)螺紋環規之不通過端測頭可通過外螺紋，表示其節圓直徑太小　(B)螺紋卡規之通過端滾規可控制外螺紋之最大節圓直徑尺寸　(C)螺紋環規之通過端與不通過端測頭均可通過內螺紋，表示其節圓直徑太大　(D)螺紋樣規可檢驗螺紋角與節距。　(98 年二技)

Chapter 8 光學量測

常見的光學檢測儀器，有：單色燈＋光學平鏡、光學投影機、工具顯微鏡、雷射干涉儀、雷射測徑儀、雷射探頭、雷射掃描儀、自動視準儀、雷射準直儀等。

8-1 光學平鏡(Optical Flat)

光學平鏡又稱爲**光學平板**或**光學平面檢查鏡**，是一種應用光學原理於量測及檢驗中最簡單且精密的方法，可作工件之平面度、平行度、錐度及尺寸大小等的檢驗工作。

一、光學平鏡的量測原理

光學平鏡利用**光波的干涉原理**，形成明暗相間的色帶，以此色帶的數目及形狀作微小尺寸差異的檢測。

如圖 8-1.1 所示，光以正弦波的形式前進，因此兩相同頻率及相同相位的光波向同一方向前進，會產生光波增強的現象，如圖之**亮帶**；若兩相同頻率，相位差(即相位差 1/2 波長的光波)，向同一方向前進，兩光波會互相干涉而抵銷，如圖之**暗帶**。

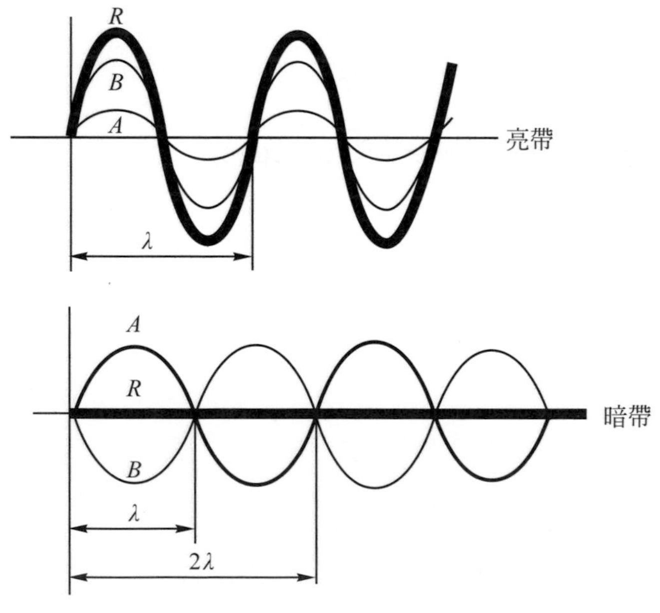

圖 8-1.1　明暗色帶產生的原理

將光學平鏡置於工件表面上，且其中有一空氣楔形間隙，如圖 8-1.2 所示。當光源照射到光學平鏡而達其底部，並穿過空氣楔形間隙到達工件表面，會分別反射兩道光線；第一道光線是經由ac途徑，第二道光線是經由abc途徑映入眼睛。因第二道光線比第一道光線多走兩倍之空氣間距(ab)，因此造成相位差，在光學平鏡上形成干涉條紋，如圖 8-1.3 所示。若ab值爲$\lambda/4$的倍數時，則會產生 180°相位差而呈暗帶；如果ab值爲$\lambda/2$的倍數時，則會產生 360°相位差而呈亮帶。

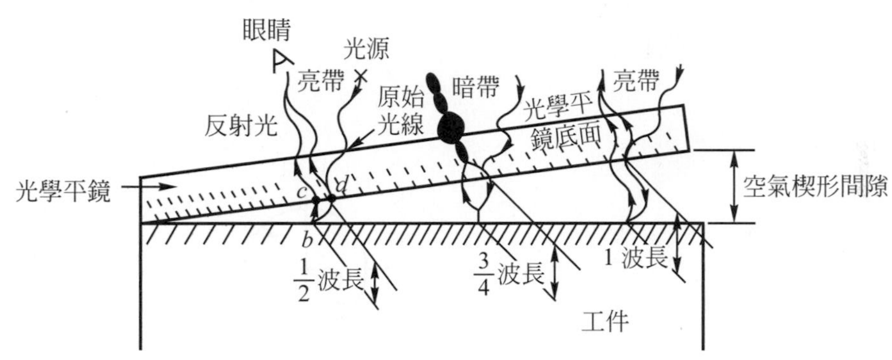

圖 8-1.2　光學平鏡干涉原理

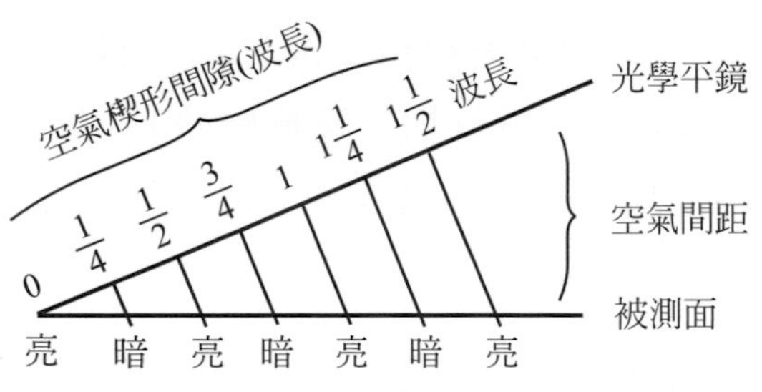

圖 8-1.3　光學平鏡之色帶(干涉條紋)

二、光學平鏡量測的設備

作光學平鏡量測時，使用的設備主要有三種：(1)光學平鏡；(2)單色燈；(3)標準塊規，茲分述如下：

1. 光學平鏡

光學平鏡如圖 8-1.4 所示，是經過精密研磨及拋光而成的透明平板，其材質主要爲光學玻璃或石英；因石英質地堅硬、耐磨且受熱脹冷縮的影響小，故一般光學平鏡皆以**石英**爲材料。光學平鏡的外形有圓形及方形兩種，一般以圓形爲主。

光學平鏡依其測定面，分爲單面和雙面兩種，通常在其圓周面以單向或雙向箭頭表示之，如圖 8-1.5 所示。單面光學平鏡僅單面具有很高的平面度，較便宜且普遍；雙面光學平鏡是雙面皆具很高的平面度且有相當的平行度，價格較貴。

圖 8-1.4　光學平鏡

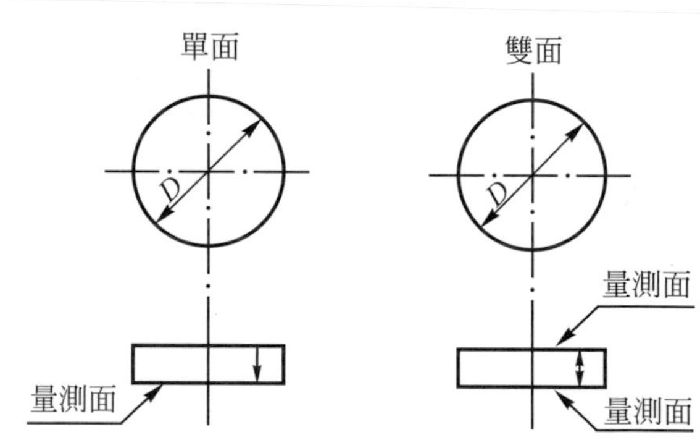

圖 8-1.5　單面與雙面光學平鏡

依 CNS 規定，將光學平鏡精度區分爲三級：1 級(實驗室參考級)，平面度在 0.05μm 以內；2 級(量具室檢驗級)，平面度在 0.1μm 以內；3 級(工作級)，平面度在 0.2μm 以內。

註　0 級僅供參考用。

2. 單色燈(Monochromatic Lights)

光學平鏡必需採用單一波長之單色光，才可使光帶清晰顯明；因日光係由若干顏色的光帶組成，各色光之波長互異，且經光學平鏡反射後，所呈現的色帶不易辨認。通常可採用的單色光很多，如：鎘光、氦光及鈉光等；其中以**氦光**最單純，發出黃色的燈光，波長爲 0.588μm(或 23.12μ")，每條光帶寬度爲 0.294μm(即半波長)。

單色燈的構造可分爲L型、C型及U型三種，如圖 8-1.6 所示。L型爲實驗室用，C 型爲一般通用，U 型爲生產現場產品檢驗用。圖 8-1.7 爲實例示範。

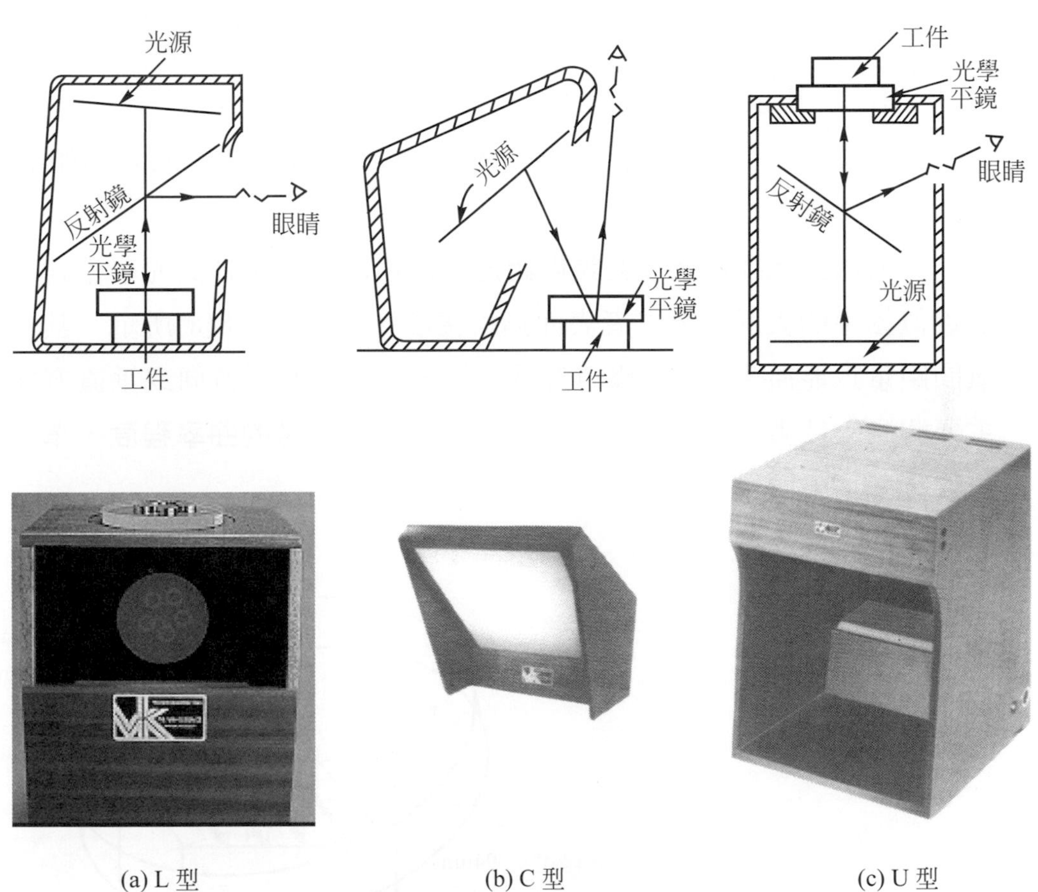

圖 8-1.6　單色燈的構造及外型(Van Keuren Precision Products)

圖 8-1.7　實例示範

3. 標準塊規

使用比較法做光學平鏡檢驗工作時，需有標準塊規與工件同時放在光學平鏡下比對，作爲判斷的依據；使用的塊規等級必需是 A 級或 AA 級之標準塊規。

三、光學平鏡的使用方法

光學平鏡的使用方法大致有兩種：(1)楔形法；(2)接觸法，茲分述如下：

1. 楔形法

又稱爲**空氣楔形法**或**空氣間距法**，適用於被測工件與光學平鏡之表面近似於平的表面，但二者表面無需接觸，如圖 8-1.8(a)所示。其中空氣間距量以能產生 4 至 7 條色帶爲最佳，通常以水平方向或垂直方向爲主要觀測工件表面的方向；而**平面度的誤差為色帶的曲率程度**，單位爲色帶寬度，如圖 8-1.8(b)所示。

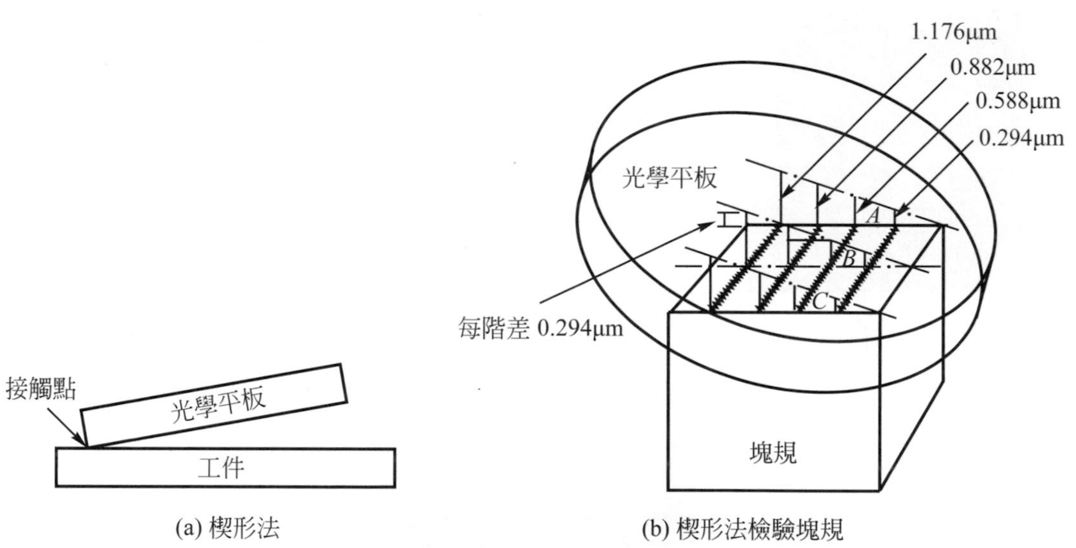

(a) 楔形法　(b) 楔形法檢驗塊規

圖 8-1.8　楔形法

2. 接觸法

適用於不規則、不連續或環形工件等之平面度的檢驗，且光學平鏡與工件表面作適當的接觸，如圖 8-1.9(a)所示；若接觸正確，則色帶數

會最少。假使不知平鏡與塊規的接觸邊在何處，可輕壓平鏡的兩端，再觀察干涉條紋的變化即知，如圖 8-1.9(b)所示；而**平面度的誤差為環繞接觸點環帶的圈數**，如圖 8-1.10 所示。

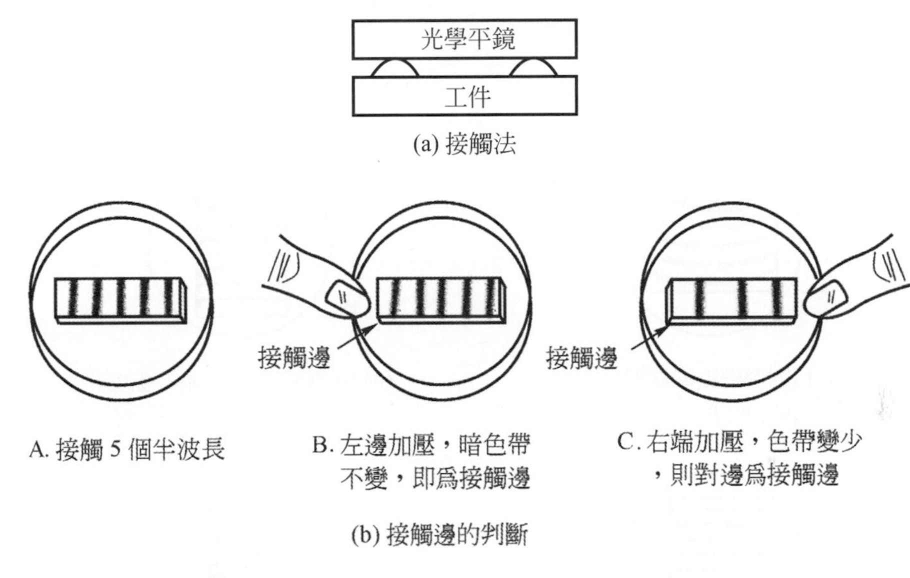

圖 8-1.9　接觸法與接觸邊的判斷

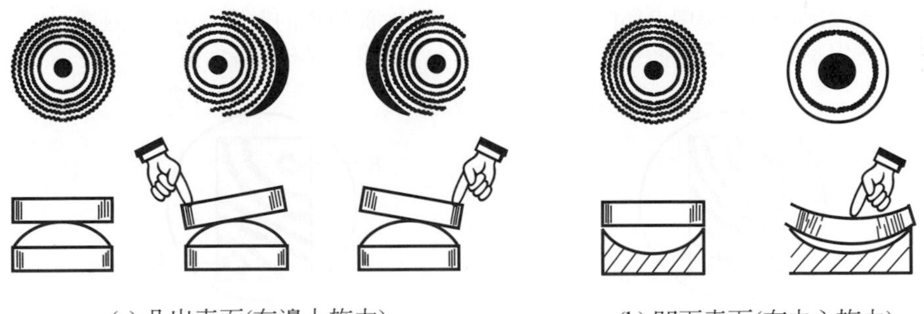

(a) 凸出表面(在邊上施力)　　(b) 凹下表面(在中心施力)

圖 8-1.10　接觸法平面度之誤差量

四、光學平鏡色帶之判讀

光學平鏡上的**色帶(即干涉條紋)**形狀顯示工件的表面狀況，若工件表面是平面，則產生平行且間距相等的色帶；若工件表面非平面，則產生彎曲的色帶，其彎曲程度代表平面的偏差量，如圖 8-1.11 所示。

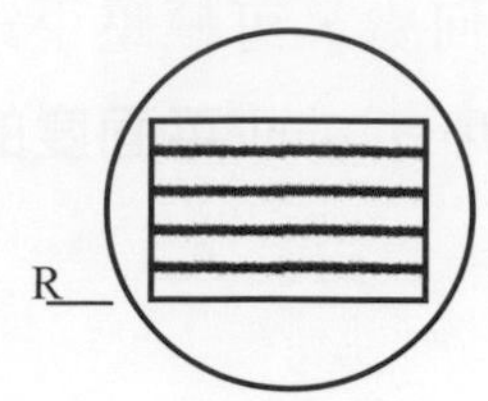

(a) 面平直

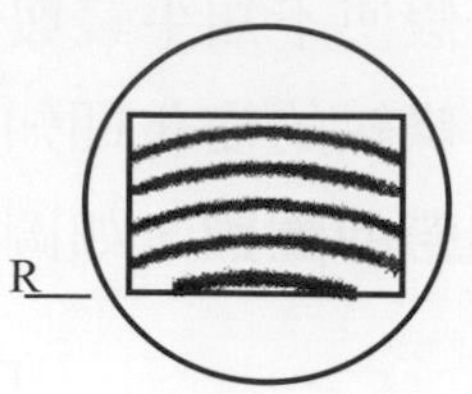

(b) 以接觸線(R)爲準，中央部位凸出

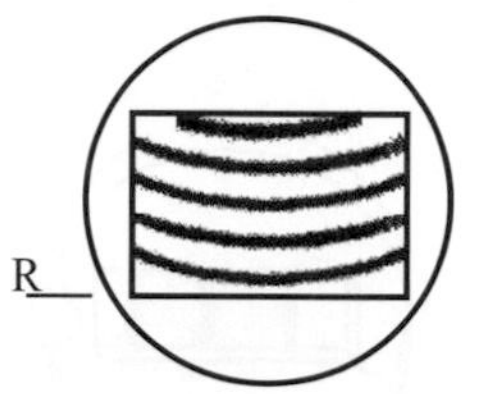

(c) 以接觸線(R)爲準，中央部位凹下

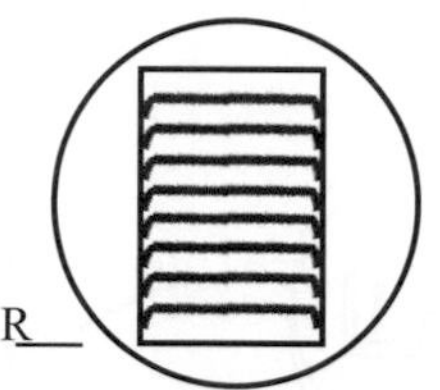

(d) 中間平坦但近兩側邊低傾

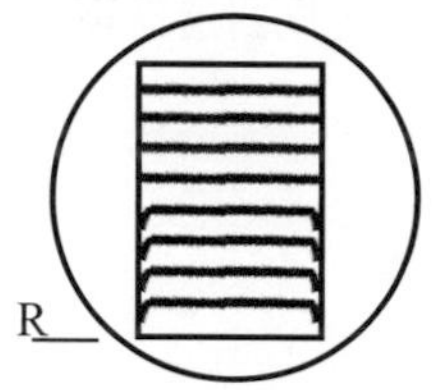

(e) 靠近接觸線(R)處中央部位凸出，但離接觸線邊逐漸平坦

(f) 接觸線(R)的對邊平坦，但逐漸向接觸線右角端低傾

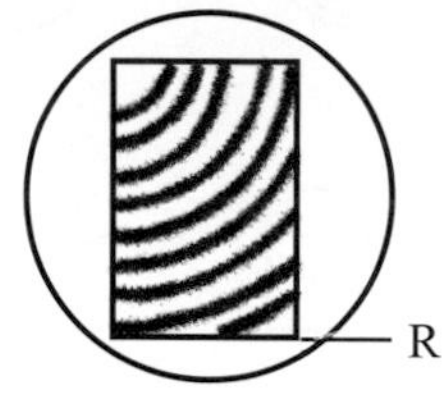

(g) 自右下端 R 至左上端略成凹形

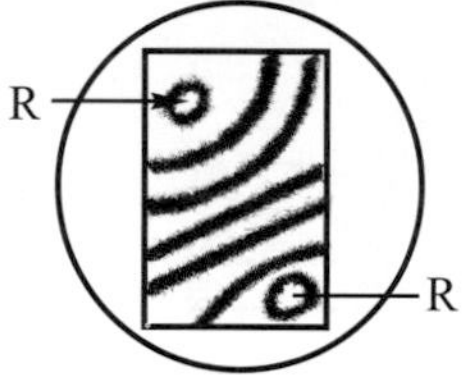

(h) 平面上 R 處是兩高點，但其周圍是較低的平面區

圖 8-1.11　色帶的意義

註　圖 8-1.11 所示之色帶數目並不代表工件平面度的誤差，僅代表空氣楔形的傾斜狀況。

1. 空氣楔形法的色帶判讀

光學平鏡以楔形法檢驗工件表面，色帶的曲率表示工件平面度的誤差，如圖 8-1.12 所示。

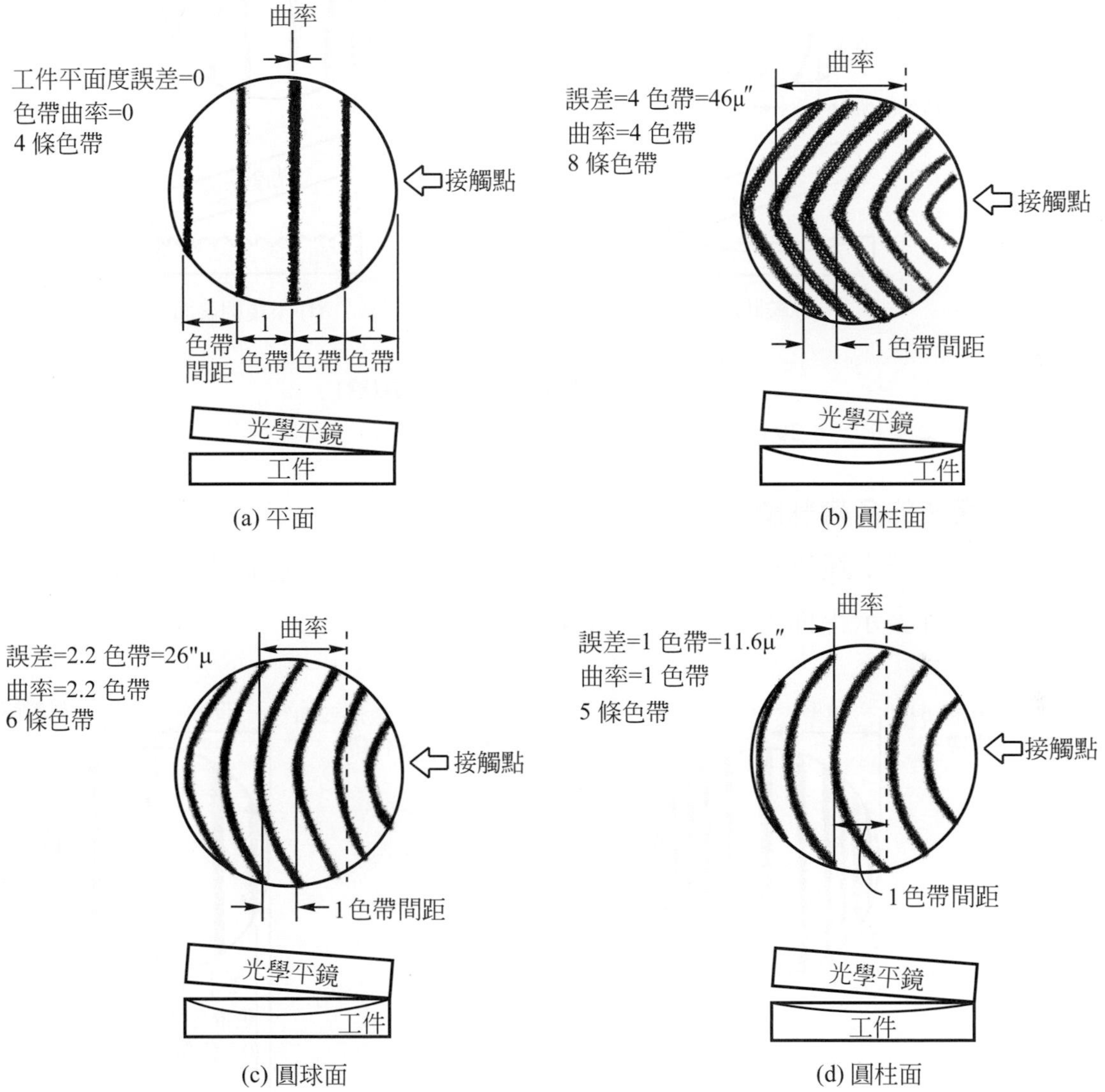

曲率
工件平面度誤差=0
色帶曲率=0
4 條色帶
接觸點
1 色帶間距
1 色帶
1 色帶
1 色帶
光學平鏡
工件

(a) 平面

曲率
誤差=4 色帶=46μ″
曲率=4 色帶
8 條色帶
接觸點
1 色帶間距
光學平鏡
工件

(b) 圓柱面

曲率
誤差=2.2 色帶=26"μ
曲率=2.2 色帶
6 條色帶
接觸點
1 色帶間距
光學平鏡
工件

(c) 圓球面

曲率
誤差=1 色帶=11.6μ″
曲率=1 色帶
5 條色帶
接觸點
1 色帶間距
光學平鏡
工件

(d) 圓柱面

圖 8-1.12　空氣楔形法之色帶意義

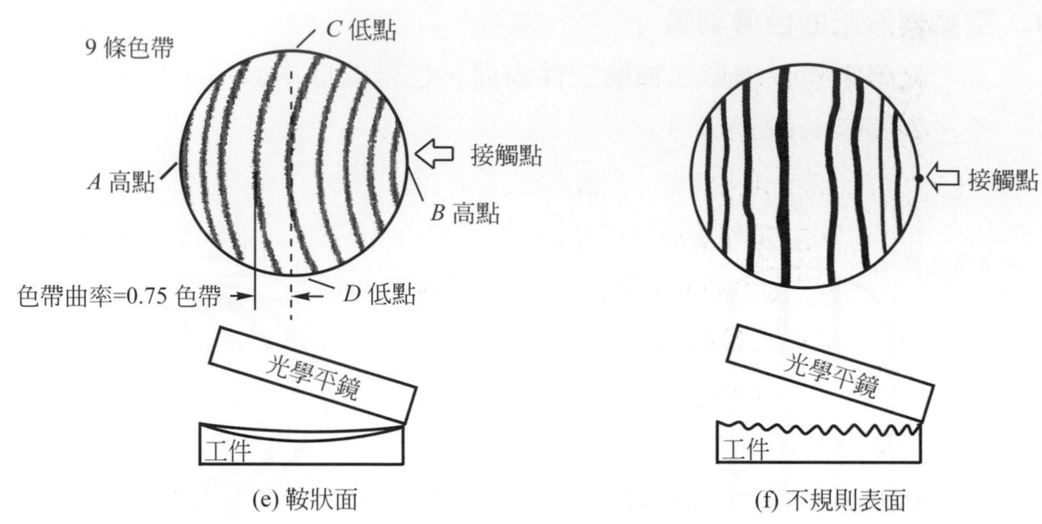

圖 8-1.12　空氣楔形法之色帶意義(續)

註　一色帶 = 半波長 = 0.294μm = 11.6μ"

2. 接觸法的色帶判讀

光學平鏡以接觸法檢驗工件表面，平鏡邊緣至色帶中心對稱點之色帶數目表示平面度的誤差，如圖 8-1.13 所示。

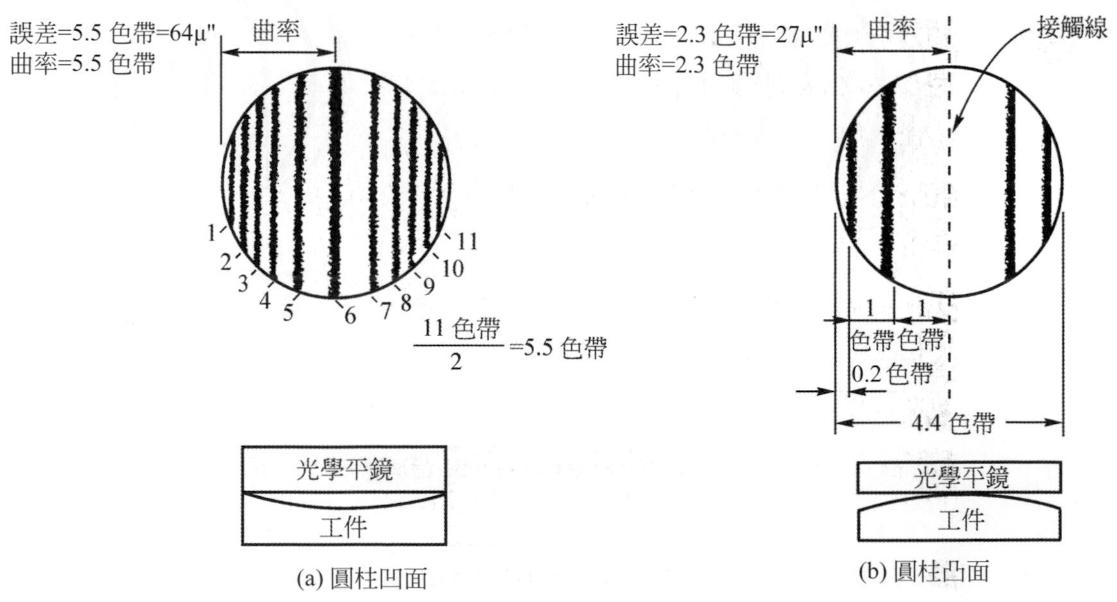

圖 8-1.13　接觸法之色帶意義

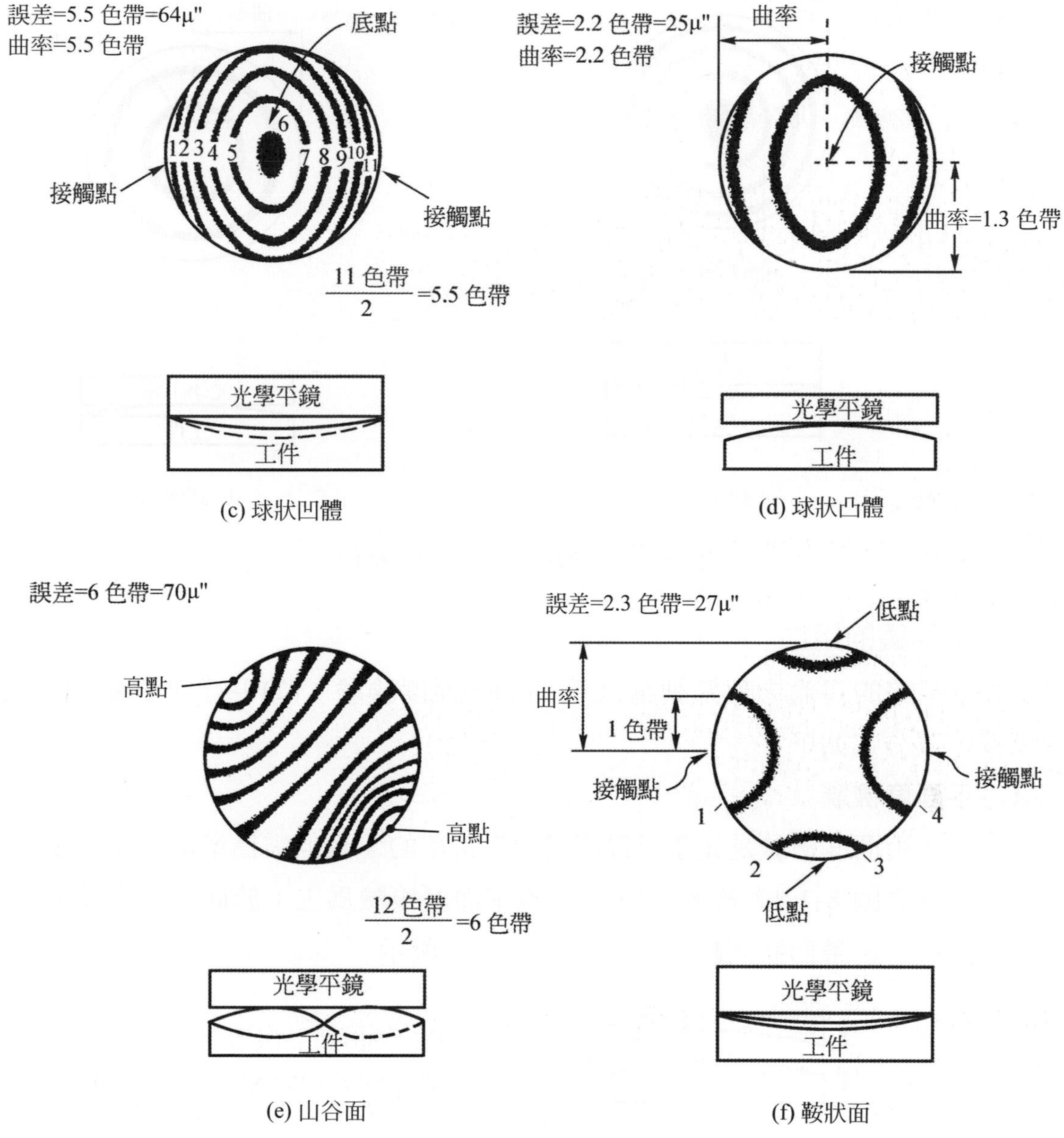

(c) 球狀凹體

(d) 球狀凸體

(e) 山谷面

(f) 鞍狀面

圖 8-1.13　接觸法之色帶意義(續)

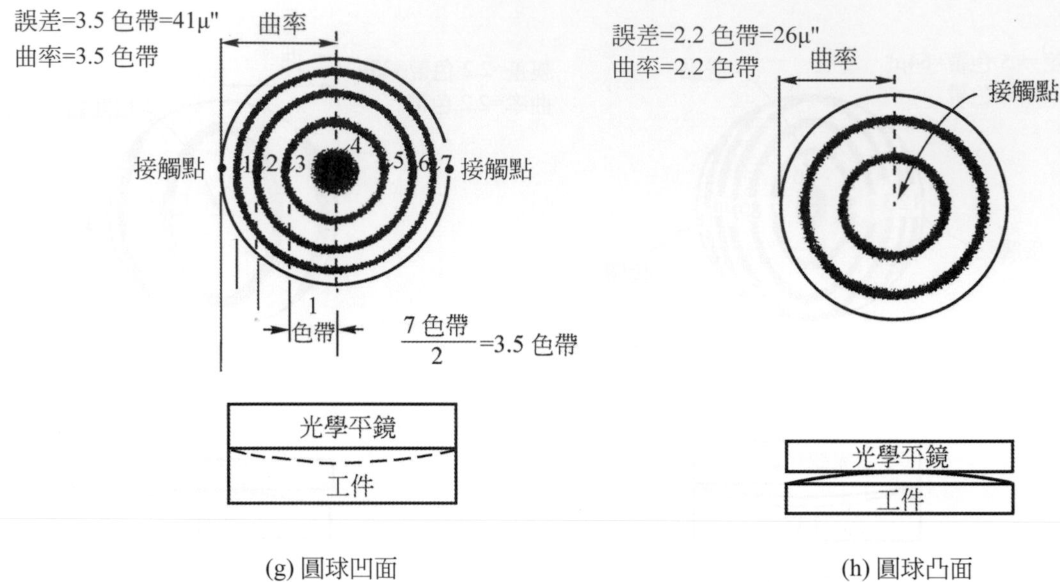

(g) 圓球凹面　　(h) 圓球凸面

圖 8-1.13　接觸法之色帶意義(續)

五、光學平鏡的用途

光學平鏡的用途大致歸納為三種：(1)平面度檢驗；(2)平行度檢驗；(3)尺寸量測，茲分述如下：

1. 平面度檢驗

平面度檢驗是光學平鏡應用中最常用的，且無需標準塊規作比較，前述之圖 8-1.12 及 8-1.13 大多以平面度檢驗為主；於此再列出幾個平面度的色帶形狀判斷實例，如圖 8-1.14 所示。

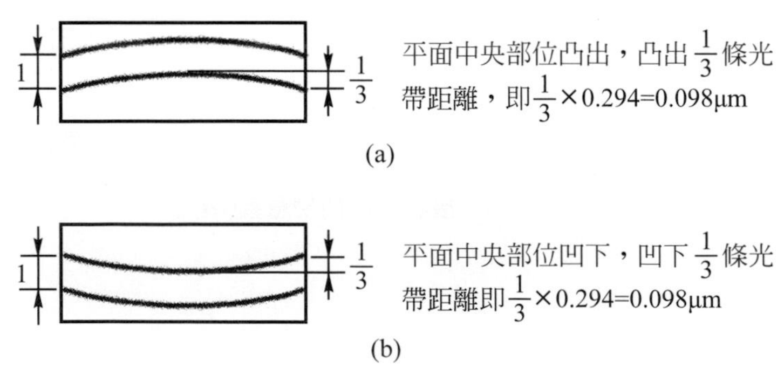

圖 8-1.14　平面度檢驗

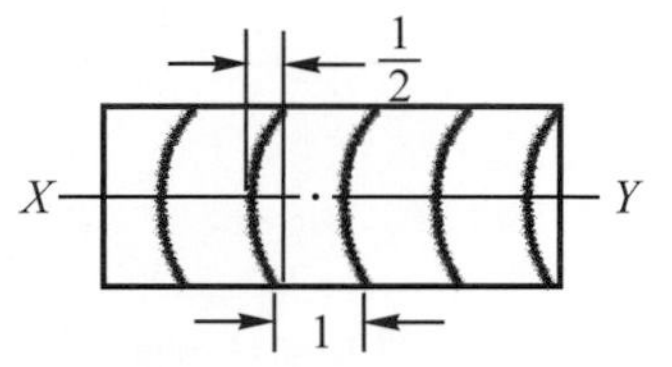

平面為凸出形，凸出$\frac{1}{2}$條光帶距離，即$\frac{1}{2}\times0.294=0.147\mu m$

(c)

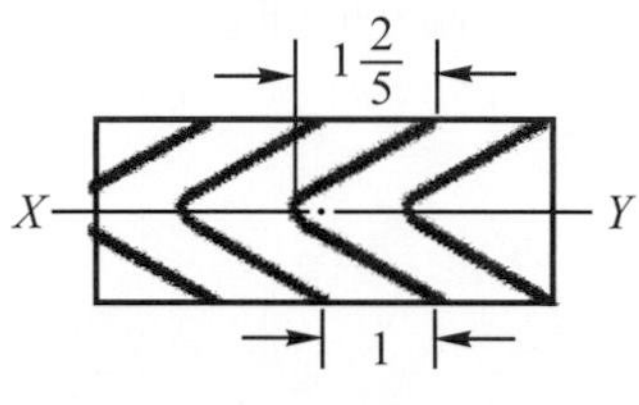

平面為凸出形，凸出$1\frac{2}{5}$條光帶距離，即$1\frac{2}{5}\times0.294=0.4116\mu m$

(d)

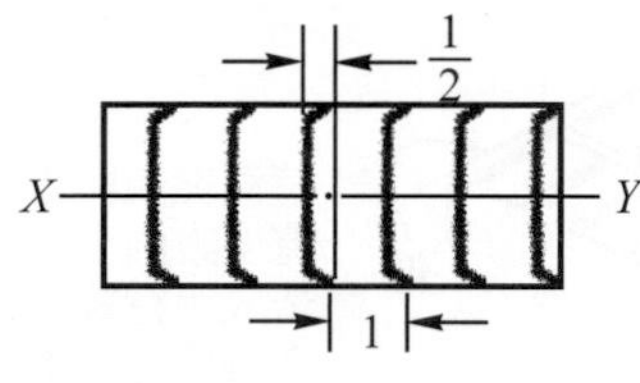

平面為平坦，但在兩側邊低傾，低傾$\frac{1}{2}$條光帶距離，即$\frac{1}{2}\times0.294=0.147\mu m$

(e)

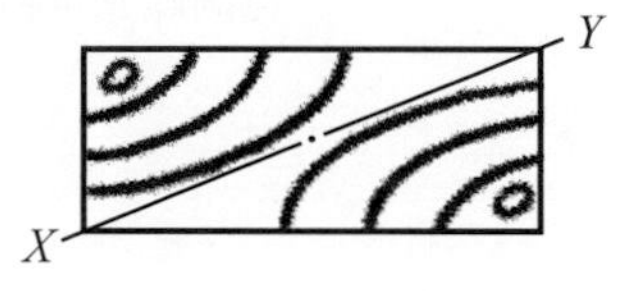

平面約在 XY 線處為最低凹點，逐漸向右下角及左上角凸出 XY 線處比高點低 $4\frac{1}{2}$ 條光帶，即 $4\frac{1}{2}\times0.294=1.323$

(f)

圖 8-1.14　平面度檢驗(續)

2. 平行度檢驗

利用光學平鏡檢驗平行度是一種精確的方法，可檢驗平面平行度外，還有圓柱平行度(即錐度檢驗)。底下僅舉平面平行度檢驗例子作說明；將標準塊規(M)與待測塊規(U)並列於平鏡上，再放置另一塊平鏡於其上，觀察其顯示之色帶，即知平行度，如圖 8-1.15 所示。

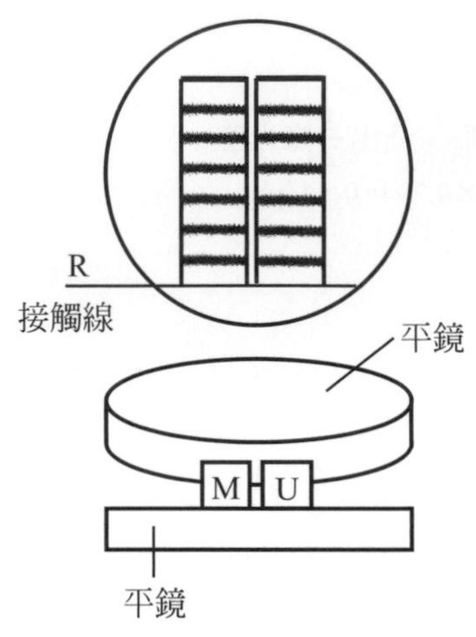

標準規與待測塊規之光帶既平行又分佈均勻，且條數相同；表示兩塊規在長度方向與寬度皆平行，而且高度也相同。

(a)

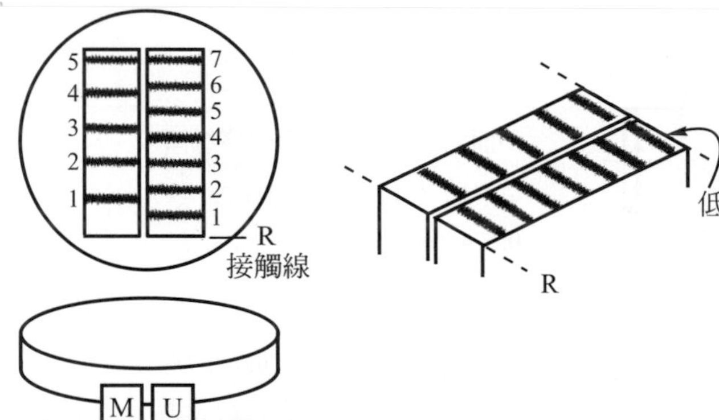

待測塊規與標準塊規在寬度方向平行，因光帶皆成平行線。待測塊規在長度方向不平行，因待測塊規上的光帶條數較多。其平行度偏差量爲兩條光帶距離。

(b)

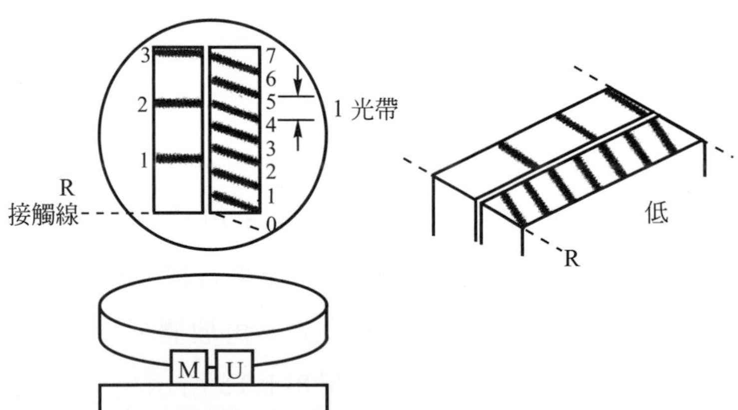

標準塊規與待測塊規在長度及寬度方向皆不平行。寬度方向向右側斜差一條光帶，而在長度方向差三條光帶的偏低。

(c)

圖 8-1.15　平行度檢驗

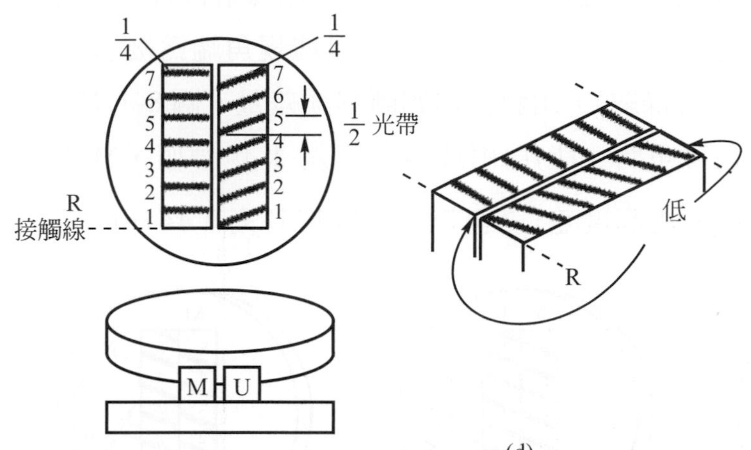

(d)

圖 8-1.15　平行度檢驗(續)

3. 尺寸量測

光學平鏡可作比較式的尺寸量測；將已知尺寸之標準塊規與待測工件併排密接放於光學平鏡上，再放置另一光學平鏡於塊規及工件之上，如圖 8-1.16 所示。由其形成的空氣楔形所造成的干涉條紋數目，則可判斷待測工件與標準塊規之差值。圖 8-1.16 中，工件A的高度爲標準塊規B加上 7 倍的色帶值；若塊規B爲 25mm，則工件高度爲 25.002058mm (即 25 ＋ 7×0.000294)。

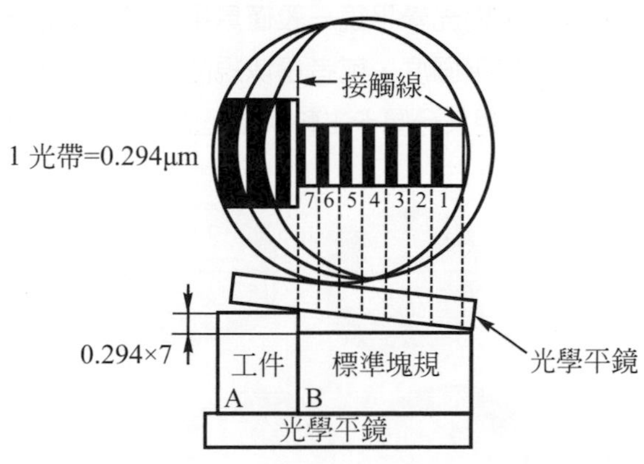

圖 8-1.16　光學平鏡測量工件高度

若標準塊規(M)與待測塊規(U)的尺寸差小於兩條暗帶時，如圖 8-1.17 所示；其檢驗原理同，但方法稍不同，即要以塊規角端爲接觸點，使產生斜方向的色帶(干涉條紋)，由斜方向判斷其誤差量。圖 8-1.17 中，(a)爲兩塊規等高，色帶重合；(b)爲兩塊規高度差 1 色帶值，M 較 U 高 0.294μm；(c)爲兩塊規高度差$1\frac{1}{2}$色帶值，M 較 U 高 0.441μm。

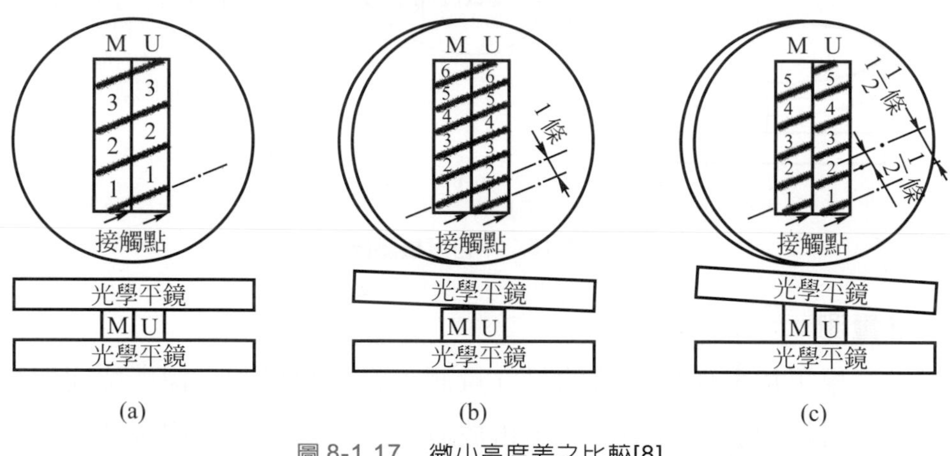

圖 8-1.17　微小高度差之比較[8]

註 1. 一般來說，一組光學平行鏡有 4 塊，如圖 8-1.18 所示，每塊之厚度差為$P/4$，其中P為 Pitch($P = 0.5$)。因此用於公制分厘卡之 4 塊光學平行鏡厚度為 12.00，12.12，12.25 及 12.37mm，是故分厘卡主軸每轉約 90°即可測一次。

2. 光學平行鏡(Optical Parallel)與光學平鏡(Optical Flat)是不同的：光學平行鏡為兼具平面度與平行度的精密量具，而光學平鏡一般僅具平面度。所以，光學平鏡常用於檢驗工件、塊規與分厘卡砧座面的平面度，或者是塊規的平行度。而光學平行鏡除了檢驗平面度外，如圖 8-1.19 所示，常用於分厘卡主軸與砧座面之平行度的檢驗，如圖 8-1.20 所示。

圖 8-1.18　光學平行鏡

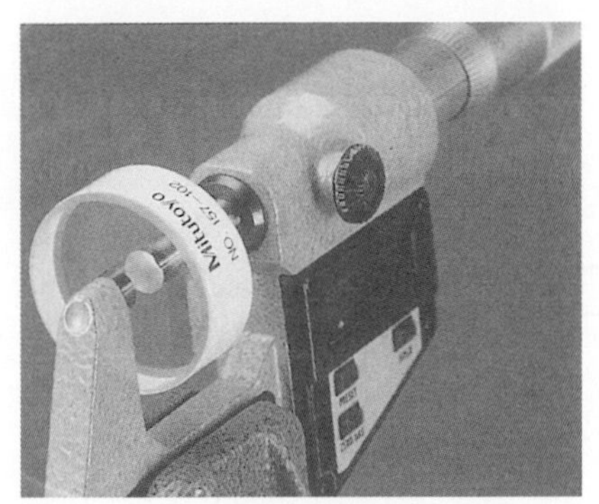

(a) 測砧座面平面度

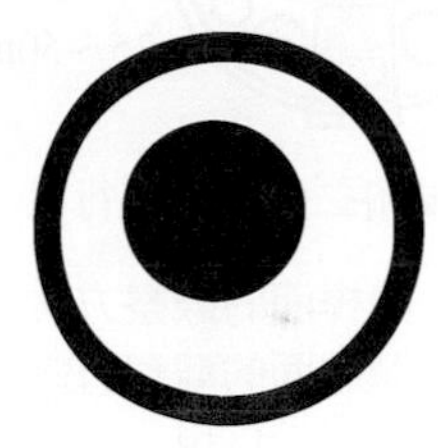

(b) 砧座面干涉條紋

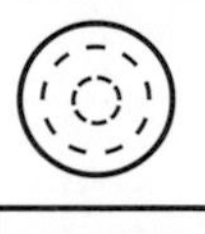

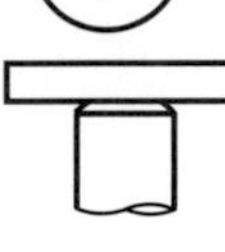

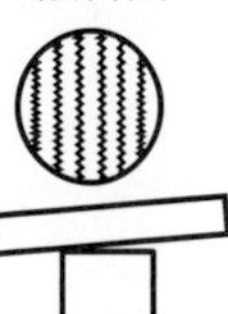

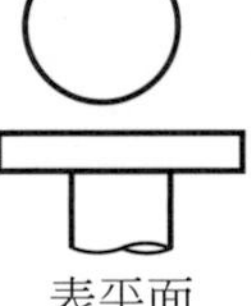

(c) 砧座面平面度檢驗實例

圖 8-1.19

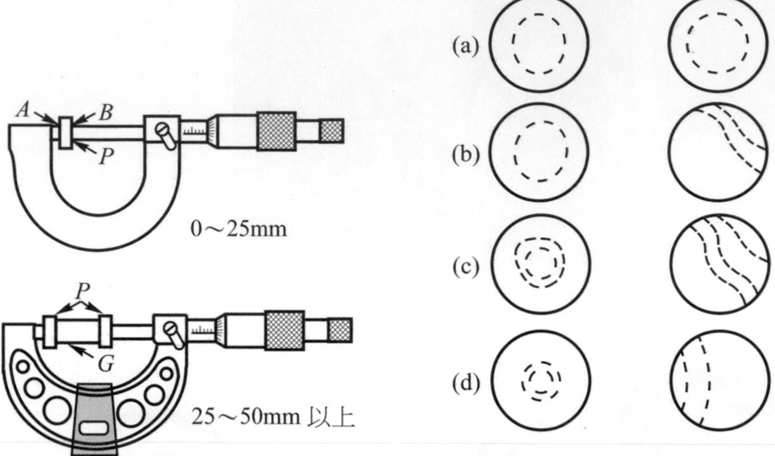

塊規和二個光學平行鏡

A ：測桿面的觀察方向
B ：測砧面的觀察方向
P ：光學平行鏡
G ：塊規

(a) 測砧面：平面，邊緣低 0.29 μm
測桿面：平面，邊緣低 0.29 μm
(b) 測砧面：平面，邊緣低 0.29 μm
測桿面：傾斜面，傾斜 0.29 μm×2
(c) 測砧面：平面，邊緣低 0.29 μm×2
測桿面：傾斜曲面 0.29 μm×3
(d) 測砧面：平面，邊緣低 0.29 μm×2
測桿面：傾斜曲面 0.29 μm×2

圖 8-1.20　平行度檢驗及實例

實習 8-1　光學平鏡

實習目的

1. 了解光學在量測上的應用。
2. 了解光學平鏡之(測微)原理及操作。
3. 利用光學量具對工件實施量測及檢驗。

實習設備

1. 光學平鏡(圖 8-1.4)。
2. 單色燈(圖 8-1.6(b))。
3. 塊規。

實習原理

請參照 8-1 節。

實習步驟

請參照 8-1 節之第五小節－光學平鏡的用途。

實習結果

	1	2	3	平均
高度比較量測				
平面度量測				
圓柱面之量測				
平行度之量測				

討　論

1. 打開投影機之電源後，如何調整光源位置？
2. 利用投影機之輪廓投影，得到投影幕工件的像爲正立或倒立？虛像或實像？
3. 工具顯微鏡的輪廓量測和表面量測的量測原理最大差別爲何？
4. 利用工具顯微鏡量測時，調整載物台上受檢工件的基準線必須與哪一條線相吻合？
5. 光學平鏡是利用何種光學原理進行量測？
6. 光學平鏡必需採用怎樣的光源，才可使光帶清晰顯明？
7. 應用光學平鏡檢驗工件之平面度時，其精度可達多少光波長？

8-2 光學投影機(Profile Projector)

光學投影機簡稱**投影機**，又稱**光學投影檢查儀**、**(光學)投影比較儀**或**光學比較儀**等，屬**非接觸式二次元**平面檢測儀器。**適用於不規則形狀、彈性材料或脆性材料**等工件的觀察與量測；因其結果投射於**投影幕**上，所以可供**多人**觀測印證。

一、光學投影機的投影原理與型式

光學投影機係利用光學原理以投影的方式，將待測工件之外形輪廓或表面經過各級透鏡的放大，再投影到半透明玻璃的投影幕上，作測量或比對。

光學投影機的投影型式分為三種：(1)輪廓投影；(2)表面投影；(3)全貌投影，茲分述如下：

1. **輪廓投影**

   輪廓投影又稱**透射式投影**或**透射照明**，係應用**光的直線前進原理**而得，因待測工件置於光源與投影反射鏡之間，光源所發出的光會經過待測工件，而投影到投影幕上。由於待測工件非透明物，因此工件所遮斷的輪廓顯現於投影幕上，是一清晰放大的倒立實像，如圖 8-2.1 所示。

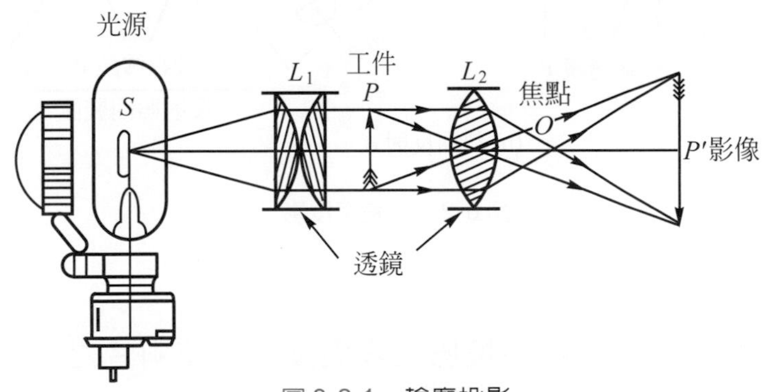

圖 8-2.1　輪廓投影

2. **表面投影**

   表面投影又稱為**反射式投影**或**反射照明**，係利用**光的反射原理**而得，光源所發出的光經工件表面後，反射至投影幕上，而得到一放大倒立的表面影像；其投影方式又分爲垂直反射式或斜向反射式投影兩種，如圖 8-2.2 所示。

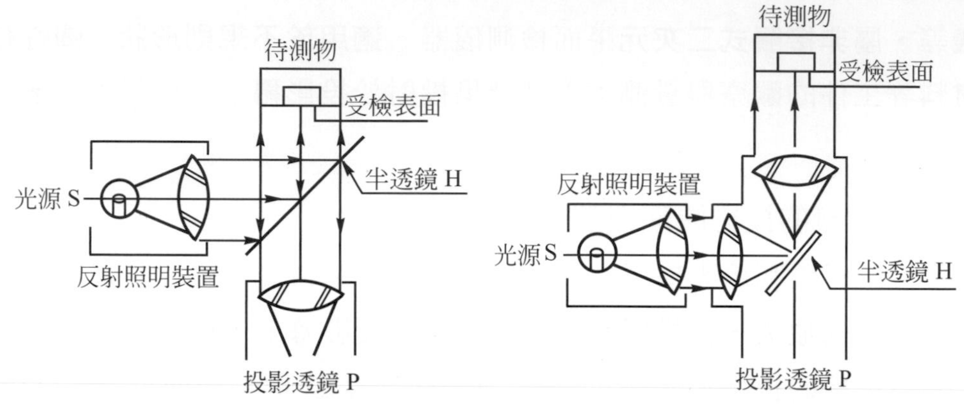

(a) 垂直反射式

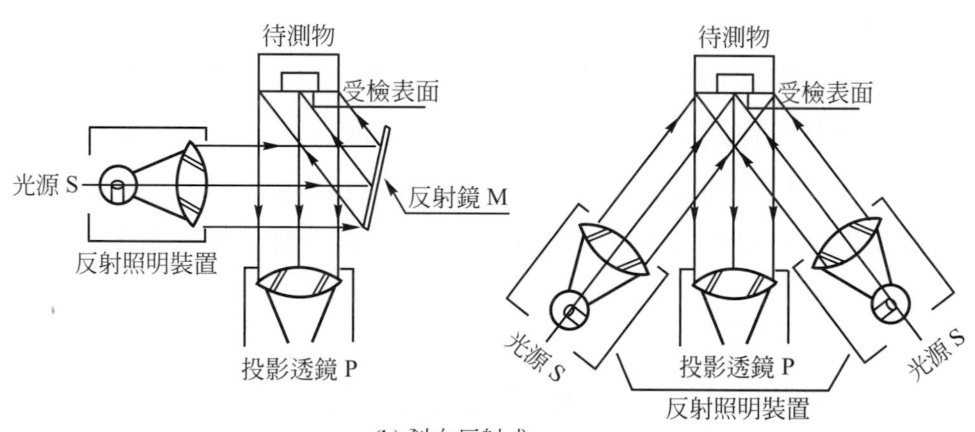

(b) 斜向反射式

圖 8-2.2　表面投影

3. 全貌投影

全貌投影乃組合**輪廓投影**及**表面投影**，使兩者之光源同時進行投射，因此工件的輪廓形狀及表面狀態，皆同時呈現於投影幕上。此種投射型態係利用**透射反射共用投影法**的原理而得，即透射式投影與反射式投影一併使用。

二、光學投影機的種類與構造

光學投影機係依其光源光線的投射路徑，可分爲三種類型：(1)向上型投影機；(2)向下型投影機；(3)水平型投影機，茲分述如下：

1. 向上型投影機

向上型投影機又稱**桌上型**或**垂直型**，如圖 8-2.3 所示，工件受檢(測)面是向上的。**輪廓投影光線沿水平方向藉反射鏡由下往上投影；表面投影光線沿水平方向藉半反射鏡由上而下投射**。由於其載物台上下升降距離小，且投影幕也較小，故適用於現場及品管部門，對小型工件之輪廓與表面的檢測。

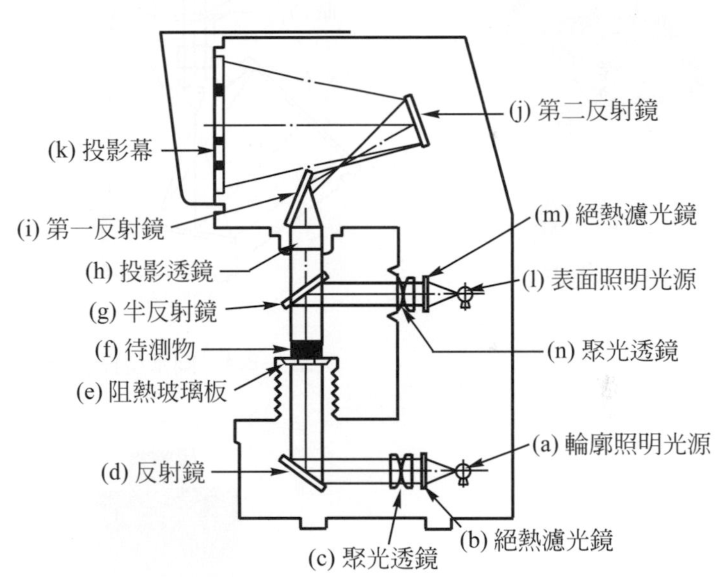

圖 8-2.3　向上型投影機

輪廓投影過程：(a)光源→(b)絕熱濾光鏡→(c)聚光透鏡→(d)反射鏡→(e)阻熱玻璃板→(f)工件→(g)半反射鏡→(h)投影透鏡→(i)第一反射鏡→(j)第二反射鏡→(k)投影幕。

表面投影過程：(l)光源→(m)絕熱濾光鏡→(n)聚光透鏡→(g)半反射鏡→(f)工件→(g)半反射鏡→(h)投影透鏡→(i)第一反射鏡→(j)第二反射鏡→(k)投影幕。

2. 向下型投影機

向下型投影機又稱**落地型**，如圖 8-2.4 所示，工件受檢(測)面是向下的。**輪廓投影光線由上而下垂直投影；表面投影光線沿水平方向藉半反射鏡由下而上投射**。其投影幕稍微傾斜，故便於在投影幕上從事圖形的比對或描繪。而載物台在整個結構的上方，無法大型化，所以適合小型或較輕的工件之量測。

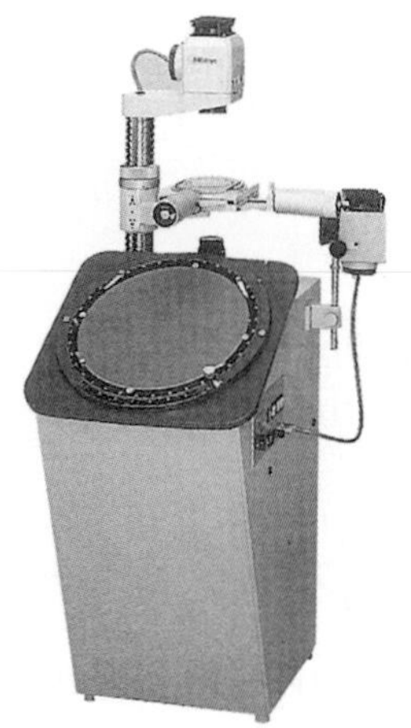

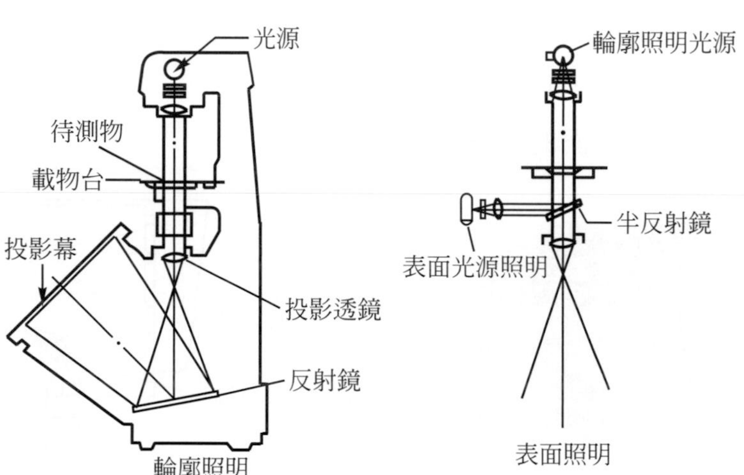

圖 8-2.4 向下型投影機

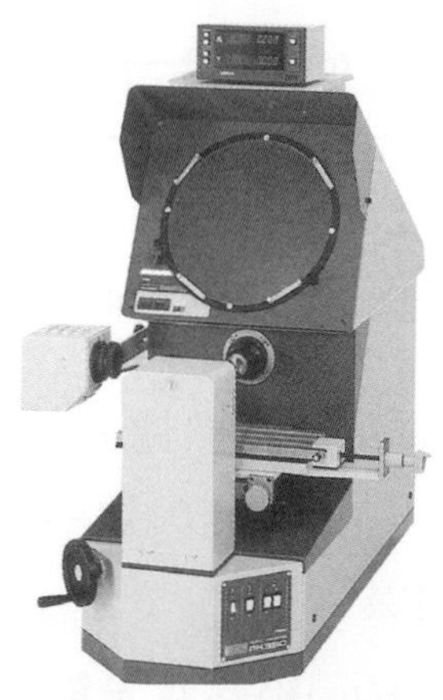

圖 8-2.5 水平型投影機

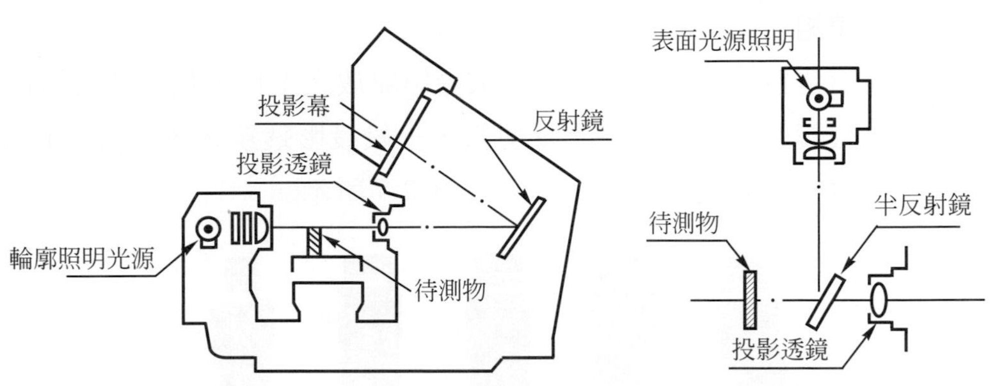

圖 8-2.5　水平型投影機(續)

3. 水平型投影機

水平型投影機又稱**橫向型**，如圖 8-2.5 所示，工件受檢(測)面是橫向水平放置。**輪廓投影光線由水平方向投射；表面投影光線沿水平方向藉半反射鏡由另一水平方向投射**。其載物台構造堅固，移動距離長，且台面上有 T 型槽，故適用於大型或較重且長的工件之量測。

三、光學投影機的附件

1. 投影幕

如圖 8-2.6 所示，投影幕爲**半透明玻璃**，其上有中心十字線，並附有可旋轉之游標分度刻劃量測裝置，可測量角度，其精度有 5'與 10'兩種；且投影幕邊緣附加固定夾，以備夾標準片。

圖 8-2.6　投影幕

2. 投影透鏡組

投影透鏡與不同的放大倍率來投影並放大工件，爲方便裝卸均用插合式，且鏡頭前端可加裝半反射鏡，一般投影透鏡之放大倍率有 5X、10X、20X、50X 及 100X 等，如圖 8-2.7 所示。

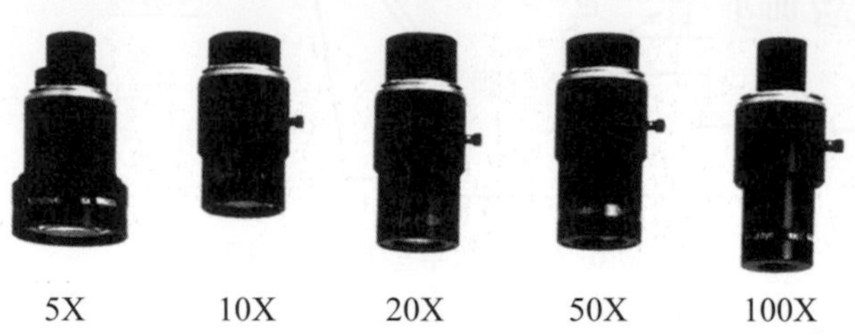

圖 8-2.7　投影透鏡組

3. 微動載物台

微動載物台以測微器測頭裝於X軸與Y軸，以數字顯示載物台之移動量，作直線度量測，如圖 8-2.8 所示。

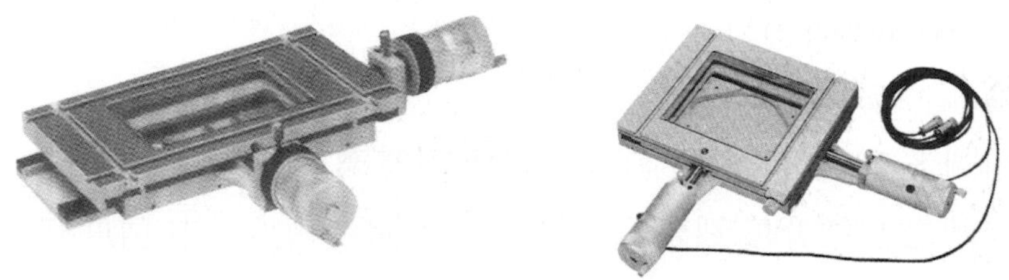

圖 8-2.8　微動載物台

4. 迴轉式載物台

迴轉式載物台可360°迴轉，其台面圓周上附有游標角度刻劃裝置，可作精密角度旋轉，如圖 8-2.9 所示。

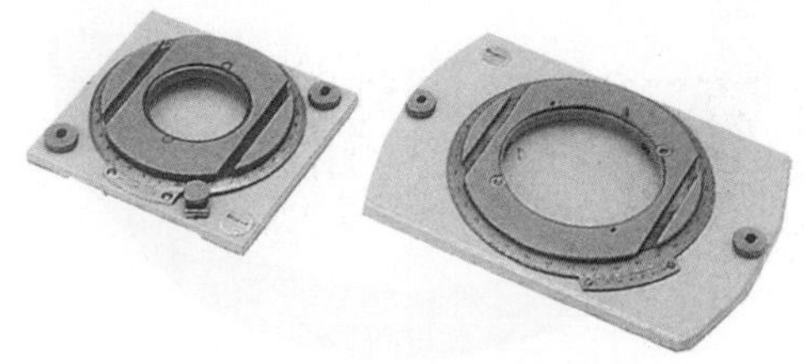

圖 8-2.9　迴轉式載物台

5. 夾持附件組

供工件安裝與夾持用的夾具有頂心支架、旋轉中心支架、V型枕夾持具、壓板夾持具、旋轉虎鉗座、十字微動載物台及垂直夾持具等，如圖 6-7.7 所示。

6. 標準比對片

一般標準比對片由塑膠製成(又稱**膠片**)，表面上繪有各種圖樣，如圖 8-2.10 所示。將標準比對片壓放於投影幕上，與工件經放大投影在投影幕上的影像作比較，即可量測或檢驗工件尺寸或形狀的誤差量。

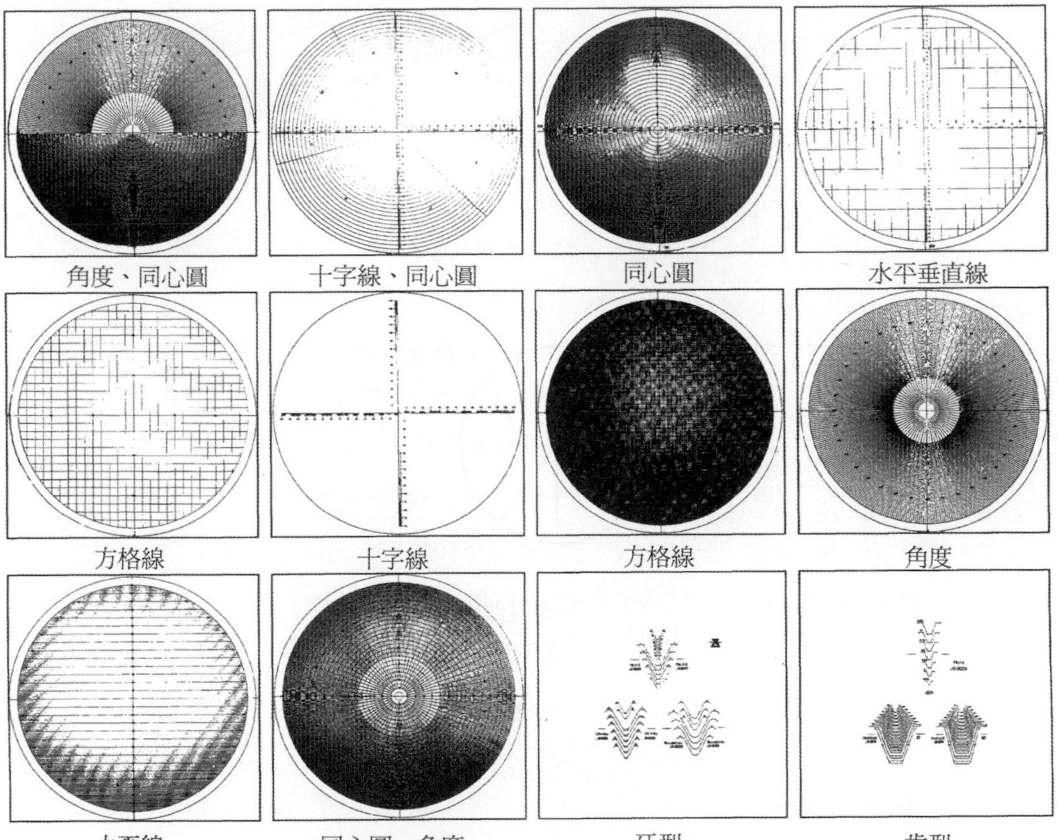

角度、同心圓　十字線、同心圓　同心圓　水平垂直線

方格線　十字線　方格線　角度

水平線　同心圓、角度　牙型　齒型

圖 8-2.10　投影機之標準比對片

7. 玻璃刻度尺

玻璃刻度尺簡稱**玻璃尺**，包括**標準尺**及**讀尺**兩種，如圖 8-2.11 所示，主要是用來檢驗投影機放大倍率的精度。將標準尺置於載物台上，經投影放大成像於投影幕上，再用讀尺測量標準尺投影的長度，除以放大倍率後，比較量測值與標準尺之差值，即得投影機放大精度，如圖 8-2.12 所示。

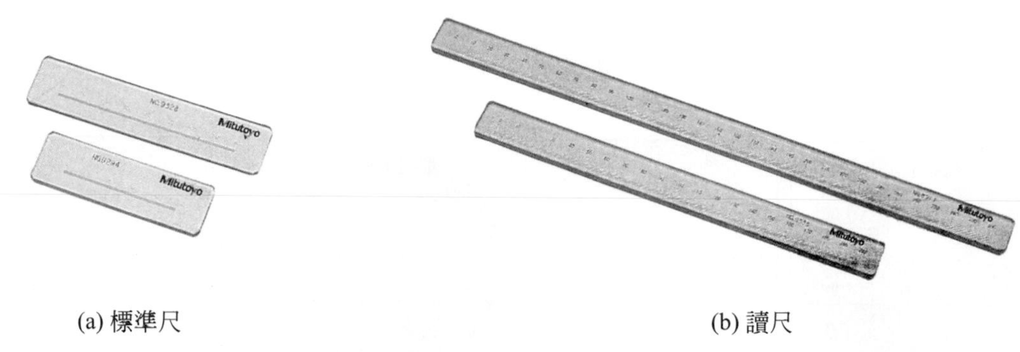

(a) 標準尺　　(b) 讀尺

圖 8-2.11　玻璃刻度尺

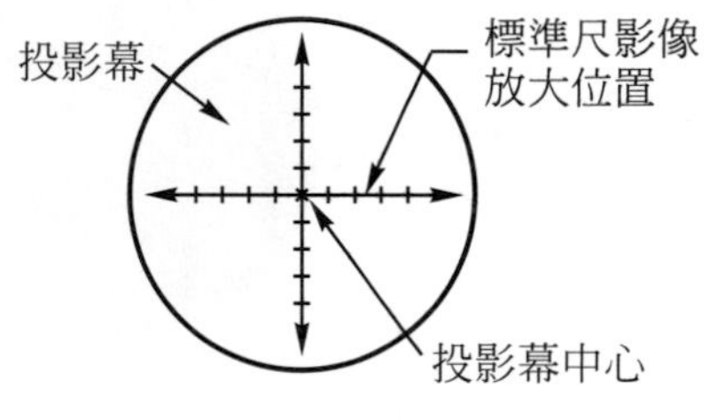

$$量測值 = \frac{投影幕讀測尺寸}{放大鏡倍率}$$

圖 8-2.12　讀尺於投影幕上檢驗投影精度

四、光學投影機的操作

1. 選用適當倍率的投影透鏡

依被測工件及投影幕之大小，選擇適當倍率的透鏡，使工件欲測的部份能成像於投影幕內。

2. 安裝投影透鏡

將所選的適當透鏡插合入鏡頭座；若需表面投影，則加裝半反射鏡。

3. 安置工件

依工件外形及欲觀察的方向，選適當夾持具，然後安置工件於載物台上。

4. 開啓電源

先打開主電源開關，散熱用的風扇也同時轉動。再依量測需要，選擇輪廓或表面投影光源。

5. 調整焦距

轉動焦距調整手輪，直至投影幕上出現一清晰影像爲止。

6. 檢測

調整測微器載物台或角度游標裝置，作直線或角度量測；或以標準比對片作比較式量測；或以讀尺作直接量測等。

7. 使用後處理

檢測完畢後，先關閉輪廓及表面投影光源，然後取下工件及夾具，過一會兒再關主電源，目的是要維持風扇散熱使燈絲冷卻；最後清潔並維護載物台。

五、光學投影機的用途

1. 利用微動載物台之測微器，配合投影幕中心十字線，作長度、直徑、孔徑及孔距等**直線度**量測，如圖 8-2.13 所示。

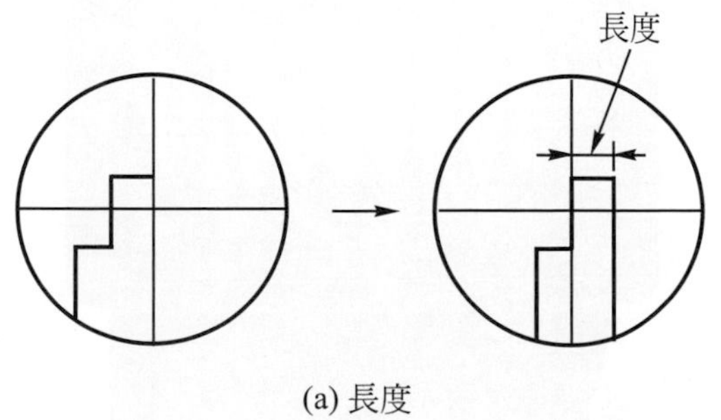

(a) 長度

圖 8-2.13　微動載物台作直線度量測

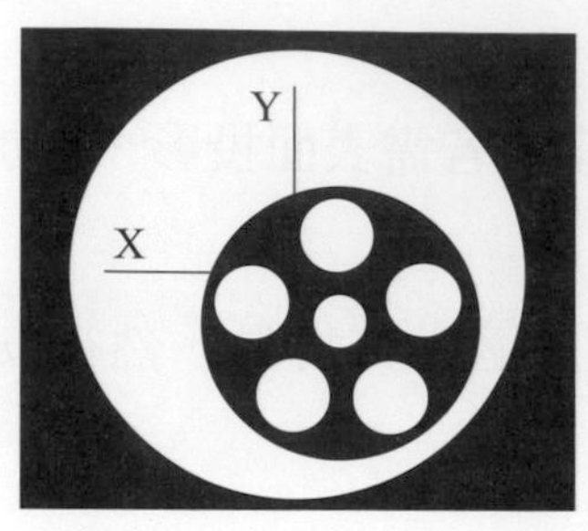

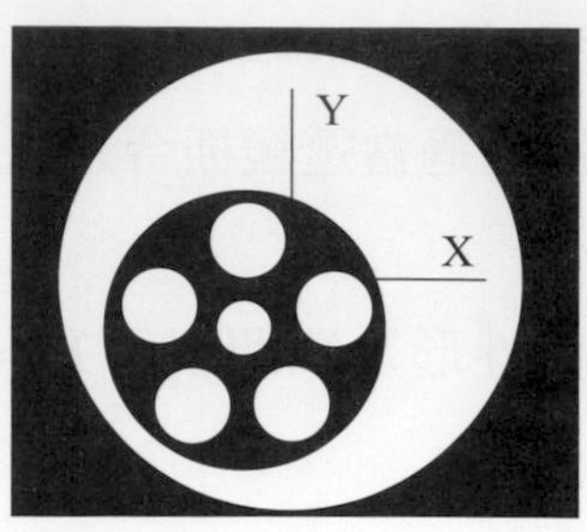

(b) 孔徑

圖 8-2.13 微動載物台作直線度量測(續)

2. 利用旋轉投影幕之游標分度刻劃，作**角度**量測，如圖 8-2.14 所示。

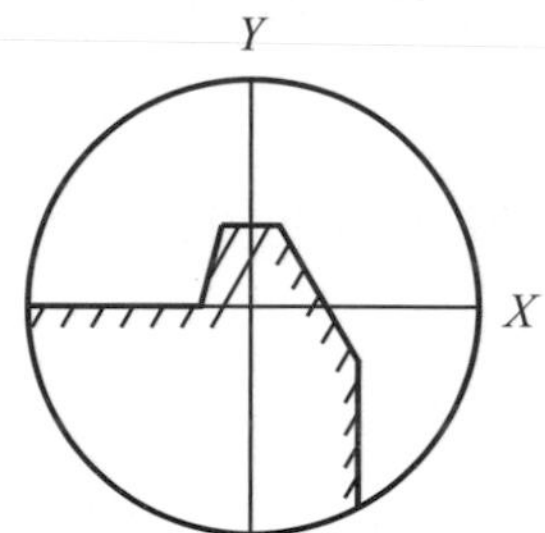

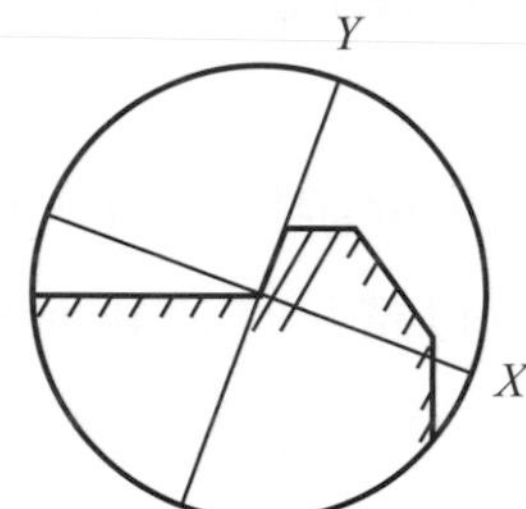

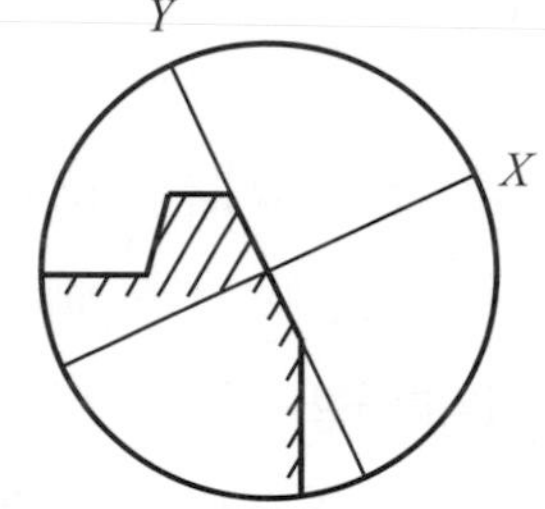

圖 8-2.14 投影幕作角度量測

3. 利用玻璃讀尺直接測量投影工件之長度與孔徑等尺寸，如圖 8-2.15 所示。

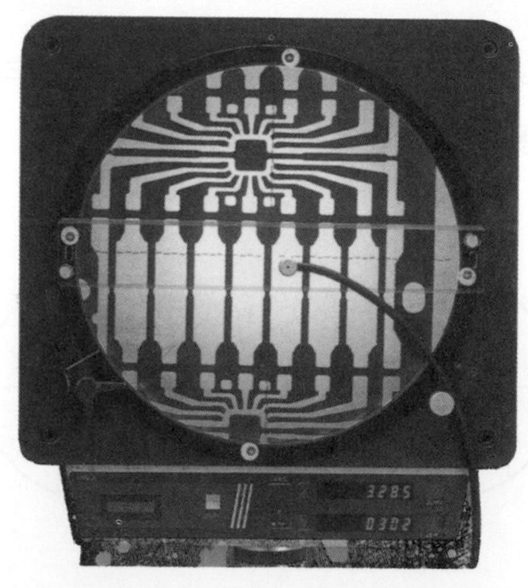

圖 8-2.15 玻璃讀尺測量

4. 利用**標準比對片**測量工件長度與孔徑尺寸，或螺紋之外徑與底徑、節距、牙角、節徑及螺距等尺寸，如圖 8-2.16 所示；亦可檢測比較齒輪之形狀等。

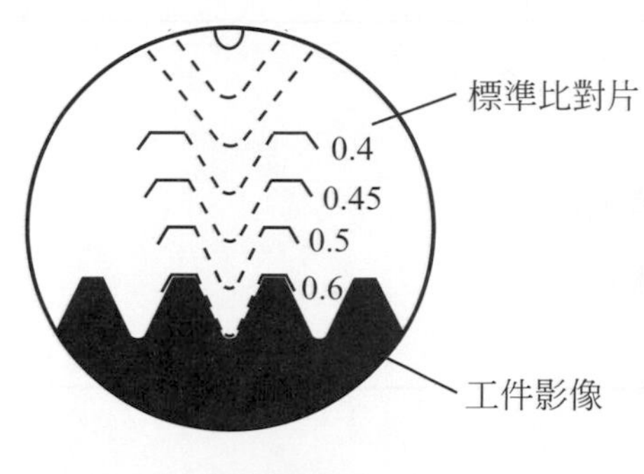

(a) 螺紋檢驗

(b) 螺紋牙角量測

圖 8-2.16　標準比對片作比較量測

5. 投影影像的**描繪**，如圖 8-2.17 所示。

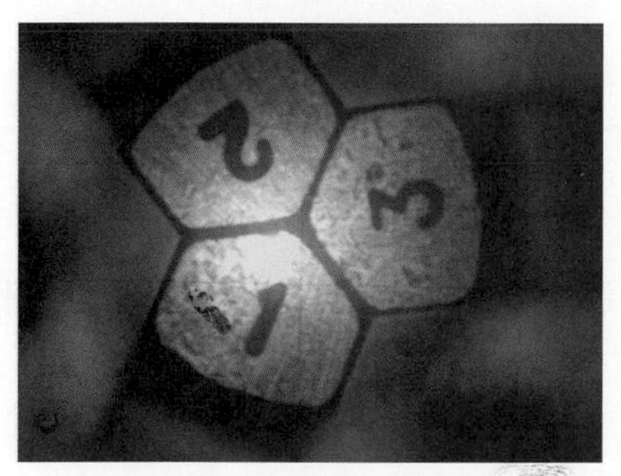

(a) 表面

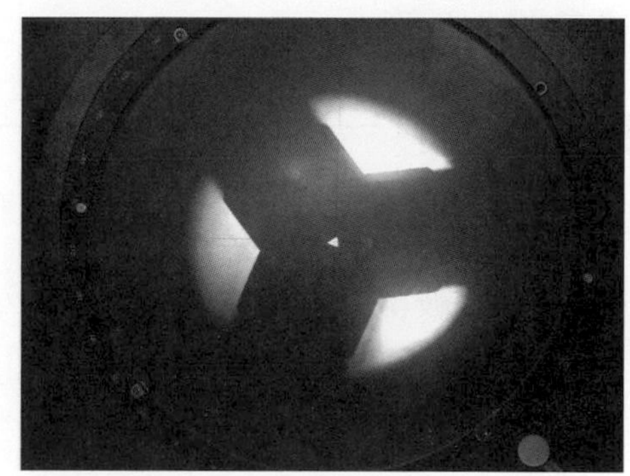

(b) 輪廓

圖 8-2.17　影像描繪

實習 8-2 光學投影機

實習目的

1. 了解光學在量測上的應用。
2. 了解光學投影機之(測微)原理及操作。
3. 利用光學量具對工件實施量測及檢驗。

實習設備

1. 光學投影機(圖 8-2.3)。
2. 工件。

實習原理

請參照 8-2 節。

實習步驟

1. 選用適當倍率的投影透鏡

    依被測工件及投影幕之大小，選擇適當倍率的透鏡，使工件欲測的部份能成像於投影幕內。

2. 安裝投影透鏡

    將所選的適當透鏡插合入鏡頭座；若需表面投影，則加裝半反射鏡。

3. 安置工件

    依工件外形及欲觀察的方向，選適當夾持具，然後安置工件於載物台上。

4. 開啓電源

    先打開主電源開關，散熱用的風扇也同時轉動。再依量測需要，選擇輪廓或表面投影光源。

5. 調整焦距

    轉動焦距調整手輪，直至投影幕上出現一清晰影像爲止。

6. 檢測

調整測微器載物台或角度游標裝置，作直線或角度量測；或以標準比對片作比較式量測；或以讀尺作直接量測等。

7. 使用後處理

檢測完畢後，先關閉輪廓及表面投影光源，然後取下工件及夾具，過一會兒再關主電源，目的是要維持風扇散熱使燈絲冷卻；最後清潔並維護載物台。

實習結果

1. 量測數值

	1	2	3	平均
孔徑量測				
長度量測				
角度量測				

2. 形狀檢驗。
3. 表面檢驗。

8-3 工具顯微鏡(Toolmaker Microscopes)

工具顯微鏡是一種**非接觸式二次元**平面光學量測系統，其功能一般分爲輪廓量測和表面量測兩種，與光學投影機類似，**適於脆性或彈性等材料的量測**。因其量測結果是經由**目鏡**所觀察得到，所以通常僅供**單人**觀測印證。

一、工具顯微鏡的光學原理

工具顯微鏡是利用光學原理，將工件微小部份經物鏡投射到目鏡成放大虛像，再利用載物台之二軸(X-Y直角座標)線性位移量測系統與目鏡網線等輔助，作長度、角度和形狀等量測，亦可檢驗非金屬光澤之工件表面。其光學投射過程，如圖 8-3.1 所示：光源→聚光透鏡→兩個濾光鏡→鏡徑薄膜→聚光鏡→反射鏡→載物台→待測物→物鏡→反射鏡→稜鏡→標準片→目鏡。

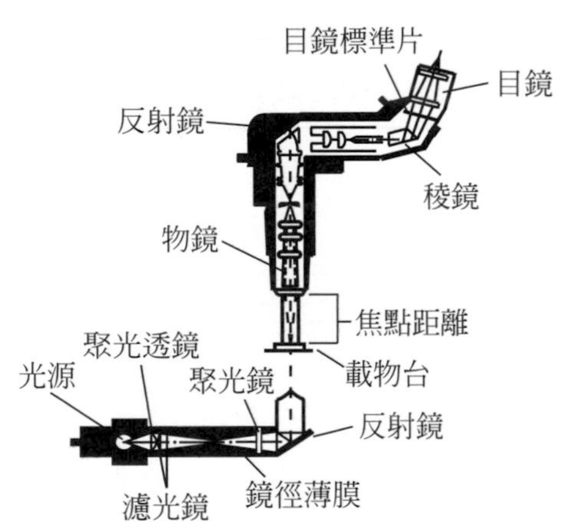

圖 8-3.1　工具顯微鏡之光學系統

二、工具顯微鏡的構造

工具顯微鏡的基本構件如圖 8-3.2 所示；在儀器最上端爲一顯微鏡頭組—目鏡和物鏡，在目鏡下方有游標微分角度盤，物鏡的兩側有表面投射燈一組，這些均在床台支柱上下移動，由焦距調整鈕調整。在儀器底部爲載物台，由 X 軸與 Y 軸之測微器測頭使載物台作前後或左右移動，輪廓投射光源及電源均安裝於基座內部。

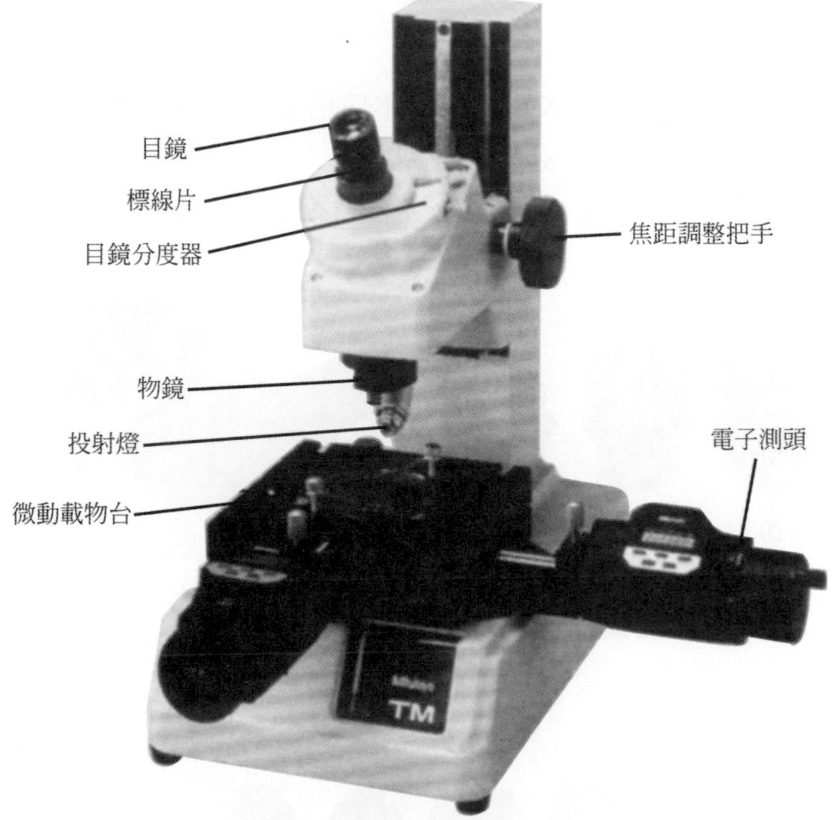

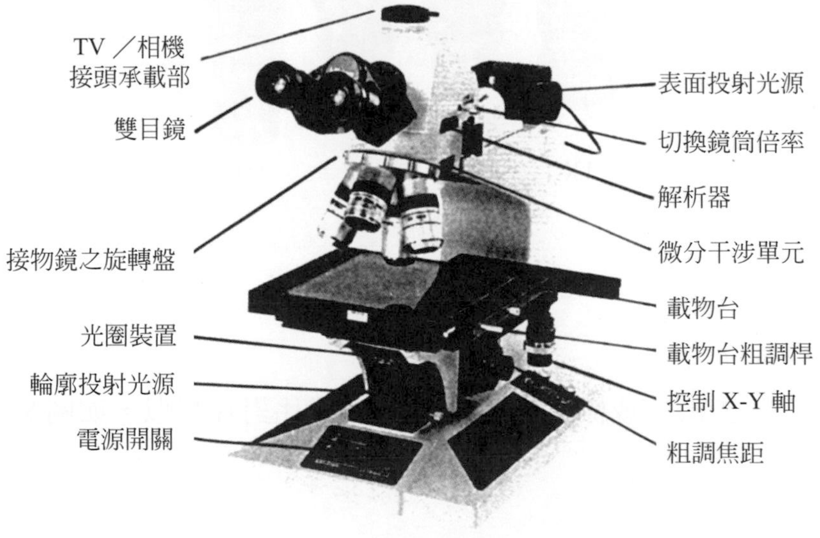

圖 8-3.2　工具顯微鏡基本構件

三、工具顯微鏡的附件

1. 顯微鏡組

目鏡─有10X、15X及20X等不同倍率，可分爲單目鏡、雙目鏡及特殊功能之目鏡，如圖8-3.3(a)所示。

物鏡─有3X、5X及10X等，如圖8-3.3(b)所示。

單目鏡　　雙目鏡

(a) 目鏡

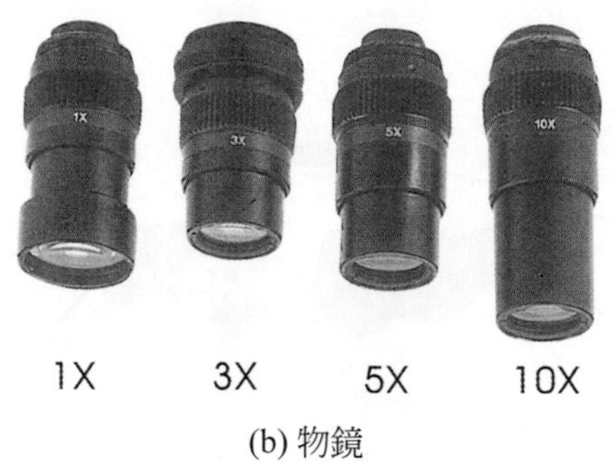

(b) 物鏡

圖8-3.3　顯微鏡組

2. 目鏡標準片

目鏡標準片(或標線片)與光學投影機比對片類似，如圖8-3.4所示。

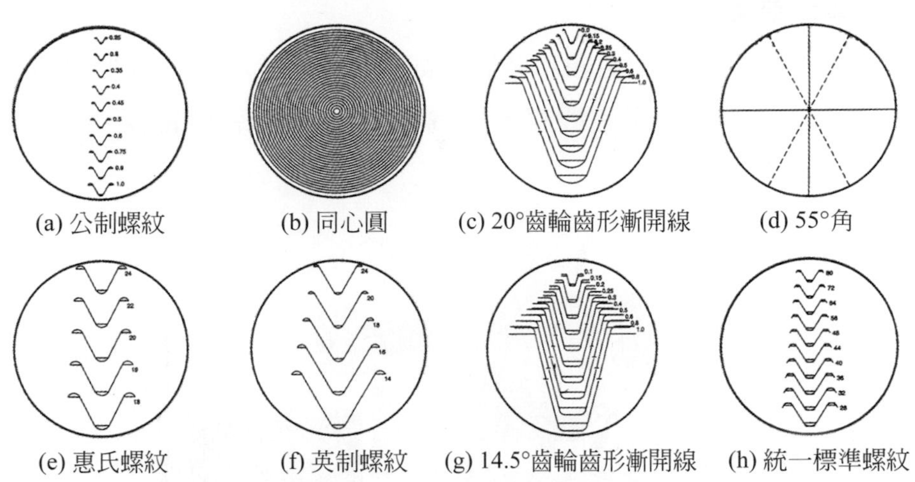

圖 8-3.4　工具顯微鏡之目鏡標準片

3. 夾持具

工具顯微鏡的夾持具與光學投影機類似，請參閱圖 6-7.7。

4. 照相裝置

如圖 8-3.5 所示，可分爲拍立得或 35mm 相機，以提供影像照片，便於記錄觀察結果。

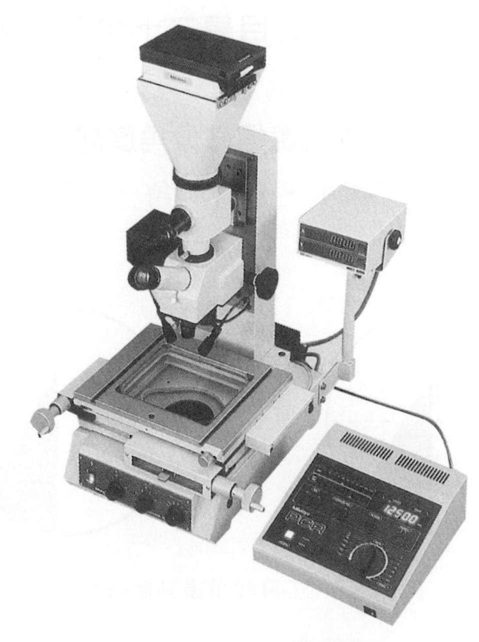

圖 8-3.5　照相裝置

5. 影相顯示裝置

部份機型可裝影相顯示裝置，如圖 8-3.6 所示，可減少眼睛的疲勞，並改善之前所述的單人觀察，成為可供**多人觀察**的儀器。

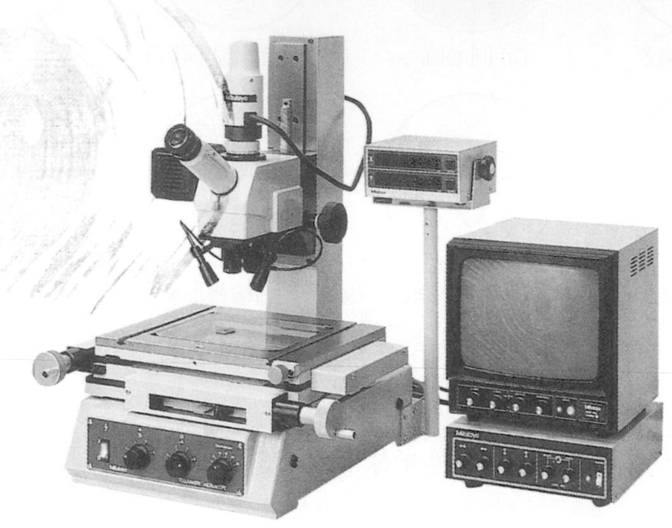

圖 8-3.6　影相顯示裝置

四、工具顯微鏡的用途

1. 利用微動載物台之移動，配合**目鏡之十字座標線**，作長度量測，如圖 8-2.13(a)所示。
2. 利用旋轉載物台與目鏡下端之**游標微分角度盤**，配合目鏡之十字座標線，作角度量測，如圖 8-3.7 所示，令待測角一端對準十字線與之重合，然後再讓另一端也重合。

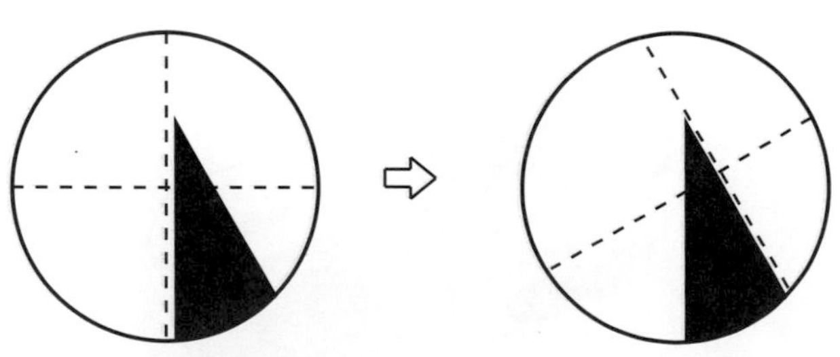

圖 8-3.7　工具顯微鏡測量角度

3. 可用標線片檢測螺紋的節距、節徑、外徑、牙角及牙形等尺寸或外形。
4. 可檢驗金相表面的晶粒狀況。
5. 可檢驗工件加工表面的情況。
6. 可檢測微小工件的尺寸或輪廓是否與標線片相符。

註　一般而言，工具顯微鏡主要用於工件的觀察，而光學投影機主要用於量測及檢驗。

實習 8-3 工具顯微鏡

實習目的

1. 了解光學在量測上的應用。
2. 了解工具顯微鏡之(測微)原理及操作。
3. 利用光學量具對工件實施量測及檢驗。

實習設備

1. 工具顯微鏡(圖 8-3.2)。
2. 工件。

實習原理

請參照 8-3 節。

實習步驟

1. 開啓電源

   先打開主電源開關，再依量測需要，選擇輪廓或表面投影光源，並調整其亮度。

2. 安置工件

   依工件外形及欲觀察部份，選適當夾持具，然後安置工件於目鏡正下方的載物台上。

3. 安裝標線片

   標線片是安裝於目鏡中，作爲觀測比較之依據。安裝步驟爲：取下目鏡筒→將標線片置於標線片筒夾內→對準標線片中心→將目鏡筒放回工具顯微鏡上。

4. 調整焦距

   旋轉物鏡焦距調整鈕，再由目鏡觀察其焦距是否調好，若調好則固定物鏡焦距調整鈕。

5. 調整載物台

　　調整載物台上受檢工件的基準線與標線片上十字中心線相吻合，並將載物台上的測微器測頭歸零。

6. 檢測

　　依工件量測項目分別以測微器測頭測量長度；游標微分角度盤測量角度；或以標線片作比較檢測。

實習結果

	1	2	3	平均
長度量測				
表面檢驗				
角度量測				
高度量測				
螺紋節圓直徑量測				

練習題

( )1. 下列關於「光學投影機之光學放大倍率」之敘述，何者正確？ (A)不可以使用玻璃刻度尺來測得光學放大倍率 (B)透過同心圓比對片量測螺紋底部圓角半徑時，比對片上之半徑讀值除以光學放大倍率，始得最後之量測結果 (C)量測螺紋角時，數字顯示器上之讀數尚須除以光學放大倍率，始得最後之量測結果 (D)其總放大倍率係由投影鏡頭之放大倍率乘以投影幕之放大倍率。 (97 年二技)

( )2. 下列量具，何者較適合進行工件輪廓形狀之量測？ (A)游標卡尺 (B)角度塊規 (C)光學投影機 (D)多面稜規。 (96 年二技)

( )3. 以光學平鏡量測塊規之平面度(或稱眞平度)時，觀察到四條直且平行的暗帶，若單色燈光波長爲 0.588μm，則此塊規之平面度約爲多少μm？ (A)0 (B)0.588 (C)1.176 (D)2.352。 (96 年二技)

( )4. 下列關於工具顯微鏡之敘述，何者正確？ (A)「調整焦距，使成像清晰」是指調整目鏡與物鏡間之距離 (B)若目鏡與物鏡髒污，致使成像不清晰，可直接以一般衛生紙擦拭 (C)不可同時開啓表面照明燈與輪廓照明燈，以免產生雙影，造成觀測誤差 (D)如果工件表面平坦度(平面度)不佳，透過焦距調整，亦可使整體成像清晰。 (97 年二技)

( )5. 如下圖所示，兩個極爲精密之塊規 X 與 Y，併排平放於光學平鏡上，再於 X 與 Y 塊規上方放置另一光學平鏡。若塊規 Y 厚度爲 1.0000mm，且在其上觀察到 5 條干涉條紋，則塊規X厚度約爲多少？(註：單色光波長爲0.5876μm) (A)1.0008mm (B)1.0015mm (C)1.0021mm (D)1.0029mm。 (97 年二技)

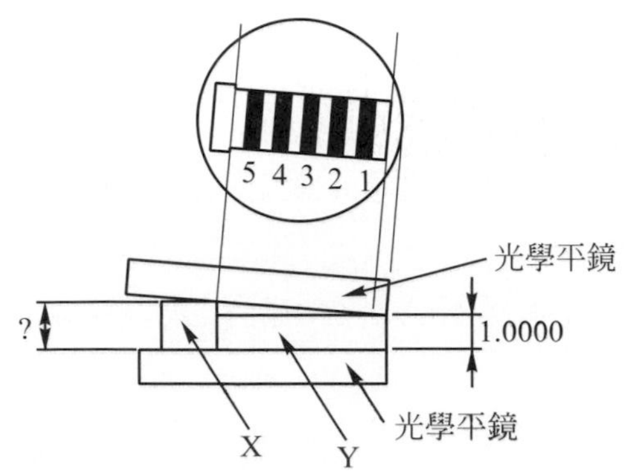

(　)6. 關於光學平鏡之敘述，何者不正確？ (A)放在標準的圓柱上，所成之干涉帶為等距之平行直線 (B)與工件表面每距半波長，即產生一次干涉 (C)平面度檢驗時，若黑帶為直線且間隔相等，則表示工作物面完全平直 (D)平面度檢驗時，若黑帶彎曲，則表示工作物面可能突起或凹入。 (90 年二技)

(　)7. 下列有關光平學鏡之敘述，何者正確？ (A)利用光繞射原理，可量測工件眞圓度 (B)利用光干涉原理，可量測工件眞平度 (C)利用光反射原理，可量測工件眞直度 (D)利用光折射原理，可量測工件眞平度。 (91 年二技)

(　)8. 光學投影機通常無法量測工件的 (A)外部輪廓 (B)長度 (C)角度 (D)厚度。 (92 年二技)

(　)9. 光學投影機可作下列何種檢驗工作？ (A)形狀輪廓 (B)內孔深度 (C)同心度 (D)水平度。 (93 年二技)

(　)10. 有關工具顯微鏡的用途，下列敘述何者正確？ (A)可檢驗工件的表面狀況 (B)可作大尺寸工件之厚度量測 (C)為接觸式之量測 (D)可作曲面量測。 (93 年二技)

(　)11. 下列敘述何者正確？ (A)光學投影機之投影為倒立之實像 (B)垂直反射照明法適用於工件沒有金屬明亮光澤之表面投影 (C)大型的光學投影機通常為向上型 (D)光學投影機之投影幕以透明玻璃製成。

(　)12. 工具顯微鏡的用途，下列敘述何者錯誤？ (A)可量測工件的輪廓或外形，以標準比對片作比對量測 (B)可檢驗工件的表面狀況 (C)可將工件微小尺寸放大，並作曲面量測 (D)可將工件微小尺寸放大，並作角度量測。

(　)13. 下列對於光學平鏡之敘述中，何者錯誤？ (A)依工件表面狀況使用時，可分成空氣間距法和接觸法 (B)工件溫度也會造成色帶誤差 (C)依其精度可分為 AA、A、B、C 及四類 (D)一般以石英為材料。

(　)14. 用光學投影機量測時，決定工件在投影幕上成像的大小最重要的因素是 (A)半反射鏡的放大倍數 (B)投影透鏡放大倍率 (C)焦點的長短 (D)工件的高度。

(　)15. 光學平鏡置於一理想球體上，則其干涉條紋圖形爲 (A)平行直線 (B)平行拋物線 (C)同心圓 (D)同心橢圓。

(　)16. 光學平鏡平放於一理想圓柱體之圓周上，則其干涉條紋的圖形爲 (A)平行等間距直線 (B)平行不等間距直線 (C)同心圓 (D)同心橢圓。

(　)17. 光學投影機無法用來量測工件的 (A)長度 (B)外徑 (C)螺紋形狀 (D)內孔直徑。

(　)18. 下列敘述何者不正確？ (A)光學平鏡與工作面之間距或夾角過大或過小，都不會產生色帶 (B)觀察光學平鏡之方向若與平鏡表面不垂直，則色帶之代表值會增加，色帶數減少，且有變直的趨勢 (C)指示量表之最少指針迴轉圈數訂爲兩圈半 (D)指示量表可測量表面粗糙度。

(　)19. 下列敘述何者正確？ (A)厚薄規用於檢驗工具之厚度 (B)螺紋節距規屬於三維樣規 (C)投影機與工具顯微鏡均屬二次元非接觸式量測儀 (D)投影機係以光的直線前進原理做表面投影。

(　)20. 下列敘述何項不正確？ (A)光學平鏡判讀時，視線方向應垂直於光學平鏡，其偏差不應大於 30° (B)光學平鏡之干涉帶以 4～7 條爲宜 (C)光學平鏡以直徑爲標稱尺寸 (D)色帶彎曲之曲率大，表工件面平度差。

(　)21. 光學平行鏡每兩塊之間厚度差爲 (A)$P/10$ (B)$P/8$ (C)$P/5$ (D)$P/4$。

(　)22. 下列敘述何者正確？ (A)工件面之平面度由牛頓帶之曲率決定，曲率大者，平面度好 (B)光學平行鏡四塊成組，每塊之厚度差爲分釐卡螺桿節距之四分之一 (C)觀察光學平行鏡時，視線應與分釐卡之軸線垂直 (D)花崗石平台之兩平面平行度要求很高。

(　)23. 如右圖所示圓形部分爲一光學平鏡，矩形爲一工件，R 爲接觸線，若色帶形狀如圖，則代表 (A)以接觸線爲準，中部凸出 (B)以接觸線爲準，中部凹下 (C)中間平坦，接近兩側處較低 (D)不規則表面。

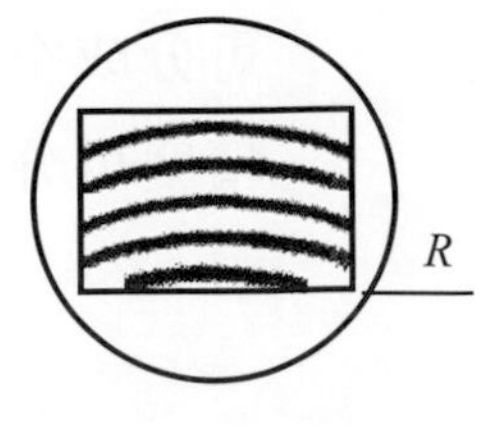

(　)24. 光學平鏡的材質大都是　(A)玻璃　(B)石英石　(C)大理石　(D)鑽石。

(　)25. 使用光學投影機最難測量的螺紋部位是　(A)牙角　(B)外徑　(C)節距　(D)節徑。

(　)26. 何者不是工具顯微鏡主要的用途？　(A)螺紋牙角　(B)工件表面情況　(C)與標線片比較測量　(D)小工件放大描繪。

(　)27. 下列敘述何者正確？　(A)CNS 之鑄鐵平台分爲 0、1、2 三級　(B)平台試磨法可檢驗平台之平行度　(C)最精密及常用之平台平面檢驗爲塊規及直規檢驗法　(D)光學平鏡係利用光波反射原理檢驗工件。

(　)28. 下列敘述何者正確？　(A)CNS 將光學平鏡分爲 1、2、3 級　(B)光學平鏡之空氣楔每距一波長會產生一條暗帶　(C)光學平鏡檢驗大都用氦的單色光　(D)光學平鏡可用來比測塊規厚度差、平行度及平面度。

(　)29. 應用光學平鏡檢驗分厘卡主軸之平面度時，色帶呈何種分布代表所檢驗的面爲極平坦？　(A)直線分布　(B)同心圓狀　(C)內凹圓弧狀　(D)放射狀。

(　)30. 光學平鏡檢驗時不生色帶的原因是　(A)工件面精光度不夠　(B)工件面上有灰塵、毛邊　(C)空氣間距不當　(D)以上皆是。

(　)31. 下列有關光學投影機之敘述，何項不正確？　(A)應用光的直線前進原理做輪廓投影　(B)利用光的反射原理做表面投影　(C)輪廓投影呈現放大的倒立實像　(D)大型工件宜選用向上型。

(　)32. 氦氣黃色燈光 1 波長等於　(A)0.588μm　(B)0.231μm　(C)0.294μm　(D)0.116μm。

(　)33. 利用波長爲λ的單色光，產生干涉之光學平鏡，相鄰兩黑色帶間的高度差爲　(A)$\lambda/4$　(B)$\lambda/2$　(C)λ　(D)2λ。

(　)34. 下列敘述何項正確？　(A)指示量表之表面刻度大都爲平衡式　(B)觀察光學平鏡時，視線與光學平鏡之距離至少應爲光學鏡外徑之 4～7 倍　(C)光學平鏡檢驗近似於平之表面，大都用接觸法　(D)光學平鏡之牛頓帶以 4～7 倍時，觀測情形最好。

( )35. 與光學投影機比較，工具顯微鏡之特色為 (A)以量測為主 (B)大工件檢驗 (C)特殊曲線檢驗 (D)金相觀測。

( )36. CNS 制訂之光學平鏡等級為 (A)AA、A、B (B)1、2、3 (C)AA、A、B、C (D)0、1、2 級。

( )37. 光學投影機之投影透鏡的放大倍率通常不用 (A)10X (B)20X (C)30X (D)50X。

( )38. 應用光學平鏡(或光學平行鏡)檢驗工作之平面度時，其精度可達 (A)第一光波波長 (B)二分之一光波波長 (C)四分之一光波波長 (D)精度與所用光源光波長無關。

( )39. 光學投影機或工具顯微鏡量測工件若超過載物台測量範圍的補助測定量具是 (A)指示量表 (B)電子比較儀 (C)分厘卡測頭 (D)精測塊規。

( )40. 光學平鏡與工件間之含角愈大，則色帶數目 (A)愈少 (B)無關 (C)愈多 (D)相等。

( )41. 光學平鏡壓在 A 級塊規面上，在太陽光下觀察成 (A)黑白相間色帶 (B)三彩的色帶 (C)五彩的色帶 (D)七彩色帶。

( )42. 工具顯微鏡檢驗工件，對沒有金屬光澤之工件表面，適用的照明法是 (A)透射照明法 (B)反射照明法 (C)垂直反射照明法 (D)斜向反射照明法。

( )43. 下列敘述何者正確？ (A)水平儀之曲率半徑愈大，靈敏度愈高 (B)光學平鏡不能測工件錐度 (C)塞規通過端應設於工件上限 (D)量規可測知工件實際尺寸。

( )44. 有關光學平鏡之敘述何者為誤？ (A)以光波干涉之原理進行量測 (B)以玻璃製成之圓形平台，鏡子兩面均經過極精細的超光研磨 (C)可用於作尺寸微差之高度比較 (D)可用於檢驗工件之平面度。

( )45. 下列何者不是測量工件平面度的方法？ (A)利用光學平鏡及單色燈測量 (B)利用光學投影機測量 (C)使用量表與平台測量 (D)使用精密水平儀測量。

(　)46. 有關光學平鏡之敘述何者錯誤？　(A)利用光波干涉原理檢驗工作　(B)平鏡底部與工件面間每距半波產生一次干涉　(C)黑帶彎曲朝向楔形薄處 3 個間隔，表工件凹入 0.882μ"　(D)與工件間之含角大則黑帶數目多。

(　)47. 下列何者不是光學平鏡的應用？　(A)平面度檢驗　(B)平行度檢驗　(C)計算干涉條紋數目，可作誤差之檢驗　(D)微細孔徑之眞圓度量測。

(93 年二技)

(　)48. 下列何者不是光學投影機的優點？　(A)對於彈性或脆性工件可作非接觸性測量　(B)不規則形狀工件可同時測量數個部位　(C)封閉性之物體可作內部構造檢查　(D)長度、直徑、角度均可量測。

(　)49. 小面積高精密度的工件平面要使用的檢驗量具是　(A)光學平鏡　(B)自準望遠鏡　(C)水平儀　(D)槓桿式量表。

(　)50. 以 60°V 型車刀車削 V 形槽，經光學投影機測得爲 62°，下列原因中何者爲誤？　(A)刀尖成傾斜　(B)刀尖中心過高　(C)工件置於光學投影機物架之位置太低　(D)工件置於光學投影機物架時成傾斜。

(　)51. 工具顯微鏡主要用途，下列何者正確？　(A)長度、角度比對量測，是屬非接觸性量測　(B)內孔尺寸之量測，是屬非接觸性量測　(C)偏心量之量測，是屬接觸性量測　(D)接觸性量測，會磨損工件及量具。

(　)52. 下列何者不是工具顯微鏡的用途？　(A)測量螺紋之節距、牙角等尺寸或外形　(B)檢驗金相表面之晶粒狀況　(C)檢查刀具之刀腹磨耗程度　(D)檢查工件之平面度。

(　)53. 在光學量測中，對沒有金屬光澤之工件表面，適用的照明法是　(A)透射照明法　(B)反射照明法　(C)垂直反射照明法　(D)斜向反射照明法。

(　)54. 關於量具使用，下列敘述何者不正確？　(A)利用光學平鏡及單色光源觀察干涉條紋，可檢驗塊規之眞平度　(B)若正弦桿公稱尺寸 50mm，工件角度 30°，則墊高的塊規高度應爲 21.65mm　(C)厚薄規(Thickness Gauge)可用於量測配合件的餘隙大小　(D)三線量測法可用於量測螺紋的節徑。

(93 年二技)

( )55. 關於工具顯微鏡之用途，下列敘述何者不正確？ (A)可觀測小型工件輪廓與形狀 (B)可觀測工件表面加工的情況 (C)可觀測刀具的尺寸與角度 (D)可進行非接觸式之三次元量測。 (94年二技)

( )56. 關於光學平鏡之操作特性，下列敘述何者不正確？ (A)進行比較式量測時，需要利用樣規作爲比較之依據 (B)利用光波之干涉原理所形成之明暗色帶，進行工件尺寸之量測 (C)使用單色燈做爲光源，以避免發生光學色散的現象 (D)可用於檢驗工件之平面度及平行度。 (94年二技)

( )57. 光學投影機不適合用於下列何者量測？ (A)盲孔錐度 (B)螺紋導程 (C)齒輪形狀 (D)刀面角度。 (95年二技)

( )58. 在光學量測技術中經常使用到雷射，下列何者不是雷射的主要特性？ (A)高反射率(Reflectivity) (B)高同調性(Coherence) (C)高單色性(Monochromaticity) (D)高指向性(Directionality)。 (95年二技)

( )59. 使用光學平鏡來量測工件的平面度時，最主要是利用光的何種原理？ (A)反射 (B)折射 (C)漫射 (D)干涉。 (95年二技)

( )60. 工具顯微鏡常使用標準片來進行觀測比較工作，該標準片一般都安置於何處？ (A)目鏡下方 (B)載物台下方 (C)物鏡下方 (D)基座下方。 (95年二技)

( )61.下列有關光學投影機之應用，何者最不正確？ (A)適用於量測工件長度 (B)適用於量測螺紋牙角 (C)適用於量測深孔深度 (D)適用於量測工件輪廓。 (98年二技)

( )62.利用下圖所示之光學平鏡與塊規安排，可使用比較式測量方法求出鋼球直徑D；若單色光波長爲λ，光學平鏡上觀察到N條干涉條紋，則其直徑表示式爲下列何者？ (A)$D=[\lambda/2\times N\times(P/W)]+H$ (B)$D=[\lambda/2\times N\times(W/L)]+H$ (C)$D=[\lambda/2\times N\times(L/W)]+Q$ (D)$D=[\lambda/2\times N\times(L/W)]+H$。 (98年二技)

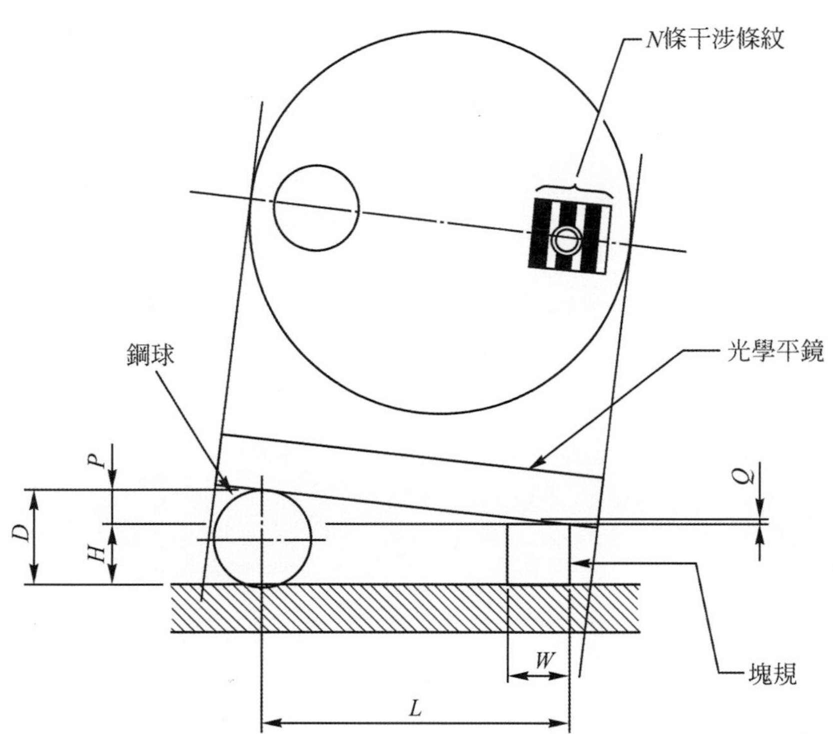
N條干涉條紋
鋼球
光學平鏡
P
Q
D
H
塊規
W
L

Chapter 9

真圓度量測

9-1 真圓度的定義

9-2 真圓度的測量方法

9-3 半徑法量真圓度之記錄圖形

9-4 真圓度測量機

9-1 真圓度的定義

工件圓形部份與理想的偏差量，以數字表示之，即所謂之**真圓度**(Roundness)。爲了便於量測時尋找其中心點，則眞圓度亦可定義爲：二個能包絡圓形工件輪廓的同心圓之最小半徑差，如圖 9-1.1 所示。

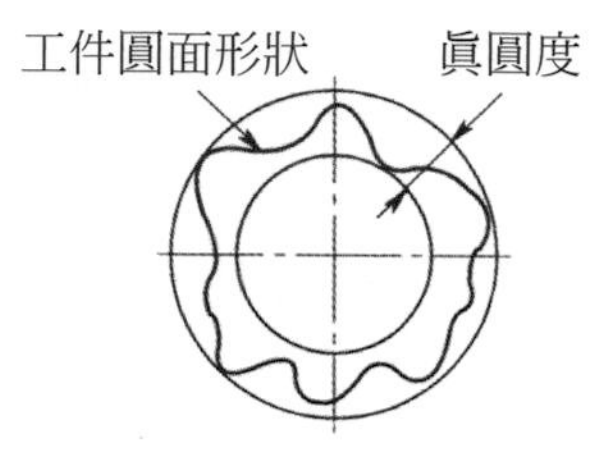

圖 9-1.1 真圓度

9-2 真圓度的測量方法

眞圓度的量測方法大致歸納爲三種：(1)直徑法；(2)三點法；(3)半徑法，分別敘述如下：

一、直徑法

直徑法如圖 9-2.1 所示，工件用分厘卡、缸徑規或較精密量表與平台等測量數點直徑，由其中最大直徑與最小直徑之差值爲其眞圓度；此法較適用於橢圓形或偶數凸形之量測。

二、三點法

三點法如圖 9-2.2 所示，又名**V型枕量測法**，工件放置V型枕上，設定量表測頭接觸工件之最凸點，然後將工件小心緩慢旋轉一圈，並確保轉動中的工件在量測時都能與V型枕保持接觸，由量表測出最高點與最低點之差爲其眞圓度；此法較適用於奇數凸形工件之量測。

若測量長軸工件須使用兩塊 V 型枕來支撐，將量表安置於其間，量表的位移量受軸線是否彎曲等因素所影響，如圖 9-2.3 所示。

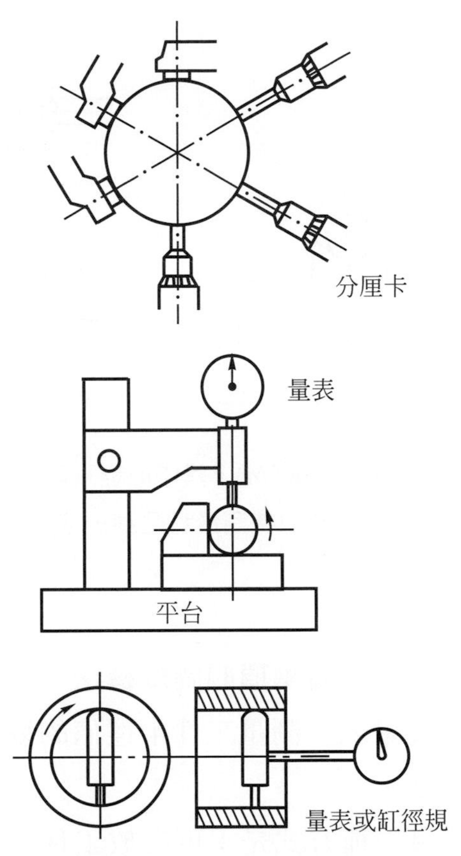

圖 9-2.1　直徑法量真圓度

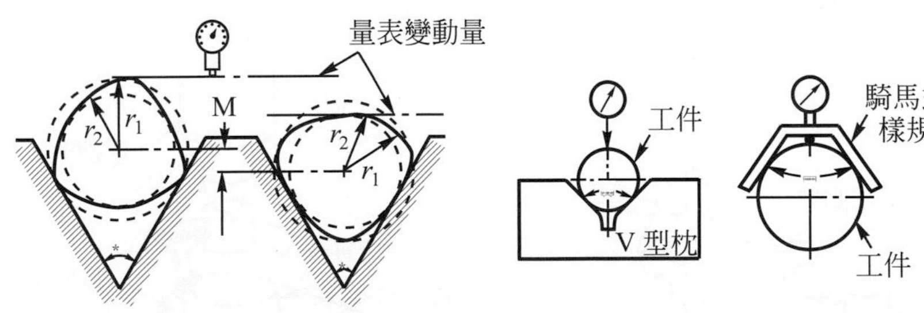

(a) V 型枕量眞圓度原理

(b) 三點法量小直徑之眞圓度

(c) 三點法量大直徑之眞圓度

圖 9-2.2　三點法量真圓度

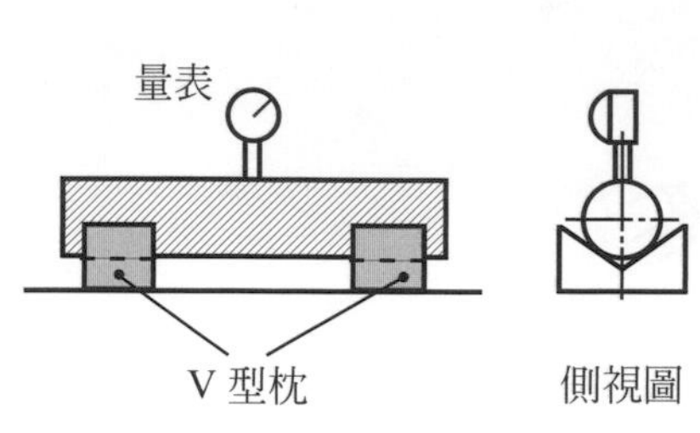

圖 9-2.3　三點法量長軸之真圓度

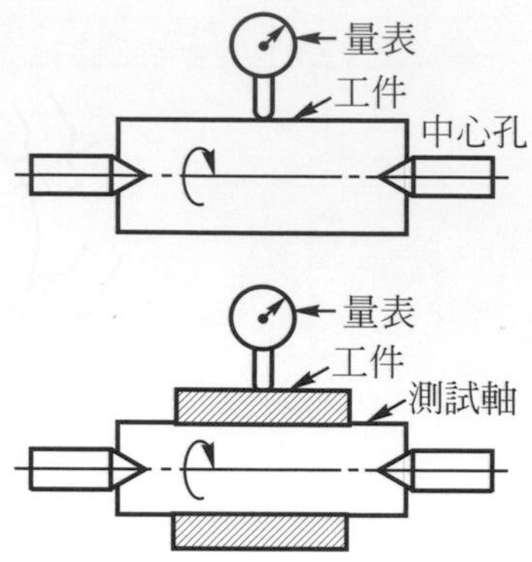

圖 9-2.4　半徑法量真圓度

註　V 型枕角度θ之計算公式為 $180° - (360°/n)$，其中n為凸圓數；則 60° V 型枕測量三凸圓，108° V 型枕測量五凸圓，128°34' V 型枕測量七凸圓，依此類推。

三、半徑法

半徑法如圖 9-2.4 所示，又名**兩頂心間旋轉法**，將工件夾持於兩頂心間轉動，於垂直中心線方向架設量表，測量工件半徑値的變化量，由量表測出最高點與最低點之差爲其眞圓度。

除上述之外，半徑法另一種方式是：可置放工件於載物台旋轉，探測器接觸工件且不動，由工件轉動以讀取眞圓度値，如圖 9-2.5 所示；或固定工件不動，利用探測器接觸工件並繞著工件迴轉以讀取眞圓度，如圖 9-2.6 所示。一般眞圓度量測機屬此方法，後面詳述之。

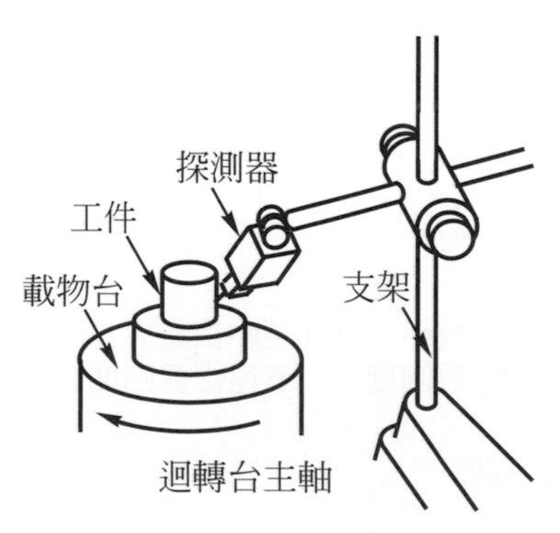

圖 9-2.5　工件轉動量真圓度

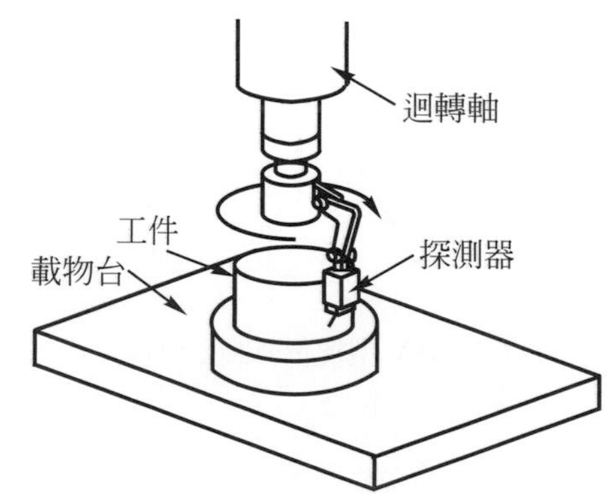

圖 9-2.6　測軸迴轉量真圓度

9-3 半徑法量真圓度之記錄圖形

以半徑法測量工件圓周相當多點的圖形，可利用記錄器描繪於記錄紙上，按工件圓面形狀誤差，依此法採高倍放大方式描繪成一封閉環線，然後計算圖形之最大半徑與最小半徑之差，作爲工件的眞圓度值。記錄圖形的分析是以特定方法先決定圖形的中心(如圖 9-3.1)，再算出眞圓度；其特定方法有下列四種：

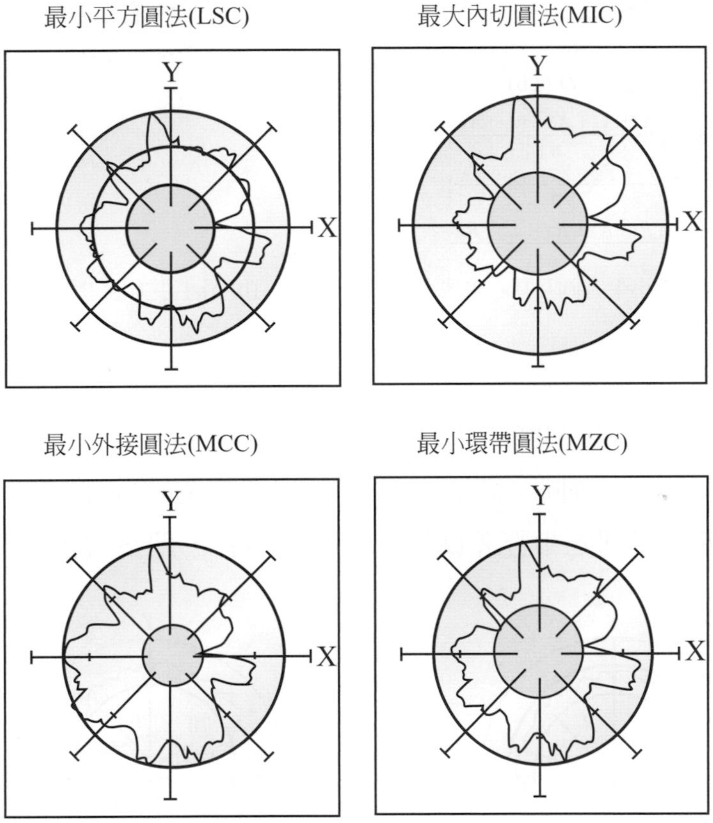

最小平方圓法(LSC)　　最大內切圓法(MIC)

最小外接圓法(MCC)　　最小環帶圓法(MZC)

圖 9-3.1　四種決定圖形中心的方法

一、最小平方圓法(Least Squares Circle，LSC)

如圖 9-3.2(a)所示，由記錄圖形中求出一圓，使其波峰及波谷與此圓之徑向距離之平方和爲最小，得此圓之半徑爲R。再以此圓之圓心O作記錄圖形的最大波谷之內切圓及最大波峰之外接圓，則二者之半徑差($R_{max}-R_{min}$)即爲眞圓度值。

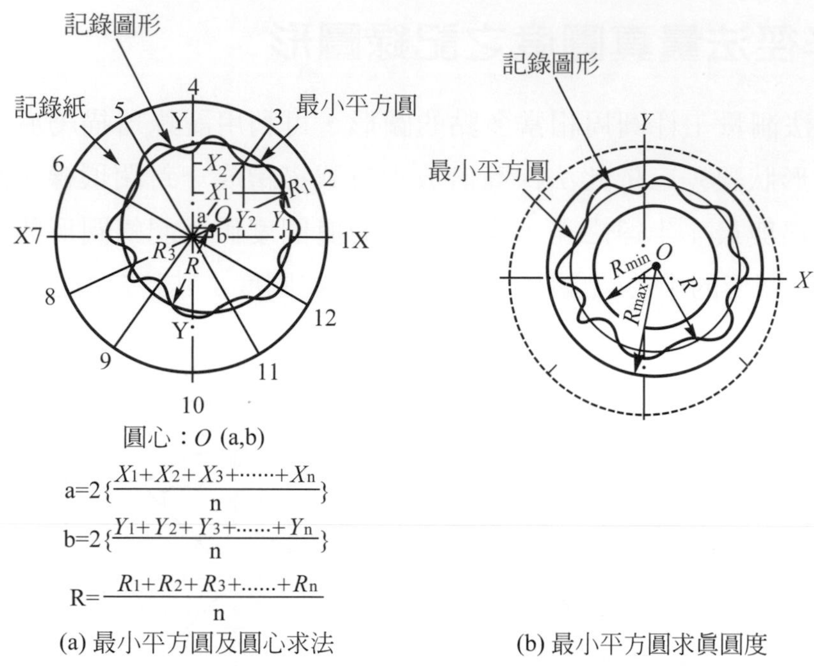

(a) 最小平方圓及圓心求法　　(b) 最小平方圓求眞圓度

圖 9-3.2　最小平方圓

二、最小環帶圓法(Minimum Zone Circle，MZC)

如圖 9-3.3 所示，令同一圓心之內切圓(R_1)及(R_2)外接圓爲一組，則在各組中找出內切圓與外接圓之半徑差(R_2-R_1)爲最小者，即爲眞圓度值。

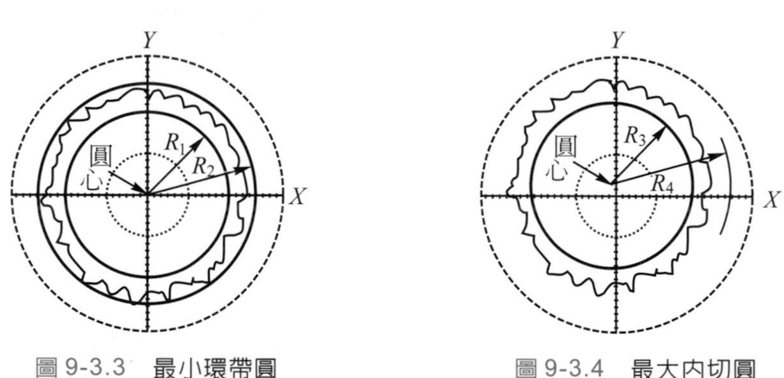

圖 9-3.3　最小環帶圓　　圖 9-3.4　最大內切圓

三、最大內切圓法(Maximum Inscribed Circle，MIC)

如圖 9-3.4 所示，先求出記錄圖形之最大之內切圓(R_3)，再以其圓心作最大波峰之外接圓(R_4)，此二圓之半徑差(R_4-R_3)即爲眞圓度值。

四、最小外接圓(Minimun Circumscribed Circle，MCC)

如圖 9-3.5 所示，先求出記錄圖形之最小之外接圓(R_5)，再以其圓心作最大波谷之內切圓(R_6)，此二圓之半徑差($R_5 - R_6$)即爲眞圓度值。

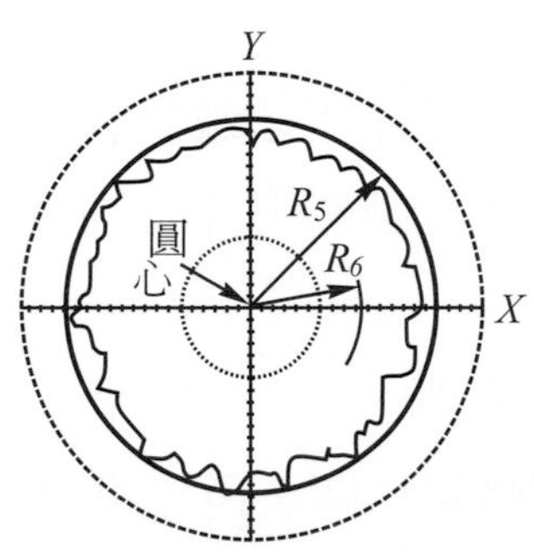

圖 9-3.5 最小外接圓

註 上述求記錄圖形中心的四種方法所得之真圓度值，其大小分別為 MZC ＜ LSC ＜ MIC ＜ MCC。

9-4 真圓度測量機

眞圓度測量機(Roundness Measuring Machine)如圖 9-4.1 所示，係利用電子探測器偵測工件不規則的外形，將其所產生的左右移動量，轉換成依比例放大的信號，直接顯示結果於電腦螢幕上，或記錄成一張圖形並印出數據。

圖 9-4.1 真圓度測量機[1]

一、真圓度測量機的種類

眞圓度測量機依其主軸設計的形成分爲載物台迴轉型及探測器迴轉型兩種，如前 9-2 節所述。

1. 載物台迴轉型

如圖 9-2.5 所示，將工件置於載物台上並旋轉，而探測器固定於支架上不動，隨著工件轉動即測得其半徑方向的凹凸狀況。此型機種之特色如下：

⑴ 簡化複雜形狀工件之量測。

⑵ 因探測器與載物台迴轉軸無關，所以更容易用來測量同心度、平行度、垂直度與平面度等。

⑶ 欲測工件之高度及直徑不受限制。

⑷ 迴轉台與工件的重量需由轉軸支撐，因此工件重量及偏斜量是考慮因素。

2. 探測器迴轉型

如圖 9-2.6 所示，將工件置於靜止的載物台上，而探測器隨著迴轉軸轉動，沿著工件圓周測量眞圓度。此型機種之特色如下：

⑴ 精密的迴轉軸，僅承受適當轉速及固定負荷，故設備成本較低，但可達到很高的精度。

⑵ 適用於重型工件，且測量點不受工件偏心的影響。

⑶ 欲測工件之高度受探測器迴轉軸之限制。

⑷ 欲測工件之圓周需比載物台的直徑小。

二、真圓度測量機的構造

眞圓度測量機的基本構造包含載物台、探測器、放大器及記錄器等，如圖 9-4.2 所示。

1. 載物台

載物台迴轉型之眞圓度測量機是利用載物台旋轉，爲了避免載物台產生顫振及位移，所以利用空氣軸承支撐迴轉載物台，由空壓調節器輸入足夠的氣壓後，載物台始可轉動。載物台亦可作徑向移動及傾斜角度

等調整，故置於載物台上的工件可調整定心及水平位置，以免工件端面與工件軸線不垂直時，量測出來的圖形成橢圓形。

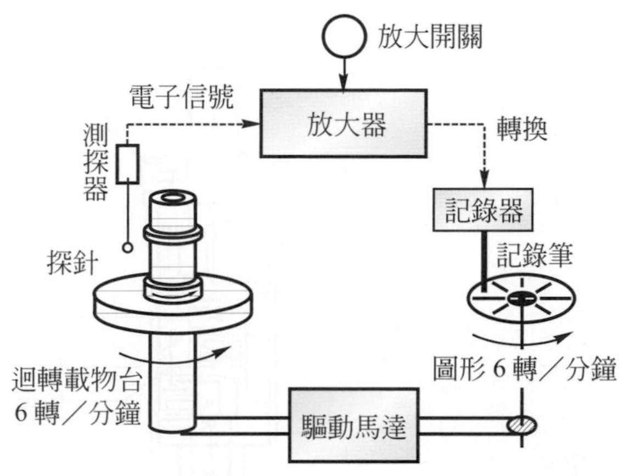

(a) 眞圓度測量機構造簡圖 (英 Talyrond 100 型)

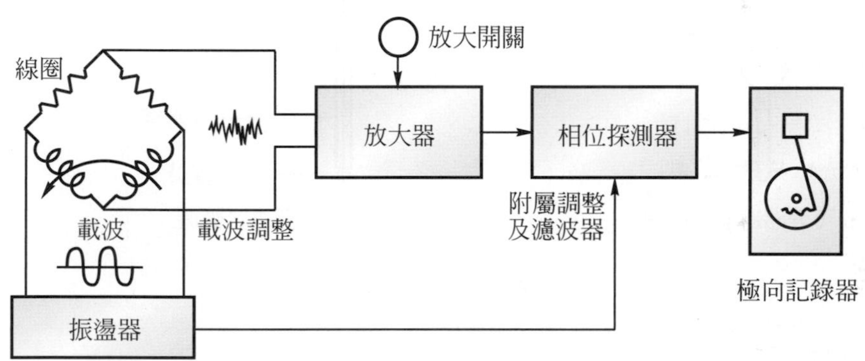

(b) 電子放大系統

圖 9-4.2　真圓度測量機之基本架構

2. 探測器

探測器又稱**收錄器**，其作用是將探針微小運動的變化轉換成電子信號，一般採用**線性差動變壓器(LVDT)**感應，如圖 9-4.3 所示。探針的位移經探針臂與支軸傳到感應線圈，再和一交流電路相連。當電樞在線圈中央時，電橋平衡，則輸出為零；電樞移動時，電橋不平衡，則輸出的信號與探針運動成比例。

探針的材料常用硬鋼製成，且尖端鑲鑽石或藍寶石，直徑約 5mm、3mm 或 1.5mm。量測時需注意探針偏斜，以不超出 10°爲原則，否則會造成餘弦誤差。

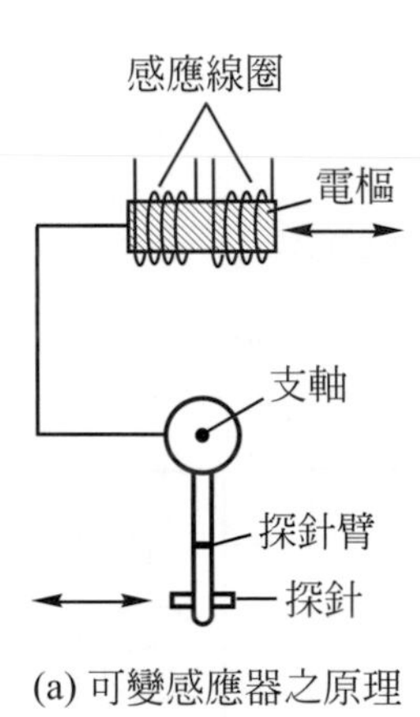

(a) 可變感應器之原理

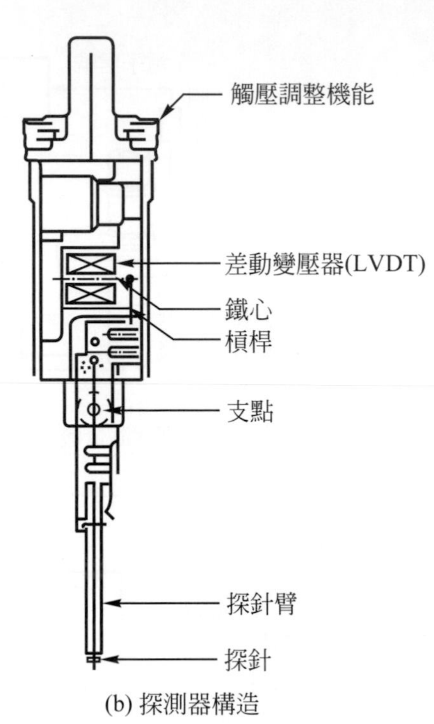

(b) 探測器構造

圖 9-4.3　探測器

3. 放大器

放大器是將探針之位移量傳至探測器而發出的電子信號放大，並且加以濾波，可濾去粗糙表面的幾何形狀，即表面粗糙度的緊密不規則分布點，而留下的圖形與實際形狀相同。

4. 記錄器

接收電子放大器信號，利用電的作用，在電子感應的記錄圖紙上產生清晰的細紋。記錄圖紙是由許多同心圓組成的圓形座標，量測結果可永久保存。記錄筆的形式是墨水筆或放電筆或電子筆。目前新型的眞圓度測量機可利用螢幕直接顯示或列表機印出圖形，以取代昂貴的記錄器與記錄圖紙。

三、真圓度測量機的用途

眞圓度測量機除了可測量**真圓度**之外，尚可作其他多種應用量測，如圖 9-4.4 所示，其中爲**真平度**、**垂直度**、**同心度**、**平行度**及**同軸度**等的量測。

註　高級的真圓度測量機除了上述的量測功能外，也可量測**真直度**、**圓柱度**及**偏轉度**等。

(a) 眞圓度

(b) 眞圓度 (切口工件)

(c) 眞平度

(d) 同心度

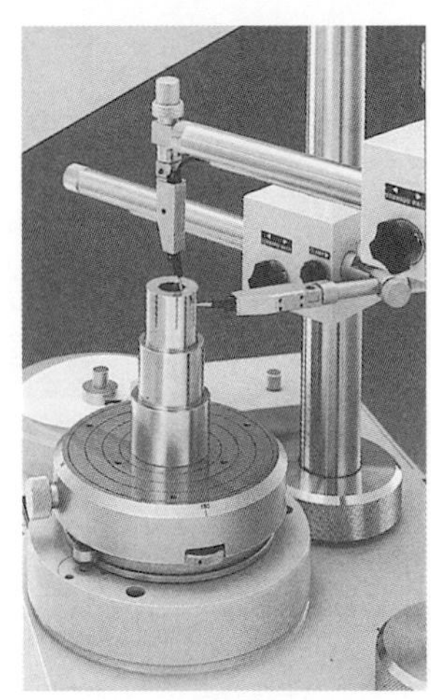

(e) 垂直度

(f) 平行度

圖 9-4.4　真圓度測量機的用途

(g) 同軸度

圖 9-4.4　真圓度測量機的用途(續)

四、真圓度測量機的保養及維護

眞圓度測量機是高精度儀器，爲確保性能能充分發揮，延長使用壽命，必須做好保養及維護的工作，茲將有關載物台迴轉型之眞圓度量測機應注意事項分述如下：

1. 量測前的檢查

⑴ 檢查空氣壓力數值(依各機型而定)。

⑵ 檢查空氣濾清器，將累積在濾清器底部的水排放掉，此步驟需停止空氣壓力供應後實施。

⑶ 檢查各項連接管線。

⑷ 擦拭載物台之防銹油。

2. 量測後之保養

⑴ 除去載物台及旋轉台上之灰塵污垢，並塗上防銹油。

⑵ 空氣濾清器之積水排除。

⑶ 清潔探針。

3. 定期保養

⑴ 空氣濾清器元件之更換。

① 空氣濾清器及壓力調節器需同時更換。

② 若使用時間超過其時限或減壓閥開啓後，壓力表在 1 kg/cm^2 以上，則應更換元件。

⑵ 精度的調整。

實習 9-4　真圓度測量機

實習目的

1. 瞭解眞圓度測量機之構造名稱及量測原理。
2. 認識眞圓度測量機之功能及操作方法。
3. 從實際的量測操作過程中，認識各量測參數所代表之意義。

實習設備

眞圓度測量機(圖 9-4.1)，包含：

1. 載物台。
2. 探測器。
3. 放大器。
4. 記錄器。
5. 軟體－ROUNDPAK100。
6. 電腦及周邊設備。

實習原理

請參照 9-2 節、9-3 節及 9-4 節。

實習步驟

1. 調整測定平台的水平位置

   適當地設定鍵盤，接著調整檢出器的位置，然後旋轉傾斜調整鈕，使測定平台成水平，微調接觸位移、角度及零點條整鈕，使刻度歸零。縮小量測範圍，並重複上述步驟，以完成水平調整。

2. 求出工件的中心

   適當地設定鍵盤，調整檢出器與工件適當地接觸，旋轉調心鈕，使工件中心與旋轉中心一致；微調以完成中心調整。

3. 使工件軸心與旋轉台軸心一致

適當地設定鍵盤，使檢出器位置離測定台 45mm(若工件高度小於45mm時，使檢出器接近測定台)，求得工件中心，使檢出器接近工件上端，再調水平即可。

4. 測眞圓度
   (1) 設定CAL鍵為OFF。
   (2) 設定求值方法：LSC或MIC或MCC或MZC。
   (3) 設定範圍RANGE。
   (4) 設定濾波值FILTER。
   (5) 設定TABLE為ON。
   (6) 設定START/STOP為ON。
   (7) 設定TABLE為OFF。
5. 輸出結果
   (1) 自動列印：量測前先按SET鍵，則DATA及GRAPH鍵成ON，即可自動列印。
   (2) 手動列印：量測後按DATA鍵，再按GRAPH鍵即可。

實習結果——真圓度測量機

1. 外徑量測(工件端面與軸線垂直)。
2. 內徑量測。
3. 外徑量測(工件端面與軸線不垂直)。
4. 切槽工件量測。

1. 外徑量測(工件端面與軸線垂直)

	1	2	3	平均	1	2	3	平均	1	2	3	平均	1	2	3	平均
眞圓度 P+V																
偏心量 X、Y																
波峰 P																
波谷 V																
平均 眞圓度 MLA																

2. 內徑量測

	LSC				MIC				MCC				MZC			
	1	2	3	平均	1	2	3	平均	1	2	3	平均	1	2	3	平均
眞圓度 P+V																
偏心量 X、Y																
波峰 P																
波谷 V																
平均 眞圓度 MLA																

3. 外徑量測(工件端面與軸線不垂直)

	1	2	3	平均	1	2	3	平均	1	2	3	平均	1	2	3	平均
眞圓度 P+V																
偏心量 X、Y																
波峰 P																
波谷 V																
平均 眞圓度 MLA																

4. 切槽工件量測

	LSC				MIC				MCC				MZC			
	1	2	3	平均	1	2	3	平均	1	2	3	平均	1	2	3	平均
眞圓度 P+V																
偏心量 X、Y																
波峰 P																
波谷 V																
平均 眞圓度 MLA																

討　　論

1. 以半徑法測量工件眞圓度值時，何種方法量得的值最小？
2. 一般眞圓度測量機的眞圓度測量方法，也是國際上最普遍的眞圓度表示法爲何？
3. 工件量測前，必須做一些事先的調整校正，常用的爲何？

練習題

( )1. 以眞圓度量測儀進行圓柱形工作之眞圓度量測時，若旋轉工作台之水平度未調整好，則下列何者近似於所測出之圖形？ (A)橢圓 (B)眞圓 (C)正方形 (D)三角形。 (97 年二技)

( )2. ①代表調整旋轉工作台之水平，②代表調整旋轉工作台之中心，使之與圓形工件中心軸重疊，③代表將工件放置於旋轉工作台，④代表開始量測獲取數據；就上述旋轉工件眞圓度量測儀之主要操作步驟，依先後順序排列，下列何者正確？ (A)③→②→①→④ (B)①→②→③→④ (C)①→③→②→④ (D)②→③→①→④。 (96 年二技)

( )3. 眞圓度測量機無法作下列何種量測？ (A)眞直度 (B)位置度 (C)同心度 (D)平行度。 (93 年二技)

( )4. 下列敘述何者正確？ (A)氣體規之規體與工件之間隙大，則流量大，背壓小 (B)量測三凸圓之眞圓度，V 枕之夾角應爲 (C)眞圓度測量儀係以直徑法測量眞圓度 (D)LSC 眞圓度比 MZC 小 1～2％。

( )5. 下列敘述何者錯誤？ (A)眞圓度量測儀測眞圓度時，可同時記錄表面粗糙度 (B)分厘卡之襯筒取套筒 9 格分爲 10 等分，其精度爲 1μm (C)精度 0.02mm 及 0.05mm 之游標卡尺均可讀出 12.200mm (D)CNC 機器常以光學尺檢驗刀座移動量。

( )6. 將圓形工件置於 V 形枕上而旋轉一圈，量表指針觸及工件外圓周所顯示之指針擺動最大值，是那一種眞圓度量測法？ (A)直徑法 (B)兩點法 (C)三點法 (D)半徑法。

( )7. 從兩圓的半徑差除以記錄圖放大的倍數求工件眞圓度的方法是 (A)最小環帶圓法 (B)最大內切圓法 (C)最小平方圓法 (D)最小外接圓法。

( )8. 適用於非等徑凸圓工件眞圓度的測量法是 (A)半徑法 (B)直徑法 (C)二點法 (D)三點法。

( )9. 眞圓度值之比較，正確者爲 (A)MCC > MIC > LSC > MZC (B)MIC > MCC > LSC > MZC (C)MCC > MIC > MZC > LSC (D)LSC >

MCC ＞ MIC ＞ MZC。

(　)10. 以眞圓度量測儀測試車床加工之圓軸結果爲橢圓，其正確的原因爲 (A)圓柱材料硬度不均 (B)被測圓柱成傾斜 (C)車床主軸傾斜 (D)車床主軸偏心。

(　)11. 量測眞圓度時，何種圓及其圓心可利用數學計算求得？ (A)最小平方圓(LSC) (B)最小環帶圓(MZC) (C)最大內切圓(MIC) (D)最小外接圓(MCC)。

(　)12. 下列何種工作無法以眞圓度量測儀量測？ (A)測▱ (B)測// (C)測◎ (D)測表面粗度。

(　)13. 一直徑爲d的軸，其眞圓度量測結果爲一正三角凸圓，試問理論上剛好能容納比軸件的孔徑爲 (A)$\frac{2\sqrt{3}}{3}d$ (B)$\frac{\sqrt{3}}{2}d$ (C)$\frac{3}{2}d$ (D)d。

(　)14. 承上題，此三凸圓之內切圓眞徑爲 (A)0.736d (B)0.789d (C)0.845d (D)0.896d。

(　)15. 下列敘述何項不正確？ (A)$M<3$ 之齒形宜用工具顯微鏡檢查 (B)眞圓度量測儀係以直徑法量測工件之眞圓度 (C)以 MZC 法求得之眞圓度比 LSC 法小 1～2％ (D)60°V 形枕可測三凸圓之眞圓度。

(　)16. 計算工件眞平度的單位是 (A)公厘 (B)公分 (C)工寸 (D)公尺 的平方。

(　)17. 下列何者不是眞圓度的量測方法？ (A)四點法眞圓度 (B)三點法眞圓度 (C)直徑法眞圓度 (D)半徑法眞圓度。

(　)18. 眞圓度係工件圓形部分與眞圓相差的大小，下列那一種非其表示法？ (A)三點法 (B)直徑法 (C)半徑法 (D)十點法。

(　)19. 下列有關眞圓度量測的分析方法之敘述何者錯誤？ (A)眞圓度誤差無法以非共線三點法加以計算分析 (B)最小平方圓法的圓心及半徑是唯一的，且可被計算出來 (C)最小環帶圓法所計算的眞圓度值，比最小平方圓法所計算的眞圓度值小 (D)最大內切圓法及最小外接圓法所計算的眞圓度值，比最小平方圓法所計算的眞圓度值稍大。

( )20. 一工件進行眞圓度量測時，下列何種分析方法所得到的眞圓度值(表示失圓程度)爲最大？ (A)最大內切圓法 (B)最小外接圓法 (C)最小平方圓法 (D)最小環帶圓法。 (94 年二技)

( )21. 一般的眞圓度量測儀，係藉由檢出器與工件的接觸來量測眞圓度，其符合何種眞圓度量測法？ (A)三線量法 (B)直徑法 (C)半徑法 (D)V型枕量法。 (95 年二技)

( )22. 眞圓度量測儀不適於下列何種量測？ (A)圓柱度 (B)表面粗度 (C)眞直度 (D)垂直度。 (98 年二技)

Chapter 10 座標測量機

10-1 前　言

生活中周遭的物件是由長、寬、高三方向之座標尺寸所構成的；而游標卡尺、分厘卡或指示量表等量具，僅能完成一次元之量測，即作直線式長度的量測；或投影機、工具顯微鏡等，也只是二次元量具，只能作平面式的量測。若要作立體式的量測(或稱三次元量測)，則需使用**座標測量機(Coordinate Measuring Machine，CMM)，又稱三次元測量機**，可顯示任何一點的三度座標值。

近來各種量測儀器，日新月異，量測功能趨向多樣化及電腦化，且需迅速、確實，因此座標測量機之使用愈來愈普遍，因座標測量機可節省量測時間、減少量測所需之夾具、提高量測精度及增加測定範圍與功能等優點；而其量測功能應含尺寸、定位、幾何及輪廓等精度。

10-2 座標測量機之種類

座標測量機按其構造之不同，可分為下列幾種型式：

一、水平臂式(Horizontal-Arm)

如圖 10-2.1 所示，此型因有後側壁作支持，則其**特點是量測頭左右移動相當自由**，且工作台上物件之取放非常方便，也可量測比座標測量機大的工件；但結構上最大的**缺點是懸臂易受重力影響而發生彎曲**。

二、床型橋架式(Bridge Bed Type)

如圖 10-2.2 所示，將樑架架於工作台面兩支架上，測頭樑架沿支架作 Y 軸方向移動，而樑架上的測頭可作 X 軸及 Z 軸方向移動；其構造的剛性比懸臂式強，**利於保持精度**，但**不利工作的裝卸**。

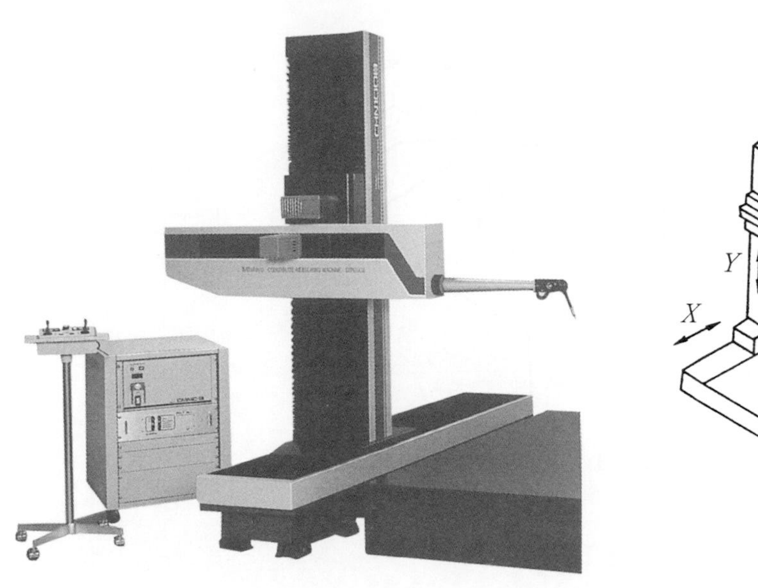

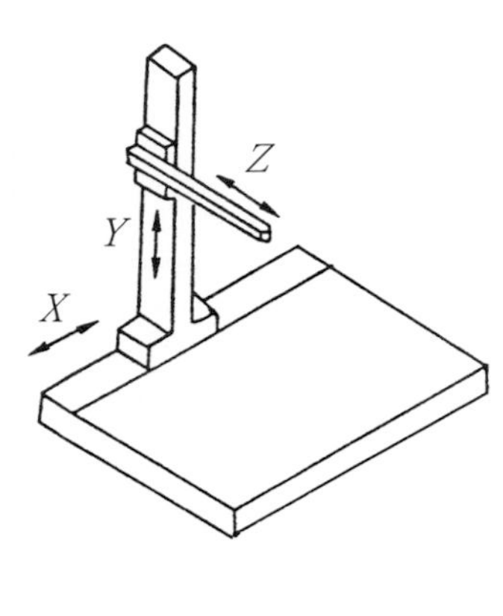

圖 10-2.1　水平臂式座標測量機

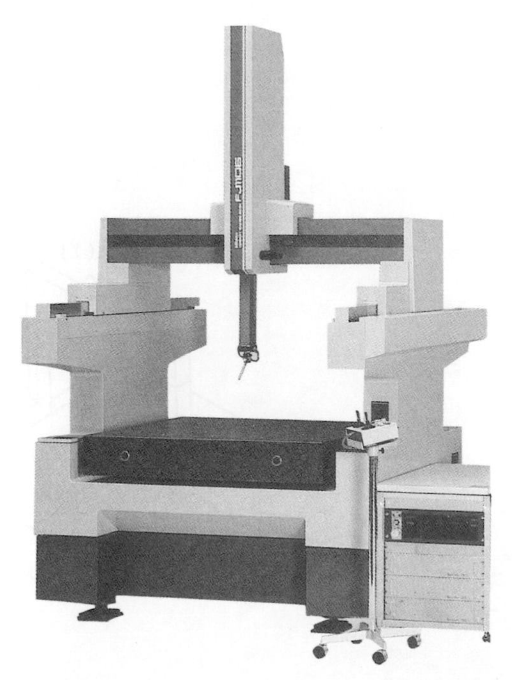

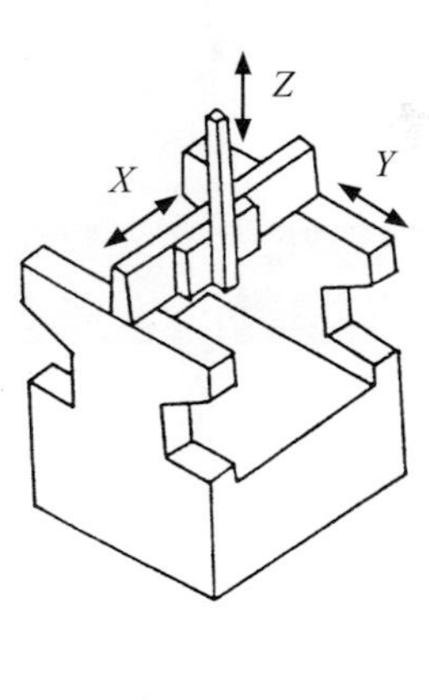

圖 10-2.2　床型橋架式座標測量機

註　兼具水平臂式及床型橋架式優點的座標測量機為水平臂橋架式，其結構如圖 10-2.3 所示。

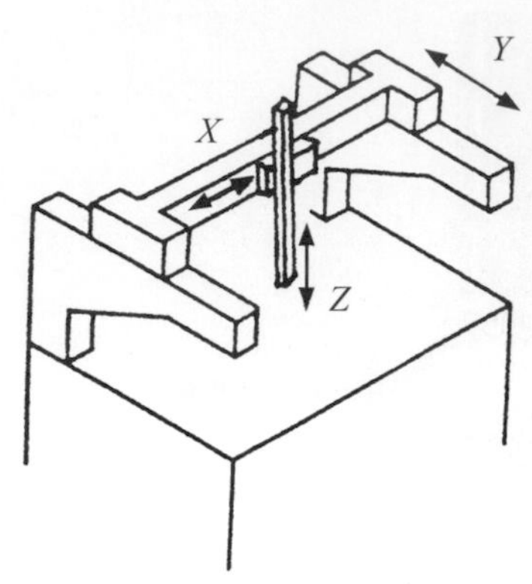

圖 10-2.3　水平臂橋架式座標測量機

三、移動橋架式(Moving Bridge Type)

如圖 10-2.4 所示，其測頭樑架與支架是一體的，拱門樑架本體可在平台上移動。

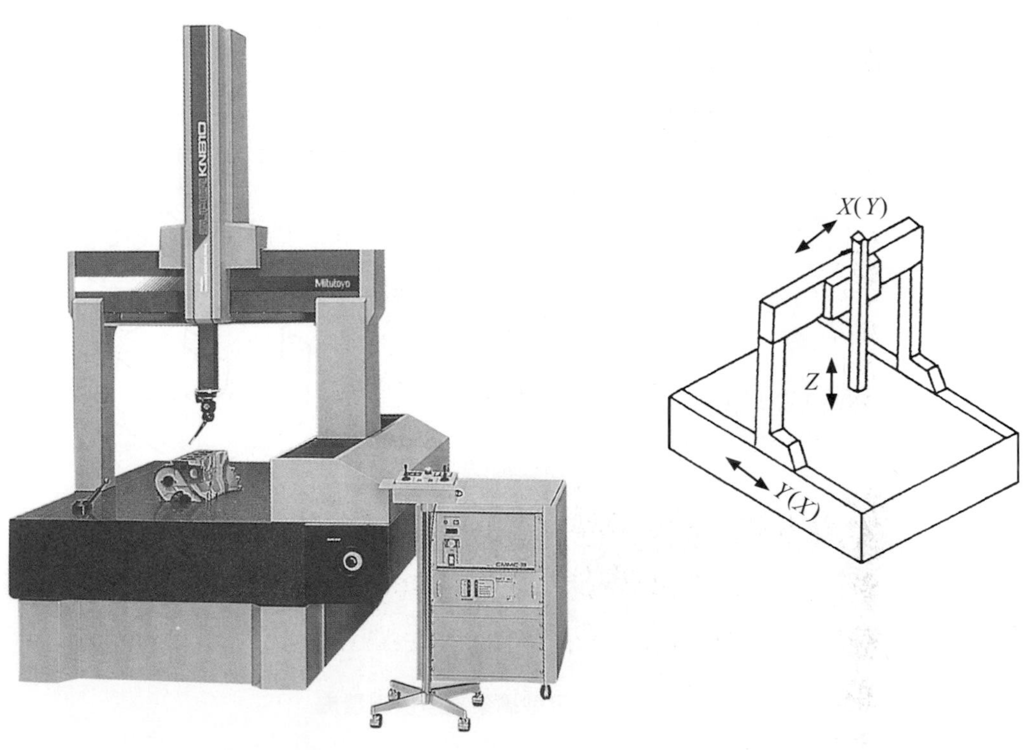

圖 10-2.4　移動橋架式座標測量機

註 1. 另有一型座標測量機為單柱 X-Y 平台式，其結構如圖 10-2.5 所示。

2. 若依其操作方式分類，則有**手動式**、**馬達驅動式**與**CNC 驅動式**等三種型式的座標測量機，其中手動式係以手推動三軸；馬達驅動式係利用遙桿控制；而 CNC 驅動式係利用電腦程式驅動馬達至待測點，以進行自動測量。

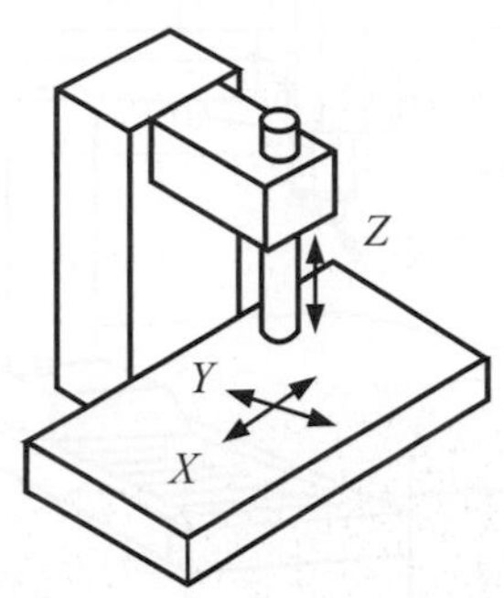

圖 10-2.5 單柱 X-Y 平台式座標測量機

10-3 座標測量機之構造

座標測量機的組成構件分爲硬體設備及軟體兩大項。軟體包括量測功能及量測數據處理等；硬體設備包括測長系統、軸向導引機構、傳動機構、量測台及測頭等，圖 10-3.1 爲空氣軸承導軌之座標測量機的構造。

一、測長系統—光學尺

座標測量機所用來量測的系統乃是應用**精密光學尺**(如圖 10-3.2，又稱**線性尺(Linear Scales)**或**線性編碼器**)，作爲 X、Y、Z 三軸的標準尺，再利用裝在 Z 軸前端之各種測頭測量工件位置；而此光學尺是由本尺、副尺、發光二極體及光電晶體所組成的，可分爲**穿透式**與**反射式**兩種，茲將其原理分別概述如下：

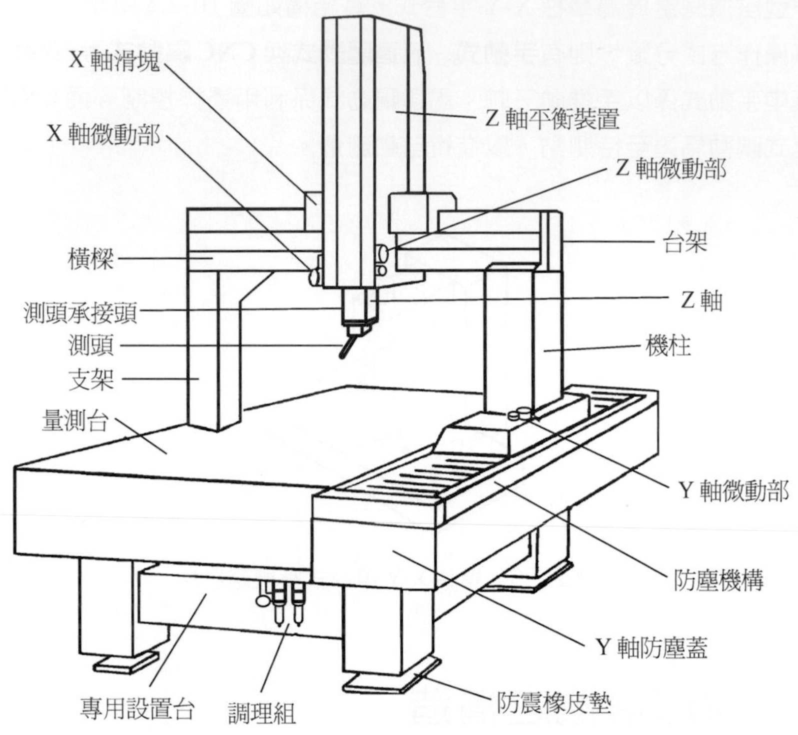

圖 10-3.1　座標測量機(拱門式)各部位名稱

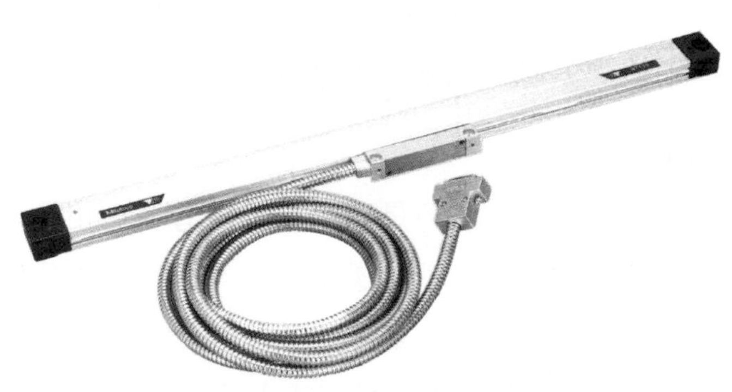

圖 10-3.2　線性尺

1. **穿透式光學尺**

如圖 10-3.3 所示，其材料以**特殊玻璃**爲主，經由精密鉻處理及照相腐蝕的方式，製成相等的光學柵欄。玻璃尺分爲本尺及副尺，其上之明暗(不透明與透明)間隔光柵，寬度均爲一微小值；副尺上兩個檢示窗的柵欄相位差爲 90°。當副尺沿本尺移動時，由發光二極體射出的光源，透過明暗變化的柵欄，經由光電晶體，產生類似正弦波的輸出信號，送至計數器計數，經加減運算後於顯示器轉換成數字。

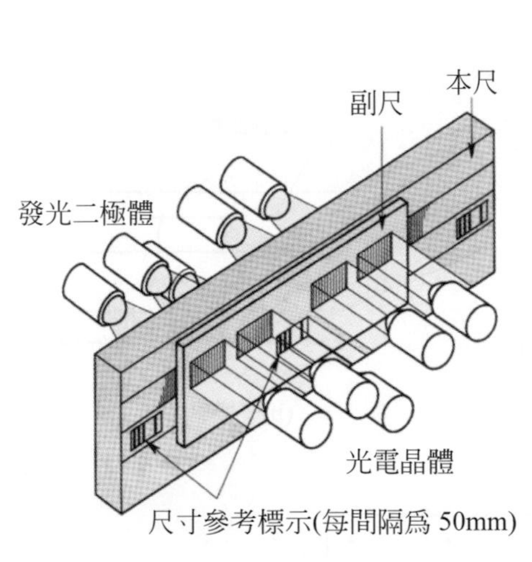

圖 10-3.3　穿透式光學尺原理

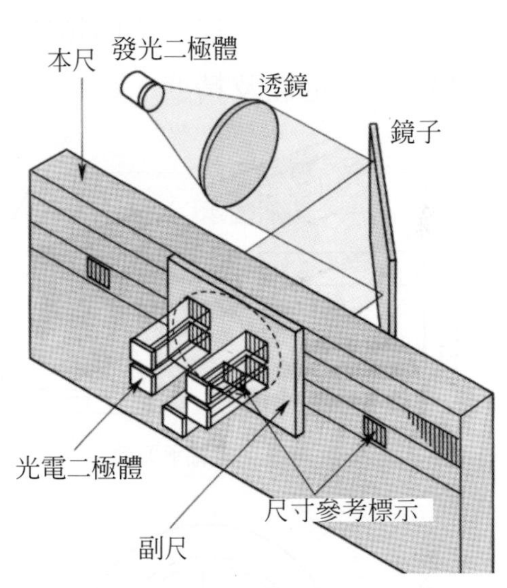

圖 10-3.4　反射式光學尺原理

2. **反射式光學尺**

如圖 10-3.4 所示，係利用**金屬板**爲材料，以不銹鋼爲主，製造方法如同穿透式，主要不同乃在於讀取檢出器是以光源反射方式讀取，再經由電子元件回路的分割轉換成數字，此型光學尺所顯示的數值較爲穩定。

註　目前所用座標測量機數值讀出方式，各軸移動最小讀數可達 1μ。

二、軸向導引機構

座標測量機各軸向導軌與軸承的接觸面，均需經過精密加工，使軸向運動時保持其量測精度；常用的導引機構有空氣軸承導軌、滾柱軸承導軌及滾珠或滾子導軌等三種。

1. 空氣軸承導軌

空氣軸承導軌座標測量機的結構如圖 10-3.5(a)所示，是在相對於導引面之作用保持適當的餘隙下作動；其具有**自動平均**的效果，如圖 10-3.5 (b)所示，即在導軌承載面積內由導引面至空氣軸承間的間隙可被平均化，使導引面之表面粗糙度的影響降低。同時因導軌在滑動中無摩擦作用存在，故空氣軸承具有**無遲滯**的優點，所以目前座標測量機大多數採用空氣軸承。另外，空氣軸承可為圓形單一鋼珠或角形複數鋼珠，如圖 10-3.5(c)所示，在單位面積內角形複數鋼珠比圓形單一鋼珠具有更好的剛性、穩定性及精度。

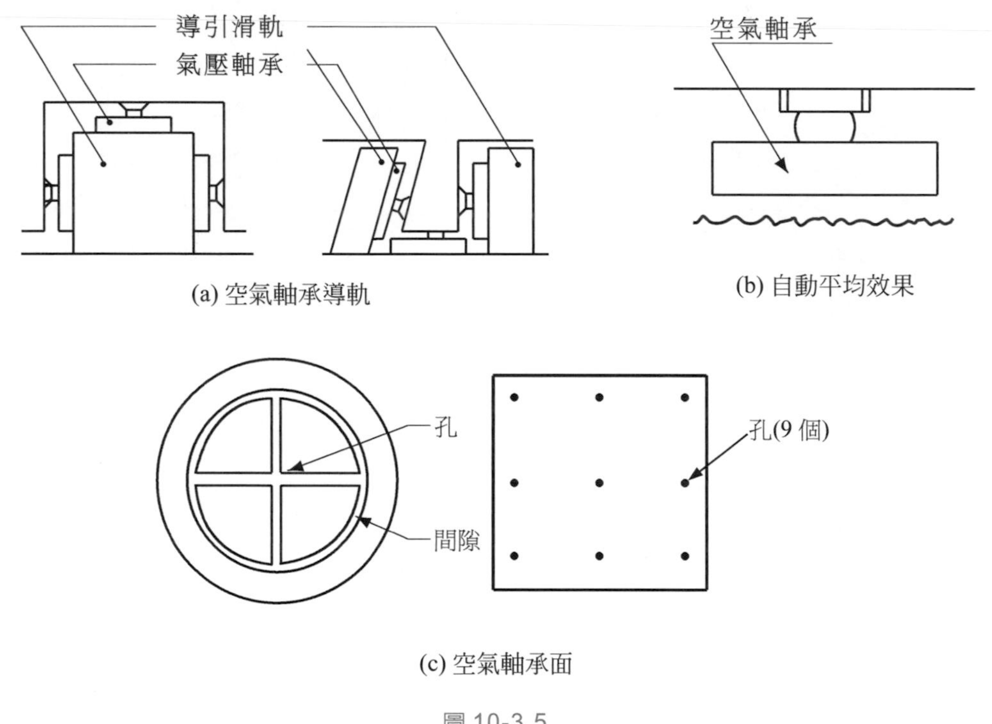

(a) 空氣軸承導軌

(b) 自動平均效果

(c) 空氣軸承面

圖 10-3.5

2. 滾柱軸承導軌

滾柱軸承導軌座標測量機的結構如圖 10-3.6 所示，因其與導引軌道的接觸為線，所以滾柱軸承導引之精度是依據導引面的真直度與軸承的徑向偏擺度而定。因此，座標測量機需採用外緣較厚的高精度滾柱軸

承，以承受較大的荷重。此種導軌的優點是不需要氣壓源、體積較小及剛性較大。

3. 滾珠或滾子導軌

滾珠或滾子導軌座標測量機的結構如圖 10-3.7 所示，因此種導軌之接觸爲點，所以需使用許多滾珠(或滾子)導引，且必須裝配直徑差異很小的滾珠或滾子。此種導軌的優點是移動件下方有排列均勻的滾珠或滾子，使得移動件不易產生扭曲變形，可獲得很高的精度。

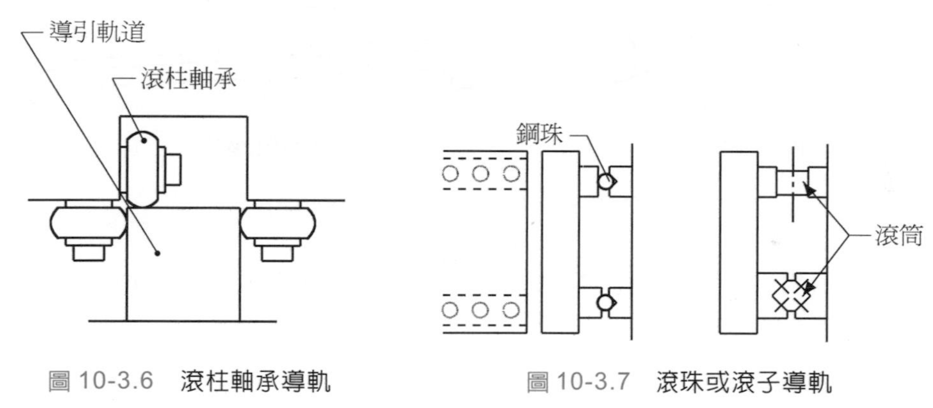

圖 10-3.6　滾柱軸承導軌　　圖 10-3.7　滾珠或滾子導軌

三、傳動機構

座標測量機各軸的傳動機構如圖 10-3.8 所示，有(a)滾珠導螺桿式，其剛性較高、傳動較平穩；(b)齒條及小齒輪式，適用於大型三次元量床；(c)半螺帽與螺桿式，不適合高速傳動；(d)皮帶或鏈條式，不適合高速傳動；(e)轉軸及滾子式，適用於馬達驅動之三次元量床；(f)磨擦輪式，適用較精密之三次元量床。

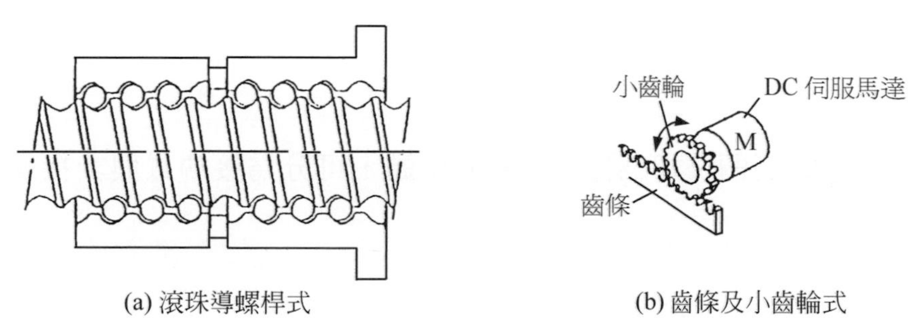

(a) 滾珠導螺桿式　　(b) 齒條及小齒輪式

圖 10-3.8　各種傳動機構示意圖

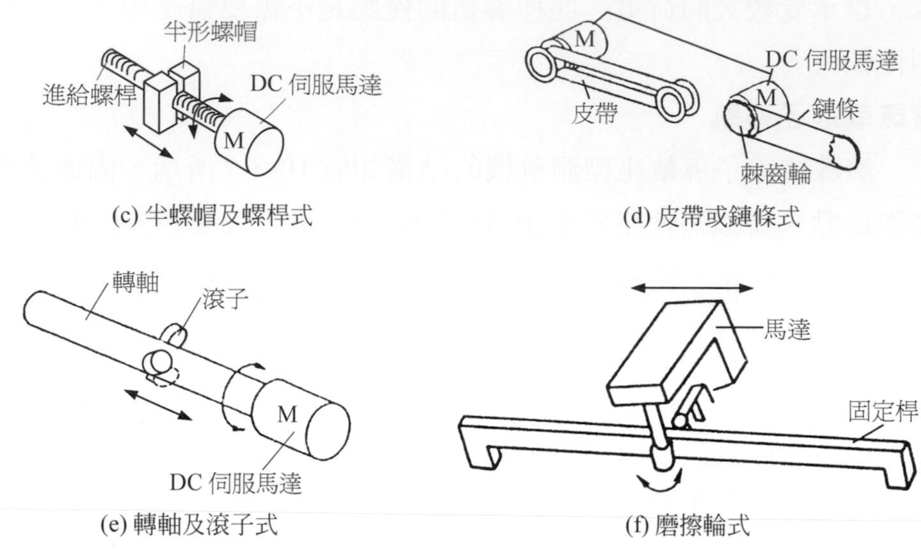

(c) 牛螺帽及螺桿式

(d) 皮帶或鏈條式

(e) 轉軸及滾子式

(f) 磨擦輪式

圖 10-3.8　各種傳動機構示意圖(續)

註　傳動機構是針對馬達驅動式或 CNC 驅動式之三次元量床而言，因手動式之三次元量床無此機構。

四、量測台

量測台又稱**工作台**，是由花崗石製成的平台，平台上有等間距的螺絲孔，以利工件之夾持；最外圍四個頂點的螺絲孔，乃是界定 XY-平面的量測範圍。另外，有些座標測量機的量測台可上下移動或旋轉。上下移動平台有利於測量小型工件時，避免 Z 軸過度伸長，或測量大型工件時，使 Z 軸保有量測精度；而旋轉平台無需變更測頭方向即可測斜面或斜孔，且可量測到原主軸行程的兩倍範圍。

五、測頭及附件

座標測量機的測頭又稱為**探針**或**探(測)頭**，可分為接觸式與非接觸式兩種，茲將分述如下：

1. 接觸式

接觸式又分成機械式與電子式兩種，如下：

⑴ 機械式：如圖 10-3.9 所示，為一剛性測頭，一般不具有自動讀取裝置，常與腳踏板式開關配合使用；測量者可依工件之幾何形狀選用合適之測頭，如圖 10-3.10 所示。

圖 10-3.9　各種機械式測頭

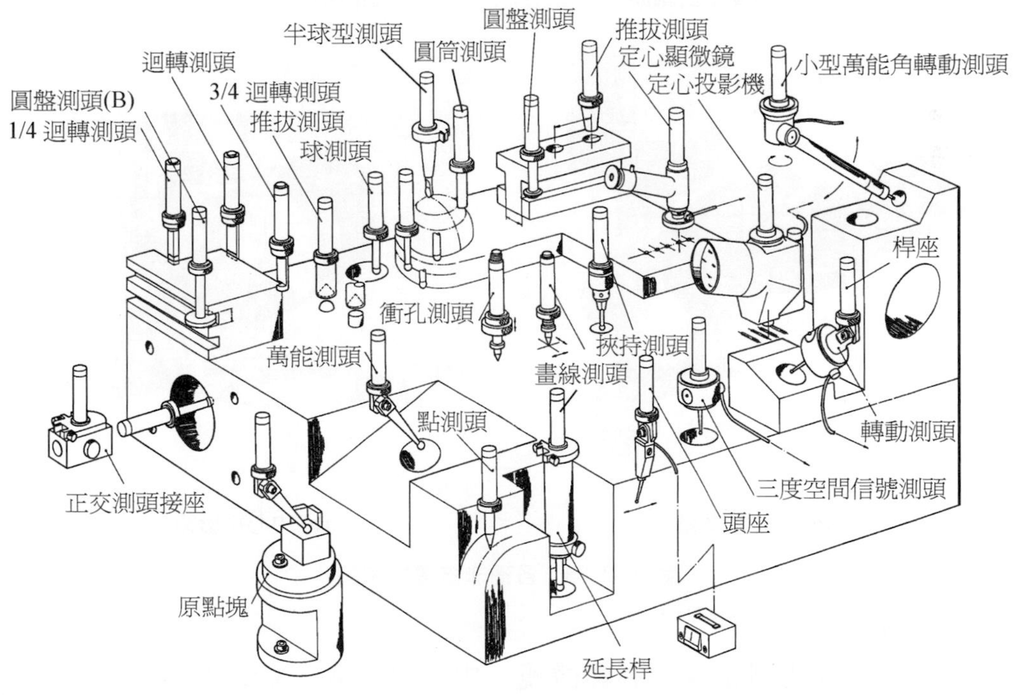

圖 10-3.10　各種測頭之應用

(2) 電子式：電子式測頭包含觸發式與掃描式；如圖 10-3.11 所示為觸發式測頭，其測頭可在任意方向接觸工件表面，只要測頭偏離原來的中性位置時，即產生一檢測信號輸出。

掃描式是一種接觸式的位移偵測測頭，如圖 10-3.12 所示，此型測頭可執行工件表面自動化掃描量測。

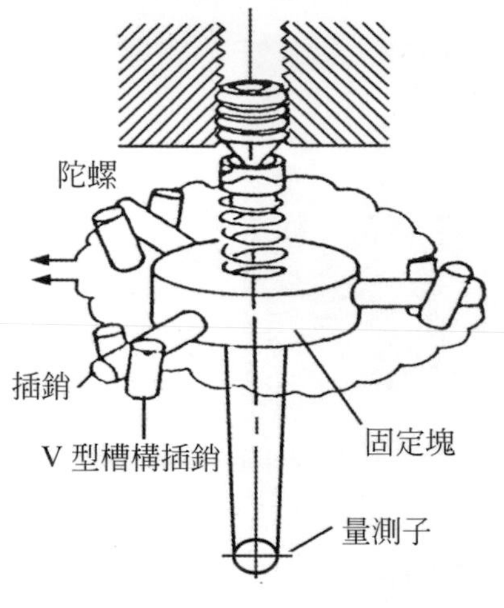

圖 10-3.11　觸發式測頭

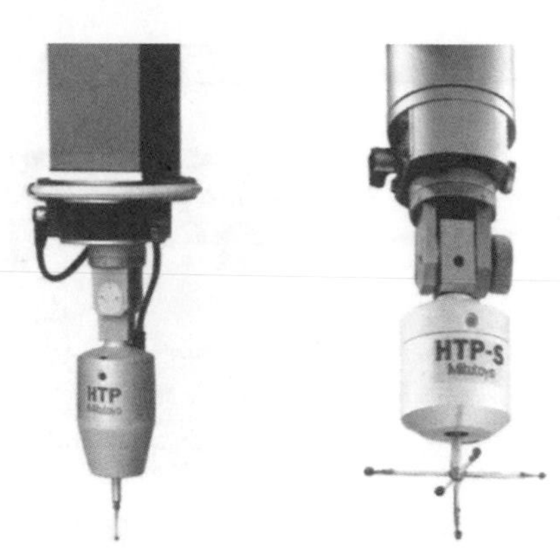

圖 10-3.12　掃描式測頭

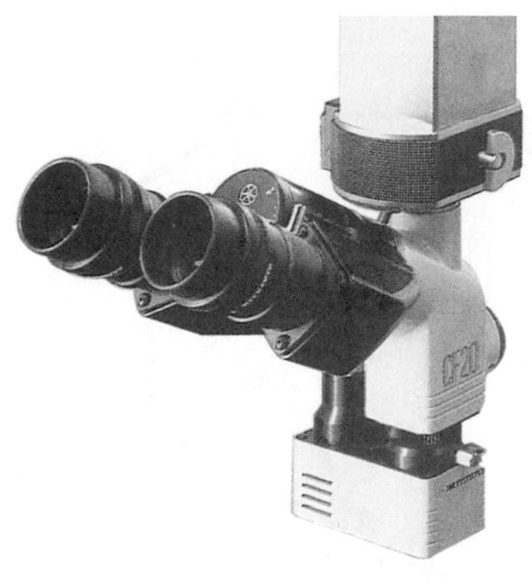

(a) 中心顯微鏡

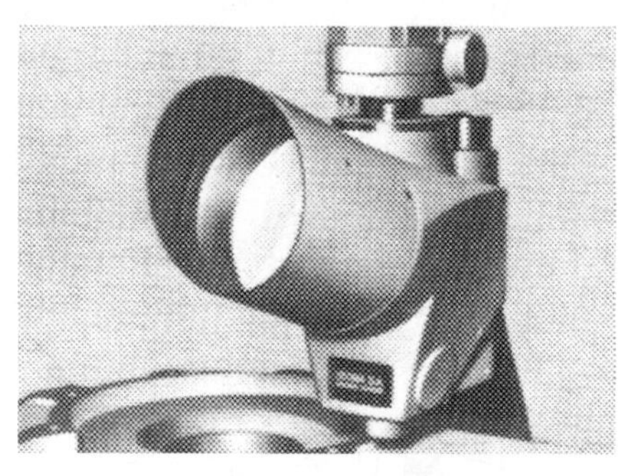

(b) 中心投影鏡

圖 10-3.13　各種非接觸式測頭

2. 非接觸式

非接觸式測頭有中心顯微鏡、中心投影鏡、CCTV 光學式監視器與雷射等，如圖 10-3.13 所示；其中 CCTV 監視器之光學式測頭乃是利用

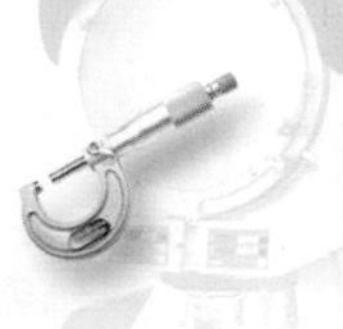

電子攝影頭，先攝取工件影像，再用其感光元件判別黑白對比之感應作用，繼而找出工件相對應座標位置。

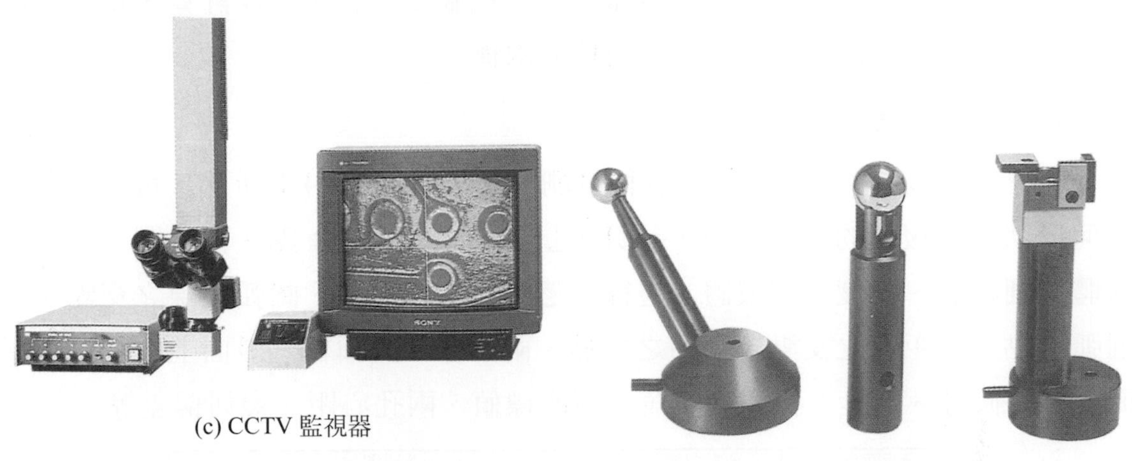

(c) CCTV 監視器

圖 10-3.13　各種非接觸式測頭(續)

圖 10-3.14　標準球

3. 附件

⑴ 標準球：標準球可固定於工作台上，用於設定機器座標系的原點及校正測頭圓球直徑，如圖 10-3.14 所示。

⑵ 校正塊：校正塊用於測量觸發式測頭前端球體之直徑，藉由接觸校正塊內部與外部表面而求得，如圖 10-3.15 所示。

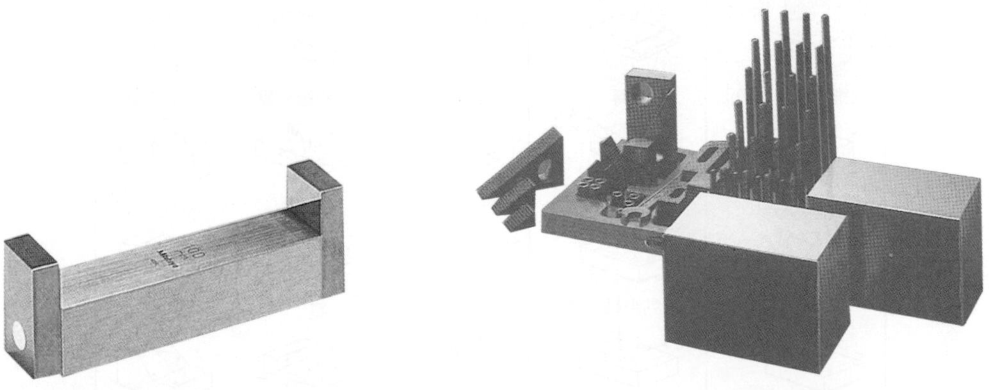

圖 10-3.15　校正塊

圖 10-3.16　輔助設備

⑶ 輔助設備：如圖 10-3.16 所示，此可提升 CMM 量測效率與精度，且能縮短量測時間，尤其是測量大量的同一工件。

10-4 座標測量機之功能

三次元量測數據之處理，一般需藉助於電腦或微處理器作計算，量測功能大致可分爲基本量測功能與特殊量測功能兩種。

一、基本量測功能

座標測量機之軟體程式提供各種量測模式，如圖 10-4.1 所示，可針對工件幾何形狀，作複雜的數據處理，計算出量測結果；例如：點、線、圓、橢圓、球體、圓柱體、錐度、圓環體、邊線、邊角、兩線交點、圓弧與線之交點、兩圓弧交點、三平面之交點、兩點之中點、兩直線之對稱線、斜面上的圓柱、平面上的斜圓柱、寬度、兩平面交角、極座標値、兩孔心距、幾何偏差等。

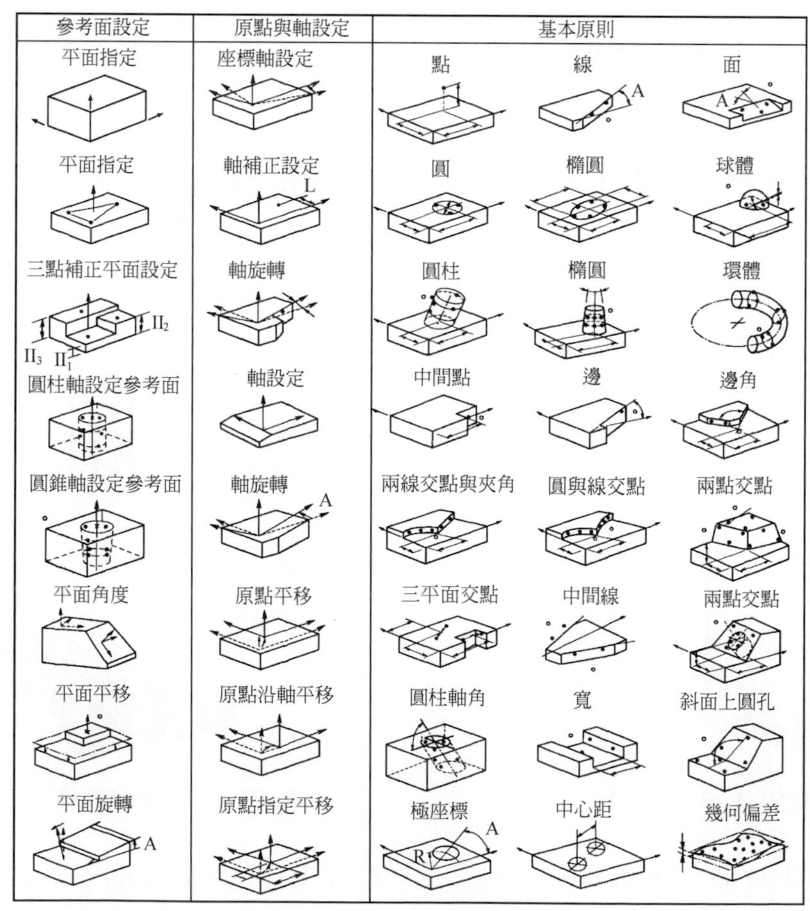

圖 10-4.1　基本量測功能

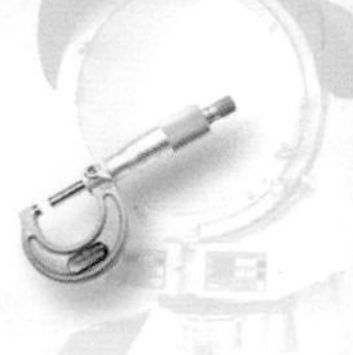

二、特殊量測功能

其量測程式可測量工件曲線、曲面輪廓，如圖 10-4.2 所示；實體的量測有模具、凸輪、渦輪葉片與自由曲面等。

軸向固定間距	軸向固定間距	特定軸向固定間距	沿輪廓固定間距	固定角間距
軸	軸座標	方格座標	徑向線	圓　弧
設計值	公差範圍值	軸向誤差	徑向誤差	法線方向誤差

圖 10-4.2　特殊量測功能

三、量測實例

1. 座標測量機之量測實例，如圖 10-4.3 所示。

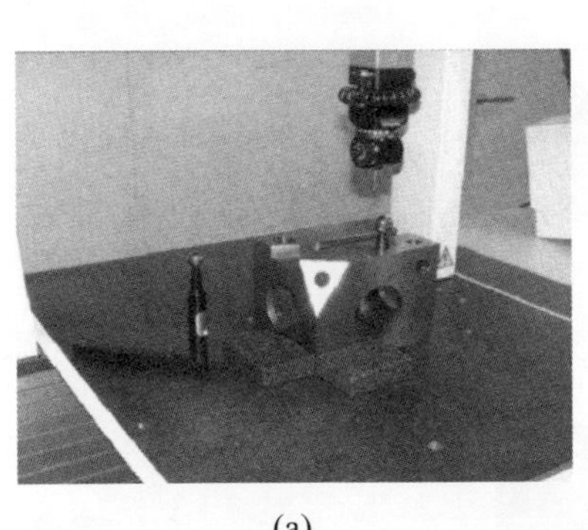

(a)

(b)

圖 10-4.3　量測實例

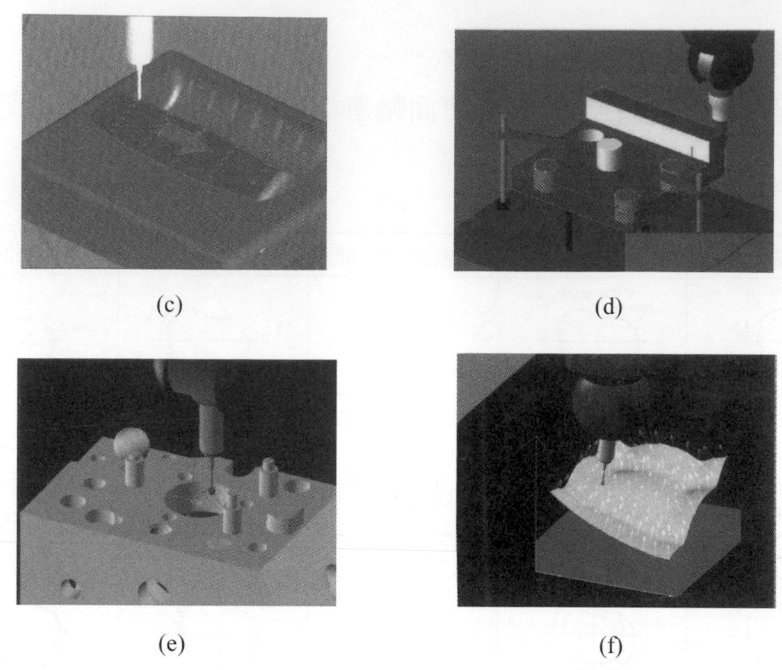

(c) (d)

(e) (f)

圖 10-4.3 量測實例(續)

2. 輪廓量測實例，如圖10-4.4所示。(a)保特瓶外形之量測，(b)汽車輪框形狀量測，(c)卡通人物輪廓之量測，(d)玻璃鞋外形之量測，(e)高爾夫球桿之量測，(f)手機外殼之量測等。

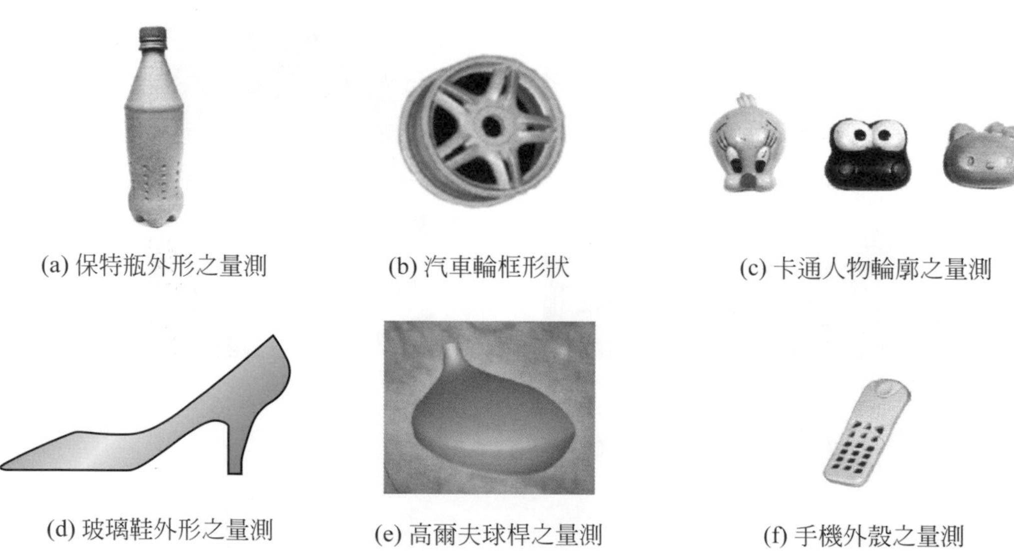

(a) 保特瓶外形之量測 (b) 汽車輪框形狀 (c) 卡通人物輪廓之量測

(d) 玻璃鞋外形之量測 (e) 高爾夫球桿之量測 (f) 手機外殼之量測

圖 10-4.4

10-5 座標測量機之使用

一、測量前的準備

1. 檢查電源

檢查連接測量機及計算器的各項電源是否正常，並做好必要的接地工作。

2. 檢查量測台

擦拭量測台並檢查測頭部位是否清潔且無他物妨礙。

3. 檢查氣壓源

若導軌是空氣軸承的測量機，則調整空氣壓力達氣浮軸承工作壓力，並將氣壓管路中的水份清除乾淨。

4. 模擬量測

檢查各軸之計算器是否正常運作，並做好校正工作。

二、測頭的選擇及安裝

1. 依工件形狀與位置，選擇適當的測頭，如圖 10-3.9 所示。
2. 裝置測頭於 Z 軸的承接器上，並且旋緊固定螺絲。
3. 測頭很容易從承接器拔出或插入，更換測頭時，要一手握住它，用另一手放鬆固定螺絲，即可取下；但同時需注意 Z 軸在樑架上的平衡，以免影響量測精度，因此爲保持平衡，應調整測量機上的平衡手輪。

三、工件的安裝

1. 校正測量機平台，若平台傾斜則會發生 X 軸自走現象。
2. 根據工件之外形及待測部位，安裝於模擬量測範圍內，然後確實給予固定。
3. 對於特殊外形之工件，利用夾具給予固定，如薄且平之工件應以平行塊墊高，使能處於量測移動區內。

10-6 座標測量機之維護與保養

座標測量機是一種高精密之量測儀器，使用上除了依規定使用外，維護與保養更不容忽視。

1. 每一測軸應設停止檔，以免滑出；且量測範圍宜儘量遠離停止檔。
2. 當測軸接近停止檔時，應減慢推動，以防撞擊停止檔，產生彈回現象。
3. 移動測軸時，應注意測頭高度，以防撞擊工件。
4. 清潔測軸導軌時，不可用力擦拭線性尺，更不可使其撞擊或被油沾污。
5. 應保持計算器電源電壓之穩定，確保延長機器之使用年限。
6. 妥善保養滑軌，嚴禁受任何刻痕、刮傷及銹蝕。
7. 測頭的拆卸需先鎖住Z軸，由一手握住測頭，另一手作鬆退螺絲動作。
8. 量測台上的濕氣或油膜會使工件密著，所以使用前以輕油精等擦拭，使用後塗防銹油或花崗石保養油等。
9. 測量機應置於溫度20±1℃，濕度50～60％之環境中最為理想。
10. 精密檢查時，要參考原廠的精度證書，定期按規定項目檢查。

實習 10-6　座標測量機

實習目的

1. 瞭解座標測量機之構造名稱及量測原理。
2. 認識座標測量機之量測功能及操作方法。
3. 使瞭解座標測量機可節省量測時間、減少人為誤差、增加測量範圍及功用等。
4. 從實際的量測操作過程中，學習編寫量測程式並執行量測工作。

實習設備

1. 座標測量機(實習 10-6.1)。
2. 電腦(含軟體)、印表機。
3. 探頭組(附件)。

實習原理

1. 座標測量機的構造

   座標測量機的組成構件分為硬體設備及軟體兩大項。硬體設備如實習 10-6.1 所示。

2. 基本原理

   座標測量機之量測系統，通常在三個軸分別各有線性量測系統；線性量測原理常用莫瑞及線性編碼器等二種。在此實習之座標測量機所用來量測的系統乃是應用精密光學尺(又稱線性尺或線性編碼器)，作為X、Y、Z 三軸的標準尺，再利用裝在 Z 軸前端之各種測頭測量工件位置。而此光學尺是由本尺、副尺、發光二極體及光電晶體所組成的，而利用本尺和副尺的相對運動，感測器可接收到光波效應產生明暗變化的訊號，經過電腦訊號處理後，便可顯示出量測結果。

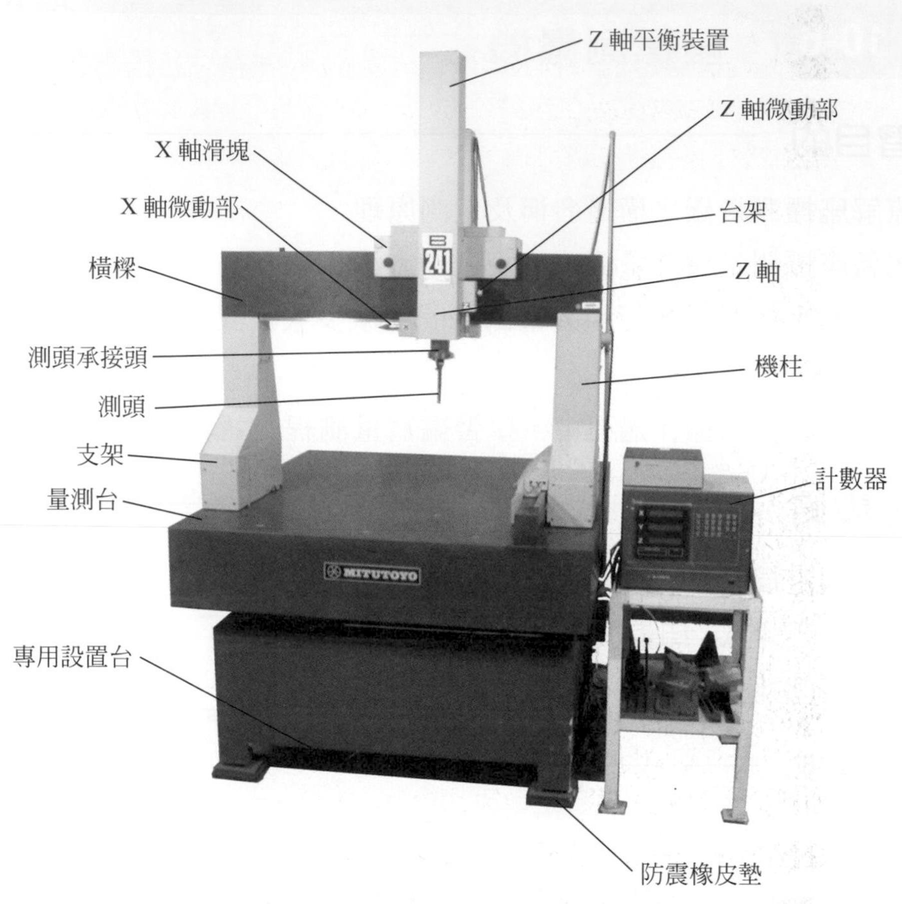

實習 10-6.1　座標測量機各部分名稱

3. 基本量測功能

量測數據的處理，一般需藉助於電腦做計算，量測功能大致可分爲基本量測功能和特殊量測功能兩種。以下介紹一些基本量測功能：

(1) 一點測定：以測頭定位於空間一點，此點可以作爲座標原點，或作爲座標軸的旋轉中心，也可以作爲錐形測頭的中心，如實習 10-6.2 所示。

(2) 中點測定：決定空間二點的位置，二點間的中心座標馬上可以計算出，如實習 10-6.3 所示。

(3) 圓的測定：在圓柱或圓孔表面上隨意定位三點，將三點之座標輸入電腦，並選用求圓直徑之程式，即可求出圓的直徑及圓心位置。座標測

量機的電腦亦可用圓心位置，在算出圓與圓的中心距離，如實習 10-6.4 所示。

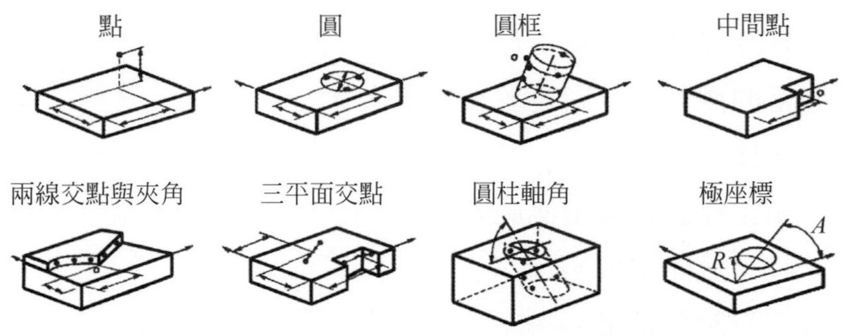

實習 10-6.2 基本量測功能—點

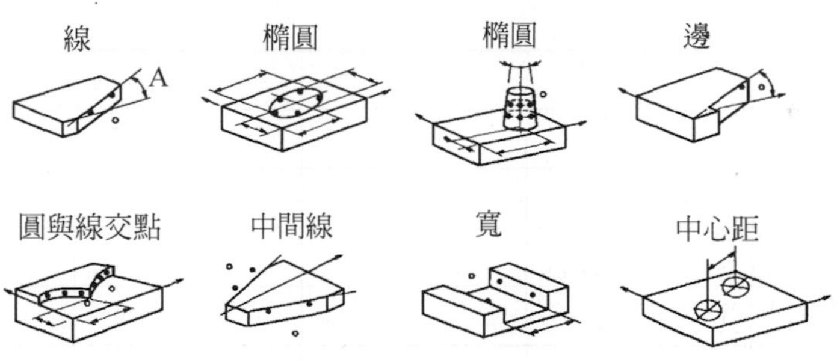

實習 10-6.3 基本量測功能—中點

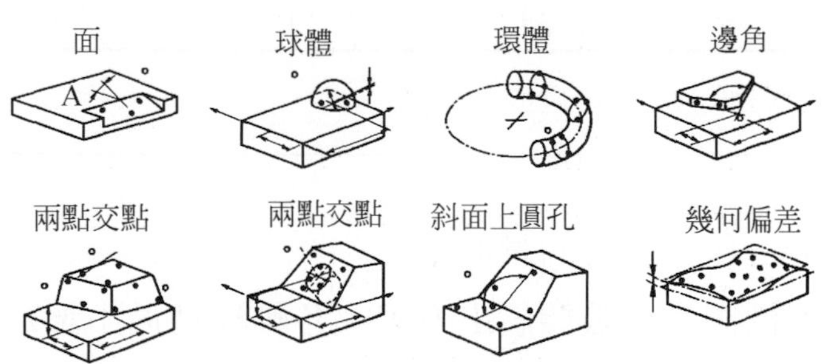

實習 10-6.4 基本量測功能—圓

其他量測功能可參考 10-4 節。

實習步驟

1. 檢查各項電源是否正常，檢查量測台是否清潔。
2. 做好各軸計算器的校正工作。
3. 選擇適當的測頭，並固定於承接器上。
4. 校正測量機之平台。
5. 固定待測工件於模擬量測範圍內。
6. 指定及設定量測參數。
7. 開始量測並記錄結果。

實習結果——座標測量機

	1	2	3	平均
一點測定				
中點測定				
圓的測定				

討　　論

1. 座標測量機可作幾次元的量測？
2. 目前所用座標測量機數據讀出方式，各軸移動最小讀數可達多少？
3. 座標測量機有兩種主要的座標系統爲何？

練習題

( )1. ①代表座標系零點設定，②代表移動測頭輸入量測點，③代表安裝工件於台面，④代表選擇適當測頭安裝於測軸，⑤代表調整壓縮空氣壓力以達氣浮軸承工作壓力；就上述三次元座標量測儀之主要操作步驟，依先後順序排列，下列何者正確？ (A)⑤→④→③→①→② (B)⑤→③→②→①→④ (C)⑤→④→③→②→① (D)⑤→④→①→③→②。 (97 年二技)

( )2. 關於直角座標系之接觸式三次元座標量測儀，在其內部所裝設之三個軸向線性量測系統中，下列敘述何者不正確？ (A)可裝設莫端(Moire)編碼器 (B)可裝設光學尺 (C)可裝設線性編碼器 (D)可裝設雷射干涉儀(Laser Interferometer)。 (96 年二技)

( )3. 有關三次元座標量測儀(CMM)之主要功能敘述，下列何者不正確？ (A)可量測工件之眞圓度 (B)可量測工件之光滑度 (C)可量測工件之平行度 (D)可量測工件之同心度。 (91 年二技)

( )4. 關於三次元座標量測儀(Coordinate Measuring Machine)，下列敘述何者不正確？ (A)量測精度高，可量測微米及奈米等級之工件輪廓尺寸 (B)可進行眞平度量測 (C)三次元座標量測儀之探頭可分爲接觸式、觸發式及非接觸式探頭等型 (D)接觸式探頭之量測結果考慮半徑補償問題。 (92 年二技)

( )5. 關於座標量測儀，下列敘述何者不正確？ (A)使用接觸式探頭量測時，必須考慮半徑補償問題 (B)量測精度高，但對於微奈米級之工件仍無法量測其輪廓及尺寸 (C)不會產生阿貝誤差 (D)探頭可分爲接觸式、觸發式與非接觸式等類型。 (93 年二技)

( )6. 於 CMM 上檢查工件面與面間距離應使用 (A)定心投影機 (B)斜度測頭 (C)尖測頭 (D)球形測頭。

( )7. 座標測量機無法測量是 (A)孔徑 (B)高及階段距離 (C)螺紋節徑 (D)水平曲斷面形狀。

( )8. 一般座標測量機其裝置測頭之承接器是固定於 (A)X 軸 (B)Y 軸 (C)Z 軸 (D)以上皆可。

( )9. 在CMM中，檢驗工件兩孔間中心距離應使用何種測頭？ (A)半圓柱測頭 (B)球型測頭 (C)斜度測頭 (D)點測頭。

( )10. 下列敘述何者錯誤？ (A)影響座標測量機精度之最大因素為溫度 (B)CMM 定位一次可作底面以外之五面量測 (C)正弦桿屬於直接量測形角度量具 (D)角尺之規格以長邊全長表示。

( )11. 座標量測儀(CMM，Coordinate Measuring Machine)亦稱三次元量測儀，乃因此種儀器可同時量測三個方向X、Y、Z，五個面，而具有三次元量測性能，故而稱之。就量測技巧與圖面而言，下列圖面何者無法量測到呢？ (A)上視圖 (B)下視圖 (C)前視圖 (D)側視圖。

( )12. 下列敘述何者正確？ (A)電腦整合製造之縮寫為CTM (B)極座標機器人之工作包絡線為圓球 (C)形定位精度最高之機器人為關節型 (D)排列鑽床為連續流程之使用例。

( )13. 目前座標測量機最小讀數值可達至 (A)0.5μ (B)1μ (C)5μ (D)10μ。

( )14. 超大型之座標測量機其構造的型式是 (A)懸臂型 (B)鏜孔機型 (C)橋架型 (D)以上皆是。

( )15. 座標測量機之測量範圍較小的軸向是 (A)X軸 (B)Y軸 (C)Z軸 (D)不一定。

( )16. 座標測量機為其測軸眞直度檢驗的量具是 (A)電子比較儀與槓桿式測頭 (B)平板與指示量表 (C)平板與水平儀 (D)刀刃與精測塊規。

( )17. 用於圓球與圓柱凸面外徑測量的接觸點是 (A)球形接觸點 (B)點形接觸點 (C)平面接觸點 (D)伸展型接觸點。

( )18. 關於座標量測儀(CMM)之特性，下列敘述何者不正確？ (A)可進行三次元量測工作 (B)各類探頭均須與工件接觸始可量測 (C)可用來進行齒形的量測 (D)軸上的線性量測系統常用光學尺。 (94 年二技)

( )19. 關於座標測量機(CMM)及其附屬配件，下列敘述何者不正確？ (A)可對工件進行立體式的量測並顯示三維座標值 (B)推拔測頭適合用來量測工件兩孔間的中心距離 (C)定心顯微鏡能以不接觸工件之方式定出圓孔中心 (D)光學積分球適合用於校正探針圓球直徑及球心。 (95 年二技)

附錄

Appendix

附錄(一)　常用公差值

附錄(二)　校正報告書

參考書目

附錄(一)　常用公差值

(a) 6 級孔公差　　單位：μm

尺寸區分 (mm)	6級公差	P6		N6		M6		K6		J6		H6		G6		F6	
		上 −	下 −	上 −	下 −	上 −	下 −	上 +	下 −	上 +	下 −	上 +	下 −	上 +	下 +	上 +	下 +
≤3	6	6	12	4	10	2	8	0	6	3	3	6	0	8	2	12	6
3< ≤6	8	9	17	5	13	1	9	−	−	4	4	8	0	12	4	18	10
6< ≤10	9	12	21	7	16	3	12	2	7	4.5	4.5	9	0	14	5	22	13
10< ≤18	11	15	26	9	20	4	15	2	9	5.5	5.5	11	0	17	6	27	16
18< ≤30	13	18	31	11	24	4	17	2	11	6.5	6.5	13	0	20	7	33	20
30< ≤50	16	21	37	12	28	4	20	3	13	8	8	16	0	25	9	41	25
50< ≤80	19	26	45	14	33	5	24	4	15	9.5	9.5	19	0	29	10	49	30
80< ≤120	22	30	52	16	38	6	28	4	18	11	11	22	0	34	12	58	36
120< ≤180	25	36	61	20	45	8	33	4	21	12.5	12.5	25	0	39	14	68	43
180< ≤250	29	41	70	22	51	8	37	5	24	14.5	14.5	29	0	44	15	79	50
250< ≤315	32	47	79	25	57	9	41	5	27	16	16	32	0	49	17	88	56
315< ≤400	36	51	87	26	62	10	46	7	29	18	18	36	0	54	18	98	62
400< ≤500	40	55	95	27	67	10	50	8	32	20	20	40	0	60	20	108	68

(b) 8級孔公差　　　　單位：μm

尺寸區分 (mm)	8 級 公差	H8		F8		E8		D8	
		上 +	下 −	上 +	下 +	上 +	下 +	上 +	下 +
≤3	14	14	0	20	6	28	14	34	20
3< ≤6	18	18	0	28	10	38	20	48	30
6< ≤10	2	22	0	35	13	47	25	62	40
10< ≤18	27	27	0	43	16	59	32	77	50
18< ≤30	33	33	0	53	20	73	40	98	65
30< ≤50	39	39	0	64	25	89	50	119	80
50< ≤80	46	46	0	76	30	106	60	146	100
80< ≤120	54	54	0	90	36	126	72	174	120
120< ≤180	63	63	0	106	43	148	85	208	145
180< ≤250	72	72	0	122	50	172	100	242	170
250< ≤315	81	81	0	137	56	191	110	271	190
315< ≤400	89	89	0	151	62	214	125	299	210
400< ≤500	97	97	0	165	68	232	135	327	230

(c) 9 級孔公差　　　　單位：μm

尺寸區分 (mm)	9級公差	H9		F9		E9		D9	
		上 +	下 −	上 +	下 +	上 +	下 +	上 +	下 +
≤3	25	25	0	39	14	45	20	85	60
3< ≤6	30	30	0	50	20	60	30	100	70
6< ≤10	36	36	0	61	25	76	40	116	80
10< ≤18	43	43	0	75	32	93	50	138	95
18< ≤30	52	52	0	92	40	117	65	162	110
30< ≤40 40< ≤50	62	62	0	112	50	142	80	182 192	120 130
50< ≤65 65< ≤80	74	74	0	134	60	174	100	214 224	140 150
80< ≤100 100< ≤120	87	87	0	159	72	207	120	257 267	170 180
120< ≤140 140< ≤160	100	100	0	185	85	245	145	300 310	200 210
160< ≤180								330	280
180< ≤200								355	240
200< ≤225	115	115	0	215	100	285	170	375	260
225< ≤250								395	280
250< ≤280 280< ≤315	130	130	0	240	110	320	190	430 460	300 330
315< ≤355 355< ≤400	140	140	0	265	125	350	210	500 540	360 400
400< ≤450 450< ≤500	155	155	0	290	135	385	230	595 635	440 480

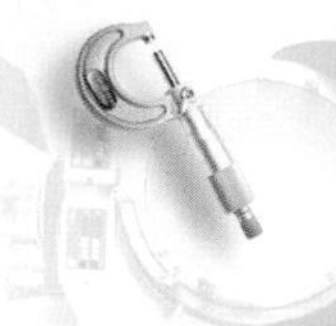

(d) 7級孔公差

單位：μm

尺寸區分 (mm)	9級公差	X7		U7		TX7		S7		R7		P7		N7		M7		K7		J7		H7		G7		f 7		E7	
		上 −	下 −	上 −	下 −	上 −	下 −	上 −	下 −	上 −	下 −	上 −	下 −	上 −	下 −	上 +	下 −	上 +	下 −	上 +	下 −	上 +	下 −	上 +	下 +	上 +	下 +	上 +	下 +
≤3	10	20	30	18	28	—	—	14	24	10	20	6	16	4	14	2	12	0	10	5	5	10	0	12	2	16	6	24	14
3< ≤6	12	24	36	19	31	—	—	15	27	11	23	8	20	4	16	0	12	—	—	6	6	12	0	16	4	22	10	32	20
6< ≤10	15	28	43	22	37	—	—	17	32	13	28	9	24	4	19	0	15	5	10	75	75	15	0	20	5	28	13	40	15
10< ≤14 14< ≤18	18	33 38	51 56	26	44	—	—	21	39	16	34	11	29	5	23	0	18	6	12	9	9	18	0	24	6	34	16	50	32
18< ≤24 24< ≤30	21	46 56	67 77	33 40	54 61	— 33	— 54	27	48	20	41	14	35	7	28	0	21	6	15	105	105	21	0	28	7	41	20	61	40
30< ≤40 40< ≤50	25	— —	— —	51 61	76 86	39 45	64 70	34	59	25	50	17	42	8	23	0	25	7	18	125	125	25	0	34	9	50	25	75	50
50< ≤65 65< ≤80	30	— —	— —	76 91	106 121	55 64	85 94	42 48	72 78	30 32	60 62	21	51	9	39	0	30	9	21	15	15	30	0	40	10	60	30	90	60
80< ≤100 100< ≤120	35	— —	— —	111 131	146 166	78 91	113 126	58 66	93 101	38 41	73 76	24	59	10	45	0	35	10	25	175	175	35	0	47	12	71	36	107	72
120< ≤140		—	—	—	—	107	147	77	117	48	88																		
140< ≤160	40	—	—	—	—	119	159	85	125	50	90	28	68	12	52	0	40	12	28	20	20	40	0	54	14	83	43	125	85
160< ≤180		—	—	—	—	131	171	93	133	53	93																		
180< ≤200		—	—	—	—	—	—	105	151	60	106																		
200< ≤225	46	—	—	—	—	—	—	113	159	63	109	33	79	14	60	0	46	13	33	23	23	46	0	61	15	96	50	146	100
225< ≤250		—	—	—	—	—	—	123	169	67	113																		
250< ≤280 280< ≤315	52	— —	— —	— —	— —	— —	— —	— —	— —	74 78	126 130	36	88	14	66	0	52	16	36	26	26	52	0	69	17	108	56	162	110
315< ≤355 355< ≤400	57	— —	— —	— —	— —	— —	— —	— —	— —	87 93	144 150	41	98	16	73	0	57	17	40	285	285	57	0	75	18	119	62	182	125
400< ≤450 450< ≤500	63	— —	— —	— —	— —	— —	— —	— —	— —	103 109	166 172	45	108	17	80	0	63	18	45	315	315	63	0	83	20	131	68	198	135

(e) 10級孔公差　　單位：μm

尺寸區分 (mm)	10級公差	H10		D10		C10		B10	
		上 +	下 −	上 +	下 +	上 +	下 +	上 +	下 +
≤3	40	40	0	60	20	100	60	180	140
3< ≤6	48	48	0	78	30	118	70	188	140
6< ≤10	58	58	0	98	40	138	80	208	150
10< ≤18	70	70	0	120	50	165	95	220	150
18< ≤30	84	84	0	149	65	194	110	244	160
30< ≤40 40< ≤50	100	100	0	180	80	220 230	120 130	270 180	170 180
50< ≤65 65< ≤80	120	120	0	220	100	260 270	140 150	310 320	190 200
80< ≤100 100< ≤120	140	140	0	260	120	310 320	170 180	360 380	220 240
120< ≤140						360	200	420	260
140< ≤160	160	160	0	305	145	370	210	440	280
160< ≤180						390	230	470	310
180< ≤200						425	240	525	340
200< ≤225	185	185	0	355	170	445	260	565	380
225< ≤250						465	280	605	420
250< ≤280 280< ≤315	210	210	0	400	190	510 540	300 330	690 750	480 540
315< ≤355 355< ≤400	230	230	0	440	210	590 630	360 400	830 910	600 680
400< ≤450 450< ≤500	250	250	0	480	230	690 730	440 480	1010 1090	760 840

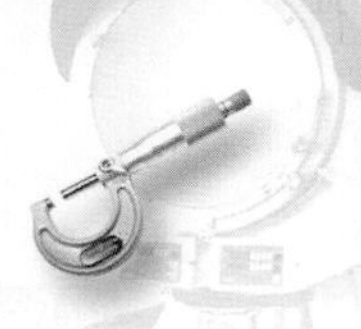

(f) 11 級孔公差　　　　單位：μm

尺寸區分 (mm)	11級公差	A11		B11		C11		D11		H11	
		上 +	下 +	上 +	下 +	上 +	下 +	上 +	下 +	上 +	下
≤3	60	320	270	200	140	120	60	80	20	60	0
3< ≤6	75	345	270	215	140	145	70	105	30	75	0
6< ≤10	90	370	280	240	150	170	80	130	40	90	0
10< ≤18	110	400	290	260	150	170	80	130	40	90	0
18< ≤30	130	430	300	290	160	240	110	195	65	130	0
30< ≤50	160	480	310	340	170	290	120	240	80	160	0
50< ≤80	190	550	340	390	190	340	140	290	100	190	0
80< ≤120	220	630	380	460	220	400	170	340	120	220	0
120< ≤180	250	830	460	560	260	480	200	395	145	250	0
180< ≤250	290	1110	660	710	340	570	240	460	170	290	0
250< ≤315	320	1370	920	860	480	650	300	510	190	320	0
315< ≤400	360	1710	1200	1040	600	760	360	570	210	360	0
400< ≤500	400	2050	1500	1240	760	880	440	630	230	400	0

(g) 5級軸公差

單位：μm

尺寸區分 (mm)	5級公差	m5		k5		j5		h5		g5	
		上 +	下 +	上 +	下 +	上 +	下 −	上 +	下 −	上 −	下 −
≤3	4	6	2	4	0	2	2	0	4	2	6
3< ≤6	5	9	4	—	—	2.5	2.5	0	5	4	9
6< ≤10	6	12	6	7	1	3	3	0	6	5	11
10< ≤18	8	15	7	9	1	4	4	0	8	6	14
18< ≤30	9	17	8	11	2	4.5	4.5	0	9	7	16
30< ≤50	11	20	9	13	2	5.5	5.5	0	11	9	20
50< ≤80	13	24	11	15	2	6.5	6.5	0	13	10	23
80< ≤120	15	28	13	18	3	7.5	7.5	0	15	12	27
120< ≤180	18	33	15	21	3	9.5	9.5	0	18	14	32
180< ≤250	20	37	17	24	4	10	10	0	20	15	35
250< ≤315	23	43	20	27	4	11.5	11.5	0	23	17	40
315< ≤400	25	46	21	29	4	12.5	12.5	0	25	18	43
400< ≤500	27	50	23	32	5	13.5	13.5	0	27	20	47

(h) 6 級軸公差

單位：μm

尺寸區分 (mm)	6級公差	x6		u6		t6		s6		r6		p6		n6		m6		k6		j6		h6		g6		f6		e6	
		上 +	下 +	上 +	下 +	上 +	下 +	上 +	下 +	上 +	下 +	上 +	下 +	上 +	下 +	上 +	下 +	上 +	下 +	上 +	下 −	上 +	下 −	上 −	下 −	上 −	下 −	上 −	下 −
≤3	6	26	20	24	18	—	—	20	14	16	10	12	6	10	4	8	2	6	0	3	3	0	6	2	8	6	12		
3< ≤6	8	36	28	31	23	—	—	27	19	23	15	20	12	16	8	12	4	9	1	4	4	0	8	4	12	10	18	20	28
6< ≤10	9	43	34	37	28	—	—	32	23	28	19	24	15	19	10	15	6	10	1	4.5	4.5	0	9	5	14	13	22	25	34
10< ≤14 14< ≤18	11	51 56	40 45	44	33	—	—	39	28	34	23	29	18	23	12	18	7	12	1	5.5	5.5	0	11	6	17	16	27	32	43
18< ≤24 24< ≤30	13	67 77	54 64	54 61	41 48	— 54	— 41	48	35	41	28	35	22	28	15	21	8	15	2	6.5	6.5	0	13	7	20	20	33	40	53
30< ≤40 40< ≤50	16	— —	— —	76 86	60 70	64 70	48 54	59	43	50	34	42	26	33	17	25	9	18	2	8	8	0	16	9	25	25	41	50	66
50< ≤65 65< ≤80	19	— —	— —	106 121	87 102	85 94	66 75	72 78	53 50	60 62	41 43	51	32	39	20	30	11	21	2	9.5	9.5	0	19	10	29	30	49	60	79
80< ≤100 100< ≤120	22	— —	— —	146 166	124 144	113 126	91 104	93 101	71 79	73 76	51 54	59	37	45	23	35	13	25	2	11	11	0	22	12	34	36	58	72	94
120< ≤140		—	—	—	—	147	122	117	92	88	63																		
140< ≤160	25	—	—	—	—	159	134	125	100	90	65	68	43	52	27	40	15	28	3	12.5	12.5	0	25	14	39	43	68	85	110
160< ≤180		—	—	—	—	171	146	133	108	63	68																		
180< ≤200		—	—	—	—	—	—	151	122	106	77																		
200< ≤225	29	—	—	—	—	—	—	159	130	109	80	79	50	60	31	46	17	33	4	14.5	14.5	0	29	15	44	50	79	100	129
225< ≤250		—	—	—	—	—	—	169	140	113	84																		
250< ≤280 280< ≤315	32	— —	— —	— —	— —	— —	— —	— —	— —	126 130	94 98	88	56	66	34	52	20	36	4	16	16	0	32	17	49	56	88	110	142
315< ≤355 355< ≤400	36	— —	— —	— —	— —	— —	— —	— —	— —	144 150	108 114	98	62	73	37	57	21	40	4	18	18	0	36	18	54	62	98	125	161
400< ≤450 450< ≤500	40	— —	— —	— —	— —	— —	— —	— —	— —	166 172	126 132	108	68	80	40	63	23	45	5	20	20	0	40	20	60	68	108	135	175

(i) 7 級軸公差

單位：μm

尺寸區分 (mm)	7級公差	x		u7		t7		s7		r7		p7		n7		m7		k7		j7		h7		g7		f7		e7	
		上 +	下 +	上 +	下 +	上 +	下 +	上 +	下 +	上 +	下 +	上 +	下 +	上 +	下 +	上 +	下 +	上 +	下 +	上 +	下 −	上 +	下 −	上 −	下 −	上 −	下 −	上 −	下 −
≤3	10					—	—									—	—	—	—	5	5	0	10	3	12	6	16	14	24
3< ≤6	12	40	28	35	23	—	—	31	19	27	15	24	12	20	8	—	—	—	—	6	6	0	12	4	16	10	22	20	32
6< ≤10	15	49	34	43	28	—	—	38	23	34	19	30	15	25	10	21	6	16	1	7.5	7.5	0	15	5	20	13	28	25	40
10< ≤14 14< ≤18	18	58 63	40 45	51	33	—	—	46	28	41	23	36	18	30	12	25	7	19	1	9	9	0	18	6	24	16	34	32	50
18< ≤24 24< ≤30	21	75 85	54 64	62 69	41 48	— 62	— 41	56	35	49	28	43	22	36	15	29	8	23	1	10.5	10.5	0	21	7	28	20	41	40	61
30< ≤40 40< ≤50	25	— —	— —	85 95	60 70	73 79	48 54	68	43	59	34	51	26	42	17	34	9	27	2	12.5	12.5	0	25	9	34	25	50	50	75
50< ≤65 65< ≤80	30	— —	— —	117 132	87 102	96 105	66 75	83 89	53 59	71 73	41 43	62	32	50	20	41	11	32	2	15	15	0	30	10	40	30	60	60	90
80< ≤100 100< ≤120	35	— —	— —	159 179	124 144	126 139	91 104	106 114	71 79	86 89	51 54	72	37	58	23	48	13	38	3	17.5	17.5	0	35	12	47	36	71	72	107
120< ≤140		—	—	—	—	162	122	132	92	103	63																		
140< ≤160	40	—	—	—	—	174	134	140	100	105	65	83	43	67	27	55	15	43	3	20	20	0	40	14	54	43	83	85	125
160< ≤180		—	—	—	—	186	146	148	108	108	68																		
180< ≤200		—	—	—	—	—	—	168	122	123	77																		
200< ≤225	46	—	—	—	—	—	—	176	130	126	80	96	50																
225< ≤250		—	—	—	—	—	—	186	140	130	84			77	31	63	17	50	4	23	23	0	46	15	61	50	96	100	146
250< ≤280 280< ≤315	52	— —	— —	— —	— —	— —	— —	— —	— —	146 150	94 98	108	56	86	34	72	20	56	4	26	26	0	52	17	69	56	108	110	162
315< ≤355 355< ≤400	57	— —	— —	— —	— —	— —	— —	— —	— —	165 171	108 114	119	62	94	37	78	21	61	4	28.5	28.5	0	57	18	75	62	119	125	182
400< ≤450 450< ≤500	63	— —	— —	— —	— —	— —	— —	— —	— —	189 195	126 132	131	68	103	40	86	23	68	5	31.5	31.5	0	63	20	83	68	131	135	198

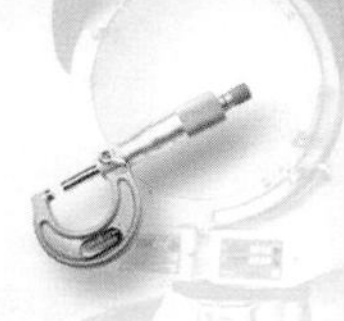

(j) 8 級軸公差

單位：μm

尺寸區分 (mm)	8級公差	h8		f8		e8		d8	
		上 +	下 −	上 −	下 −	上 −	下 −	上 −	下 −
≤3	14	0	14	6	20	14	28	20	34
3< ≤6	18	0	18	10	28	20	38	30	48
6< ≤10	22	0	22	13	35	25	47	40	62
10< ≤18	27	0	27	16	43	32	59	50	77
18< ≤30	33	0	33	20	53	40	73	65	98
30< ≤50	39	0	39	25	64	50	89	80	119
50< ≤80	46	0	46	30	76	60	106	100	146
80< ≤120	54	0	54	36	90	72	126	120	174
120< ≤180	63	0	63	43	106	85	148	145	208
180< ≤250	72	0	72	50	122	100	172	170	242
250< ≤315	81	0	81	56	137	110	191	190	271
315< ≤400	89	0	89	62	151	125	214	210	299
400< ≤500	97	0	97	68	165	135	232	230	327

(k) 9 級軸公差　　單位：μm

尺寸區分 (mm)	9級公差	h9		e9		d9		c9		b9	
		上 +	下 −	上 −	下 −	上 −	下 −	上 −	下 −	上 −	下 −
≤3	25	0	25	14	39	20	45	60	85	140	165
3< ≤6	30	0	30	20	50	30	60	70	100	140	170
6< ≤10	36	0	36	25	61	40	76	80	116	150	186
10< ≤18	43	0	43	32	75	50	93	95	138	150	193
18< ≤30	52	0	58	40	92	65	117	110	162	160	212
30< ≤40 40< ≤50	62	0	62	50	112	80	142	120 130	182 192	170 180	232 242
50< ≤65 65< ≤80	74	0	74	60	134	100	174	140 150	214 224	190 200	264 274
80< ≤100 100< ≤120	87	0	87	72	159	120	207	170 180	257 267	220 240	307 327
120< ≤140								200	300	260	360
140< ≤160	100	0	100	85	185	145	245	210	310	280	380
160< ≤180								230	330	310	410
180< ≤200	115	0	115	100	215	170	285	240	355	340	455
200< ≤225	115	0	115	100	215	170	285	260	375	380	495
225< ≤250								280	395	420	535
250< ≤280 280< ≤315	130	0	130	110	240	190	320	300 330	430 460	480 540	610 670
315< ≤355 355< ≤400	140	0	140	125	265	210	350	360 400	500 540	600 680	740 820
400< ≤450 450< ≤500	155	0	155	135	290	230	385	440 480	595 635	760 840	915 995

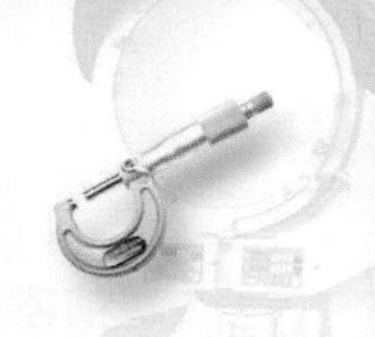

(I) 10級和11級軸公差　　單位：μm

尺寸區分 (mm)	10級公差	d10		11級公差	a11		b11		c11		d11		h11	
		上 －	下 －		上 －	下 －	上 －	下 －	上 －	下 －	上 －	下 －	上 －	下 －
≤3	40	20	60	60	270	330	140	220	60	120	20	80	0	60
3< ≤6	48	30	78	75	270	345	140	215	70	145	30	105	0	75
6< ≤10	58	40	98	90	280	370	150	240	80	170	40	130	0	90
10< ≤18	70	50	120	110	290	400	150	260	95	205	50	160	0	110
18< ≤30	84	65	149	130	300	430	160	290	110	240	65	195	0	130
30< ≤50	100	80	180	160	310	480	170	340	120	290	80	240	0	160
50< ≤80	120	100	220	190	340	550	190	390	140	340	100	290	0	190
80< ≤120	140	120	260	220	380	630	220	460	170	400	120	340	0	220
120< ≤180	160	145	305	250	460	830	260	560	200	480	145	395	0	250
180< ≤250	185	170	355	290	660	1110	340	710	240	570	170	460	0	290
250< ≤315	210	190	400	320	920	1370	480	860	300	650	190	510	0	320
315< ≤400	230	210	440	360	1200	1710	600	1040	360	760	210	570	0	360
400< ≤500	250	230	480	400	1500	2050	760	1240	440	880	230	630	0	400

附錄(二) 校正報告書

校正報告書

校正暨量測實驗室-台北

Report No：	第1頁	共2頁

申請者 Applicant	工業有限公司				
儀器名稱 Equipment	塊規				
製造廠商 Manufacturer	----	機型 Model	0.5,10,20,50,100mm	序號 Serial No	
校正程序 Procedure used		收件日期 Received Date	2013/7/10	校正日期 Calibration Date	2013/7/11
校正狀態 Status	正常	溫度 ℃ Temperature	20.0 ℃ ± 1.0 ℃	相對濕度 % Relative Humidity	55.0 % ± 5.0 %
顧客地址 遊校地址				校正地點 Location	實驗室

實驗室使用標準器 ／ SGS Standards

儀器名稱 Equipment	製造廠商 Manufacturer	機型 Model	標準器校正日期 Calibration Date
Block Gauge	MITUTOYO	BM1-122-0/PD	2012/8/10

序號 Serial Number	追溯單位 Traceability	報告號碼 Report No.	標準器有效日期 Due Date
0504099	NML(N0688)	D120410A	2015/8/10

◆ 台灣檢驗科技股份有限公司特此聲明本報告書內記載之標準器，已直接或間接追溯至TAF(ILAC MRA國際實驗室認證聯盟相互承認協議成員)之認可實驗室，或追溯至各國家計量標準機構(NMI)，或國際度量衡委員會相互認可協定之機構(CIPM MRA)，或使用公認參考物質。本報告上印有"TAF"之認可標誌係指品質系統及記錄符合全國認證基金會(TAF)之規定；若無TAF標誌之報告亦遵守本實驗室標準校正作業程序及ISO/IEC 17025之規定。

◇ SGS Taiwan Ltd hereby declare that traceability on this report is indirectly or directly traceable to TAF recognized lab (member of the ILAC MRA) or to National Metrology Institutes (NMI) , or to other international standards (member of the CIPM MRA) , or using accepted values of natural physical constants。This report with "TAF" Accredited symbol is noted herein quality system has been accredited by TAF ; Without "TAF" Accredited symbol , the report also comply with the lab's standard calibration operating procedures and ISO/IEC 17025 requirements.

◆ 本校正報告僅針對上述儀器之校正項目有效，本實驗室依ISO/IEC 17025規定不做校正週期及允收水準之判定。

◇ This calibration report is valid only to the items been calibrated. According to ISO / IEC 17025, SGS will not provide the determination for Calibration interval and acceptable level for this instrument .

◆ 本校正報告部份複製及影本無效。

◇ To reproduce or copy calibration report in partial is not allowed.

報告簽署人

TWB 1020383

SGS Taiwan Ltd. 台灣檢驗科技股份有限公司 | No.38, Wu Chyuan 7th Rd., New Taipei Industrial Park, Wu Ku District, New Taipei City, Taiwan /新北市五股區(新北產業園區)五權七路38號 t (886-2) 2299-3939 f (886-2) 2298-1845 www.sgs.tw

Member of SGS Group

校正結果 (Calibration Results)

RptNo： ECAC1789713

第2頁　共2頁

長度部份：

序號	標稱值 (mm)	器差值 (μm)
111643	0.5	-0.16
107361	10	0.10
116954	20	0.23
119509	50	-0.26
119416	100	-0.24

校正說明：

1.標稱值為送校正塊規之標示值

2.器差值為本實驗室對送校塊規之量測值(修正至20℃)減標稱值之結果

3.器差值為正表示送校塊規實際長度較標稱值長,器差值為負表示送校塊規實際長度較標稱值短

4.校正能力係以約95 %信賴水準,k=2之擴充不確定度表示

5.擴充不確定度： 0.5 mm to 10.0 mm 0.08 μm
10.5 mm to 25 mm 0.11 μm
30 mm to 50 mm 0.20 μm
60 mm to 70 mm 0.26 μm
75 mm to 100 mm 0.37 μm

6.校正結果所示之數據為3次量測之平均值

--THE END--

儀寶電子股份有限公司
I PAO ELECTRONICS CO., LTD

校正報告書

REPORT OF CALIBRATION

校正日期(Date)： 03.May.2012

Report No. ：

申請者：Applicant	工業股份有限公司	儀器名稱：Equipment	塊規
製造商：Manufacturer	--------------	型號：Model No.	(10,20,50,100)mm
序號：Serial No.			
申請者地址：Applicant address			

校正時使用之工作標準器
Working Standards

儀器名稱 Equipment	製造商/型號 MFG/Model No.	識別號碼 I.D. No.	校正機構 Cal.Sources	報告號碼 Report.No.	校正日期 Cal. Date	有效日期 Due. Date
GAUGE BLOCK SET (塊規組)	CARY/ EXTRA 0		TAF(0387)		14.Jun.2011	13.Jun.2012

追溯源
Calibration sources

儀器名稱 Equipment	製造商/型號 MFG/Model No.	識別號碼 I.D. No.	校正機構 Cal.Sources	報告號碼 Report.No.	校正日期 Cal. Date
GAUGE BLOCK SET (塊規組)	CARY/ LUX00		TAF(N0688)		01.Jun.2009

儀寶電子股份有限公司特此證明本報告書內之受校儀器已與上列標準做過比較校正，用以校正之標準器可追溯至國家度量衡標準實驗室。本報告僅對送校儀器之校正項目有效。本報告不可摘錄部份複製無效。

IPE Ltd here by certifies that equipment noted here in has been compared with the above listed standards. The standards used to perform this calibration are traceable to NML. This calibration report is valid only to the items calibrated. Reproduced calibration report in partial is not effective.

I PAO ELECTRONICS CO. LTD. 儀寶電子 儀器校驗中心 校正專用

實驗室主管 Laboratory Manager ____________　　報告簽署人 Report Signatory ____________

Page：1/3

TEL：　　FAX：

實驗室地址：
表單編號：

儀寶電子股份有限公司
I PAO ELECTRONICS CO., LTD

校正報告書
REPORT OF CALIBRATION

Report No.

1. 校正結果

序 號	標稱值(mm)	器差值(μm)
99773	10	-0.25
98212	20	-0.24
99116	50	0.07
98210	100	0.24

2. 校正說明：

2.1 校正環境：

2.1.1 溫度為（20 ±1）℃

2.1.2 相對濕度為（45 ±10）%

2.2 校正方法

2.2.1 依據本實驗室之塊規校正程序，文件編號 LCP-007。

2.2.2 使用 CARY 塊規比測儀，以標準塊規對送校塊規進行比較校正。

2.2.3 標稱值為送校塊規之標稱尺寸。

2.2.4 器差值為送校塊規與標準塊規比較量測之差值；
器差值之正/負值表示送校塊規之實際尺寸較標稱尺寸為大/小。

2.3 擴充不確定度：

2.3.1

標稱尺寸(mm)	擴充不確定度(μm)
0.5 to 10	0.08
> 10 to 25	0.13
> 25 to 50	0.23
> 50 to 75	0.34
> 75 to 100	0.44

Page：2 / 3

TEL： FAX：

實驗室地址：
表單編號：

儀寶電子股份有限公司
I PAO ELECTRONICS CO., LTD

校正報告書
REPORT OF CALIBRATION

Report No.

2.3.2 評估方法依據塊規系統評估報告，文件編號 SYS-L01。

2.3.3 U(擴充不確定度)=k(涵蓋因子)×u_c(組合標準不確定度)

其中涵蓋因子 k=2，信賴水準約 95%。

Page：3 / 3

實驗室地址： TEL： FAX：

表單編號：

參考書目

[1] 三豐儀器股份有限公司型錄。

[2] 智泰科技股份有限公司型錄。

[3] Technilogy of Machine Tools. S. F. Krar. J William Oswald, MGraw-Hill Book Company.

[4] Machine Tool Operation, s.f. Krar, J. W. Oswald, J. E. St. Amand, MGraw-Hill Book Company.

[5] Machine Tool Practice, Richard R. Kibbe, John E. Neely, Roland O. Meyer, Warren T. White, Prentice Hall Book Company.

[6] Metal Cutting Principles, Milton C. Shaw, Oxford University Press 1984.

[7] Tool and Manufacturing Engineers Handbook, Daniel B. Dallas, The Sontheast book company, New York, Third edition, 1976.

國家圖書館出版品預行編目資料

精密量測檢驗(含實習及儀器校正) / 林詩瑀, 陳志堅編著. - - 六版. - - 新北市：全華圖書, 2017.03

面； 公分

ISBN 978-986-463-475-0(平裝)

1.CST：測定儀器 2.CST：計測工學

440.121 106002330

精密量測檢驗(含實習及儀器校正)

作者／林詩瑀、陳志堅
校閱／施議訓
發行人／陳本源
執行編輯／蘇千寶
出版者／全華圖書股份有限公司
郵政帳號／0100836-1 號
印刷者／宏懋打字印刷股份有限公司
圖書編號／0568305
六版四刷／2022 年 2 月
定價／新台幣 560 元
ISBN／978-986-463-475-0 (平裝)
全華圖書／www.chwa.com.tw
全華網路書店 Open Tech／www.opentech.com.tw
若您對本書有任何問題，歡迎來信指導 book@chwa.com.tw

臺北總公司(北區營業處)
地址：23671 新北市土城區忠義路 21 號
電話：(02) 2262-5666
傳真：(02) 6637-3695、6637-3696

南區營業處
地址：80769 高雄市三民區應安街 12 號
電話：(07) 381-1377
傳真：(07) 862-5562

中區營業處
地址：40256 臺中市南區樹義一巷 26 號
電話：(04) 2261-8485
傳真：(04) 3600-9806(高中職)
(04) 3601-8600(大專)

（請由此線剪下）

歡迎加入 全華會員

● 會員獨享

會員享購書折扣、紅利積點、生日禮金、不定期優惠活動…等。

● 如何加入會員

掃 QRcode 或填妥讀者回函卡直接傳真（02）2262-0900 或寄回，將由專人協助登入會員資料，待收到 E-MAIL 通知後即可成為會員。

如何購買 全華書籍

1. 網路購書

全華網路書店「http://www.opentech.com.tw」，加入會員購書更便利，並享有紅利積點回饋等各式優惠。

2. 實體門市

歡迎至全華門市（新北市土城區忠義路 21 號）或各大書局選購。

3. 來電訂購

(1) 訂購專線：(02) 2262-5666 轉 321-324
(2) 傳真專線：(02) 6637-3696
(3) 郵局劃撥（帳號：0100836-1　戶名：全華圖書股份有限公司）
※ 購書未滿 990 元者，酌收運費 80 元。

全華網路書店 www.opentech.com.tw
E-mail: service@chwa.com.tw

※ 本會員制如有變更則以最新修訂制度為準，造成不便請見諒。

廣　告　回　信
板橋郵局登記證
板橋廣字第540號

23671
新北市土城區忠義路 21 號
全華圖書股份有限公司

行銷企劃部　收

讀者回函卡

掃 QRcode 線上填寫 ▶▶▶

姓名：＿＿＿＿＿＿ 生日：西元＿＿＿年＿＿＿月＿＿＿日 性別：□男 □女

電話：（ ）＿＿＿＿＿＿ 手機：＿＿＿＿＿＿

e-mail：（必填）

註：數字零，請用 Φ 表示，數字 1 與英文 L 請另註明並書寫端正，謝謝。

通訊處：□□□□□

學歷：□高中・職 □專科 □大學 □碩士 □博士

職業：□工程師 □教師 □學生 □軍・公 □其他

學校／公司：＿＿＿＿＿＿ 科系／部門：＿＿＿＿＿＿

・需求書類：

□ A. 電子 □ B. 電機 □ C. 資訊 □ D. 機械 □ E. 汽車 □ F. 工管 □ G. 土木 □ H. 化工 □ I. 設計

□ J. 商管 □ K. 日文 □ L. 美容 □ M. 休閒 □ N. 餐飲 □ O. 其他

・本次購買圖書為：＿＿＿＿＿＿ 書號：＿＿＿＿＿＿

・您對本書的評價：

封面設計：□非常滿意 □滿意 □尚可 □需改善，請說明＿＿＿＿＿＿

內容表達：□非常滿意 □滿意 □尚可 □需改善，請說明＿＿＿＿＿＿

版面編排：□非常滿意 □滿意 □尚可 □需改善，請說明＿＿＿＿＿＿

印刷品質：□非常滿意 □滿意 □尚可 □需改善，請說明＿＿＿＿＿＿

書籍定價：□非常滿意 □滿意 □尚可 □需改善，請說明＿＿＿＿＿＿

整體評價：請說明＿＿＿＿＿＿

・您在何處購買本書？

□書局 □網路書店 □書展 □團購 □其他＿＿＿＿＿＿

・您購買本書的原因？（可複選）

□個人需要 □公司採購 □親友推薦 □老師指定用書 □其他＿＿＿＿＿＿

・您希望全華以何種方式提供出版訊息及特惠活動？

□電子報 □ DM □廣告（媒體名稱＿＿＿＿＿＿）

・您是否上過全華網路書店？（www.opentech.com.tw）

□是 □否 您的建議＿＿＿＿＿＿

・您希望全華出版哪方面書籍？＿＿＿＿＿＿

・您希望全華加強哪些服務？＿＿＿＿＿＿

感謝您提供寶貴意見，全華將秉持服務的熱忱，出版更多好書，以饗讀者。

填寫日期： / /

2020.09 修訂

親愛的讀者：

感謝您對全華圖書的支持與愛護，雖然我們很慎重的處理每一本書，但恐仍有疏漏之處，若您發現本書有任何錯誤，請填寫於勘誤表內寄回，我們將於再版時修正，您的批評與指教是我們進步的原動力，謝謝！

全華圖書　敬上

勘 誤 表

書 號		書 名		作 者	
頁 數	行 數	錯誤或不當之詞句		建議修改之詞句	

我有話要說：（其它之批評與建議，如封面、編排、內容、印刷品質等・・・）